Ethics of Science and Technology Assessment
Band 39

Schriftenreihe der Europäischen Akademie zur Erforschung
von Folgen wissenschaftlich-technischer Entwicklungen
Bad Neuenahr-Ahrweiler GmbH
herausgegeben von Carl Friedrich Gethmann

Susanne Hiekel

Grundbegriffe der grünen Gentechnik

Wissenschaftstheoretische und naturphilosophische Grundlagen

Reihenherausgeber
Professor Dr. phil. Dr. phil. h.c. Carl Friedrich Gethmann
Europäische Akademie GmbH
Wilhelmstraße 56, 53474 Bad Neuenahr-Ahrweiler

Autor
Dr. phil. Susanne Hiekel, Dipl.-Biol.
Universität Duisburg-Essen, Institut für Philosophie
Universitätsstraße 12, 45117 Essen

Redaktion
Friederike Wütscher
Europäische Akademie GmbH
Wilhelmstraße 56, 53474 Bad Neuenahr-Ahrweiler

ISSN 1860-4803 e-ISSN 1860-4811
ISBN 978-3-642-24899-3 e-ISBN 978-3-642-24900-6
DOI 10.1007/978-3-642-24900-6
Springer Heidelberg Dordrecht London New York

Die Deutsche Nationalbibliothek verzeichnet diese Publikation in der Deutschen Nationalbibliografie; detaillierte bibliografische Daten sind im Internet über http://dnb.d-nb.de abrufbar.

Gedruckt auf säurefreiem Papier

Springer ist Teil der Fachverlagsgruppe Springer Science+Business Media (www.springer.com)

Die Europäische Akademie

Die Europäische Akademie zur Erforschung von Folgen wissenschaftlich-technischer Entwicklungen Bad Neuenahr-Ahrweiler GmbH widmet sich der Untersuchung und Beurteilung wissenschaftlich-technischer Entwicklungen für das individuelle und soziale Leben des Menschen und seine natürliche Umwelt. Sie will zu einem rationalen Umgang der Gesellschaft mit den Folgen wissenschaftlich-technischer Entwicklungen beitragen. Diese Zielsetzung soll sich vor allem in der Erarbeitung von Empfehlungen und Handlungsoptionen für Entscheidungsträger in der Politik und Wissenschaft sowie die interessierte Öffentlichkeit realisieren. Diese werden von interdisziplinären Projektgruppen, bestehend aus fachlich ausgewiesenen Wissenschaftlern, erstellt.

Die Reihe

Die Reihe „Ethics of Science and Technology Assessment" (Wissenschaftsethik und Technikfolgenbeurteilung) dient der Veröffentlichung von Ergebnissen aus der Arbeit der Europäischen Akademie und wird von ihrem Direktor herausgegeben. Neben den Schlussmemoranden der Projektgruppen werden darin auch Bände zu generellen Fragen derWissenschaftsethik und Technikfolgenbeurteilung aufgenommen sowie andere monographische Studien publiziert.

Geleitwort

Die *Europäische Akademie zur Erforschung von Folgen wissenschaftlich-technischer Entwicklungen Bad Neuenahr-Ahrweiler GmbH* widmet sich der Untersuchung und Beurteilung wissenschaftlich-technischer Entwicklungen für das individuelle und soziale Leben des Menschen und seine natürliche Umwelt. Sie will zu einem rationalen Umgang der Gesellschaft mit den Folgen wissenschaftlich-technischer Entwicklungen beitragen. Diese Zielsetzung soll sich vor allem in der Erarbeitung von Empfehlungen und Handlungsoptionen für Entscheidungsträger in Politik und Wissenschaft sowie für die interessierte Öffentlichkeit realisieren.

Im Kontext der Erforschung von Wissenschafts- und Technikfolgen unterstützt die Europäische Akademie außerdem junge Wissenschaftler, die sich mit Themen und Methoden in ihrem Forschungsspektrum befassen. In diesem Zusammenhang veröffentlicht die Europäische Akademie die Dissertation von Dr. phil. Dipl.-Biol. Susanne Hiekel, die sie zur Erlangung des Dr. phil. in der Fakultät für Geisteswissenschaften der Universität Duisburg-Essen vorgelegt hat.

Debatten über moderne Technologien wie die Grüne Gentechnologie kranken häufig daran, dass die verwendeten Begriffe ohne Explikation verwendet werden. Die Rekonstruktion einer Terminologie ist eine Voraussetzung für eine rationale Beurteilung der Folgen wissenschaftlicher Entwicklungen. Mit der vorliegenden Studie zielt die Autorin darauf ab, für wichtige Grundbegriffe der grünen Gentechnologie – Züchtung, Lebewesen, natürliche Ziele, Pflanzen, Arten, Gene – eine verlässliche und verständliche Begriffsexplikation zu leisten und damit einen klärenden Beitrag zur moralischen und gesellschaftlichen Diskussion über die grüne Gentechnik zu liefern.

Bad Neuenahr-Ahrweiler
im September 2011

Carl Friedrich Gethmann

Vorwort

Dieses Buch ist die Druckfassung meiner überarbeiteten Dissertation, die im Rahmen meines an der Universität Duisburg-Essen durchgeführten Promotionsverfahrens angefertigt wurde. Ich möchte meinem Doktorvater Carl Friedrich Gethmann ganz herzlich für die Betreuung der Arbeit danken. Meinem Zweitgutachter Mathias Gutmann möchte ich für die Hinweise und Erläuterungen im Bereich der Philosophie der Biologie danken, die mir in diesem weiten und spannenden Feld als Orientierung dienen. Außerdem geht mein Dank an die Mitglieder des von Professor Gethmann geleiteten Essener Oberseminars, die meine Texte mal mehr, mal weniger heftig mit mir diskutierten und wertvolle Anregungen gaben: Carl Bottek, Rike Briesemeister, Yuliya Fadeeva, Bernd Gräfrath, Georg Kamp, Anke Knevels, Stefan Roski, Drazan Rožić, Thorsten Sander, Jan Schreiber, Felix Thiele und Christiana Werner.

Die Themenfindung und der Beginn der Bearbeitung wurde durch das Projekt der Berlin-Brandenburgischen Akademie der Wissenschaften „Zukunftsorientierte Nutzung ländlicher Räume – Landinnovation" mit motiviert und finanziert, so dass ich an dieser Stelle stellvertretend für die gesamte Interdisziplinäre Arbeitsgruppe dem Projektleiter Reinhard F. Hüttl sowie dem Projektkoordinator Tobias Plieninger danken möchte.

Teile von Kapitel 3.2.1[1] und Kapitel 3.3[2] wurden in anderer Form veröffentlicht.

Susanne Hiekel

[1]Als: Renaissance der Essenzen? Vom Wesen der Lebewesen. Sektionsbeiträge Lebenswelt und Wissenschaft XXI Deutscher Kongress für Philosophie. http://www.dgphil2008.de/fileadmin/download/Sektionsbeitraege/22-1_Hiekel.pdf ISBN 978-3-00-025531-1.

[2]Als: Das teleologische Erklärungsmodell in der Biologie. In: Carl Friedrich Gethmann und Susanne Hiekel (Hrsg.): Ethische Aspekte des züchterischen Umgangs mit Pflanzen. Materialienreihe der Interdisziplinären Arbeitsgruppe „Zukunftsorientierte Nutzung ländlicher Räume – LandInnovation". Berlin-Brandenburgische Akademie der Wissenschaften, S. 19–30, Berlin 2007.

Inhalt

Kapitel 1
Einleitung

> Key concepts in biology, I suggest, are static abstractions from life processes, and different abstractions provide different perspectives on these processes. This is a fundamental reason why these concepts stubbornly resist unitary definitions. (Dupré 2008:35)

Das 20. und sicher auch das 21. Jahrhundert können als Jahrhunderte des Gens oder auch der Gentechnik angesehen werden. Die neuen Erkenntnisse und Techniken der Biologie im Bereich der Genetik machen vieles möglich, was bislang undenkbar erschien. In diesem Kontext stellt die Gentechnik eine Praxis dar, die für die Zukunft vielversprechende, aber auch beängstigende Möglichkeiten bietet, so dass sich an der Bewertung der Gentechnik die Geister scheiden. (vgl. Altieri und Rosset 2002; McGloughlin 2002)

Die Gentechnik kann als ein Derivat der Biologie angesehen werden, bei dem die Kenntnisse der Genetik und der Molekularbiologie genutzt und technologisch umgesetzt werden. Dabei wird die Erbinformation – die DNS (Desoxyribonukleinsäure) – mit Sequenzen der DNS anderer Organismen neu kombiniert (rekombiniert), so dass gentechnisch veränderte Organismen (die sogenannten GVOs) entstehen. Je nachdem zu welchem Zweck oder in Abhängigkeit davon, welche Organismen manipuliert werden, spricht man von roter, weißer oder grüner Gentechnik (oder auch Biotechnik).

Die rote Gentechnologie ist diejenige Disziplin, die spezielle Fragen der medizinischen Diagnostik und Therapie fokussiert; beispielsweise in der Diagnostik bei der Früherkennung von genetischen Defekten, als Hilfsmittel bei kriminaltechnischen Untersuchungen oder in der Therapie z. B. bei der Züchtung von Geweben zur Transplantation (tissue engineering) oder bei der Herstellung von Medikamenten wie Insulin. Das Wort ‚rot' in ‚rote Gentechnik' steht für den roten Blutfarbstoff. Dadurch soll signalisiert werden, dass die Anwendung der Technologie auf Wirbeltiere bzw. Organismen mit rotem Blut beschränkt ist. Die Qualifikation als medizinische Biotechnologie gibt das Spektrum der Aufgaben an, dem sich diese Disziplin widmet.

Die weiße Gentechnik wird dazu genutzt, industrielle Prozesse zu optimieren. Dabei werden vollständige Organismen – meist Mikroorganismen – oder deren Bestandteile zu diesem Zweck verwendet. Ein Beispiel für die weiße Biotechnik ist die Gewinnung von Enzymen für die Waschmittelproduktion.

S. Hiekel, *Grundbegriffe der grünen Gentechnik*,
Ethics of Science and Technology Assessment 39,
DOI 10.1007/978-3-642-24900-6_1, © Springer-Verlag Berlin Heidelberg 2012

Das Wort ‚grün' in ‚grüne Gentechnik' dient zur Kennzeichnung des Typs von Objekten, die durch gentechnische Methoden manipuliert werden. ‚Grün' bezieht sich dabei zunächst auf die Lebewesen, die durch den grünen Farbstoff Chlorophyll dazu befähigt sind, sich mittels Photosynthese und einiger anorganischer Stoffe zu ernähren.[1] Wird die grüne Gentechnik im Agrarsektor eingesetzt, so firmiert sie auch unter der Bezeichnung ‚Agrogentechnik'.

Der Regenbogen der Gentechnik lässt jedoch keine eindeutige Zuordnung der verschiedenen Gebiete der Gentechnik zu. So kann man z. B. die Antibiotika- oder Insulinherstellung sowohl zum Bereich der roten wie auch der weißen Gentechnik und neuerdings auch der grünen Gentechnik zählen; genauso kann auch die Energiegewinnung aus Biomasse unter die ‚weiße' oder ‚grüne' Gentechnik fallen. Die Gewinnung von Impfstoffen aus Pflanzen ist ebenfalls eine Technik, die nicht eindeutig zugeordnet werden kann, denn sie lässt sich sowohl aus der Perspektive der roten (medizinischen) als auch aus der Sicht der grünen Gentechnologie betrachten. Es sind also nur Verständigungsangebote, die ungefähr verdeutlichen, in welchem Bereich der Gentechnologie man sich bewegt.[2]

Im Folgenden wird speziell die grüne Gentechnik fokussiert. Sie ist eine Züchtungsmethode, die vor allem auf der öffentlich-gesellschaftlichen Ebene stark diskutiert wird. Dabei ist die Akzeptanz der betreffenden Techniken in der Bevölkerung von Fall zu Fall sehr unterschiedlich. Während ca. 74 % von rund 4.000 Befragten es ablehnten, sich von gentechnisch erzeugten Nahrungsmitteln zu ernähren, befürworteten 67 % die Förderung der grünen Gentechnik, damit Pflanzen und Getreidesorten entwickelt werden, die auch in kargen Gegenden der dritten Welt angepflanzt werden können. (Müller-Röber 2007:156)

Im Supplement zum Gentechnologiebericht der Berlin-Brandenburgischen Akademie der Wissenschaften, der sich speziell mit Aspekten der grünen Gentechnologie beschäftigt, werden insgesamt 22 Problemfelder der grünen Gentechnik aufgezeigt, die sich zwischen den Leitdimensionen der Ökonomie, des Sozialen, der Ökologie und der Wissenschaft auffächern (Müller-Röber 2007:111–165).[3] Die Anwendung

---

[1] Zur genaueren Bestimmung, was das Wort ‚grün' in ‚grüne Gentechnik' bedeuten kann, siehe Kap. 3.4.

[2] Im Gentechnologiebericht der Berlin-Brandenburgischen Akademie der Wissenschaften wird die Einteilung der Biotechnologie in rote, grüne und graue Biotechnologie anhand von Geschäftsfeldern vorgenommen. Zur roten Gentechnologie werden die human- und veterinärmedizinische sowie pharmazeutische Entwicklung und Anwendung, zur grünen Gentechnik die Pflanzen- und Lebensmittelbiotechnologie und zur grauen Gentechnik die Entwicklung und Anwendung von Verfahren in der Industrie und im Umweltschutz gezählt. Aber auch diese Einteilung ist nicht disjunkt, da nicht immer eine eindeutige Zuordnung möglich ist. (Hucho et al. 2005:525–526)

[3] Folgende Problemfelder werden aufgeführt: Akzeptanz der Endverbraucher, Brain-drain, Eingriff in die Schöpfung/Natur, Ernährungssicherheit, Forschungs- und Wissenschaftsstandort Deutschland, Gesunde Ernährung, Gesundheitliche Risiken, Koexistenz und Haftungsfragen, Landwirtschaftliche Strukturen, Missbrauchsrisiko, Nachhaltigkeit, Nutzenverteilung, Ökologische Risiken beim Anbau, Ökonomische Gewinne und Arbeitsplätze, Patente auf Leben, Realisierung wissenschaftlicher Zielsetzungen, Rechtsrahmen, Sicherheit während der Forschung, Sicherheitsforschung und -prüfung, Stand der Kommerzialisierung, Transfer von Wissen in Produkte, Wahlfreiheit und Kennzeichnung.

der Gentechnologie bei Pflanzen ist also ein Themenkomplex, der in unterschiedlichen Bereichen des menschlichen Lebens, aber auch in den Funktionsgefügen der mit den so veränderten Organismen in Kontakt tretenden Umwelt eine Rolle spielt.

Die Debatten um die grüne Gentechnik zeichnen sich zumeist dadurch aus, dass sie häufig sehr hitzig geführt werden. So kommt es dazu, dass ohne für ein bestimmtes Vorgehen schlüssig zu argumentieren, dieses *de facto* in die Tat umgesetzt wird.[4] Entgegen einem Vorgehen, das lediglich auf Intuitionen beruht, soll in dieser Arbeit eine begriffliche Basis geschaffen werden, von der man rational argumentierend ausgehen kann.

Die grüne Gentechnik ist eine technische Handlungsmöglichkeit, die kontrovers diskutiert wird. Die Bewertungen dieser Technik – ob positiv oder negativ – können dabei so aufgefasst werden, dass sie meist eine implizite Aufforderung beinhalten; entweder dazu, diese Technik weiter anzuwenden oder aber die Anwendung zu unterlassen. Indem man sagt, dass die grüne Gentechnik eine gute Option ist, um den Hunger in der Welt zu bekämpfen oder um Ersatz für fossile Brennstoffe zu generieren, gibt man gleichzeitig indirekt zu verstehen, dass diese Technologie weiter verfolgt werden *sollte*. Entsprechendes gilt im Fall der pejorativen Einstellungen. Wenn behauptet wird, dass die Risiken der grünen Gentechnik unkontrollierbar sind, ist dies implizit mit der Aufforderung verbunden, dass die Anwendung dieser Technologie besser unterlassen werden *sollte*.

Dabei ist die grüne Gentechnik immer als ein Mittel zu einem bestimmten Zweck zu verstehen und bei der Bewertung erfolgt die Qualifizierung als eine zu befürwortende oder abzulehnende Technologie in Hinblick auf diesen Zweck. Dies ist nicht nur bzgl. der Beurteilung, ob die grüne Gentechnik ein adäquates Mittel zur Bekämpfung des Welthungers oder der Energiekrise sein kann der Fall, sondern auch in der Frage, ob in einem bestimmten Zusammenhang ein unbekanntes Risiko eingegangen werden sollte.

In der Debatte um die Beurteilung dieser Technik sind allerdings die emotionalen Komponenten nicht weiterführend, denn Gefühle als Indikator dafür heranzuziehen, ob eine Handlung ausgeführt werden soll oder nicht, ist erstens nicht zuverlässig und zweitens sind Gefühle individuell stark schwankend.[5] Ein ungutes Gefühl bei der Einführung einer neuen Technik muss daher kritisch auf seine Basis hin hinterfragt

---

[4] Z. B. das Totalverbot der grünen Gentechnik durch die Vernichtung von Freilandversuchen. (Boysen 2008:255)

[5] In dieser Hinsicht sollte der Gedankengang Leonard Nelsons aufgegriffen werden, dass man einen festeren Boden als eine emotionale Grundlage benötigt, auf dem eine Evaluation aufgebaut werden kann:

„Diese Tatsachen [des Lebens, SH] treiben uns durch ihre Einwirkung auf das Gefühl bald hierhin, bald dorthin, solange wir keinen festen Standpunkt gefunden haben, von dem aus wir mit Sicherheit, mit der Sicherheit der Wissenschaft, über die Tatsachen urteilen können. Es ist also die eigentlich praktische Bedeutung der Probleme, die uns unmittelbar veranlaßt, sie wissenschaftlich anzugreifen. Um das zu können, ist es erforderlich, sie zum Gegenstand einer Untersuchung zu machen, die gar nicht nüchtern und leidenschaftslos genug von statten gehen kann, bei der also gerade alles darauf ankommen wird, die Wirkung auf das Gefühl, auf der sonst die Triebkraft der sittlichen Wahrheiten beruht, sorgfältig fernzuhalten.“ (Nelson 1932:§4, 13–14)

werden. Diese Basis muss in der Diskussion explizit gemacht werden können und zwar in Form von Argumenten, die auf ihre Geltung hin zu überprüfen sind.

Dass etwas getan oder unterlassen werden *soll*, bedarf also der Rechtfertigung; und zwar nicht nur der individuellen Rechtfertigung, sondern im Rahmen einer ethischen Bewertung einer Rechtfertigung, die gegenüber jedermann – also universell – erfolgt. Denn „in der philosophischen Disziplin Ethik geht es grundsätzlich darum, Handlungsorientierungen herauszufinden, die verallgemeinerbar, d. h. grundsätzlich jedermann zumutbar sind." (Gethmann und Sander 1999:122)

Die Forderung der Verallgemeinerbarkeit ergibt sich aus dem Vernunftprinzip der moralischen Argumentation:

> Eine Begründung für eine Zwecksetzung oder eine Maxime (und daraus folgend dann auch für eine Handlung) soll universell in dem Sinne sein, daß diese Zwecksetzung oder diese Maxime jedermann gegenüber verteidigt werden kann. Eine Verteidigung von Zwecksetzungen oder Maximen besteht in der Angabe von Sätzen, die von jedermann angenommen werden können sollen und aus denen die zu begründenden Zwecksetzungen oder Maximen abgeleitet werden können. [...] Universell müssen die Aufforderungen darum sein, wenn sie für jedermann annehmbar sein sollen, weil sie einmal als Gründe benutzt werden, d. h. aus ihnen die – dann ebenfalls für jedermann annehmbaren – einzelnen Aufforderungen zur Setzung eines Zweckes abgeleitet werden können sollen, und zum anderen sie *als Gründe* für jedermann annehmbar sein sollen, d. h. eben: auch für eine Begründung der Zwecksetzung beliebiger anderer Personen (in den entsprechenden Situationen) verwendbar sein sollen. (Schwemmer 1976:136–137)

In diesem Zusammenhang kann man sich die Befürworter und Gegner der grünen Gentechnik als Proponenten und Opponenten denken, die sich in einem Konflikt über generelle Imperative befinden. Sie befinden sich also in einem Normenkonflikt. Wird vorausgesetzt, dass eine gewaltfreie Lösung dieser Konflikte gewollt ist, dann sind es hier Rechtfertigungsdiskurse, die dazu dienen können, diese zu lösen.

In einem Rechtfertigungsdiskurs können vom Opponenten zwei Elemente hinterfragt bzw. bezweifelt werden, die den Proponenten dazu berechtigen, eine Norm (Tue H!) an jedermann zu richten. Zum einen können die Prämissen, zum anderen die Übergangsregeln (Wann immer K der Fall ist, tue H!) kritisiert werden.[6] Wenn also die Aufforderung ausgesprochen wird: ‚Nutze die grüne Gentechnik!', dann muss der Proponent bei einem Zweifel des Opponenten entweder für die Prämissen argumentieren, die diese Präskription stützen, oder aber die Übergangsregel (oder auch beides) verteidigen. Das Gleiche gilt natürlich auch für ein Verbot der grünen Gentechnik.

In der vorliegenden Arbeit wird nicht versucht, einen solchen Diskurs (fiktiv) zu führen, sondern es werden Argumentationsgrundlagen angeboten. Es ist davon auszugehen dass, bevor man einen normativen Diskurs angeht, zunächst die begrifflichen Präsuppositionen klar vor Augen liegen müssen. Es wird hier gezeigt, dass z. B. das Konstativum ‚dies ist ein Lebewesen' unterschiedliche Bedeutungen und Implikationen haben kann, welche in einem Diskurs explizit gemacht werden müssen, damit man zu einer Einigung bzgl. der Sachfragen, in denen diese Behauptung eine Rolle spielt, kommen kann. Auch haben die unterschiedlichen Weisen der

---

[6] Zu den möglichen Verläufen von Rechtfertigungsdiskursen siehe Gethmann (1979).

Explikation z. B. des Ausdrucks ‚Lebewesen' Stärken und Schwächen, die in dieser Arbeit analysiert werden.

Es werden also die grundlegenden Begriffe und Präsuppositionen, die in der Debatte um die grüne Gentechnik gebraucht werden, einer Klärung unterzogen. Diesem Vorgehen liegt die Annahme zugrunde, dass einer Evaluation der grünen Gentechnik eine Klärung dessen vorausgehen muss, worüber man überhaupt spricht. Würden solche Klärungen nicht erfolgen, würde ein Rechtfertigungsdiskurs allein schon an „Missverständnissen der Sprachgebräuche" (Janich 2001:126) scheitern.

Bei diesem Unternehmen werden die Grundbegriffe der grünen Gentechnik aus einem bestimmten Blickwinkel ausgewählt: Der Auswahl liegen vornehmlich Präskriptionen aus dem Bereich der Ökophilosophie zugrunde, in denen es darum geht, ob diese Technik allein schon deshalb abzulehnen ist, weil sie einen Eingriff in die Natur darstellt.[7] Es wird also nur ein kleiner Bereich der Problemfelder, die die grüne Gentechnik aufwirft, betrachtet und es werden z. B. rechtliche oder soziale Aspekte unberücksichtigt gelassen.[8] Damit wird aber keinesfalls eine Wertung vorgenommen, sondern lediglich der Umfang der Untersuchung begrenzt.

Die biozentrische Ethik[9] ist ein Positionenfeld, in dem sich Argumente finden lassen, denen zufolge die grüne Gentechnik als eine Technik, mit der Lebewesen genetisch verändert werden, abzulehnen ist. Diese Argumente wurden als Ausgangspunkt der hier vorgelegten Überlegungen ausgewählt, da in ihnen die Prämissen dargelegt werden, in denen die Begriffe, die in der Debatte eine Rolle spielen, enthalten sind. Ein Vertreter der biozentrischen Ethik ist Günter Altner, der sich im Rahmen einer Studie des Wissenschaftszentrums Berlin für Sozialforschung speziell mit den ethischen Aspekten der gentechnischen Veränderung von Pflanzen beschäftigt. In seiner Studie legt Altner u. a. folgende Grundsätze der biozentrischen Ethik fest (Altner 1994; Hervorhebungen SH):

- Alle *Lebewesen* sind in einem universalen Sinne Träger von Überlebens*absichten*. Lebensvollzüge haben sich selbst zum *Zweck* und dürfen niemals ausschließlich zum Mittel für subjektive Zwecke des Menschen werden.

[7] Überlegungen grundlegender Art, ob aus der Natürlichkeit ein Sollen abzuleiten ist, ist in Birnbacher (2006) zu finden.

[8] Würden diese Aspekte ebenfalls berücksichtigt, so müsste die Liste der Grundbegriffe um ein Vielfaches verlängert werden. So würden z. B. im Bereich der Diskussion um die Monopolisierung von Wissen und Gütern auch Fragen der Gerechtigkeit eine Rolle spielen. Da dies den Rahmen der vorliegenden Arbeit sprengen würde, wird nur der ausgewählte Bereich fokussiert. Auch die empirischen Fragen, wie risikoreich diese Technik ist, werden hier nicht tiefgehend analysiert, da diese Fragen Sache der betreffenden Fachwissenschaft sind. Einen Überblick über verschiedene ethische Aspekte der Biotechnologie im Lebensmittelbereich gibt Thompson (2007a).

[9] Eine biozentristische Umweltethik scheint auf den ersten Blick eine Position zu sein, die nicht unbedingt zu den gängigen Positionen der akademischen Ethik gehört. Allerdings rückt diese Position wieder verstärkt in den Blickpunkt des Interesses, seitdem die Schweiz 1992 in ihrer Bundesverfassung die ‚Würde der Kreatur' als zu berücksichtigenden Aspekt aufgenommen hat:

„Abs. 3: Der Bund erlässt Vorschriften über den Umgang mit Keim- und Erbguts von Tieren, Pflanzen und anderen Organismen. Er trägt dabei der Würde der Kreatur sowie der Sicherheit von Mensch, Tier und Umwelt Rechnung und schützt die Vielfalt der Tier- und Pflanzenarten."

Vgl. auch: Balzer et al. (2000); Jaber (2000); Brom (2000).

- Kein Repräsentant der allgemeinen Lebensgeschichte darf im Vorhinein vom weiteren Gang der *Evolution* ausgeschlossen werden.

Er leitet aus diesen Grundsätzen folgende Regeln der Handlungsorientierung ab:

- Jede *Art* repräsentiert Natur in der Gestalt eines bestimmten Standes von Evolution und hat ein Recht auf Evolution.
- Die *Selbstorganisation* der Natur ist zu beachten und in das technische und wirtschaftliche Kalkül mit einzubeziehen.
- Es ist auf die Vielfalt der Garanten (*Arten*) der Evolution zu achten.
- In der *Konfiguration* der Arten und den mit ihr gegebenen, vorläufigen Resistenzbalancen bilden sich die *Überlebensinteressen* der Zukunft ab.
- Natur hat eine zu beachtende *Eigenpotenz*, die in das Kalkül des technischen Gestaltens mit aufgenommen werden muss.

Altner gelangt dann in Hinsicht auf die gentechnische Veränderung von Pflanzen zu dem Schluss, dass folgende Integritätskriterien der Pflanze bei der Bewertung einzelner Vorhaben der grünen Gentechnik berücksichtigt werden müssen:

- das aktuelle Erscheinungsbild (und die Stabilität) der Pflanze als Vertreterin ihrer Art,
- das arttypische Genom,
- der biozönotische und ökosystemare Zusammenhang und
- der Kontext der Evolution im Hinblick auf zukünftige Entwicklungen.

Daraus folgt dann, dass Einspruch gegen eine gentechnische Veränderung von Pflanzen zu erheben ist, wenn die physiologische Stabilität der betroffenen Pflanze belastet, das arttypische Zusammenspiel der Gene gestört wird, biozönotische Veränderungs- und Kippprozesse angestoßen oder über den horizontalen Gentransfer evolutionäre Parameter schwerwiegend verändert werden.

Solch explizite Aussagen gegen eine gentechnische Veränderung von Pflanzen aus biozentrischer Sicht sind selten, aber durchaus aus allgemeinen Aussagen verschiedener anderer Autoren ableitbar. So gehen Paul Taylor oder auch Holmes Rolston – beides bekannte Autoren der Umweltphilosophie-Debatte – davon aus, dass die natürliche genetische Ausstattung von Organismen einen Wert darstellt, der bei der ethischen Bewertung eines Sachverhaltes Berücksichtigung finden muss. Dieser Wert wäre insbesondere dann besonders beeinträchtigt, wenn die arteigene Erbinformation mit artfremdem Genmaterial gemischt würde, wie das in der grünen Gentechnik der Fall ist.[10]

Textstellen, aus denen eine ablehnende Haltung gegenüber der grünen Gentechnik ableitbar ist, wären z. B.:

- Holmes Rolston: „Jeder Organismus hat auf seine Art ein gutes Leben, und er verteidigt seine Art als eine gute Art. In diesem Sinn ist das Genom ein Set von Molekülen zur Erhaltung der Art.“ (Rolston 1997:253)

---

[10] Beide Autoren äußern sich in ihren Werken „Werte in der Natur und die Natur der Werte“ (Rolston) bzw. „Respect for Nature“ (Taylor) selber nicht zur Problematik der grünen Gentechnik.

- Paul Taylor: „[...] alle [Organismen] sind gleichermaßen teleologische Zentren von Leben in dem Sinne, daß jedes ein einheitliches System zielgerichteter Aktivitäten ist, die seiner Erhaltung und seinem Wohlergehen dienen." (Taylor 1997:131)

Und auch in einer holistischen Ethik, wie der von Ludwig Siep, wird der Natürlichkeit ein Wert zugesprochen, der bei ethischen Betrachtungen berücksichtigt werden muss:

> Natürliche Existenz und Gestalt, Selbständigkeit bzw. Unabhängigkeit vom menschlichen Willen (Zufälligkeit, Ungeplantheit, begrenzte Kontrollierbarkeit) und Ordnung sind [...] positiv bewertete Züge von Natürlichkeit. (Siep 2004:154)

Und:

> [...] aus der positiven Bewertung dieser Aspekte von Natürlichkeit ergeben sich die Normen ihrer Erhaltung, Beförderung oder Wiederherstellung. Was dabei erhalten werden soll, sind die Eigentümlichkeiten der „physis" verschiedener Stufen der Natur bzw. der Arten des Lebendigen. (ebd.:275)

In der Bewertung der grünen Gentechnik aus biozentrischer Sicht findet sich ein Grundset von Ausdrücken, die immer wiederkehren. Zu diesen Ausdrücken gehören z. B. ‚Züchtung', ‚natürliches Ziel', ‚Lebewesen', ‚(natürliche) Arten' oder ‚Gene'. Die Bedeutung dieser Ausdrücke wird allerdings meist nicht explizit ausbuchstabiert, sondern findet vor dem jeweiligen Hintergrund der Evaluation eine bestimmte implizite Bedeutung.

Die vorliegende Arbeit beleuchtet die gebrauchten Ausdrücke in unterschiedlichen Facetten ihrer Bedeutung und untersucht sie auf ihre Haltbarkeit.[11] Dabei wird angenommen, dass die verschiedenen Ausdrücke wie z. B. ‚Lebewesen', ‚natürliches Ziel', ‚(natürliche) Art' oder ‚Gen' und die Prädikationen wie ‚ist ein Lebewesen', ‚ist eine (natürliche) Art' etc. in verschiedenen Bedeutungsnetzen unterschiedlich konnotiert sind und dass durch diese Konnotation Begriffe und Prädikationen nicht allgemein und kontextunabhängig definiert werden können, sondern kontextuell geprägt sind.[12]

Diese Annahme stützt sich auf Überlegungen von z. B. Karl R. Popper, Norwood R. Hansson, Thomas S. Kuhn und Paul Feyerabend, die dafür argumentieren, dass es keine theorieneutrale (Beobachtungs-)Sprache gibt, sondern dass Beobachtungen und auch die Beschreibung dieser Beobachtungen theoriedurchtränkt sind. Der Begriff der ‚Theorie' bzw. der ‚Theoriegeladenheit' ist dabei nicht auf wissenschaftliche Theorien beschränkt, sondern kann auch auf naturphilosophische Konzeptionen angewendet werden, die einen Kontext für Begriffe bilden können.[13]

---

[11] Dazu werden die Positionen nicht explizit vorgestellt, sondern es werden mögliche Fälle von Grundannahmen, die in der Debatte eine Rolle spielen, analysiert und kritisiert.

[12] In ‚Logische Propädeutik' von Wilhelm Kamlah und Paul Lorenzen wird ähnliches auch als Plastizität der Gebrauchsausdrücke bezeichnet. Vgl. Kamlah und Lorenzen (1996):64–69.

[13] So z. B.: „[...] the influence, upon our thinking, of a comprehensive scientific theory, or of *some other general point of view*, goes much deeper than is admitted by those who would regard it as a convenient scheme for the ordering of facts only. According to this [...] idea scientific theories are ways of looking at the world; and their adoption affects our experiences and our conception of reality." (Feyerabend 2000:29; Hervorhebung SH)

Ein weiterer Ursprung der hier unterliegenden Sichtweise einer Kontextualität von Begriffen ist im semantischen Sprachspiel-Holismus des späten Wittgenstein zu sehen[14], der folgendermaßen charakterisiert werden kann:

> [...] Sätze/Äußerungen von Sätzen sind (in semantisch relevanter Weise) in Sprachspiele eingebettet. [...]
> Ein und dieselbe Äußerung eines Satzes (qua Typ) kann in verschiedenen Sprachspielen Verschiedenes bedeuten.
> [...] Wenn du den Sinn eines philosophisch relevanten Satzes untersuchst, musst du das Sprachspiel beachten, in das er eingebettet ist. (Scholz 2002:182)

In den verschiedenen Sprachspielen werden Wörter unterschiedlich gebraucht und es sind verschiedene Züge im Sprachspiel möglich, die aber durch das jeweilige Sprachspiel festgelegt werden.[15]

In dieser Arbeit wird davon ausgegangen, dass die Wörter im elaborierten argumentativen Geschäft unterschiedlich gebraucht werden und dass dieser Gebrauch von den Präsuppositionen und von der Einbettung in allgemeine Kontexte geprägt ist, wie v. a. Wittgenstein deutlich gemacht hat:

> Vergiß nicht, daß Wörter die Bedeutung haben, die wir ihnen gegeben haben; und wir geben ihnen Bedeutung durch Erklärungen. Es mag sein, daß ich die Definition eines Wortes gegeben und es entsprechend gebraucht habe, oder daß diejenigen, die mich das Wort gelehrt haben, mir die Erklärung gegeben haben. Oder andernfalls könnten wir mit der Erklärung eines Wortes die Erklärung meinen, die wir bereit sind zu geben, wenn wir gefragt werden. (Wittgenstein 1984b:52)

Wenn nun aber ein Satzsinn in unterschiedlichen Sprachspielen verschieden ist, dann haben auch die subsententialen Elemente eine unterschiedliche Bedeutung. Und mit den unterschiedlichen Bedeutungen sind auch nur bestimmte Züge im jeweiligen Sprachspiel erlaubt.[16]

---

[14] Hier wird davon ausgegangen, dass die Bedeutung von Ausdrücken bzw. Prädikatoren nicht allein durch eine ostensive Einführung erfasst werden kann. In Kritik einer Position, die die ostensive Einführung als die bedeutungskonstituierende Methode favorisiert (eine Kritik, die man z. B. auf eine Putnamsche oder Kripkesche Position der kausalen Bedeutungstheorie anwenden könnte – siehe hierzu Kap. 3.5.2) schreibt Wittgenstein:

„Das Benennen erscheint als eine *seltsame* Verbindung eines Wortes mit seinem Gegenstand. – Und so eine seltsame Verbindung hat wirklich statt, wenn nämlich der Philosoph, um herauszubringen, was *die* Beziehung zwischen Namen und Benannten ist, auf einen Gegenstand vor sich starrt und dabei unzählige Male einen Namen wiederholt, oder auch das Wort „dieses". Denn die philosophischen Probleme entstehen, wenn die Sprache *feiert*. Und *da* können wir uns allerdings einbilden, das Benennnen sei irgend ein merkwürdiger seelischer Akt, quasi eine Taufe eines Gegenstandes. Und wir können so auch das Wort „dieses" gleichsam *zu* dem Gegenstand sagen, ihn damit *ansprechen* – ein seltsamer Gebrauch dieses Wortes, der wohl nur beim Philosophieren vorkommt." (Wittgenstein 1984a:§38)

[15] Wittgenstein bezeichnet Sprachspiele als „Verfahren zum Gebrauch von Zeichen" (Wittgenstein 1984b:37) und schreibt, dass in Sprachspielen der Gebrauch von Wörtern gelernt wird.

[16] Vgl. Glock (2000:326):

„Ein Satz ist ein Zug oder eine Bewegung im Spiel der Sprache; er wäre bedeutungslos ohne das System, von dem er ein Teil ist. Sein Sinn ist seine Funktion in der sich entfaltenden sprachlichen Tätigkeit. [...] Wie im Fall der Spiele, hängt, welche Züge möglich sind, von der Situation (der Stellung auf dem Spielbrett) ab, und für jeden Zug sind bestimmte Antworten verständlich, während andere ausgeschlossen sind."

Als Sprachspiel-Analoga werden hier die verschiedenen Konzeptualisierungen der Grundbegriffe der grünen Gentechnik angesehen, wie z. B. beim Begriff des Lebewesens, welcher in neoaristotelischer, systemtheoretischer, metaphysisch-holistischer, gestalttheoretischer oder reduktionistischer Weise unterschiedlich ausbuchstabiert wird. Die Folge dieser unterschiedlichen Regeln ist z. B. dass, wenn man die Aussage ‚Die genetische Ausstattung eines pflanzlichen Lebewesens darf nicht verändert werden' auf ihre Rechtfertigung hin hinterfragt, man zu unterschiedlichen Ergebnissen kommt, je nachdem auf welche Präsuppositionen sie zurückzuführen ist. Wenn man z. B. die genetische Ausstattung eines Lebewesens in neoaristotelischer Art und Weise als dessen essentiellen Bestandteil ansieht, kommt man zu einer anderen Einschätzung der Präskription, als wenn man ein pflanzliches Lebewesen lediglich als Vehikel seiner Gene betrachtet.

Es gilt also, die unterliegenden Sprachspiele zu vergegenwärtigen, denn:

> Philosophische Fehler drohen erstens, wenn Wörter und Sätze losgelöst von den Sprachspielen untersucht werden, in denen sie eine geregelte Verwendung und damit einen verbindlichen Sinn haben. Zweitens drohen sie, wenn Wörter oder Sätze – „hervorgerufen, unter anderem, durch gewisse Analogien zwischen den Ausdrucksformen in verschiedenen Gebieten unserer Sprache" – irrtümlich einem falschen Sprachspiel zugeordnet werden. (Scholz 2002:184)

So wie Beobachtungen theoriegeladen[17] sind, so sind auch bestimmte Aussagen theorieimprägniert bzw. eingebettet in bestimmte Sprachspiele und es gilt, die jeweiligen Theorien/Sprachspiele, die den Aussagen unterliegen können, darzustellen und zu kritisieren. Diese Kontexte werden aber meist in einer normativ-evaluativen Debatte nicht explizit gemacht. Daher werden hier verschiedene mögliche Kontexte vorgestellt, in die die jeweiligen Ausdrücke und Prädikatoren eingebettet sein können.[18] Hier wird, um ein möglichst allgemeines Bild der jeweiligen Position darstellen zu können, nicht anhand von Beispielen aus der Gentechnik-Debatte gearbeitet, sondern losgelöst davon werden mögliche Kontexte extrahiert, ohne diese in der Debatte genau zu lokalisieren.

Da die grüne Gentechnik eine besondere Form der Praxis darstellt, welche auf wissenschaftlich-technischem Wissen basiert, wird ein Kapitel mit grundlegenden Überlegungen hinsichtlich des allgemeinen und des speziell biologischen Wissenschaftsverständisses den folgenden Begriffsanalysen vorangestellt. Den Status eines wissenschaftlich-technischen Wissens gilt es zu klären, da im Hinblick auf die Frage, wie wir uns überhaupt auf die Welt beziehen, immer schon wichtige argumentative Weichenstellungen vorgenommen werden, die meist in normativen

[17] Man könnte hier vielleicht besser von terminologie-geladen sprechen, denn es müssen nicht notwendigerweise Theorien angenommen werden, damit eine Kontextdependenz der Bedeutung angenommen werden kann. Wenn hier von Theoriegeladenheit die Rede ist, dann ist der Theoriebegriff mit einem eher schwachen Anspruch der Theoretizität verbunden.

[18] Bei der Auflistung der möglichen Positionen hinsichtlich der verschiedenen Grundbegriffe der grünen Gentechnik wird kein Anspruch auf Vollständigkeit erhoben.

Aussagen mitschwingen, die aber oft nicht explizit gemacht werden. (vgl. Janich und Weingarten 2002)[19]

In einer realistischen Lesart hat Wissenschaft das Ziel, die Welt zu zeigen, wie sie ‚wirklich ist'. Dass dieses Ziel (zu) hoch gesteckt ist, wird im Kapitel „Wissenschaftstheoretische Grundlagen" gezeigt. Dazu wird eine korrespondenztheoretische Wahrheitskonzeption realistischer Lesart kurz skizziert und verdeutlicht, dass sich der korrespondenztheoretische Wahrheitsbegriff mit der realistischen These in Konflikt befindet, dass die Wahrheit – oder die approximative Wahrheit – von Theorien durch die physische Wirklichkeit festgelegt wird. Die dem Realismus inhärente ontologische Prämisse, dass die Welt unabhängig von uns existiert, macht die Objekte, bzw. die Erkenntnis von diesen, rätselhaft, da der Wahrheitsbegriff ‚radikal nichtepistemisch' aufgefasst wird. Es wird dafür argumentiert, dass die Auflösung dieses Konflikts über abduktive Argumente nicht stichhaltig ist.

Demgegenüber wird eine antirealistische Konzeption von Wissenschaft gestellt, welche im Einklang mit der Sichtweise der Theoriedependenz der Bedeutung von Ausdrücken steht.

An dieses grundlegende Kapitel schließen sich die Begriffsanalysen an, deren Auswahl sich der (biozentrischen) Debatte um die grüne Gentechnik verdankt:

Züchtung Die Züchtungspraxis – sowohl die konventionelle wie auch die, welche mit Hilfe der grünen Gentechnik durchgeführt wird – wird im ersten der Begriffskapitel beleuchtet, denn Züchtungskontexte stellen die lebensweltliche Basis dar, in deren Rahmen die Grundbegriffe der grünen Gentechnik ihre Bedeutung erlangen.

Die konstruierende Praxis der konventionellen und der gentechnologischen Züchtung wird vor allem im Hinblick auf ihre Methoden hinterfragt und es wird gezeigt, dass sich sowohl die eine als auch die andere auf Kenntnisse der Genetik stützt und dass die allgemeinen Züchtungsziele sich nicht unterscheiden. Was die grüne Gentechnik methodisch besonders auszeichnet, ist die gezielte Übertragung von genetischem Material.

Lebewesen Die Konzeptualisierungen des Ausdrucks ‚Lebewesens' werden hier besonders ausführlich bedacht, da gerade Ethikkonzeptionen, die aus biozentrischer Sicht argumentieren, der grünen Gentechnik ablehnend gegenüberstehen (müssten), weil der Begriff des Lebewesens dort eine bestimmte normative Konnotation besitzt.[20]

---

[19] In der pflanzenethischen Konzeption Angela Kallhoffs werden z. B. aus naturwissenschaftlichen Bewertungen pflanzlichen Lebens Kriterien für ein ‚gutes pflanzliches Leben' abgeleitet. Unabhängig davon, wie Angela Kallhoff ihre ethische Position begründet, wird in diesem Kapitel überlegt, wie wissenschaftliches und damit auch biologisches Wissen überhaupt aufgefasst werden kann. (Vgl. Kallhoff 2002; Hiekel 2005)

[20] Bei Philippa Foot ist dies z. B. nicht nur auf der Ebene der Konnotation der Fall, sondern der Begriff des ‚Lebens' und der des ‚Guten' sind hier direkt miteinander verbunden und sie postuliert eine natürliche Normativität, die allen Lebwesen zukommt:

„[...] there is a conceptual connexion between life and good in the case of human beings as in that of animals and even plants. Here, as there, however, it is not the mere state of being alive that can determine, or itself count as good, but rather life coming up to some standard of normality." (Foot 2002:42–43).

Eine Klärung dessen, welche verschiedenen Konzepte des Ausdrucks ‚Lebewesen' Verwendung finden, scheint für die Debatte hilfreich zu sein. Je nachdem, in welchem theoretischen Kontext der Ausdruck ‚Lebewesen' expliziert wird, sei es ein aristotelischer, ein systemtheoretischer, oder ein metaphysischer Kontext, erhält der Ausdruck ‚Lebewesen' eine entsprechend geprägte Bedeutung, mit bestimmten theoretischen Schwierigkeiten, die es bei der Analyse von Bewertungen der grünen Gentechnik, unter besonderer Berücksichtigung eines evtl. zu verfechtenden moralischen Status des Lebendigen, zu beachten gilt.

Natürliche Ziele Ein weiterer Begriff, der ebenfalls eine große Rolle in der Gentechnikdebatte spielt, ist der des ‚natürlichen Ziels' einer lebendigen Entität. Die Teleologie ist seit Aristoteles ein wichtiger Aspekt der Naturphilosophie. Allerdings ist die Konzeption der Natur-Teleologie mit den Erkenntnissen Darwins schwer vereinbar und ist daher in der wissenschaftlichen Diskussion nicht mehr ohne weiteres akzeptierbar. Einige Autoren jedoch, wie z. B. Millikan (1984), Neander (1991) oder Kitcher (1998), versuchen in einer ‚Neo-Teleologie' die Teleologie und die Evolutionstheorie wieder miteinander zu versöhnen.

In manchen Positionen der Ethik ist die Natur-Teleologie als Grundlage der Rechtfertigung bestimmter Präskriptionen anzusehen (vgl. Siep 2004; Spaemann 2001; Spaemann und Löw 2005) So wird z. B. in Siep (2004) dafür plädiert, dass die teleologische Auffassung der lebendigen Welt neben der kausal-mechanischen Sichtweise ein adäquates Mittel zur „Wiedergabe der Realität" (Ebd.:140) darstellt. Spaemann (2001) rekurriert ebenfalls, in Hinsicht auf seine Bedenken bezüglich des technischen Umgangs mit der Natur, auf ein teleologisches Verständnis als einer Hermeneutik der Natur.

Speziell in Hinsicht auf den Umgang mit Lebewesen wird unter teleologischen Gesichtspunkten argumentiert: Hier soll ein natürliches Ziel berücksichtigt werden und das natürliche Ziel wird als ein Aspekt des guten Lebens angesehen, welcher moralisch berücksichtigt werden muss (vgl. Jonas 1984; Taylor 1997). Damit wäre bzgl. der grünen Gentechnik ein Argument entwickelbar, das gegen diese sprechen würde, da durch die Einbringung von artfremdem Genmaterial gegen ein so postuliertes natürliches Ziel der Entwicklung vorgegangen werden würde (vgl. Altner 1994; Kallhoff 2002).

In der hier vorliegenden Analyse wird hinterfragt, ob es überhaupt ein natürliches – biologisches – Ziel geben kann und wenn ja, wie dieses zu verstehen ist. Die Ausführungen zum Begriff der Teleologie werden auf der Basis von Kants Überlegungen zur teleologischen Urteilskraft ausgeführt. Kant behandelt das Teleologieproblem in der „Kritik der Urteilskraft": Das Problem der Unterbestimmtheit der Struktur des ganzen Organismus durch die Eigenschaft seiner Teile und die

Und:

„Also ist die „autonome" Bewertung eines bestimmten Lebewesens, d. h. eine Bewertung ohne Bezug auf unsere Interessen und Wünsche, dann möglich, wenn zwei Aussagetypen zusammenkommen: *Aristotelian categorials* (Lebensform-Beschreibungen, die sich auf Spezies beziehen) auf der einen Seite und Aussagen über bestimmte Individuen, die Gegenstand der Bewertung sind, auf der anderen Seite." (Foot 2004:54)

Fähigkeit des Ganzen, seinen eigenen Teilen neue Eigenschaften zu verleihen (vgl. McLaughlin 1989:162). Ausgehend von der Kantischen Position werden dann aktuellere Positionen diskutiert, exemplarisch an den Ansätzen von Larry Wright und Richard Cummins zum Funktionsbegriff. In der Analyse wird gezeigt, dass der ätiologische Ansatz Larry Wrights mit einer wohlverstandenen Evolutionstheorie nicht vereinbar ist und dass der dispositionelle Ansatz Cummins' erhebliche methodologische Vorteile bietet. Insgesamt wird für ein Verständnis der Natur-Teleologie plädiert, das sich aus der kantischen Position ableitet und einer anthropomorphen Projektion menschlichen Handelns und Herstellens verdankt.

Das ‚Grüne' der grünen Gentechnik Ein weiterer Aspekt der grünen Gentechnik ist eine zugrunde liegende Klassifikation der lebendigen Welt, in der bestimmte Lebewesen in einer ‚grünen Klasse' zusammengefasst werden. In einem normativen Kontext ist es dabei nicht unerheblich, unter welchen Kriterien diese Klasse gebildet wurde. In dem Kapitel „Das ‚Grüne' der grünen Gentechnik" werden daher drei Klassifikationsmöglichkeiten vorgestellt, die auf Plessner, Aristoteles bzw. auf neuesten naturwissenschaftliche Erkenntnissen beruhen. Alle diese Klassifikationen enthalten zwar eine Klasse der Pflanzen, diese unterscheiden sich aber dahingehend, dass die jeweilige Klasse unter verschiedenen Klassifikationshinsichten gebildet wird: Dem ‚Wie des Tuns', dem ‚Was des Seins' und dem ‚Wie der Entwicklung' der klassifizierten Lebewesen. Zumindest diese möglichen Klassifikationshinsichten sind in der normativen Debatte auseinander zu halten. Aus diesen Klassifikationen folgen alleine keine Präskriptionen, diese müssten in der normativen Debatte noch zusätzlich gerechtfertigt werden.

Arten/natürliche Arten Ein weiterer Begriff, der bei der moralischen Bewertung der grünen Gentechnik eine Rolle spielt, ist der Artbegriff. Indem mittels gentechnischer Methoden die Artgrenzen überschreitbar sind, stellt sich die Frage, wodurch diese Artgrenze überhaupt ausgezeichnet ist. Ist sie etwas in der Natur Vorfindliches oder ist sie eine Konzeptualisierung der lebendigen Vielfalt?

Diese Frage wird zum einen von der wissenschaftstheoretischen Seite beleuchtet, indem aufgezeigt wird, auf welche grundlegenden Weisen in der Makrotaxonomie klassifiziert wird (phänotypisch, kladistisch, evolutionär) und welche verschiedenen Artkonzepte in der Biologie kursieren. Der biologische Artbegriff ist häufig eng an die von Ernst Mayr geprägte Bestimmung des ‚biologischen Spezieskonzepts' gebunden. Dabei ist meist nicht klar, dass dieses Konzept bei weitem nicht das einzig mögliche adäquate Konzept ist, das unter evolutionstheoretischen Gesichtspunkten entworfen wurde.

Zum anderen wird die ontologische Kategorie der natürlichen Arten (natural kinds) vorgestellt, da der Artbegriff im *common sense* meist eng an diese Konzeption gebunden ist. Im Kontext der grünen Gentechnik spielt diese eine besondere Rolle, da in einer realistisch-essentialistischen Lesart eine objektive, Beobachter-unabhängige Klassifikation der natürlichen Welt anzunehmen wäre, die quasi gefunden oder entdeckt werden kann. Unter der Annahme einer solchen Klassifikationsmöglichkeit wäre zumindest die Unnatürlichkeit einer etwaigen Grenzüberschreitung nachvollziehbar, da sie der gefundenen Ordnung entgegenstände (vgl. Foung 2002; kritisch dazu Sherlock 2002).

Einer solchen Lesart wird allerdings, in einer Auseinandersetzung mit den Ansätzen Hilary Putnams und Saul Kripkes, entgegen argumentiert. Dies erfolgt unter Verteidigung der schon im Kap. 2 angestellten Überlegungen zum Verständnis wissenschaftlichen Wissens und Theoretisierens, durch Kritik der Gedankenexperimente im *typus irrealis* und durch Kritik der kausalen Bedeutungstheorie.

Gene Durch die Möglichkeit der Übertragung von genetischem Material – von Genen – von einem Organismentyp auf einen anderen ist die grüne Gentechnik erst realisierbar. Was allerdings genau unter den Begriff des Gens fällt, ist keinesfalls so klar, wie es üblicherweise angenommen wird. In der wissenschaftstheoretischen Debatte können mindestens zwei große biologische Arbeitsgebiete ausgemacht werden, die den Begriff des Gens unterschiedlich fassen: die Transmissionsgenetik – auch klassische Genetik genannt – und die Molekulargenetik. Wie sich der Genbegriff unterscheidet und wie er sich in der grünen Gentechnik wiederfindet, wird im Kap. 3.6 dargelegt.

Kapitel 2
Wissenschaftstheoretische Grundlagen

> [...] Tatsachen sind kleine Theorien, und wahre Theorien sind große Tatsachen. Dies bedeutet nicht [...], dass man zu richtigen Theorien zufällig gelangt oder dass Welten aus dem Nichts aufgebaut werden. [...] Welterzeugen beginnt mit einer Version und endet mit einer anderen. (Goodman 1990:120f.)

> [...] scientific models are successful to the extent that they identify the factors, or the variables, that really matter. I have emphasised throughout this work that the objects we distinguish in biological investigations are generally abstractions from the complexities of dynamic biological process. The models we are now considering, then, are abstractions of abstractions – selections among the first level of abstractions that we hope may provide us with approximations of the full functioning of biological objects. (Dupré 2008:47f.)

Die grüne Gentechnik ist eine Technik, also eine Art des herstellenden Handelns, welche auf den Erkenntnissen der Biologie basiert. Aus dem lebensweltlichen Umgang mit Pflanzen – u. a. der Züchtung – konnten wissenschaftliche Erkenntnisse gewonnen werden, die nun wieder in das herstellende Handeln münden. Dabei ist es nicht unbedeutend sich vor Augen zu führen, aus welcher Quelle diese neue Möglichkeit des Handelns entspringt. Aus diesem Grund sind hier erkenntnistheoretische bzw. wissenschaftstheoretische Vorüberlegungen angebracht, die auf den ersten Blick in einiger Entfernung zum eigentlichen Thema der grünen Gentechnik zu sein scheinen, die aber auf den zweiten Blick einige Relevanz auch in der Analyse von evaluativen Aussagen besitzen.

Das, was wir in der Biologie wissen, kann als das Repertoire angesehen werden, das jemandem zu den biologischen Gegenständen zur Verfügung steht und das in einen technischen Umgang eingehen sollte. Üblicherweise wird dabei ein realistisches Verständnis des wissenschaftlichen Wissens vorausgesetzt, das im Folgenden problematisiert werden soll.

Aus einem realistischen Blickwinkel werden die Gegenstände der Biologie als ‚naturgegeben' angenommen.[1] Die Natur wird als objektiver Gegenstand betrachtet, der durch wissenschaftliche Forschung abgebildet werden kann. Wissenschaftliche Theorien enthalten daher ein direktes Wissen über die Welt, wobei das Wissen über die Welt als subjektunabhängig angenommen wird und der Wahrheit über die Welt

[1] Einen Überblick über verschiedene Formen des Realismus geben: Gethmann (2004a, b, c; Mittelstraß 2004a).

S. Hiekel, *Grundbegriffe der grünen Gentechnik*,
Ethics of Science and Technology Assessment 39,
DOI 10.1007/978-3-642-24900-6_2,

entspricht. Unter Einnahme eines vermeintlichen archimedischen Standpunktes wird die Natur betrachtet, analysiert und beschrieben, wobei Regelmäßigkeiten als Naturgesetze formuliert werden. Naturgesetze und Theorien werden als ebenso real und objektiv gedeutet wie theoretische Gegenstände. Dem stellt sich eine antirealistische Sicht gegenüber, der zufolge sich die Welt – und damit auch die Erkenntnisse der Wissenschaften über die Welt – einem konstruierenden Prozess verdankt. Dem Subjekt der wissenschaftlichen Handlung kommt hier im Erkenntnisprozess eine wesentliche Rolle zu. Nicht von einem ‚archimedischen Punkt' werden die Gegenstände der Biologie analysiert, sondern im Prozess der Wissenschaft selbst, der seinen Ausgang von den lebensweltlichen Problemstellungen nimmt, ergibt sich das Wissen über den Gegenstand, wobei der Wissenschaftler in den Prozess involviert ist, also nicht aus ihm weggedacht werden kann. Die Handlungen der Wissenschaftler und auch die der Lebenswelt sind es also, die den Gegenstand der Biologie mit konstituieren.

Im Alltagsgeschäft von Naturwissenschaftlern stellt sich selten die Frage, ob ein realistisches oder eher antirealistisches Verständnis der eigenen Disziplin zugrunde liegt. Oberflächlich gesehen scheint eine realistische Interpretation des wissenschaftlichen Geschäfts gängig. So werden Theorien nicht auf empirische Adäquatheit, sondern hinsichtlich von Wahr-Falsch-Unterscheidungen beurteilt und es wird versucht, möglichst viele Beweise für die Wahrheit einer Theorie zu sammeln, die dann, wenn sie empirisch ausreichend belegt scheint, zumindest annäherungsweise als Widerspiegelung der Wirklichkeit gilt. Philip Kitcher fasst die Position des wissenschaftlichen Realismus folgendermaßen zusammen:

> [...] scientists find out things about a world that is independent of human cognition; they advance true statements, use concepts that conform to natural divisions, develop schemata that capture objective dependencies. (Kitcher 1993b:127)[2]

An der Oberfläche scheint ein realistisches Wissenschaftsverständnis für die Arbeit der Wissenschaftler und das Bild der Wissenschaft in der Öffentlichkeit in einer unreflektierten Weise grundlegend zu sein. Allerdings gibt dieser Standpunkt ein zu einfaches Bild des wissenschaftlichen Selbstverständnisses ab, denn es ist ebenso ein instrumentalistisches Verständnis über Resultate und den Status von Theorien anzutreffen, wenn ihre Geltung erst hinterfragt wird. „Es darf aber nicht übersehen werden, dass vor allem in populärwissenschaftlichen Darstellungen der modernen Naturwissenschaften ein optimistisches und realistisches Bild des naturwissenschaftlichen Fortschritts dominiert." (Suhm 2005:10)

Bei den in dieser Arbeit angestrebten Begriffsklärungen hinsichtlich der verschiedenen Aspekte der grünen Gentechnik ist es erforderlich zu zeigen, aus welchem Verständnis heraus diese Begriffe zu sehen sind. Die grüne Gentechnik ist nicht nur disziplinintern – innerhalb der Biologie – zu interpretieren, sondern findet praktisch Anwendung und steht damit in einem Zusammenhang, der insbesondere eine Klärung

---

[2] Dies ist ein Bild von Naturwissenschaft, das vom experimentierenden Wissenschaftler oft nicht hinterfragt wird, denn wissenschaftstheoretische Überlegungen gehören nicht unbedingt zum Kanon der naturwissenschaftlichen Ausbildung und sind auch für die Praxis nicht unbedingt erforderlich.

der wissenschaftlichen Aussagen erfordert. Die kategorialen Begriffe wie z. B. Lebewesen, Arten, Gene etc. sind je nach Perspektive anders konnotiert. Es macht einen Unterschied aus, ob beispielsweise Arten als objektive Entitäten erkannt bzw. vorgefunden werden oder in Abhängigkeit von Zwecken der Wissenschaft als Abstrakta gedacht werden.

Bei der Beurteilung wissenschaftlicher Erkenntnisse im ethischen Bereich ist es für manche Positionen ausschlaggebend, dass sie sich auf objektive Eigenschaften von Entitäten beziehen und diesen einen Wert zusprechen. So bezieht sich eine materiale Wertethik auf intrinsische Werte von Objekten, die unabhängig von den Erkenntnisleistungen der Menschen vorhanden sind. Wenn beispielsweise aus der genetischen Ausstattung eines Organismus ein bestimmter Endzustand der Ausdifferenzierung von Eigenschaften postuliert wird, so ist es z. B. auf der Basis eines ethischen Naturalismus möglich, auf ein (wie auch immer gerechtfertigtes) Recht des Organismus, dieses Ziel zu erreichen, zu plädieren. Ist hingegen die Ausformung eines bestimmten Entwicklungsstandes Interpretationsleistung der Wissenschaft, so kann hier nicht ohne weiteres auf dieses Ziel, als ein dem Objekt inhärierendes, ethisch rekurriert werden. Es wird hier zwar kein direktes Abhängigkeitsverhältnis zwischen bestimmten wissenschaftstheoretischen Positionen und einer bestimmten ethischen Position postuliert, aber eine gewisse Affinität kann doch angenommen werden.

Vor dem Hintergrund dieser Überlegungen wird im Folgenden ein wissenschaftstheoretischer Realismus zurückgewiesen und demgegenüber ein antirealistisches Wissenschaftsverständnis gestellt.

2.1 Zurückweisung eines wissenschaftstheoretischen Realismus

> We can improve our conceptual scheme, our philosophy, bit by bit while continuing to depend on it for support; but we cannot detach ourselves from it and compare it objectively with an unconceptualized reality. Hence it is meaningless, I suggest, to inquire into the absolute correctness of a conceptual scheme as a mirror of reality. (Quine 1950:632)

Der wissenschaftliche Realismus kann grob durch die Annahme charakterisiert werden, dass die von den Menschen unabhängige Realität durch die Theorien der Wissenschaft erkannt werden kann und dass die Erklärung der Wirklichkeit durch die Wissenschaft sich immer mehr der Wahrheit über diese Wirklichkeit annähert. In einer Studie zur Realismus-Antirealismus-Debatte in der Wissenschaft wird die Position des wissenschaftlichen Realismus sehr detailliert von Suhm (2005:29–100) herausgearbeitet. Seine Analyse wird im Folgenden dargestellt und dient als Grundlage der Erörterung.

Der wissenschaftliche Realismus wird als eine These, bzw. nach Suhm als eine Gruppe von Thesen verstanden, die sowohl ontologische als auch epistemologische Komponenten enthält. Sie betrifft die Konzeption und das Verständnis naturwissenschaftlicher Theorien, die Rekonstruktion und Beurteilung der Wissenschaftsgeschichte, sowie den Status naturwissenschaftlicher Methoden. Der wissenschaftliche Realismus umfasst dabei den Bereich der physischen Wirklichkeit, d. h. den Phänomen- und Gegenstandsbereich, der in das Aufgabenfeld der Naturwissenschaften fällt.[3]

Thesen des wissenschaftlichen Realismus Der ontologische Realismus bezieht sich sowohl auf die Existenz der physischen Außenwelt und deren Eigenschaften, als auch auf eine realistische Semantik, die die Bedeutung theoretischer Sätze in ihrem Bezug auf beobachtungstranszendente Entitäten begründet (referenzielle Semantik). Die ontologische These zerfällt nach Suhm damit in eine semantische These und eine Existenzthese:

> [S]emantische These
> Referierende Ausdrücke einer naturwissenschaftlichen Theorie beziehen sich auf geist- bzw. theorieunabhängige Gegenstände, Strukturen und Eigenschaften der beobachtbaren und unbeobachtbaren physischen Wirklichkeit. Die Wahrheit naturwissenschaftlicher Theorien ist durch die physische Wirklichkeit festgelegt. Wahrheit besteht in der Korrespondenz theoretischer Elemente (z. B. Sätzen der Theorie) mit Elementen der physischen Wirklichkeit (z. B. Tatsachen). [. . .]
> Existenzthese
> Es existiert eine physische Wirklichkeit, die von Theorien und ihren methodischen Voraussetzungen unabhängig ist. Die Wahrheit naturwissenschaftlicher Theorien ist durch die physische Wirklichkeit festgelegt. Wahrheit besteht in der Korrespondenz theoretischer Elemente (z. B. Sätzen der Theorie) mit Elementen der physischen Wirklichkeit (z. B. Tatsachen). (Suhm 2005:48f.)

Die ontologischen Thesen enthalten folgende Elemente, die der Klärung bedürfen: Wie kann die Wahrheit durch die physische Wirklichkeit festgelegt werden, wenn die physische Wirklichkeit und Theorien über diese Wirklichkeit voneinander unabhängig sind? Was ist unter einer Korrespondenz zwischen theoretischen Elementen und der physischen Wirklichkeit zu verstehen?

Durch die Thesen zur Semantik und zur Existenz wird ersichtlich, dass der wissenschaftliche Realismus ein Spannungsverhältnis auflösen muss, das darin besteht, dass eine von Erkenntnisleistungen unabhängige Wirklichkeit erkannt werden können muss und dass die Wissenschaft hier den Anspruch erhebt, die Wahrheit über diese Wirklichkeit zu ermitteln. Die Bedingungen und Möglichkeiten von Erkenntnis über eine unabhängige Realität müssen durch den Realismus aufgeklärt werden, damit diese Spannung aufgelöst werden kann.

Suhm formuliert weiter folgende epistemologische Thesen:

> Kriteriologische These
> Im Allgemeinen können wir anhand logischer und methodologischer Kriterien (logische Vereinbarkeit, empirische Adäquatheit, Prognosefähigkeit, u. a.) entscheiden, ob eine naturwissenschaftliche Theorie zumindest annäherungsweise wahr ist, d. h. ob sie in großem Umfang und mit hinreichender Genauigkeit die Elemente der physischen Wirklichkeit und ihre Beschaffenheit [. . .] repräsentiert. [. . .]

[3] Prinzipiell ist der wissenschaftliche Realismus nicht auf die Naturwissenschaften beschränkt, jedoch wird explikativ meist auf die Naturwissenschaften rekurriert. Der Unterschied zwischen Natur- und Geisteswissenschaften wird hier nicht thematisiert, obwohl diese Unterscheidung als prinzipiell problematisch angesehen wird. Siehe zum neuesten Diskussionsstand hinsichtlich der Geisteswissenschaften Gethmann et al. (2005).

> Wissenschaftshistorische These
> Die empirisch am besten bestätigten und instrumentell erfolgreichsten Theorien der reifen modernen Naturwissenschaften genügen logischen und methodologischen Kriterien soweit, dass sie als annäherungsweise wahre Beschreibungen der physischen Wirklichkeit [...] aufzufassen sind. (ebd.:77)[4]

Christian Suhm geht sowohl in seiner Formulierung der semantischen als auch der ontologischen These von einem realistischen (korrespondenztheoretischen) Wahrheitsbegriff aus, der auch für die Betrachtung der epistemologischen Thesen von Bedeutung ist, daher soll dieser nun etwas genauer beleuchtet werden.

2.1.1 *Korrespondenztheoretische Wahrheitskonzeption*

Wahrheit wird nach der korrespondenztheoretischen Wahrheitskonzeption als relationale Eigenschaft gedeutet, wonach ‚wahr sein' heißt, in einer bestimmten Beziehung zu irgendetwas – und zwar hier der Wirklichkeit – zu stehen.

Die Positionen des wissenschaftlichen Realismus beziehen sich zumeist auf die korrespondenztheoretische Wahrheitskonzeption von Alfred Tarski.[5] Tarski bezieht sich bei seiner Definition der Wahrheit auf die klassische aristotelische Konzeption der Wahrheit[6] und formuliert seine Interpretation folgendermaßen: „Die Wahrheit einer Aussage besteht in ihrer Übereinstimmung (oder Korrespondenz) mit der Wirklichkeit." (Tarski 1977:143)[7]

Er gewinnt seine Definition der Wahrheit, indem er die Begriffe der Aussagefunktion und der Erfüllung durch ein rekursives Verfahren[8] definiert und anschließend darüber den Begriff der Wahrheit einführt. Durch das Prinzip der Erfüllung bin-

---

[4] Suhm formuliert weiterhin im Zusammenhang der epistemologischen Thesen noch eine Fortschrittsthese und eine These der referentiellen Kontinuität. Die Fortschrittsthese behauptet ein kontinuierliches Fortschrittsverhältnis aufeinander folgender Theorien, und die These der referenziellen Kontinuität postuliert, dass Nachfolgetheorien einen Großteil ihres theoretischen Gehalts bewahren. Eine Erläuterung und Analyse dieser Thesen würde aber zu weit führen.

[5] In der Tarski-Semantik sind alle Sätze wahrheitsdefinit und es kommt ihnen genau einer der Wahrheitswerte ‚wahr' und ‚falsch' zu, wobei sich der Satz vom ausgeschlossenen Widerspruch und das *tertium non datur* als gültig erweisen. (Vgl. Rott 2004)

[6] Tarski bezieht auf folgende Aristotelische Auffassung: „Von etwas, das ist, zu sagen, daß es nicht ist, oder von etwas das nicht ist, daß es ist, ist falsch, während von etwas das ist zu sagen, daß es ist, oder von etwas das nicht ist, daß es nicht ist, wahr ist." (Tarski 1977:143). Tarskis Interpretation kann aber eher als eine semantische Version des Gedankens Thomas von Aquins „veritas [est] adaequatio intellectus et rei" angesehen werden. Siehe Thomas von Aquin. Summa contra gentiles. Buch I Kap. 9.

[7] Diese Auffassung gilt allerdings nicht in einer semantisch geschlossenen bzw. universellen Sprache, sondern nur durch Einführung einer Sprachenhierarchie zwischen Objekt- und Metasprache.

[8] In einem rekursiven Verfahren wird die einfachste Struktur von Aussagefunktionen und deren Erfüllung beschrieben und dann die Operationen angegeben, mit deren Hilfe zusammengesetzte Funktionen aus einfachen konstruiert werden können. Über dieses Verfahren kommt Tarski zu der Definition von Wahrheit und Falschheit: Eine Aussage ist wahr, wenn sie von allen Gegenständen erfüllt wird, sonst ist sie falsch. (Vgl. Tarski 1977:156f)

det er den Wahrheitsbegriff an Objekte der Wirklichkeit und kommt realistischen Intuitionen sehr entgegen. Tarski selbst lehnt es ab, sich auf eine epistemische Position festzulegen und behauptet, seine semantische Konzeption sei gegenüber den Standpunkten der naiven Realisten, Idealisten, Empiristen und Metaphysikern neutral (ebd.:169). Unabhängig davon ist aber das Korrespondenzprinzip der Wahrheit ein Eckpfeiler des wissenschaftlichen Realismus. (vgl. z. B. Popper 1963a) Es repräsentiert die zwei von Michael Dummett genannten Erfordernisse des Realismus: Referenz als substanziellen Begriff der semantischen Theorie und die Akzeptanz der Bivalenz (Dummett 1982:55–57). Wahrheit wird hier als objektiver Wahrheitsbegriff verstanden, der unabhängig von menschlichen Erkenntnisleistungen oder Konventionen ist und allein auf der Übereinstimmung mit der Wirklichkeit beruht, ob wir diese nun erkennen können oder nicht.[9]

Dies entstammt einer korrespondenztheoretischen Intuition: „(Principle C) If a statement is true, there must be something in virtue of which it is true." (Dummett 1996b:52) Nach Dummett unterliegt dieses Prinzip allen philosophischen Ansätzen, die Wahrheit als eine Korrespondenz zwischen einer Aussage und einer Komponente der Realität zu erklären versuchen. Hier ist allerdings zu klären, was die Realität bzw. Komponenten der Realität sind und wie die Korrespondenzbeziehung zu verstehen ist.

In einem wissenschaftlich-realistischen Verständnis herrscht jedenfalls ein ontisches Verständnis der Realität vor und die Korrespondenzbeziehung wird zwischen Aussagen und Objekten gesehen, womit von einer objektbasierten Wahrheitstheorie gesprochen werden kann. Philip Kitcher fasst diesen Ansatz pregnant zusammen:

> Semantic facts concern the relation between language users and nature. In virtue of the state of language users and the state of the rest of the world, there is sometimes a relation – the relation of reference – between the words spoken or written and items in the world. In consequence, the statement represents the world as being some particular way. The statement is true just in case the way in which the world is represented is the way it really is. (Kitcher 1993a:128)

Das Problem, dem sich ein solches Verständnis von Korrespondenz gegenüber sieht, liegt in der prinzipiellen Unabhängigkeit der Objekte von der Kognition. Die dem Realismus inhärente ontologische Prämisse, dass die Welt unabhängig von uns existiert, macht die Objekte, bzw. die Erkenntnis von diesen, rätselhaft, da der Wahrheitsbegriff ‚radikal nicht-epistemisch' aufgefasst wird. Der Wahrheitsbegriff hängt demnach nicht von empirischer Bestätigung oder dem rationalen Gerechtfertigtsein ab, sondern von der physischen Wirklichkeit selbst und ihrer Beschaffenheit.

---

[9] Das Ziel der Wissenschaft ist in einem realistischen Verständnis daher folgendermaßen aufzufassen:

„The aim of science, realists tell us, is to have true theories about the world, where ‚true' is understood in the classical correspondence snese. [...] The truth which realists aim for is absolute or objective, rather than relative to ‚conceptual scheme' or ‚paradigm' or ‚world-view' or anything else. And the world which realists seek the truth about is similarly independent of ‚conceptual scheme' or ‚paradigm' or ‚world-view' or anything else." (Musgrave 1988:229)

Es ist also zu erläutern, wie diese Relation zwischen der Wahrheit und der physischen Wirklichkeit zu verstehen ist.

Nach Michael Devitt[10] lautet die basale Idee des korrespondenztheoretischen Wahrheitsbegriffs: „[A] sentence is true if and only if it corresponds to the facts (or to reality)“ (Devitt 1984:26). Er bindet diese Zusprechung von Wahrheit an die Bedingungen der objektiven Struktur des Satzes, der objektiven referentiellen Relation zwischen seinen Bestandteilen und der Realität, und an die objektive Natur der Realität selbst. Diesen Zugang zur Objektivität sieht Devitt durch das abduktive Argument der ‚*inference to the best explanation*‘ gegeben:

> The task [...] is to show that Realism, together with some observations about the world the Realist believes in, leads by inference to the best explanation to Correspondence Truth (physical). (ebd.:75)

Man braucht nach Devitt den Begriff der Wahrheit nicht, um einen explanatorischen Erfolg zu erzielen, sondern der Erfolg in der Praxis liefert einen Beweis für unseren Glauben über die Wahrheit.

Danach kann man zur Wahrheit über die unabhängige physikalische Außenwelt im korrespondenztheoretischen Sinne nur indirekt, über den explanatorischen Erfolg der wissenschaftlichen Theorien, Zugang erlangen. Der explanatorische Erfolg ist der Garant dafür, dass die Beziehung zwischen Subjekt und Referenzobjekt korrekt erkannt werden kann. Damit kommt man zu dem paradoxen Schluss, dass die Korrespondenzbeziehung des ‚radikal nicht-epistemischen‘ Wahrheitskonzeptes nur mit Hilfe der epistemologischen Thesen fundiert werden kann.

2.1.2 Epistemischer Realismus

Der epistemologisch-wissenschaftstheoretische Realismus geht davon aus, dass es zwar eine theorieunabhängige Wirklichkeit gibt, dass aber die am besten bestätigten wissenschaftlichen Theorien zumindest annäherungsweise wahr sind. Beide epistemologischen Thesen – die kriteriologische und wissenschaftshistorische (s. o.) – des wissenschaftstheoretischen Realismus thematisieren den Begriff des ‚annähernden Wahrseins‘ und des wissenschaftlichen Erfolgs.

Die kriteriologische These geht davon aus, dass man anhand logischer und methodologischer Kriterien (logische Vereinbarkeit, empirische Adäquatheit, Prognosefähigkeit u. a.) entscheiden kann, ob eine naturwissenschaftliche Theorie zumindest annäherungsweise wahr ist. Es wird auf den methodologischen Erfolg der Wissenschaft rekurriert, wonach die Wissenschaft erfolgreich Methoden liefert, mit denen verlässliche Überzeugungssysteme etabliert werden können. Diese These soll die Möglichkeit von Wissen über die physische Wirklichkeit rechtfertigen.

[10] Michael Devitt bestreitet den Primat semantischer Konzeptionen und plädiert für einen metaphysischen Realismus, der vor epistemischen und semantischen Fragen entschieden ist: „Metaphysical issues are distinct from semantic ones and cannot be settled by doing semantics.“ (Devitt 1984:40)

Die wissenschaftshistorische These verweist auf den empirisch-historischen Erfolg wissenschaftlicher Theorien und bezieht sich damit auf bereits vorhandenes Wissen über die physische Welt. Beide Thesen sind auf das engste miteinander verflochten, da logisch-methodische Kriterien anhand erfolgreicher Theorien erkannt werden und Theorien, um logisch erfolgreich zu sein, diesen Kriterien wieder genügen müssen. Beide Thesen – die kriteriologische (K) und die wissenschaftshistorische (W) – zusammen können folgendermaßen aufgeschlüsselt werden:

(K1) Wenn eine Theorie logisch-methodischen Kriterien genügt, dann ist sie annähernd wahr.
(K2) Wenn etwas logisch-methodischen Kriterien genügt, dann werden die Elemente der physischen Wirklichkeit repräsentiert.
(W1) Erfolgreiche Theorien genügen logisch-methodischen Kriterien.
(W2) Erfolgreiche Theorien repräsentieren daher die Elemente der physischen Wirklichkeit und sind annäherungsweise wahr.

Abgesehen davon, dass der These (K1) durch die Analysen von Kuhn (1976) und Laudan (1996) faktisch genügend Gegenbeispiele entgegengebracht werden können (wie z. B. die Phlogistontheorie, die Ptolemäische Astronomie, die Newtonsche Mechanik), ist für eine realistische Sicht der in (K1) Verwendung findende Begriff der approximativen Wahrheit einer Theorie bedeutsam. Unter Nicht-Berücksichtigung der faktischen Gegenbeispiele liegt also der Schluss nahe, dass eine Theorie, die logisch-methodischen Kriterien genügt, die Elemente der physischen Wirklichkeit korrekt repräsentiert und damit annähernd wahr ist.[11] Dieser Schluss basiert auf einer naiven Abbildrelation von Theorie und Wirklichkeit, die nicht ohne die realistisch-korrespondenztheoretische Konzeption denkbar ist.

Zusammen aus den kriteriologischen und wissenschaftshistorischen Thesen ergibt sich aus realistischer Sicht, dass die Annahme einer approximativen Wahrheit von wissenschaftlichen Theorien die beste Erklärung für den Erfolg wissenschaftlicher Theorien darstellt. So sieht es auch Suhm:

> Die (approximative) Wahrheit unserer erfolgreichsten Theorien – so die Standardformulierung des abduktiven Schlusses auf den Realismus – ist die beste, wenn nicht sogar die einzige Erklärung für den wissenschaftlichen Erfolg dieser Theorien. (Suhm 2005:73)

Diese Argumentation gipfelt in der These Putnams: „Realism is the only philosophy that does not make the success of science a miracle“ (Putnam 1975a:73), welche auch als ‚Ultimate Argument for Scientific Realism‘ bezeichnet wird (van Fraassen 1980:39).

Hier sind folgende Begrifflichkeiten bzw. Teilthesen, die dem ‚Ultimate Argument‘ zugrunde liegen, zu analysieren: (a) Was ist unter dem Begriff der ‚approximativen Wahrheit‘ zu verstehen? (b) Wie kann über die approximative Wahrheit der Erfolg wissenschaftlicher Theorien fundiert werden?

[11] Unklar ist z. B. auch wie mit einer solchen Konzeption der Welle-Teilchen-Dualismus der Theorien des Lichts zu erklären wäre.

a. Der wissenschaftliche Realismus geht von einer auf die Wahrheit konvergierenden Theorienentwicklung aus. Ziel dieser Entwicklung scheint es zu sein, die Übereinstimmung von Theorie und Realität zu treffen. Da aber wissenschaftliche Theorien schon aufgrund der induktiven Unterbestimmtheit niemals völlig – wenn überhaupt – mit der Realität übereinstimmen können, wird der Begriff der approximativen Wahrheit eingeführt:

> The realist is an epistemic optimist. Aware that we cannot reach the exact truth, he resolutely maintains that we can well live with a more modest, fallibilist conception of science, according to which our best theories are truthlike, that is ascertainable close to the truth. (Dudau 2003:165)

Das Problem, das hier entsteht, ist, dass schon nicht erklärt werden kann, wie genau die 1:1-Korrespondenzbeziehung zwischen Wirklichkeit und Theorie festgestellt werden kann, was die korrespondenztheoretische Voraussetzung für das Zusprechen von Wahrheit wäre. Darüber hinaus wird der vage Begriff der approximativen Wahrheit eingeführt, den zu explizieren weitere Schwierigkeiten bereitet.

Es gibt verschiedene Ansätze, die versuchen, den Begriff der approximativen Wahrheit zu fassen (vgl. Boyd 1996; Popper 1963b), aber der epistemische Zugang zu diesem bleibt unbefriedigend. Larry Laudan kritisiert dies sehr heftig in seinem Artikel zur Widerlegung des Realismus:

> As it is, the realist seems to belong on intuitions and short on either a semantics or an epistemology of approximate truth. These should be urgent items on the realists' agenda since, until we have a coherent account of what approximate truth is, central realist theses [...] are just so much mumbo-jumbo. (Laudan 1996:121)

Die approximative Wahrheit kann also bislang nur unter eine (wie auch immer geartete) abgeschwächte realistische, korrespondenztheoretische Wahrheitskonzeption fallend gedacht werden. Nur der empirische Erfolg der wissenschaftlichen Theorien gibt den Anhaltspunkt für ihre approximative Wahrheit (s. o.).

Das annähernde Wahrsein kann also als eine außertheoretische Relation zwischen Theorien und der Welt aufgefasst werden, die aber wiederum nur durch die Annahme der realistischen Thesen gestützt wird.[12] Die Korrespondenz der Aussagen über die Wirklichkeit mit der Wirklichkeit selbst soll über den Erfolg von wissenschaftlichen Theorien begründet werden. Aber dem wissenschaftlichen Erfolg – in einer realistischen Lesart – liegt selbst ein Begriff der ‚approximativen Wahrheit' zugrunde, der diese Korrespondenz voraussetzt. Hier scheint ein argumentativer Zirkel vorzuliegen, der darin besteht, die Gültigkeit des Prinzips vorauszusetzen, das selbst zur Debatte steht (Fine 1986:161).

Die Argumentation beinhaltet also zwei Zirkel. Zur Fundierung des Realismus wird ein Begriff der approximativen Wahrheit eingeführt, der aber selbst nur durch realistische Grundannahmen gestützt werden kann. Weiter wird vom Erfolg von Theorien auf deren annähernde Wahrheit geschlossen und über die annähernde Wahrheit wiederum auf den Erfolg von Theorien.

---

[12] So formuliert es auch Arthur Fine: „Thus, to address doubts over the reality of relations posited by explanatory hypotheses, the realist proceeds to introduce a further explanatory hypothesis (realism), itself positing such a relation (approximate truth).“ (Fine 1996:24)

b. Wird aber nun ‚for the sake of the ultimate argument' einmal angenommen, dass die approximative Wahrheit explizierbar wäre, so hat der Realismus bzgl. neuer bzw. unerwarteter Tatsachen – Tatsachen, die nicht in die Konstruktion der Theorie eingegangen sind – gegenüber anderen Positionen einen besseren Zugang, denn wenn diese Theorie die Wirklichkeit widerspiegelt, dann müsste sie auch auf andere Phänomene der Wirklichkeit Anwendung finden (vgl. Whewell 1837:68; Popper 1963b:117f; Duhem 1954:28). Daher wird der Erfolg einer Theorie in dieser Hinsicht als Beweis für die Wahrheit der Theorie angesehen. Die Annahme der Korrespondenzbeziehung zwischen Wirklichkeit und Theorie liefert die beste Erklärung für den prognostischen Erfolg wissenschaftlicher Theorien und damit – so die Hypothese – sorgt allein der Realismus dafür, dass wissenschaftlicher Erfolg nicht zum Wunder wird.

Es liegt in der Natur der abduktiven Argumente, dass sie keine zwingenden Beweise für die Richtigkeit von Konklusionen liefern. Sie stellen schon von daher schwache Kandidaten dar, um das Fundament der realistischen Position zu bilden. In der Debatte um den wissenschaftlichen Realismus erhält allerdings das Argument der ‚inference to the best explanation', obwohl als abduktives Argument ausgezeichnet, einen deduktiven Charakter. Dies führt Alan Musgrave in seinem Aufsatz „Ultimate Argument For Scientific Realism" vor, indem er die realistische Argumentation folgendermaßen aufschlüsselt:

> F is a surprising fact.
> If [Theory] T were true, F would be a matter of course.
> Hence, T is true. (Musgrave 1988:237)

Dem Antezedens des Konditionals wird durch die Annahme der Konsequenz Wahrheit zugesprochen, was allerdings als Fehlschluss anzusehen ist. Wenn trotzdem die Geltung des abduktiven Argumentes stark gemacht werden sollte – im Sinne einer realistischen Interpretation einer ‚inference to the best explanation' – so wird es als deduktives Enthymem identifiziert:

> Its missing premise is obviously the (metaphysical) principle that *any* explanation of a surprising fact is true. This conduces to clarity because we can now see clearly that abduction is something no sane philosopher should accept. The metaphysical premise which validates the inference is obviously false. Any sane philosopher knows countless cases where an explanation of some surprising fact is false. (ebd.:237; Hervorhebung SH)

Auch eine bessere Erklärungsmöglichkeit einer überraschenden Tatsache bei konkurrierenden Theorien als ‚inference to the best explanation' über folgendes Argument:

> F is a fact.
> Hypothesis H explains F.
> No available competing hypothesis explains F as well as H does.
> Therefore, H is true. (ebd.:238)

ist ebenfalls ungültig, da auch hier die verborgene Prämisse, dass die *beste* Erklärung einer Tatsache eine wahre Hypothese sei, offensichtlich falsch ist. Auch wenn man eine Erklärung eines bestimmten Phänomens hat, so ist die Auswahl der Erklärung bzw. der Theorie auf diejenigen beschränkt, die zum Zeitpunkt des neuen Phänomens bekannt sind. Das heißt aber nicht, dass die bestmögliche Erklärung vorgelegen hat.[13] Was man benötigt, sind die Kriterien, die zeigen, dass die beste vorliegende Erklärung die ‚wahre Erklärung' ist. Aber diese sind, wie zuvor gezeigt, nur mit den realistischen Grundüberzeugungen lieferbar. Was allein gezeigt werden kann ist, dass die Theorie bzw. die Erklärung mit den (aktualen und prognostizierten) Phänomenen übereinstimmt. Wenn eine Auswahl unter konkurrierenden Theorien durch die bessere Übereinstimmung mit der Wirklichkeit gerechtfertigt würde, so würde die Argumentation zirkulär (was sie auch so schon ist, s. o.). Schwierigkeiten gibt es vor allem im Falle konkurrierender Erklärungsmöglichkeiten bzgl. eines Sachverhaltes in Hinsicht auf die Auswahl derjenigen Theorie, welche die beste Erklärung liefert.

In der Botanik gibt es z. B. zwei konkurrierende Theorien zur Erklärung der Blattfärbung im Herbst. Die eine Theorie (Schutztheorie) geht davon aus, dass die Carotinoide und Anthozyane, die die gelben und roten Farbtöne der Blätter hervorrufen, dazu gut sind, dass das Blattgewebe vor der Sonneneinstrahlung geschützt wird, um damit ein Energieplus zu erzeugen. Da die Bäume im Herbst durch zuviel Licht eher geschädigt würden – das Chlorophyll wird bereits abgebaut und die Photosysteme wären überfordert – können Schutzsubstanzen, wie die im Herbst neu gebildeten Anthozyane, dafür sorgen, dass freie Radikale abgefangen werden. Die andere Theorie (Signaltheorie) geht davon aus, dass die rote Färbung als Signal für andere Organismen, z. B. Blattläuse, dient, da eine erhöhte Farbintensität eine bessere Abwehrfähigkeit der Bäume anzeigt, so dass Insekten schwächere Bäume zur Besiedelung vorziehen. Welche Theorie bietet nun die beste Erklärung dafür, dass sich die Blätter im Herbst färben und muss man sich zwingend für eine der beiden Theorien entscheiden?

Das Entscheidungskriterium liegt hier wohl eher – falls nicht entsprechende Widerlegungen erfolgen – im Erkenntnisinteresse der Wissenschaftler. Liegt das Erkenntnisinteresse darin, zu erklären was es dem Baum für einen Vorteil bringt, im Herbst farbige Blätter zu entwickeln, so wird die ‚Schutztheorie' die beste Erklärung darstellen. Liegt das Erkenntnisinteresse allerdings im artübergreifenden Zusammenspiel der Organismen, so hat die ‚Signaltheorie' ihre Vorzüge. Eine Abwägung im Hinblick auf das Erkenntnisinteresse ist aber im realistischen Sinne nicht möglich, denn hier wird das Abbild zur Wirklichkeit gesucht und das Erkenntnisinteresse des Forschers sollte dabei keine Rolle spielen.

Neben der Entscheidung, welche der konkurrierenden Theorien die bessere ist, bietet generell die Messung des Erfolgs wissenschaftlicher Theorien Schwierigkeiten. Theorien sind meist nur eingeschränkt erfolgreich, da die empirischen Daten nie völlig exakt mit der wissenschaftlichen Theorie übereinstimmen. In der Biologie

[13] Siehe Schurz (2008) hierzu: „If a phenomenon is novel and poorly understood, then one's best available explanation is usually a *pure speculation*. For example, in the early animistic word-views of human mankind the best available explanations of natural phenomena such as the sun's path over the sky was that the involved entities (here: the sun) are intentional agents." Schurz weist allerdings darauf hin, dass die Abduktion als heuristisches Mittel in der Wissenschaft – als ‚search strategy' im wissenschaftlichen Prozess – ihren Wert hat.

können schon allein aufgrund des experimentellen Aufwands nicht beliebig viele Versuche zu einer Fragestellung durchgeführt werden. Dies muss auf einen vertretbaren Rahmen beschränkt bleiben, oftmals unter Toleranz auch signifikant abweichender Daten (‚Ausreißer'):

> Scientific theories involve virtually unexceptionally idealizations, approximations, simplifications, and ceteris paribus clauses. Scientific predictions can only be verified within the limits of experimental errors stemming both from calculation, and from unremovable ‚bugs' and ‚noise' in the experimental apparatus. (Dudau 2003:165)[14]

Der epistemische Zugang zu einer Wahrheit, wie sie dem Realismus zugrunde liegt – im Sinne einer korrespondenztheoretischen Wahrheitskonzeption – (wie auch zum Begriff der approximativen Wahrheit) kann nicht ausreichend expliziert werden. Wissenschaftlicher Erfolg und (approximative) Wahrheit können offensichtlich nicht über den Weg der abduktiven Argumente verteidigt werden, ohne in einen Zirkel zu verfallen, da die Geltung des Realismus vorausgesetzt wird. Hinzu kommen weitere Einwände gegen die abduktive Argumentation, da die Kriterien und Entscheidungsverfahren für die ‚beste Erklärung' weder eindeutig sind noch explizit gemacht werden. Abgesehen davon, dass die bestmögliche Erklärung nicht die einzige, geschweige denn die richtige Erklärung sein muss (vgl. Lauth und Sareiter 2002:185f.).

Der realistische Ansatz der Wissenschaftstheorie hat anscheinend zu anspruchsvolle Prämissen, die nicht ausreichend explizier- und rechtfertigbar sind. Ausgehend von diesen Überlegungen ist eine sparsamere wissenschaftstheoretische Position zu suchen.

2.2 Antirealismus – Tatsachen und antirealistische Wahrheitskonzeption

Zu den grundlegenden Präsuppositionen dieser Arbeit gehört die Annahme, dass der Linguistic Turn vollzogen ist und dass ein sprachanalytischer Ansatz wesentlich zur Klärung der Frage, welches Wissenschaftsverständnis zu bevorzugen ist, beiträgt. Eine dem wissenschaftstheoretischen Realismus zugrunde liegende korrespondistische Wahrheitskonzeption ist mit erheblichen Schwierigkeiten versehen. Wenn aber Wissenschaft danach strebt, die Wahrheit über die Realität zu finden, muss entweder eine andere Wahrheitskonzeption gefunden werden oder aber dieses Ziel als nicht erreichbar verworfen werden – letzteres würde dann aber unweigerlich in einen Relativismus führen.

Eine Realität im Sinne eines archimedischen Standpunktes kann nicht beschrieben werden, da die Übereinstimmung zwischen Realität und Beschreibung durch keine

[14] Dudau zieht allerdings eine von der hier vertretenen Sichtweise abweichende Schlussfolgerung. Dudau verweist auf einen epistemischen Optimismus und auf die Möglichkeit annähernde Wahrheit erreichen zu können.

Instanz überprüfbar ist. Wenn ein Abbild der Wirklichkeit postuliert wird, so ist die Analogie zum Verhältnis Original und Kopie verfehlt:

> If we misrepresent reality as we apprehend it as no more than a picture, then the reality as it is in itself of which we take ourselves to have only a picture is a conception projected solely by analogy: it must be to reality as we apprehend it as a real landscape is to a painted landscape. We know what it is to view a real landscape; but a reality that we can never apprehend, because any apprehension of it will necessarily be no more than a picture, is a phantasm produced by pushing analogy beyond its legitimate limits. (Dummett 2006:22)

Eine Konzeption, die die Realität an die kognitiven Kapazitäten derjenigen bindet, die sie beschreiben, hat nicht die einer solchen realistischen Position unterliegenden epistemologischen Schwierigkeiten. Der epistemische Zugang liegt hier direkt auf der Hand, da er realitätskonstitutiv ist. Der Beschreibung der Realität und damit auch der Wahrheit der Beschreibung sind zwar durch die Objekte Grenzen gesetzt, sie ist aber vor allem durch die kognitiven Kapazitäten derjenigen bestimmt, die die Beschreibung vornehmen. So sieht es auch Kant, der in seiner Analyse dessen, was überhaupt Objekt der Erkenntnis sein kann, von folgender Überlegung ausgeht:

> Wenn wir bloß auf die Art sehen, wie etwas für uns (nach der subjektiven Beschaffenheit unserer Vorstellungskraft) Objekt der Erkenntnis (*res cogniscibilis*) sein kann, so werden alsdann die Begriffe nicht mit den Objekten, sondern bloß mit unserem Erkenntnisvermögen und dem Gebrauche, den diese von der gegebenen Vorstellung (in theoretischer und praktischer Absicht) machen können, zusammengehalten; und die Frage, ob etwas ein erkennbares Wesen sei oder nicht, ist keine Frage, die die Möglichkeit der Dinge selbst, sondern unserer Erkenntnis derselben angeht. (Kant KrU:§91)

Die Art der Dinge, die erkennbar sind, identifiziert Kant als Sachen der Meinung, als Tatsachen und Sachen des Glaubens. Wobei Tatsachen darüber ausgezeichnet sind, dass sie durch die reine Vernunft oder durch empirische Daten bewiesen werden können. Der mögliche Beweis ist das Kriterium, durch das Wissen gegenüber dem bloßen Glauben gekennzeichnet ist.

Tatsachen und antirealistische Wahrheitskonzeption Als Wissen ist nach Kant entweder das auszuzeichnen, was *a priori* vorliegt oder das, was empirisch bewiesen werden kann. Letzteres ist das Unternehmen, welches sich die (Natur-)Wissenschaft als Aufgabe vorgenommen hat. Wenn man versucht, die Frage zu beantworten, wie Phänomene der physikalischen Wirklichkeit erklärt werden können, so reicht es nicht danach zu fragen, aus welchen Objekten diese besteht, vielmehr muss man angeben, welche Sachverhalte bestimmt werden können und was dafür sorgt, dass wir sie akzeptieren.

Diese Akzeptanz darf nicht von der Sprache und auch nicht vom Wortlaut abhängen, in der ein Phänomen beschrieben wird. Würde dieses an eine bestimmte Sprache gebunden, dann würden dem gleichen Satz in z. B. englischer oder deutscher Sprache zwei verschiedene Bedeutungen zukommen. Hier darf es für das Zusprechen von Wahrheit keinen Unterschied machen, ob man sagt ‚the grass is green' oder ‚das Gras ist grün'. Genauso darf der Wortlaut keinen Unterschied machen, denn ob man sagt ‚Phosphorus ist Hesperus' oder ‚der Morgenstern ist der Abendstern', so drückt dies denselben Gehalt aus. Der Nachweis ist unabhängig von der verwendeten Sprache und vom genauen Wortlaut, in der diese geäußert wird, zu erbringen.

Dieses von Sprache und Wortlaut unabhängige Abstraktum kann als der Gehalt eines Satzes bezeichnet werden und wird als Proposition bezeichnet. Der Begriff der Proposition wird auf das angewendet, was ein Satz ausdrückt, im Rahmen seiner bestimmten Deutungsmöglichkeit. Das, was ein Satz ausdrückt, ist demnach die Bedeutung des Satzes[15] und hier ist nun die Verbindung zwischen Wahrheit und Bedeutung: „So construed, the thesis becomes: to know the meaning of a sentence is to know the condition for it to be true.“ (Dummett 1996b:35) Die Bestimmung der Bedingungen dessen, dass wir entscheiden können, ob ein Satz wahr oder falsch ist, ist also auf das engste mit der Erfassung der Bedeutung eines Satzes verknüpft.

Diese Verknüpfung von Bedeutung und Wahrheit wird im realistischen Ansatz nicht gesehen. Die Schwierigkeiten, die sich daher ergeben, beruhen darauf, dass der Begriff der Wahrheit vorausgesetzt wird, „without inquiring how it was given or what it is to grasp it. Directly these inquiries are made, it becomes evident that it cannot be taken as given.“ (Dummett 2004b:108) Nun ist zu überlegen, wie diese Verknüpfung genau zu fassen ist.

Wenn Tatsachen all diejenigen Propositionen sind, die wir kognitiv fähig sind, als wahr auszuzeichnen, dann muss ein konzeptuelles Schema vorliegen, um diese Wahrheit zu erfassen. Dieses konzeptuelle Schema darf, wenn es auf Tatsachen angewandt werden soll, nicht nur für eine einzelne Person existent sein, da ansonsten der Anspruch der Allgemeingültigkeit des Wissens nicht eingelöst werden kann. Ein konzeptuelles Schema solcher Art ist also nicht solipsistisch zu verstehen, sondern als allgemeines Schema. Nach Michael Dummett gilt hier folgendes:

> There is doubtless an acceptable sense in which each of us lives within his own private world. But this is not the sense of ‚world‘ that is relevant either to what thoughts are available to any one of us or to what any one of us knows. Human beings are rational animals: and this means animals capable of high level of thought. [...] our ability to have the thoughts we have depends strictly upon our interaction with other human beings. (Dummett 2006:26f.)

Die Formulierung von Gedanken bzw. Hypothesen, die insbesondere im wissenschaftlichen Bereich bestätigt bzw. geprüft werden sollen, ist als ein gemeinschaftliches Projekt aufzufassen. Das, was dabei als Rechtfertigung einer Äußerung akzeptiert wird, kann als bedeutungsgebendes Moment dieser Äußerung angesehen werden. Es kann eine Bedeutungstheorie angenommen werden, die auf die Gründe für die Behauptungen von Aussagen abhebt: eine rechtfertigungsorientierte Bedeutungstheorie.

Verfechter dieser Theorie ist Michael Dummett. Dieser expliziert die rechtfertigungsorientierte (justifikationistische) Bedeutungstheorie in Analogie zum intuitionistischen Ansatz der Bedeutung mathematischer Aussagen:

> The fundamental idea is that a grasp of the meaning of a mathematical statement consists, not in a knowledge of what has to be the case, independently of our means of knowing whether it is so, for the statement to be true, but in an ability to recognize, for any mathematical construction, whether or not it constitutes a proof of the statement; an assertion of such a

[15] Hier wird die Performanz einer Aussage unberücksichtigt gelassen, da davon ausgegangen wird, dass es Konstativa sind, die in der wissenschaftlichen Theorienbeurteilung eine Hauptrolle spielen. Vgl. zur Rolle der performativen Kraft einer Aussage Gethmann und Siegwart (1991).

> statement is to be construed, not as a claim that it is true, but as a claim that a proof of it exists or can be construed. [...] In this way, a grasp of the meaning of a mathematical sentence or expression is guaranteed to be something which is fully displayed in a mastery of the use of mathematical language, for it is directly connected with that practice. (Dummett 1996:70)

Demnach ist analog das Verstehen der Proposition an die Prozeduren gebunden, die durchlaufen werden müssen, um diese zu rechtfertigen. Also genauso wie die Bedeutung mathematischer Sätze über das Vorliegen eines effektiven Beweisverfahrens erfassbar ist, ist die Bedeutung von Tatsachen über das Bereitstellen eines allgemeinen Beweisverfahrens für sie zu erfassen.

Im alltäglichen Umgang miteinander, bei dem es u. a. um ‚Meinen' oder ‚Glauben' geht, ist der Anspruch an die Beweisbarkeit dessen was gemeint oder geglaubt wird schwächerer Natur als es im wissenschaftlichen Bereich der Fall ist. Im Bereich der Wissenschaft sind harte Anforderungen an das Beweisverfahren gestellt, da wissenschaftliches Wissen an rationale Verallgemeinerbarkeit gebunden ist. Diese Verallgemeinerbarkeit gründet sich auf die Praxis des rationalen Argumentierens und genau für dieses wird der Begriff der Wahrheit benötigt, denn:

> A theory of meaning, and indeed a semantic theory, thus needs a notion of truth, as that which is guaranteed to be transmitted from premises to conclusion of a deductively valid argument [...]. (Dummett 2004c:32)

Und

> On a justificationist theory of meaning, there can be no opposition between justification and truth as the aim of inquiry. There are the *same* goal, because, however truth is to be explained in such a theory, our actually possessing a justification of a proposition must always imply, and be the best guarantee of, its truth. (Dummett 2004b:115)

2.3 Wissenschaftliches Wissen

Die vorstehenden Ausführungen machen deutlich, dass ein rechtfertigungsorientierter Wahrheitsbegriff die epistemologische Schwierigkeit eines korrespondistischen Wahrheitsbegriffs vermeidet, da er an den kognitiven Prozess einer Gewinnung von gerechtfertigten Aussagen, die dann als wahre Aussagen aufgefasst werden, gebunden ist.

In der Praxis der Wissenschaften werden bestimmte Sachverhalte oder Theorien – als geordnete Systeme von Sachverhalten – als wissenschaftliches Wissen ausgezeichnet. Wissenschaftliches Wissen erhebt gegenüber dem lebensweltlichen Wissen oder Meinen einen besonderen normativen Anspruch, nämlich den, eine transsubjektive Geltung zu besitzen (vgl. Janich 1997). Transsubjektiv deshalb, weil der

> Wissenschaftler als ein wissenschaftserzeugendes und vernunfterzeugendes Subjekt anerkannt wird, zugleich aber von ihm gefordert wird, alle seine Vorschläge den eventuellen Gegenreden anderer – die ja ebenfalls Subjekte der Vernunft und Wissenschaft sind – auszusetzen und dadurch seine Subjektivität, d. i. das Festhalten an seinen eigenen Vorschlägen, zu – wie man metaphorisch sagen kann – ‚transzendieren'. (Schwemmer 1981:63)

Eine Rechtfertigung kann dementsprechend dann als wissenschaftlich ausgezeichnet werden, wenn eine Behauptung in Bezug auf jedermann begründet werden kann (vgl. Gethmann 1981:32). Die Geltung dieses Wissens lässt sich nicht unabhängig von der Begründbarkeit desselben im wissenschaftlichen Diskurs betrachten, denn was als wahr oder falsch gilt, lässt sich nicht unabhängig von der Rechtfertigung in einem solchen erklären. Lebensweltliches Wissen wie z. B. das eines Handwerkes wie der Tischlerei kann gegenüber der Biologie nicht über das Kriterium der transsubjektiven Geltung abgegrenzt werden. Worin besteht der Unterschied? Was zeichnet ein Handwerk gegenüber einer Wissenschaft aus?

Wissenschaftliches Wissen zeichnet sich eben dadurch aus, dass es auf Begründungen bezogen ist bzw. ihm ein Begründungsanspruch unterliegt. Wenn eine Regel zum Bau eines Tisches bereitliegt, so wird diese nicht in einem Diskurs hinterfragt werden, sondern praktisch im Erfolg oder Misserfolg des Produkts der Herstellung. Wird jedoch ein wissenschaftliches Experiment durchgeführt, so kann dies ebenfalls gelingen oder misslingen, aber vor allem muss eine Veröffentlichung der Ergebnisse dem wissenschaftlichen Diskurs standhalten. Dieses Ziel der Wissenschaften, transsubjektiv geltendes Wissen bereitzustellen, wird durch die Einhaltung wissenschaftlicher Kriterien gewährleistet, die nicht wissenschaftsintern vorgefunden werden können, sondern sich aus der Praxis des Begründungsdiskurses ergeben.[16] Nur wenn der wissenschaftliche Diskurs bzgl. eines bestimmten Themas nach Regeln verläuft, die die Transsubjektivität gewährleisten sollen, kann das gewonnene Wissen den Anspruch erheben, als wissenschaftliches Wissen zu gelten.

2.3.1 Biologisches Wissen

Der Skopus der Biologie als Naturwissenschaft umfasst im engen Sinne alle diejenigen physikalischen Objekte, denen das Prädikat ‚ist ein Lebewesen' zugeschrieben werden kann. Im weiteren Sinne umfasst er jedoch auch unbelebte physikalische Objekte, soweit sie von Nöten sind, um das Verhalten und die Funktion von lebendigen Objekten zu erklären (vgl. von Uexküll 1973:150–156). Wie wird nun das Wissen um diese Objekte generiert? Das Fundament, auf dem biologisches Wissen aufgebaut wird, ist in der Lebenswelt zu finden. Im ‚normalen', nicht-wissenschaftlichen Leben werden bereits Tätigkeiten ausgeführt, die belebte Objekte involvieren. Im

[16] „Ein der Begründungsforderung unterliegendes Wissen muss sich der Problematik stellen, dass diese Rechtfertigung wiederum eine Rechtfertigung benötigt usw. Jeder Versuch, gültiges Wissen auszuzeichnen, hat nach der Philosophie des ‚kritischen Rationalismus' mit dem Münchhausen-Trilemma zu kämpfen. Aber die Frage ist nicht, „ob" „es" begründetes Wissen und gerechtfertigtes Handeln „gibt", sondern ob wir in der Lage sind, begründetes Wissen und gerechtfertigtes Handeln herzustellen." (Gethmann 1987:269) Der Beginn der Wissensgewinnung ist in der Lebenswelt zu suchen. Als Lebenswelt wird hier „das Ensemble derjenigen Handlungen und Handlungsregeln bezeichnet, gemäß denen das Thematisieren, Objektisieren und Konstituieren von Sachverhalten zu einer Welt geschieht". (Ebd.:286)

Umgang mit lebendigen Entitäten wie z. B. Tieren und Pflanzen sind bereits Praxen vorhanden, aus denen sich die Praxis der Biologie zusammensetzt. Als solche Praxen können z. B. der Umgang mit lebendigen Entitäten zwecks Nahrungserwerb oder der züchterische Umgang ausgezeichnet werden. Ausgehend von diesen Praxen wird dort, wo situationsinvariantes Wissen benötigt wird, wissenschaftliches, biologisches Wissen konstituiert (vgl. Janich und Weingarten 1999; Janich 2000).

Dieses Wissen manifestiert sich in den biologischen Theorien. Dabei ist eine Theorie als ein sprachliches Gebilde aufzufassen,

> das in propositionaler oder begrifflicher Form die Phänomene eines Sachbereiches ordnet und die wesentlichen Eigenschaften der ihm zugehörigen Gegenstände und deren Beziehungen untereinander zu beschreiben, allgemeine Gesetze für sie herzuleiten sowie Prognosen über das Auftreten bestimmter Phänomene innerhalb des Bereiches aufzustellen ermöglicht. (Thiel 2004:260)

In Theorien werden also die Kenntnisse zu einem bestimmten Gebiet in ein geordnetes System gebracht, das dazu dient, den Wissensbestand dieses Phänomenbereiches zu erfassen und zu konservieren.[17] Dies geschieht zum einen, um diesen lern- und lehrbar zu machen (vgl. Janich und Weingarten 1999:84), kann aber auch als Leitidee der Forschung bzw. als Ansatzpunkt von Kritik dienen.

Nach Thomas Kuhn können in der Wissenschaftsentwicklung alternierend eine normale (paradigmatische) und eine revolutionäre Phase ausgemacht werden. In der revolutionären Phase werden überkommene wissenschaftliche Theorien revidiert und durch neue Theorien ersetzt. In einer paradigmatischen Phase werden, nach Kuhn, Rätsel vor einem bestehenden, akzeptierten Theorierahmen gelöst (vgl. Kuhn 1976:49–56).[18] Daher können die geltenden paradigmatischen Theorien der jeweiligen wissenschaftlichen Disziplinen dann als die ‚erstarrten Erfahrungssätze' aufgefasst werden, die den ‚nicht-erstarrten, flüssigen Erfahrungssätzen' als Leitung dienen und als ‚Lebenselement der Argumente' angesehen werden können (Wittgenstein 1970:§96, §105). Sie sind akzeptierte – oder auf rationaler Basis akzeptierbare – Weisen, die Phänomene der Welt zu erklären.

> Scientific theories are ways of looking at the world; and their adoption affects our general beliefs and expectations, and thereby also our experiences and our conception of reality. (Feyerabend 2000:71)

Die prominenteste Theorie der Biologie ist die Evolutionstheorie. Sie ist die paradigmatische biologische Theorie der Gegenwart, die in unvergleichlicher Weise unseren heutigen Blick auf die lebendige Welt prägt. Der Biologe Theodosius Dobzhansky brachte dies in seinem Ausspruch „Nothing in Biology makes sense except in the light of evolution." (Dobzhansky 1973) zum Ausdruck.

---

[17] Nach Paul Hoyningen-Huene zeichnet sich wissenschaftliches Wissen gegenüber dem der Lebenswelt gerade dadurch aus, dass es ein höheres Maß an Systematizität in den Dimensionen der Beschreibung, der Erklärung, der Vorhersagen, der Verteidigung von Wissensansprüchen, des kritischen Diskurses, der epistemischen Vernetztheit, des Ideals der Vollständigkeit, der Vermehrung von Wissen und der Strukturierung und Darstellung von Wissen besitzt. (Vgl. Hoyningen-Huene 2011)

[18] Zur Übersicht siehe Gethmann (2004d).

Wie die Evolutionstheorie allerdings aufzufassen ist, wird kontrovers diskutiert. Das Spektrum der Positionen reicht von der Verteidigung eines deduktiven Verständnisses über einen modelltheoretischen Ansatz bis zur Leugnung des Status der Evolutionstheorie als ‚echte wissenschaftliche Theorie' – also einer Theorie, die universell und raum-zeitlich unabhängig ist.[19] Gegen letztere Auffassung kann allerdings eingewendet werden, dass keine wissenschaftliche Theorie tatsächlich als universell und raum-zeitlich unabhängig anzusehen ist, denn in alle Theorien gehen *ceteris-paribus*-Klauseln ein, wenn sie denn auf reale Systeme Anwendung finden (vgl. Cartwright 1999:21–74). Von diesen unterschiedlichen Auffassungen aber abgesehen, ist die Evolutionstheorie als *der* paradigmatische Rahmen aufzufassen, in dem Erklärungen hinsichtlich der Phylogenie gegeben werden können.

Aber das Spektrum des biologischen Wissens ist nicht nur auf die Evolutionstheorie beschränkt. Vor der Frage ‚Wie entwickelte sich die lebendige Welt?' – also den historischen Aspekt fokussierend – wird zwar ein großer Teilbereich des biologischen Wissens generiert, es sind aber genauso die strukturellen Fragestellungen, die sich auf die genetische bzw. genomische Struktur sowie auf Entwicklungsprogramme von Lebewesen beziehen, deren Bearbeitung gleichermaßen biologisches Wissen generiert.[20] Theorien, die unter strukturell-funktionalen Gesichtspunkten eine Rolle spielen, sind z. B. die Theorie der Proteinsynthese, die Operon-Theorie oder Theorien der Immunologie.[21]

Aus (mindestens) diesen beiden großen Leitfragen der Biologie, der Frage nach der historischen Entwicklung und nach den strukturell-funktionalen Zusammenhängen, entwickelt sich also das biologische Wissen. Der wissenschaftliche Prozess der Wissensgenerierung ist dabei allerdings als ein Produkt menschlicher Handlungen aufzufassen und kann nicht durch eine ‚Schau der Dinge' erklärt werden. Da nun menschliche Handlungen aber auf Zwecke hin ausgerichtet sind, ist auch das Wissen, das durch diese entsteht, auf Zwecke[22] bezogen, wobei die Zwecke der Wissenschaftler sich aus der Bearbeitung der verschiedenen Fragestellungen der Biologie ergeben.

---

[19] Den deduktiven Ansatz verteidigt Michael Ruse, indem er die Populationsgenetik als Kern der Evolutionstheorie auffasst und diese als gleichberechtigte Theorie neben chemischen und physikalischen Theorien ansieht (Ruse 1973). Der modelltheoretische Ansatz wird von Morton Beckner vertreten, der die Evolutionstheorie als aus benachbarten Modellen bestehend auffasst (Beckner 1959). J. J. C. Smart hingegen spricht der Biologie denselben wissenschaftlichen Status, wie es z. B. die Physik oder die Chemie haben, ab, da die Biologie über keine Naturgesetze (bei Smart ist ein Naturgesetz durch die Eigenschaften der raum-zeitlichen Ungebundenheit und der Universalisierbarkeit gekennzeichnet) verfügt (Smart 1959). Zur Replik gegen die Diskreditierung des wissenschaftlichen Status biologischer Theorien vgl. Ruse (1973) und ders. (1970). Einen Überblick über die Begründungsstrukturen der Evolutionstheorie gibt Gutmann (2005).

[20] Zur Einteilung der Fragestellungen der Biologie in historische und strukturelle vgl. Kitcher (1984a).

[21] Die Beispiele für biologische Theorien stammen aus Schaffner (1993).

[22] Diese Zwecke stehen nicht in Konflikt mit der Forderung, dass Wissenschaft zweckfrei erfolgen sollte, da hier der Ausdruck ‚Zweck' in zwei verschiedenen Weisen verwendet wird. Im ersteren Sinne ist die nicht hintergehbare Ausrichtung menschlicher Handlungen auf Zwecke, im zweiten Sinne die Forderung nach einer Unparteilichkeit der Wissenschaft gemeint.

Aus diesen Überlegungen folgt jedoch, dass das wissenschaftliche/biologische Wissen nicht monistisch aufzufassen ist, sondern dass ein Pluralismus des Wissens anzunehmen ist – ein Patchwork der Theorien und Modelle (Cartwright 1999, dies. 2000)[23] in der Wissenschaftslandschaft. Dies ist nicht zuletzt darauf zurückzuführen, dass die Biologie keine einheitliche Wissenschaft ist, sondern in unterschiedliche Disziplinen zerfällt, welche aus ihrem jeweiligen Blickwinkel ihre Gegenstände betrachtet. Zwar sind alle Disziplinen der Biologie dem Gegenstand des Lebewesens verpflichtet, sie setzen den Forschungsschwerpunkt allerdings auf unterschiedliche Ausschnitte der lebendigen Welt. So beschäftigen sich die Zoologie mit dem Tierreich, die Botanik mit dem Pflanzenreich und die Mikrobiologie mit den Mikroorganismen. In diesen Großdisziplinen sind allerdings noch verschiedene Unterdisziplinen zu finden, die sich teils darüber definieren, dass sie bestimmte Ausschnitte des Gegenstandsbereiches behandeln (z. B. Neurophysiologie, Zellbiologie) und/oder bestimmte Fragestellungen behandeln (z. B. Entwicklungsbiologie, Physiologie, Systematik) sowie durch die spezielle Methodik (z. B. Molekularbiologie). Insgesamt kann man – in Anlehnung an die zweite Analytik des Aristoteles – sagen, dass sich die einzelnen historisch gewachsenen, biologischen Disziplinen zwar durch den jeweiligen Gegenstand (Materialobjekt), durch die jeweilige Methodik (objectum formale quo) sowie durch das diesem Gegenstand entgegengebrachte Interesse (objectum formale quod) charakterisieren lassen, dass aber nicht daraus ein einzig denkbares Gesamtsystem der Biologie resultiert.[24]

Ernst Mayr z. B. sieht den Zustand der Biologie folgendermaßen:

> Jeder Zweig der Biologie hat seine eigene Datenbank, seine eigenen Theorien, seine eigenen Grundkonzepte, eigene Lehrbücher, Fachzeitschriften und wissenschaftliche Gesellschaften. Es gibt zwar Ähnlichkeiten zwischen den biologischen Disziplinen, die sich mit unmittelbaren Ursachen befassen, doch selbst diese unterscheiden sich stark im Wesen ihrer Theorien und grundlegenden Konzepte. (Mayr 1998:169f.)[25]

Dieser Pluralismus ist dann nicht besorgniserregend, solange die Gefahr von Äquivokationen gemieden wird. Dies kann allerdings nur geschehen, wenn die biologische Terminologie explizit und eindeutig gemacht wird.

[23] „The laws that describe this world are a patchwork, not a pyramid. They do not take after the simple, elegant and abstract structure of a system of axioms and theorems. Rather they look like – and steadfastly stick to looking like – science as we know it: apportioned into disciplines, apparently arbitrary grown up; governing different sets of properties at different levels of abstraction; pockets of great precision; large parcels of qualitative maxims resisting precise formulation; erratic overlaps; here and there, once in a while, corners that line up, but mostly ragged edges; and always the cover of law just loosely attached to the jumbled world of material things." (Cartwright 1999:1)

[24] Dies ist im Sinne von Otto Neurath zu verstehen, der sagt: „‚Das' System der Wissenschaft ist die große wissenschaftliche Lüge." (Neurath 1935:17)

[25] Mayr möchte die Biologie nach den Fragen auf die sie versucht eine Antwort zu geben: nach ‚was?', ‚wie?' und ‚warum?' klassifizieren. Jeder Bereich der Biologie hat demnach einen deskriptiven Anteil, der Antwort darauf gibt, was zum Untersuchungsgegenstand gehört. Es gibt Bereiche, die die Frage nach den unmittelbaren Ursachen, also das ‚wie?' von etwas beantworten und es wird z. T. die Frage des ‚warum hat sich etwas so ergeben und nicht anders?', also die Frage nach dem ‚warum?', bzw. nach den historisch-mittelbaren Ursachen, versucht zu beantworten. Einen Vorschlag für eine Neustrukturierung jenseits der üblichen Fachgebiete macht er allerdings nicht.

2.3.2 Wissenschaftliches Wissen vs. (?) technisches Wissen

Technisches Wissen wie z. B. das, welches durch die Praxis der grünen Gentechnik erworben wird, baut auf grundlegenden Erkenntnissen der Genetik und der Molekularbiologie als Grundlagenwissenschaften auf. Das legt nahe, dass sich das technische Wissen nach einem ‚Kaskadenmodell' aus dem Grundlagenwissen über das Wissen der angewandten Forschung der Biologie generiert:

> This model [the cascade model] conceives of technological progress as growing out of knowledge gained in basic research. Technology arises from the application of the outcome of epistemically driven research to practical problems. The applied scientist proceeds like an engineer. He employs the toolkit of established principles and brings general theories to bear on technological challenges. (Carrier 2004:275)

Dieses Modell setzt voraus, dass technisches Wissen sich, durch die angewandte Wissenschaft bereitgestellt, aus dem Grundlagenwissen ableiten lässt und dementsprechend auch von Grundlagenwissen zu unterscheiden ist.

Wenn man hingegen die zuvor gemachten Überlegungen dazu, wie wissenschaftliches Wissen aus dem lebensweltlichen Kontext stilisiert wird, beachtet, dann kann in den methodischen Anfängen der Wissensbildung kein Unterschied gesehen werden. Beide Typen zeichnen sich dadurch aus, dass sie den Anspruch der transsubjektiven Gültigkeit erfüllen müssen, um als Wissen ausgezeichnet zu werden. Das Wissen der Grundlagenforschung ist dabei immer auch schon durch ein ‚um zu' charakterisiert, denn Theorien werden entworfen, *um* bestimmte Phänomene erklären *zu* können und Experimente durchgeführt, *um* bestimmte Hypothesen *zu* be- oder entkräften. In der angewandten Forschung liegt der Zweck der Forschung nicht in der Wissenschaft selber, sondern er ist außerhalb dieser zu sehen. Daher sind es nicht die Wissensformen, die sich unterscheiden, sondern die Zwecke, zu denen Wissenschaft betrieben wird.[26]

Grundlagenwissen und technisches Wissen[27] können nicht – wie es das Kaskadenmodell nahe legt – getrennt voneinander gesehen werden, denn um Grundlagenwissen produzieren zu können, ist technisches Wissen (z. B. als Gerätefunktionswissen) vonnöten und umgekehrt. Dies legt zunächst eine Henne-Ei-Problematik nahe, welche allerdings nicht zum Tragen kommt, da in der Lebenswelt der Anfang der Konstruktion von wissenschaftlichem Wissen zu sehen ist (vgl. Gethmann 1987). Aus den Problemlagen der Lebenswelt entsteht das Bedürfnis nach transsubjektiv

---

[26] In der Literatur findet sich häufig, dass Grundlagenwissen und technisches Wissen sich in der Dichotomie der Wissensarten ‚knowing that' und ‚knowing how' widerspiegelt. Aber dem steht entgegen, dass jedem Experiment in der Grundlagenwissenschaft auch ein Wissen zur Verfügung stehen muss, wie etwas nachgewiesen werden kann. Also auch hier benötigt man das ‚knowing how'. Ebenso benötigt man auf der technischen Ebene Wissen um das, was der Fall ist und es wird auch im Prozess der technischen Entwicklung ein Wissen darum produziert.

[27] Die Bereiche von Grundlagenwissenschaft, angewandter Wissenschaft und Technologie scheinen fließend ineinander über zu gehen. Welchen Status hier genau die angewandte Wissenschaft zwischen Grundlagen und Technik bekommen kann s. u.

nachvollziehbaren Lösungen und Erklärungen. Aus diesem generiert sich das Grundlagenwissen und das technische Wissen in interdependenter Art und Weise. Dabei unterscheidet beide, wie gesagt, die Nähe bzw. Ferne zur wissenschaftlichen Hypothese und Theorie in Bezug auf den Endzweck der wissenschaftlichen bzw. technologischen Praxis. Während das Grundlagenwissen in enger Nachbarschaft zum jeweiligen theoretischen Hintergrund produziert wird, wird technisches Wissen hervorgebracht, um Zwecke zu erreichen, die fern von der Theorie und eher fremddisziplinär zu finden sind.

Ein Vorschlag, was das Spezifikum dieser Zwecke sein kann, der in der Debatte um die Unterscheidung von Wissenschaft und Technik angeführt wird, ist folgender:

> In science we *investigate* the reality that is given; in technology we *create* a reality according to our designs. [...] To put it simply, in science we are concerned with reality in its basic meaning; our investigation are recorded in treatises ‚on what there is'. In technology we produce artefacts; we provide means for constructing objects to our specifications. In short, science concerns itself with what *is*, technology with what *is to be*. (Skolimowski 1966:375)

Der erste Teil dieser These – dass Wissenschaft mit der Erforschung des Gegebenen beschäftigt ist – legt allerdings nahe, dass die Grundlagenwissenschaft als ein allein deskriptives Geschäft aufzufassen sei, bei dem die Phänomene der Welt lediglich entdeckt und beschrieben werden. Dagegen wurde in den letzten Kapiteln argumentiert. Stattdessen wurde für ein Wissenschaftsverständnis plädiert, das Wissenschaft als kulturelles Phänomen deutet. Auch in der Grundlagenforschung wird ein hervorbringendes Können an den Tag gelegt und es werden experimentell Objekte erzeugt, um bestimmte Hypothesen zu überprüfen. Daher könnte jede Experimentalwissenschaft auch als Technikwissenschaft bezeichnet werden.[28]

Der zweite Teil der These – dass die Technologie dadurch ausgezeichnet ist, jenes in den Fokus zu nehmen, was sein sollte – kann auch nicht ohne Weiteres bestehen bleiben. Durch den wissenschaftlichen Rationalitätsanspruch wird normativ auf die Gestaltung der Welt Einfluss genommen. Dadurch, dass transsubjektive Begründungen geliefert werden, sind meist implizit auch präskriptive Forderungen verbunden, diese auch zu akzeptieren und anzunehmen.[29] Ein inneres Definitionsmerkmal der Wissenschaft ist „die Selbstverpflichtung auf Rationalitätsstandards [...], die unter bestimmten (freilich: nicht trivialen) Bedingungen erlaubt zu sagen,

[28] Vgl. hier Janich (1997:104):
„Nur Technik, also das handwerkliche und ingenieurmäßige Können der Experimentatoren bringt die Natur in den Naturwissenschaften zum Sprechen. Und nur wo ein solches technisches Bewirkungswissen zur Verfügung steht, kann dann über Nichttechnisches, d. h. Natürliches im Sinne des vom Menschen nicht Erzeugten gesprochen werden [...]."
Aufgrund der in den Naturwissenschaften angewandten Methoden plädiert er dafür, dass die Naturwissenschaften als Technikwissenschaften aufzufassen sind.

[29] So z. B. explizit bei der Bewegung der Brights zu finden, die ein Weltbild vertreten, das frei von Übersinnlichem und dem Naturalismus vepflichtet ist.

daß eine Behauptung wahr und eine Aufforderung richtig ist."[30] Geltungsansprüche des wissenschaftlichen Wissens, bzw. die Akzeptanz dieser Geltung, formen die Welt ebenso, wie es technische Objekte tun. Entscheidungen, welches Weltbild angenommen werden sollte, verlaufen aber mehr indirekt und implizit, während Entscheidungsprozesse darüber, welche Technologien verfolgt und welche besser nicht verfolgt werden sollten, dem sozio-politischen Diskurs gegenwärtiger sind.

Techniken und Technologien sind nicht außerhalb der lebensweltlichen Praxis zu verorten, sondern sind ständig je schon Bestandteil derselben, so dass z. B. John Dupré den Menschen als eine Entität ansieht, die gerade dadurch ausgezeichnet ist, dass sie gestaltend auf die Umwelt einwirkt, so dass er den Menschen als ‚Technological Animal' bezeichnet (Dupré 2011). Diese Techniken werden aber nicht quasi naturwüchsig in die Welt gebracht, sondern werden in Anbetracht eines bestimmten Zweckes entwickelt – nämlich zur Lösungen bestimmter lebensweltlicher Probleme.[31]

Der Einsatz von Techniken wird also durch die voraussichtliche Lösung bestimmter Probleme gerechtfertigt. Wird also über diesen Einsatz debattiert, so ist ein Kriterium, das für eine Technik spricht, dass sie als adäquates, erfolgversprechendes Mittel für den jeweiligen Zweck anzusehen ist. Allerdings sind moderne Techniken auch dadurch gekennzeichnet, dass sie nicht nur intendierte Handlungsfolgen hervorbringen, sondern auch nicht-intendierte Nebenfolgen (Gethmann 1999). Zum technischen Wissen gehört dementsprechend auch Wissen, das die Nebenfolgen abschätzt und prognostiziert. Um eine Technologie beurteilen zu können, muss also einerseits abgeschätzt werden, ob sie adäquates Mittel zum intendierten Zweck ist und ob die Nebenfolgen in Kauf genommen werden können. Dies wird allerdings durch die ‚zweifache Komplexität' der modernen Technik erschwert:

> Zum einen erfüllt das Mittel seinen Zweck nur noch mit einer gewissen Wahrscheinlichkeit, u. a. weil zwischen der Ausgangssituation und dem Endzweck sehr viele Vermittlungen liegen (Handeln unter Unsicherheit). Zum anderen sind die Gefahrenträger oft nicht die Nutznießer (et vice versa) (Handeln unter Ungleichheit). (ebd.:142)

Dementsprechend gehört es zur Aufgabe der Wissenschaftler, die sich mit neuen Technologien wie der grünen Gentechnik befassen, sowohl die intendierten Folgen als auch die nicht-intendierten Nebenfolgen zu analysieren und zu beurteilen. Um dies gewährleisten zu können, muss allerdings Forschung zugelassen werden. Erst nach einer entsprechenden Untersuchung kann entschieden werden, ob diese Technologien tatsächlich als adäquate Mittel z. B. zur Bewältigung von Hunger in der Welt (vgl. z. B. Thompson 2007b), Bereitstellung von leistungsstarken Energieträgern oder von Pharmazeutika[32] etc. angesehen werden können. Und auch die absehbaren Nebenfolgen müssen evaluiert werden. Dies ist im Falle von Innovationen, die in

---

[30] Vorlesung Carl Friedrich Gethmann zu ‚Grundfragen der Angewandten Ethik'.

[31] „Vielmehr ist die „Technik" als Ensemble gerade von Handlungen anzusprechen, näherhin derjenigen Handlungen, die sich als ein gerätegestütztes Handeln ansprechen lassen, für das präskriptive Regeln nach den Prinzipien des zweckrationalen Handelns auszubilden sind." (Gethmann 1999)

[32] Zum Pharming (transgene Tiere oder Pflanzen als Produzenten von Pharmazeutika) siehe Engelhard et al. (2007).

bestehende Ökosysteme eingreifen und/oder direkt in der Nahrungskette implementiert sind, von besonderer Bedeutung. Fälle in der Vergangenheit haben gezeigt, dass in solchen Bereichen besondere Vorsicht und Sorgfalt notwendig sind.[33]

Hier ist Forschung nötig, die die Nebenfolgen der Einbringung von grüner Gentechnik in die Umwelt abschätzt, damit entschieden werden kann, ob diese akzeptierbar sind. Dabei ist hier nicht die faktische Akzeptanz zu berücksichtigen, sondern die rationale Akzeptabilität (vgl. Gethmann 1993:37–40). Die faktische Akzeptanz beruht vielfach auf rein subjektiven ‚Bauchgefühlen', die nicht der allgemeinen Beurteilung zugänglich gemacht werden können und so auch nicht transsubjektive Geltung beanspruchen kann. Die Akzeptabilität erhebt den Anspruch, das Eingehen-sollen eines Risikos transsubjektiv zu rechtfertigen und hat damit normativen Charakter. Eine transsubjektive Rechtfertigung kann dabei im präskriptiven Diskurs erlangt werden (vgl. Gethmann und Sander 1999).

[33] Beispiele für unbeabsichtigte Eingriffe in ökosystemare Zusammenhänge mit extremen Ausmaß sind Bioinvasionen nicht-heimischer Pflanzen (Neophyten) oder Tiere (Neozoen), die zu unerwünschten Verschiebungen der Biodiversität führen (z. B. Kaninchen- bzw. Krötenplage in Australien, Riesen-Bärenklau in Deutschland etc.).

Kapitel 3
Begriffsanalyse

Gleiche Ausdrücke können unterschiedliche Bedeutungen haben – diese Aussage wird im Hinblick auf äquivoke Ausdrücke wie z. B. ‚Bank', mit der Bedeutung der Sitzgelegenheit und der eines Kreditinstituts, als selbstverständlich hingenommen. Anders ist dies bei Ausdrücken, die zwar referentiell gleichartig sind, sich aber in der Ausbuchstabierung dessen, was intensional unter diesen Ausdrücken zu verstehen ist, unterscheiden. Diese Unterscheidung wird vielfach in Argumentationen vernachlässigt, was allerdings zu Fehlschlüssen führt.

Die Unterscheidung von Sinn und Bedeutung (in Carnapscher Terminologie von Intension und Extension) geht auf Frege zurück und wird von Frege mit dem Beispiel der Venus und den beiden Ausdrücken ‚Morgenstern' und ‚Abendstern' verdeutlicht. Hier gibt es einen informationellen Unterschied zwischen den beiden Ausdrücken, die beide auf denselben Planeten Venus referieren, so dass die Ausdrücke nicht *salva veritate* austauschbar sind. Ähnliches wird im Folgenden für die Begriffe der grünen Gentechnik angenommen.

Vor unterschiedlichen Theoriekontexten erhalten die Ausdrücke der grünen Gentechnik verschiedenartige Bedeutungen (Frege-Sinn) – analog zum Venusbeispiel, wobei bei Frege nicht Theoriekontexte sondern verschiedene ‚Gegebenheitsweisen' zum unterschiedlichen Sinn der Ausdrücke führen.

Es gilt diese Unterschiede in den Bedeutungen der Ausdrücke aufzuzeigen und Stärken und Schwächen des jeweiligen Begriffsverständnisses zu explizieren, damit die Präsuppositionen, die mit einem jeweiligen Begriffsverständnis einhergehen, klar vor Augen liegen. Durch diese Begriffsanalyse wird es also möglich, erstens Klarheit darüber zu gewinnen, was man eigentlich aussagt, indem man z. B. einen bestimmten Prädikator in einer bestimmten Art und Weise verwendet – man erhält also Klarheit im Sprachgebrauch – und zweitens können mit Hilfe der Begriffsanalyse etwaige Inkonsistenzen in evaluativen Argumentationen hinsichtlich der grünen Gentechnik aufgedeckt werden.[1]

Zu dieser These ein erläuterndes Beispiel: Um eine schlüssige Argumentation zu gewährleisten, ist es notwendig, dass sich die Perspektiven, unter denen man die jeweiligen Ausdrücke fassen kann, zueinander konsistent verhalten.

[1] Vgl. Kap. 4.

S. Hiekel, *Grundbegriffe der grünen Gentechnik*,
Ethics of Science and Technology Assessment 39,
DOI 10.1007/978-3-642-24900-6_3,

Ein hierfür eingängiges Gegenbeispiel wäre:

1. Autopoiesis ist das Merkmal der Lebewesen.
2. Lebewesen sind dadurch ausgezeichnet, dass ihre Merkmale Ausdruck der genetischen Ausstattung sind.
3. Die Autopoiesis ist Ausdruck der genetischen Ausstattung von Lebewesen.

Dieses Argument ist nicht schlüssig, da die Autopoiesis gerade dadurch ausgezeichnet ist, dass sie unabhängig von der materialen Ausstattung der Lebewesen definiert ist. Der Ausdruck Lebewesen wird hier als zweifach besetzter Mittelbegriff verwendet, was zur Ungültigkeit der Schlussfolgerung aufgrund einer *quaternio terminorum* führt.[2]

Die folgende Begriffsanalyse wird also mit dem Ziel solcher Art Inkonsistenzen in Argumentationen aufdecken zu können durchgeführt, sowie auch die Implikationen von verschiedenen Theoriekontexten aufzuzeigen und zu beleuchten.

3.1 Pflanzenzüchtung

> Agriculture is a human activitiy that takes its shape from its interactions with nature and the rest of the society in which it is practiced. [...] Although the practice of agriculture is a virtually universal component of all human societies, the purposes and goals that a society was able to achieve have been variable. (Thompson 1986:32f.)

Pflanzenzüchtung ist im allgemeinen eine menschliche Praxis, die darin besteht, gezielt bestimmte Pflanzen zu kreuzen bzw. ausgewählte Pflanzen zu vermehren, damit sie für menschliche Zwecke besser nutzbar werden.[3] Das Ziel der Züchtung liegt also darin, vorhandene Eigenschaften bestimmter Lebewesen im Hinblick auf

---

[2] Vgl. Kap. 3.2.2.1.

[3] Vor dem Hintergrund dieser Praxis sind die Grundkonzepte der Evolutionstheorie – die der Selektion und Anpassung – von Darwin abgeleitet worden. Vgl. Peter Janich und Michael Weingarten. Wissenschaftstheorie der Biologie. S. 227. Die Züchtungspraxis der Menschen kann demzufolge als das Fundament angesehen werden, auf dem die Evolutionstheorie denkbar wird. So widmet Darwin selbst dem Aspekt der ‚*Variation under Domestication*' in seinem Werk ‚*Origin of Species*' das erste Kapitel und wendet dann die dort gewonnenen Prinzipien auf die ‚*Variation in Nature*' an. Anpassung und Selektion sind nicht als Mechanismen der Natur anzusehen, die voraussetzungslos durch Schau der Natur erkannt worden sind, sondern wurden von Darwin durch eine Übertragung der lebensweltlichen Züchtungserfahrungen auf die Natur eingeführt. Dadurch, dass Lebewesen gezielt gekreuzt wurden, um eine Veredelung und damit einen erhöhten Nutzeneffekt zu erreichen, sind Erkenntnisse zugänglich geworden, die dann zur Erklärung der Entstehung der Arten Verwendung finden konnten. Das Darwinsche Modell des Züchtungshandelns kann folgendermaßen rekonstruiert werden: Als natürliche Vorbedingung der menschlichen Züchtungspraxis kann das Vorliegen von Varianten und die Möglichkeit der Vererbung bestimmter Abänderungen angesehen werden. Unter Eingriff in die Reproduktionsbedingungen werden Organismen einer Zuchtgruppe ausgewählt und zur Fortpflanzung zugelassen, die ein interessierendes Merkmal aufweisen. Dabei besteht die Möglichkeit aus einer Zuchtgruppe mehrere differente Gruppen herauszuzüchten. Die jeweilige Merkmalsausprägung stellt dann einen kontinuierlichen Vorgang des Merkmalswandels dar, der durch das akkumulierende Wahlvermögen des Menschen bedingt wird. Als Resultat

menschliche Zwecke zu erhalten bzw. zu verbessern, was sich dann positiv auf den quantitativen und qualitativen Ertrag der Ernte auswirkt, die Sicherheit des Ertrags erhöht bzw. gewährleistet und/oder die agronomische Arbeit erleichtert.

Diese Konservierungs- und Optimierungsabsicht kann sowohl in ästhetischer wie auch in wirtschaftlicher Hinsicht verfolgt werden. Aus ästhetischen Gesichtspunkten werden insbesondere farblich und morphologisch besonders ansprechende Merkmale selektiert. In wirtschaftlicher Sicht kann es z. B. gewünscht sein, Ernteerträge (z. B. Kornertrag, Ölertrag, Faserertrag, Zuckerertrag etc.) zu erhöhen, gewisse Resistenzen auszubilden, agronomische Eigenschaften zu verbessern (z. B. Stickstofffixierung, Kälte-, Hitze-, Trockentoleranz, Standfestigkeit etc.) oder die Qualität des Ernteguts zuveredeln (z. B. Geschmack, Verarbeitungseignung, Inhaltsstoffzusammensetzung).

Die taxonomische Ebene, auf der die züchterische Tätigkeit vorgenommen wird, ist meist die der Sorte. Der Begriff der Sorte ist taxonomisch unterhalb der Artkategorie anzusiedeln und bezeichnet „Gruppen von Pflanzen einer Art, die sich untereinander sehr ähnlich sind und die man von anderen Pflanzen der gleichen Art unterscheiden kann" (Becker 1993:26). In der Pflanzenzüchtung wird dabei nicht vorrangig die Veredelung bereits vorhandener Sorten betrieben, sondern es wird versucht, neue, verbesserte Sorten im Hinblick auf ein bestimmtes Züchtungsziel zu schaffen. Das Unterscheidungsmerkmal der Sorten untereinander muss dabei keinen Bezug auf das Züchtungsziel aufweisen, sondern muss allein kriteriell Unterscheidbarkeit ermöglichen. Als Beispiel für die taxonomische Einordnung von Pflanzensorten mag hier die Kartoffel dienen, deren Sorten von den verschiedenen Wochenmärkten bekannt sein dürften:

Familie: *Solanaceae* (Nachtschattengewächse)
Gattung: *Solanum* (Nachtschatten)
Art: *Solanum tuberosum* L. (Kartoffel)
Sorte: Hansa, Sieglinde, Linda etc.

So werden diese Sorten über die Reifezeit, Knollenform, Farbe und Beschaffenheit der Schale, Fleischfarbe, Kocheigenschaft etc. differenziert. Alle Neuzüchtungen werden durch das Bundessortenamt nach dem Sortenschutzgesetz verwaltet. Um als neue Sorte anerkannt zu werden, müssen die Individuen der neuen Sorte von anderen Sorten unterscheidbar sein und das unterscheidende Merkmal muss stabil weiter

der Züchtungstätigkeit kann eine gegenüber der Ausgangsgruppe gewandelte Gruppe von Organismen angesehen werden. Dieses Verständnis von Züchtung ermöglicht es das Kerntheorem der Darwinschen Evolutionstheorie, die Selektionstheorie, zu entwickeln. Es lässt sich zeigen, „daß die künstliche Züchtungspraxis von Darwin als Modell verwendet wird, an dem die Vorgänge des dann ‚natürliche Züchtung' genannten Verlaufes expliziert werden können; und zugleich ist ihm die künstliche Züchtung das Experimentierfeld, in dem die Aussagen zur Wirkungsweise der natürlichen Züchtung experimentell überprüft und begründet werden können. [...] Darwin weiß, daß sich nicht induktiv aus empirisch gewonnenen Daten auf den Mechanismus der Evolution schlussfolgern lässt; mit solchen Daten liegen immer nur die Produkte bzw. Resultate eines evolutionären Prozesses vor. Der Prozeß selbst, die Art und Weise der Umwandlung aber ist grundsätzlich nicht beobachtbar." (Janich und Weingarten 1999:241)

vererbt werden. Neuzüchtungen sind also nicht unbedingt auf die Artebene bezogen, aber es kommt auch durchaus zu Neuzüchtungen auf dieser taxonomischen Ebene wie z. B. bei *Triticale*, der eine Kombination aus Weizen (*Triticum*) und Roggen (*Secale*) darstellt.[4]

Wenn man die Menschheitsgeschichte mit den afrikanischen Funden des *Homo sapiens* beginnen lässt, dann ist diese ca. 150.000 Jahre lang. Vor dem Hintergrund dieses Zeitintervalls ist die züchterische Tätigkeit des modernen Menschen eine sehr junge Erscheinung und begann ungefähr vor 10.000 Jahren – zuvor gestaltete sich das Leben der Menschen als das von Jägern und Sammlern. Man spricht bei diesem Wechsel der Lebensgewohnheiten auch von der neolithischen Revolution:

> [t]he emergence of agriculture (or, rather, of agricultures, that is: of agricultural societies) that took place ~ 10.000 years ago, as the origin of what came to be known as the ,Common Human Pattern' (CHP), a way of life that established itself throughout the human world, only to be disrupted by modern industrialization [.] (Zwart 2009:508)

Das züchterische Handeln kann man als einen herstellenden Akt verstehen, dessen Objekte Lebewesen sind. In einem gewissen Sinn kann man daher schon diese sehr frühen züchterischen Praxen als eine Form der Biotechnik und das Wissen um diese Techniken als Biotechnologie bezeichnen, denn es werden biotische Gegenstände über bestimmte Verfahren und Methoden verändert bzw. hergestellt.[5] Das entspricht allerdings nicht unbedingt der Bedeutung, die üblicherweise mit dem Ausdruck ,Biotechnologie' verbunden wird, denn meist wird dieser mit bestimmten Techniken des 20. Jahrhunderts in Verbindung gebracht. Angesichts dieser frühen Verortung ist die züchterische Praxis – und wenn man so will, die der biotechnologischen Praxis – eine, die älter ist als man für gewöhnlich annimmt. In dieser Zeitspanne können vier biotechnologische ,Revolutionen' ausgemacht werden: Die neolithische Revolution (vor ca. 10.000 Jahren), die industrielle Revolution (vor ca. 250 Jahren), die grüne Revolution (vor ca. 50 Jahren) und die (eigentliche) biotechnologische oder gentechnologische Revolution (vor ca. 25 Jahren). (vgl. ebd.:509)[6]

Durch diese historische Einordnung der Züchtungspraxis dürfte deutlich geworden sein, dass das, was unter konventioneller Züchtung verstanden wird, etwas ist, das eher jüngeren Datums ist und es nach der industriellen und auch der grünen Revolution, aber vor der gentechnologischen Revolution zeitlich einzuordnen ist. Das, was wir heutzutage als Konvention empfinden, ist gegenüber den Praxen von vor 250 Jahren als revolutionär anzusehen. Nichtsdestoweniger ist die grüne Gentechnik demgegenüber eine weitere revolutionäre Entwicklung: „the current biotech revolution is yet another chapter in an on-going story." (ebd.:521)

---

[4] Die Hybriden aus Weizen und Roggen sind normalerweise steril und werden erst durch Behandlung mit Colchizin – durch Verdopplung des Chromosomensatzes – fertil.

[5] So bestimmt z. B. H. Mohr den Begriffs Biotechnologie folgendermaßen: „Der Begriff Biotechnologie umfaßt die vom Menschen veranlaßte und gesteuerte Produktion organischer Substanz." (Mohr 1997:47)

[6] Die ,grüne Revolution' ist als diejenige Umstellung der züchterischen Praxis zu verstehen, die auf dem neuen Einsatz von Düngemitteln und Pestiziden beruht.

Da die Entwicklung der biotechnologischen Methoden fortläuft und auch andauert, ist es schwierig zwischen Konvention und grüner Gentechnik zu unterscheiden. Auch in der sogenannten konventionellen Züchtung werden Methoden angewendet, die Einfluss auf das Pflanzengenom nehmen und die einer ausgefeilten Technik bedürfen. Deshalb orientiert sich die Unterscheidung hier an der Grenzziehung, die durch das Gentechnikgesetz vorgegeben wird. Diejenigen Methoden, die zu einer gesonderten Behandlung der Züchtung durch das Gentechnikgesetz führen, werden hier als zur grünen Gentechnik gehörend klassifiziert.

Seit der neolithischen Revolution haben sich verschiedene Methoden der Pflanzenzüchtung herausgebildet, die aber generell alle in drei Phasen unterteilt werden können (ebd.:257): 1. Bereitstellung von Ausgangsvariationen, 2. Bildung und Selektion potentieller Sorteneltern und 3. Prüfung von Experimentalsorten. Die Unterteilung konventioneller und gentechnologischer Methoden bezieht sich hauptsächlich auf die erste Phase der Züchtung: die Bereitstellung von Ausgangsvariationen. Die zweite Phase ist bei beiden Verfahrensarten gleich, wohingegen die dritte auf Seiten der Prüftiefe wiederum unterschieden werden kann. Im Folgenden wird eine Gegenüberstellung der konventionellen und der Züchtung mit Hilfe der grünen Gentechnik anhand der Unterschiede – oder Ähnlichkeiten – vor allem in der ersten Phase vorgenommen, denn hier werden die Unterschiede im Verfahren deutlich. Die Unterschiede in der dritten Phase ergeben sich eher durch die Risiken, die durch die beiden Züchtungsmethoden evtl. zu erwarten sind.

3.1.1 Konventionelle Züchtung

Die konventionelle Züchtung grenzt sich gegenüber der grünen Gentechnik *ex negativo* ab. Unter diesem Begriff sind also alle die Methoden zusammengefasst, die nicht zu denen der grünen Gentechnik gehören. Nichtsdestoweniger beruht die konventionelle Züchtung natürlich auf Kenntnissen aus der Genetik und ist auf technologisches Wissen und technische Apparaturen angewiesen.

In der ersten Phase der konventionellen Züchtung wird entweder auf eine bereits vorhandene Ausgangsvariation zurückgegriffen (Auslesezüchtung) oder es werden auf dem Weg der Mutation (Mutationszüchtung) oder der Rekombination (Kreuzungszüchtung) neue Ausgangsvariationen bereitgestellt.

In der Auslesezüchtung werden aus einer Ausgangspopulation von Pflanzen diejenigen Pflanzen ausgewählt, die in einer bestimmten gewünschten Hinsicht positive Merkmale aufweisen, und weiter vermehrt. Beziehungsweise es werden die Pflanzen (negativ) ausgewählt, die von der weiteren Vermehrung ausgeschlossen werden sollen. Diese Methode gehört zur menschlichen Praxis seit der Inkulturnahme von Wildpflanzen. Ein Nachteil dieser Züchtungsmethode ist, dass die genetische Variabilität mit zunehmender Auslese immer weiter abnimmt und für neue Anforderungen dann andere Züchtungsmethoden benötigt werden.

Die Diversität der Ausgangspopulation über die Kreuzung vielversprechender Kandidatenpflanzen bereitzustellen, ist, wie die Auslesezüchtung, eine Technik, die bereits sehr lange zum Repertoir der Züchtungsmethoden gehört.[7] Dieser Weg ist seit den Mendelschen Kreuzungsversuchen der geläufigste Weg einer systematischen Pflanzenzüchtung und wird auch als Kombinationszüchtung bezeichnet.[8] Die Rekombination von Genen beruht auf sexuellen Prozessen, die eine Neukombination von Genen durch Kreuzung von Elternpflanzen ermöglicht. Hier kann zwischen sogenannten selbst- (z. B. Weizen, Gerste, Hafer, Erbse, Reis) und fremdbefruchtenden Pflanzenarten (z. B. Mais, Roggen, Zuckerrübe) unterschieden werden. Selbstbefruchtende Pflanzenarten sind einhäusig (monöcisch), d. h. männliche und weibliche Geschlechtsorgane sind in einer Blüte vereint. Die Selbstbefruchtung kann obligat oder fakultativ erfolgen und führt zu einer Erhöhung von homozygoten Linien. Ein Auftreten von neuen Variationen ist bei solchen Pflanzen sehr selten und wird durch die Züchtung künstlich – durch Kastration und anschließende Bestäubung der Mutterpflanze – herbeigeführt. Die Kreuzung bei Fremdbefruchtern ist hingegen sehr einfach, da hier lediglich die Auswahl und Kontrolle der Befruchtung mit fremden Pollen durchgeführt werden muss.

Zu Kreuzungszüchtungen gehören aber auch jene Züchtungen, die über Art- oder Gattungsgrenzen[9] hinweg erfolgen und die auf neuere biotechnologische Methoden zurückgreifen.[10] Eine Möglichkeit stellt z. B. die Protoplastenfusion (somatische Hybridisierung) dar. Dabei werden somatische Zellen zweier interessanter Pflanzenarten von ihrer Zellwand enzymatisch befreit, so dass die Protoplasten miteinander fusioniert werden können. Aus den Fusionsprodukten können auf geeignetem Nähragar die Pflanzenhybride angezogen werden. Auf diese Weise konnte z. B. der Blukoli hergestellt werden, ein Hybrid aus Blumenkohl und Brokkoli.

Eine andere Möglichkeit, die Artgrenzen zu überschreiten ist die Embryokultur, bei der eine Pflanze mit Pollen einer andersartigen Pflanze bestäubt wird. Der sich dann bildende pflanzliche Embryo stirbt normalerweise ab. Wird dieser aber rechtzeitig aus dem Fruchtkörper entfernt, dann kann auf einem geeigneten Nährmedium die neu gezüchtete Pflanze heranwachsen. In dieser Weise wurde Triticale, die Kreuzung aus Roggen und Weizen, gezüchtet.

Um vielversprechende reinerbige Linien zu erhalten wird ebenfalls auf technischen Einsatz nicht verzichtet, so werden z. B. bei verschiedenen Getreidesorten sogenannte Antherenkulturen erstellt. Antheren sind die Pflanzenorgane, die die

---

[7] Hier wird nur allgemein auf die Kreuzungszüchtung eingegangen. Zu weiteren Informationen (z. B. Heterosis-Effekt etc.) siehe Becker (1993).

[8] Die Methode kann durchaus auch mit anderen Methoden wie z. B. der Mutationszüchtung (s. u.) kombiniert werden, indem aus dem mutageniserenden Prozess hervorgegangene Pflanzen mit anderen vielversprechenden Exemplaren gekreuzt werden.

[9] Die Artgrenze kann hier als eine solche verstanden werden, die durch den Mayrschen Biologischen Speziesbegriff festgelegt wird. Also eine solche die auf der reproduktiven Isolierung der Pflanzen beruht.

[10] Diese neueren Techniken der Biotechnologie sind durch Erkenntnisse in der Zell- und Entwicklungsbiologie sowie durch die Entwicklung von geeigneten Nährmedien möglich geworden. Sie werden ungefähr seit Mitte des 20. Jahrhunderts in der Pflanzenzüchtung eingesetzt. (Vgl. Vasil 2008)

haploiden Pollen, die männlichen Geschlechtszellen, enthalten. Auf einem entsprechenden Nährmedium können die haploiden Pollenzellen vermehrt werden und über eine chemische Behandlung mit dem Gift der Herbstzeitlosen (Colchicin) werden diploide, homozygote Zellen erzeugt, die fähig sind, zu fertilen Pflanzen heranzuwachsen.[11] Durch dieses Verfahren wird die Selektion auf ein bestimmtes Merkmal beschleunigt, da in heterozygoten Linien rezessive Merkmale erst nach mehreren Tochtergenerationen erkannt werden können.

Eine weitere Form der Bereitstellung von Variationen wird durch die Mutationszüchtung (vgl. van Harten 1988) geleistet. Durch eine künstliche Behandlung mit mutagenen Substanzen wird eine Erhöhung der spontanen Mutationsrate im Erbgut der Pflanzen ausgelöst. Eine solche mutagene Behandlung kann durch Bestrahlung (z. B. mit Röntgenstrahlen, Neutronenbestrahlung, UV-Strahlung) oder über den Einsatz von Chemikalien (z. B. Colchicin, Ethylenmethansulfonat) erfolgen. Durch diese Behandlungen werden sowohl Gen-, Chromosomen-, sowie Genommutationen induziert. Im Anschluss an diese Behandlung erfolgt die Selektion von vielversprechenden Mutanten, welche anschließend dahingehend beobachtet werden, ob sich die erwünschten Merkmale weiter vererben lassen und ob zusätzliche negative Effekte zu beobachten sind.

Die mutagene Behandlung ist eine unkontrollierte Art Variationen herbeizuführen, da im Vorhinein nicht festzulegen ist, auf welche Merkmale bzw. auf welche Gensequenzen Einfluss genommen wird. D. h. es kann nicht angegeben werden, ob ein Gen und wenn ja, welches, z. B. durch eine mutagenisierende Bestrahlung, verändert wurde. Die für die Züchtung interessanten Tochtergenerationen werden selektiert (hier können auch phänotypisch unauffällige Variationen mit sehr wohl verändertem Genotyp weiter gezüchtet werden), um dann in der 2. Phase der Pflanzenzüchtung als Sorteneltern weiter gezüchtet zu werden. In Kanada unterliegen diejenigen Pflanzensorten, die durch mutagene Behandlung entstanden sind, den gleichen Bedingungen wie gentechnisch veränderte Pflanzen, d. h. sie werden nur zugelassen, wenn keine Risiken für Umwelt und Gesundheit zu erkennen sind. In der europäischen Union gibt es eine solche Regelung nicht und die aus der Mutationszüchtung hervorgegangenen Pflanzensorten müssen kein Zulassungsverfahren durchlaufen (BMBF).

Bei den genannten Verfahren wird also sowohl auf technisches Know-how jüngsten Datums zurückgegriffen als auch auf die Möglichkeit, Kreuzungen über Artgrenzen hinweg zu schaffen, so dass dies kein Unterscheidungskriterium gegenüber der grünen Gentechnik sein kann.

---

[11] Durch die Entdeckung der Wirkung des Colchicins auf pflanzliche Zellen ist auch die Polyploidiezüchtung möglich geworden. Hierbei macht man sich zunutze, dass Pflanzen mit einem mehrfachen Chromosomensatz vergrößerte Zellen und Organe besitzen. Durch die Behandlung mit Colchicin kann der ursprünglich diploide Chromosomensatz vervielfacht werden. Beispiel für diese Züchtung ist der Tetraroggen.

3.1.2 Züchtung mit der ‚grünen Gentechnik'

Durch die Forschung an der DNS – als materialer Basis der genetischen Information – sowie der Forschung an den Mechanismen der Proteinbiosynthese wurde im Rahmen des neuen Zweigs der Biologie – der Molekularbiologie – erst Gentechnologie möglich (vgl. Rheinberger 2004). Die Analysewerkzeuge der Molekularbiologie dienen innerhalb der technologischen Anwendung als Werkzeuge der Herstellung. Durch die Identifizierung einer Korrespondenz zwischen einem DNS-Abschnitt und einem gewünschten Produkt der Transkription bzw. Translation ist es möglich, gezielt dieses Produkt in einem Organismus zu produzieren, wodurch der Züchtungspraxis neue Möglichkeiten bereitgestellt werden.

Auf der herstellenden Seite der grünen Gentechnik werden Gene, die von einem Organismus zu einem anderen übertragen werden, im Sinne der Molekularbiologie verstanden. Dementsprechend geht man im Gentechnikrecht von folgender Gendefinition aus:

> Unter einem Gen wird demgegenüber [gegenüber dem Genom] die kleinste Einheit des Erbguts, das einen bestimmten Abschnitt der DNA, bzw. deutsch DNS („Desoxyribonukleinsäure") darstellt, der auf Grund der Nucleotid-Sequenz bestimmte Funktionen, Eigenschaften, Merkmale und/oder Strukturen einer Zelle bestimmt, verstanden. (Kauch 2009:4)

Die Gentechnik, als eine besondere Form der Biotechnik, beschäftigt sich mit der Manipulation des Erbganges, wobei Lebewesen bereitgestellt werden sollen, die bestimmte, gewünschte Eigenschaften aufweisen.[12] Die gewünschten Eigenschaften werden bei artfremden Lebewesen festgestellt und auf genetische Kodierung derselben analysiert. Es wird also eine kausal-mechanische Ursache für die Exprimierung eines bestimmten Phäns gesucht. Dies würde einer Charakterisierung des Genbegriffs unter dem Aspekt der unmittelbaren Funktion eines DNS-Segments entsprechen.

Erst wenn ein entsprechender Konnex zwischen Funktion und Struktur gefunden wurde, ist eine Manipulation des Erbgutes in der ausgewählten Zuchtsorte mit dem gewünschten Erfolg möglich. Dies erfolgt unter Isolierung des für die gewünschte Eigenschaft identifizierten kodierenden Gens und der Fusion des Gens mit pflanzenspezifischen Start- und Stoppsignalen der Transkription. Anschließend wird das chimäre Gen in die Pflanze eingebracht.

Als Voraussetzung dieser Technik müssen selbstverständlich die zu verändernde Pflanzensorte, mit ihren züchterischen Merkmalen und auch der Spender-Organismus, hinsichtlich der zu übertragenden Eigenschaft genau charakterisiert sein. Bei der Manipulation der zu verändernden Pflanzensorte ist eine kriteriale Beschränkung bei der Beurteilung des Erfolges nicht zu umgehen. Bewertet, hinsichtlich eines Manipulationserfolges, werden nur die Eigenschaften, die durch die Veränderung angestrebt wurden und entsprechende Risikokriterien, die die Sicherheit der Manipulation gewährleisten sollen.

[12] Die Genetik als Wissenschaft liefert dabei die Erklärungen für den Erfolg und Misserfolg von gentechnischen Manipulationen. (vgl. Gutmann und Janich 1997)

Als Beispiel für ein solches Verfahren soll hier kurz die Züchtung von Bt-Mais angeführt werden, der, mittels eines gentechnischen Verfahrens, über eine Insektenresistenz verfügt. Das Bodenbakterium *Bacillus thurengiensis* produziert ein Toxin (Bt-Toxin) das tödlich auf die Larven von bestimmten Insekten (z. B. Lepidopteren) wirkt. Es konnten DNS-Sequenzen im Genom dieses Bacillus entdeckt werden, die für ein entsprechendes Toxin kodieren, sogenannte Bt-Gene. Diese Gene werden auf den Mais übertragen und infolgedessen produziert der Mais die Bt-Toxine, die sich im Stängel der Pflanze kristallin ablagern. Das Ziel dieser Züchtung ist es, gegen den Schädling Mais-Zünsler (*Ostrinia nubilalis*), der bis zu 30–40 % der Ernteausfälle verursacht, ein wirksames Mittel an der Hand zu haben.[13]

Die grundlegende heuristische Idee, die bei dieser Art des züchterischen Eingreifens und auch bei der konventionellen Züchtung vorliegt, ist die Praxis des herstellenden Handelns. In der konventionellen Züchtung werden entweder durch ungezielte Mutagenese oder aber über gezielte Rekombination ein entsprechender, gewünschter Phänotyp ‚hergestellt'. Bei der auf gentechnischen Methoden beruhenden Züchtung ist die Art des technischen Eingreifens mehr in der Art eines bautechnischen Vorhabens zu verstehen. Die Entfernung einer Komponente aus einem vorliegenden Objekt mit beschriebener Funktion und das Einfügen der Komponente in ein anderes Objekt soll dafür sorgen, dass das neue Objekt die gleichen Funktionen erfüllt, die hinsichtlich der ausgetauschten Komponente zu erwarten sind.

Bei der Züchtung mit Hilfe der grünen Gentechnik wird daher, im Unterschied zu konventionellen Verfahren, *gezielt* isolierte DNS in das Genom einer Wirtpflanze eingebracht. Gezielt heißt dabei, dass ein Gen[14] in die Pflanze eingebracht wird, von dem bekannt ist, welches Produkt es liefert. Man kann also ein Merkmal gezielt übertragen. Hingegen bleibt der Ort im Genom der Pflanze, in das das Gen eingefügt wird, unbestimmt. Die Bautechnikanalogie hat hier ihre Grenzen.

Der Transfer von DNS kann so, über die Art-, Gattungs- und Domänengrenzen hinweg, in einen gewünschten Organismus erfolgen, sofern die entsprechende Methodik dafür entwickelt wurde. Damit kann ein Vorgang, der in der Natur ohne menschlichen Eingriff nicht oder selten vorkommt, durch den Menschen möglich gemacht werden, denn Fortpflanzungbarrieren verhindern im Allgemeinen die Paarung von nicht verwandten Arten bzw. den Austausch von DNS-Material. Es kann aber durchaus natürlicherweise zu Genübertragungen an diesen Barrieren vorbei kommen, wahrscheinlich unter der Beteiligung von Bakterien, Viren oder Pilzen. (vgl. Bergthorsson et al. 2003:197–201; Nowack 2003)

Der Transfer von DNS innerhalb einer Art wird als Cis-Genetik bezeichnet und ist auch als eine Form der grünen Gentechnik anzusehen. Hier wird z. B. mit der Antisense-Methode (s. u.) das Expressionsmuster der Pflanzen verändert.

---

[13] Das Bt-Toxin wird im ökologischen Landbau als Insektizid äußerlich angewendet, um den Schädlingsbefall zu verringern.

[14] In diesem Kapitel wird der Ausdruck ‚Gen' in molekularbiologischer Prägung verwendet. Auf eine etwaige andersartige Verwendung wird entsprechend hingewiesen.

Die erhaltenen veränderten Organismen werden als ‚gentechnisch veränderte Organismen' (GVO) bezeichnet. Im Gesetz zur Regelung der Gentechnik (GenTG) werden die Techniken, die unter die grüne Gentechnik fallen, beschränkt auf:

> a) Nukleinsäure-Rekombinationstechniken, bei denen durch Einbringung von Nukleinsäuremolekülen, die außerhalb eines Organismus erzeugt wurden, in Viren, Viroide, bakterielle Plasmide oder andere Vektorsysteme neue Kombinationen von genetischem Material gebildet werden und diese in einen Wirtsorganismus eingebracht werden, in dem sie unter natürlichen Bedingungen nicht vorkommen, b) Verfahren, bei denen in einen Organismus direkt Erbgut eingebracht wird, welches außerhalb des Organismus hergestellt wurde und natürlicherweise nicht darin vorkommt, einschließlich Mikroinjektion, Makroinjektion und Mikroverkapselung, c) Zellfusionen oder Hybridisierungsverfahren, bei denen lebende Zellen mit neuen Kombinationen von genetischem Material, das unter natürlichen Bedingungen nicht darin vorkommt, durch die Verschmelzung zweier oder mehrerer Zellen mit Hilfe von Methoden gebildet werden, die unter natürlichen Bedingungen nicht vorkommen. (GenTG § 3a)[15]

Die technische Durchführung des Gentransfers kann in drei Phasen eingeteilt werden: 1) die Isolierung des gewünschten Genes, 2) die Integration des Gens in das Genom der Empfängerpflanze und 3) die Regeneration einer fertilen Pflanze mit übertragenem und exprimierendem Fremdgen. (Siehe hierzu genauer Becker 1993:286–289; Kempken und Kempken 2004:85–124)[16] Im Anschluss an diese Phasen schließen sich die üblichen Phasen der Pflanzenzüchtung an.

Nach den rechtlichen Vorgaben ist etwas nur dann ein gentechnisch veränderter Organismus, wenn er über die oben genannten Methoden verändert wird.[17] Die gängigste Methode der Nukleinsäure-Rekombination (a) beruht auf Kenntnis eines natürlichen Vorgangs: Der Infektion von Pflanzen durch das pflanzenpathogene Bakterium *Agrobakterium tumefaciens*.[18] Dieses Bakterium schleust bei Befall einer Pflanze Teile seines Genoms – das sogenannte Ti(tumor inducing)-Plasmid – in die Zellen der befallenen Pflanze, wovon ein Stück – die T-DNS – an unbestimmter Stelle in das Genom der Pflanze inseriert und u. a. dafür sorgt, dass sich die Zellteilungsrate erhöht und auch bestimmte Nährstoffe gebildet werden, von denen die Bakterien profitieren. Dieses Plasmid wird nun so modifiziert, dass es die tumorinduzierenden Gene nicht mehr besitzt – es ist sozusagen entwaffnet –, aber dafür DNS enthält, welche von züchterischem Interesse ist. Durch die Inkubation von Pflanzenzellen- oder Protoplastenkulturen mit Bakterien wird die DNS dann in das Pflanzengenom übernommen und dort wird das erwünschte Produkt transkribiert und exprimiert.

---

[15] Die Verfahren der Mutagenese, der Polyploidie-Induktion und der Zellfusion sind damit ausdrücklich nicht als Veränderungen im Sinne des Gentechnikgesetzes anzusehen, es sei denn es werden gentechnisch veränderte Organismen (nach § 3) als Spender oder Empfänger eingesetzt. (Vgl. Kauch 2009:78)

[16] Das Ziel der Genübertragung muss aber nicht unbedingt darin bestehen, dass durch das übertragene Gen ein bestimmtes Protein exprimiert wird. Es kann auch bezweckt werden, dass das Gen für sogenannte Antisense-Moleküle codiert, wodurch verhindert wird, dass ein bestimmtes Protein überhaupt erst gebildet wird. Bekanntes Beispiel dieses Verfahrens ist die ‚Anti-Matsch'-Tomate (‚Flavr-Savr'-Tomate).

[17] Vgl. zur Methodik der Gentechnik: Bresinsky et al. (2008); Raven et al. (2006); Brown (2007).

[18] Ein Vektor ist ein biologischer Träger, der Nukleinsäure-Segmente in eine neue Zelle einführt. (Vgl. Kauch 2009:82) Weitere mögliche Genvektoren sind z. B. Pflanzenviren, wie das CaMV (Cauliflower-Mosaikvirus).

Diese Technik ist allerdings meist auf dikotyle Pflanzen beschränkt, also auf solche die zwei Keimblätter haben. Dazu gehören z. B. Tabak, Tomate, Kartoffel, Erbse oder Bohne.

Damit sind aber viele Pflanzen, die aber von großem agronomischen Interesse sind, dieser Behandlung nicht oder nur schwer zugänglich: Monokotyle Pflanzen wie Weizen, Gerste, Mais oder Reis. Bei diesen kann man das Agrobakterium nicht so einfach als Vermittler einsetzen.[19] Daher werden hier die interessierenden Gene direkt transferiert (Punkt b des Gentechnikgesetzes). Dies ist über mehrere Weisen möglich. Eine Möglichkeit stellt der Transfer von Genen mittels einer ‚Genkanone' dar (biolistisches Verfahren). Dabei werden Pflanzenzellen mit Metallpartikeln beschossen, welche mit DNS umhüllt sind. Pflanzenzellen, die die DNS des Projektils in ihr Genom aufgenommen haben, werden dann zu vollständigen Pflanzen angezogen und die, die das gewünschte Gen exprimieren, selektiert.[20]

Grundsätzlich müssen die transformierten Pflanzenzellen mit sogenannten (Selektions-)Markern ausgestattet werden, damit sie von denen unterschieden werden können, bei denen die Transformation nicht gelungen ist. Dies wird meist dadurch erreicht, dass nicht nur das Gen des eigentlichen züchterischen Ziels übertragen wird, sondern zusätzlich noch eines, das die Selektion ermöglicht. Häufig sind das Gene für eine bestimmte Antibiotikaresistenz, da durch Zugabe eines Antibiotikums zum Nährmedium einerseits die Selektion und andererseits sterile Aufzuchtbedingungen ermöglicht werden. Die Markergenprodukte sind u. a. Ansatz von Kritiken an der grünen Gentechnik, da befürchtet wird, dass durch diese Verfahren eine generelle Antibiotikaresistenz von Pathogenen verursacht wird, so dass im medizinischen Bereich bei der Bekämpfung von Infektionskrankheiten erhebliche Probleme zu erwarten wären. Diesen Bedenken wird entgegen gearbeitet, indem Lösungen für die Markierung der transformierten Pflanzen gesucht werden, die sich diesem Vorwurf nicht oder nur eingeschränkt aussetzen.[21]

Die Ziele der grünen Gentechnik sind also nicht anders als die der konventionellen Züchtung. Auch diese Methode wird eingesetzt, um Pflanzen zu züchten, die für menschliche Zwecke nutzbar oder besser nutzbar sind. Allerdings ist hier das Spektrum des technisch Möglichen auf bestimmte Produkte eingegrenzt und kann daher die konventionelle Zucht nicht ersetzen. Die grüne Gentechnik ist methodisch auf die mono- bis oligogen vererbten Merkmale beschränkt. Bislang zählen hierzu:

- die Resistenz gegen bestimmte Herbizide und gegen verschiedene Pflanzenpathogene,

---

[19] Aber auch hier konnten Verfahren entwickelt werden, die das Agrobakterium als Vektor nutzen. (Vgl. Vasil 2008:391)

[20] Weitere Methoden des direkten Gentransfers sind jene die mit osmotischen oder elektrischen Schocks arbeiten.

[21] Dies kann z. B. durch nachträgliches Herausschneiden des Markergens über aktivierbare Promotoren geschehen, so dass das Antibiotikum in der herangezogenenen Pflanze nicht mehr exprimiert wird. (Vgl. Tieman und Palladino 2007:199). Es wird aber auch argumentiert, dass bei bestimmten bereits weit verbreitet gebrauchten Antibiotika keine zusätzliche Gefahr durch die so markierten transgenen Pflanzen bestehen (Brandt 1997:161–163).

- die Ausschaltung bestimmter pflanzeneigener Produkte durch die Antisensemethodik,
- und wiederum die Produktion bestimmter Stoffe, die aus unterschiedlichen Gründen von Interesse sind (Nährwertverbesserung, Produktion von Impfstoffen, etc.).

Manche dieser Ziele kann auch mit der konventionellen Züchtung erreicht werden, wie z. B. die Züchtung auf Herbizidresistenzen mit Hilfe der Mutations- und Auslesezüchtung. Eine Produktion von Impfstoffen in Pflanzen[22] kann nur mit Hilfe der grünen Gentechnik erreicht werden.

Die Risiken, die mit der grünen Gentechnik verbunden werden, können nach deren Auswirkungsreichweite grob in zwei Typen unterteilt werden: Risiken für den Menschen, als Nutzer der gentechnisch veränderten Pflanzen, und Risiken für die Umwelt. Durch die Aufnahme von Teilen gentechnisch veränderter Pflanzen ist es prinzipiell möglich, dass Allergien durch die neuen Produkte bzw. Allergien oder Unverträglichkeiten durch Produkte, die durch das Inserieren der neuen DNS in das Pflanzengenom entstehen – also unvorhersehbare Nebeneffekte –, hervorgerufen werden.

Für die Umwelt werden ebenfalls Risiken durch den Einsatz der grünen Gentechnik befürchtet. Hier wird vor allem die Beeinträchtigung von Ökosystemen durch die Neuzüchtungen und die Auskreuzung der Transgene in Wildpflanzen bzw. der horizontale Gentransfer in mit den Pflanzen assoziierten Mikroorganismen oder in Boden-Mikroorganismen befürchtet.

Diese Risiken sind aber nicht spezifisch für die grüne Gentechnik, sondern sind ebenfalls im Rahmen der konventionellen Züchtung zu erwarten:

> Diese Risiken sind kein Spezifikum transgener Pflanzen. Sie treten auch bei konventionell gezüchteten Pflanzen auf, und die möglichen Folgen sind keine anderen als bei landwirtschaftlichen Eingriffen, die bisher jedenfalls problemlos akzeptiert werden (Einführung neuer Sorten, Fruchtwechsel etc.). Auch bei konventionellen Neuzüchtungen können (beabsichtigt oder unbeabsichtigt) die natürlichen Giftstoffe angereichert werden, die in fast allen Pflanzen vorhanden sind, beispielsweise kann der Alkaloidgehalt bei Kartoffeln oder Tomaten erhöht sein. Aus allen (fertilen) Kulturpflanzen können Merkmale auf verwandte Wildpflanzen übertragen werden. Ob daraus ein ökologisches Risiko folgt, hängt immer allein vom Phänotyp ab. Das Verfahren, mit dem das Merkmal in eine Kulturpflanze eingeführt wurde (konventionelle Züchtung oder Gentechnik), ist ohne jeden Belang. (van den Daele 1997)

Allein die Auskreuzung und die Möglichkeit des horizontalen Gentransfers der *transgenen* DNS sind Risiken, die in einer Risikoabschätzung spezifisch für die grüne Gentechnik berücksichtigt werden müssen.[23] Das impliziert aber, dass, falls Beeinträchtigungen von Gesundheit und/oder Umwelt durch die züchterische Praxis zu

---

[22] Es wurden z. B. Tomaten und Bananen mit Hilfe der grünen Gentechnik gezüchtet, die den Impfstoff gegen die Virusinfektion Hepatitis B produzieren. Damit können Pflanzen als Produzenten und vielleicht auch als essbare Quelle von Pharmazeutika eingesetzt werden. (Vgl. Thieman und Palladino 2007)

[23] Die generelle Möglichkeit der Auskreuzung ist z. B. bei der Mutationszüchtung, bei der gar nicht gewusst wird, wie und wo die Mutationen liegen, ebenso gegeben wie im Fall der grünen Gentechnik.

erwarten sind, sowohl im Falle der grünen Gentechnik als auch in der konventionellen Züchtung eine entsprechende Risikoforschung bzw. Erforschung der Nebeneffekte der Praxis durchzuführen ist.

In der züchterischen Praxis hat der Mensch seit 10.000 Jahren versucht, die für ihn nützlichen Pflanzen seinen Anforderungen entsprechend umzuformen. Die Mittel, die anfangs dafür zur Verfügung standen, waren sehr begrenzt und die züchterische Praxis erfolgte mit wenig Systematik. Spätestens seit der Wiederentdeckung der Mendelschen Regeln und der Formulierung von Gesetzmäßigkeiten in der Genetik ist die Pflanzenzüchtung ein Teil der wissenschaftlichen Domäne geworden. Im Zuge dieser Entwicklungen sind verschiedene Mittel entworfen worden, damit das immer noch gleiche Ziel – die Umformung der Pflanzen entsprechend unseren Anforderungen – erreicht werden kann.

Hier kann eine evaluative Debatte unter (mindestens) zwei Fragestellungen geführt werden: a) Was sind legitime Anforderungen? und b) Sind unsere Mittel geeignet, um die Anforderungen zu erfüllen?

Die ursprüngliche und bis heute geltende Anforderung an die züchterische Praxis ist die Bereitstellung von genügend Nahrungsmitteln. Das Spektrum der Anforderungen ist aber im Zuge der erweiterten Kenntnisse und der gesellschaftlichen Entwicklung um einiges gewachsen. Die industrielle und zusätzlich die grüne Revolution der Biotechnologie verschieben und/oder ergänzen die Anforderungen von der ausreichenden Nahrungsversorgung in Richtung Produktivität bzw. Agrarökonomie. Werden diese Anforderungen in Frage gestellt, dann ist die grüne Gentechnik nicht die Technik, die den Scheidepunkt ausmacht, sondern die generelle industrielle Umstellung der Züchtungspraxis und diese muss als ganze dann der entsprechenden Bewertung unterzogen werden.

Will man entscheiden, ob die gewählten Mittel geeignet sind, um spezielle Anforderungen zu erfüllen, dann kann man nicht die grüne Gentechnik per se unter diesem Aspekt beurteilen. Man muss hier kasuistisch entscheiden, ob die jeweilige Technik ein adäquates Mittel für den angestrebten Zweck bereitstellt und ob nicht ein anderes Verfahren zum gleichen oder besseren Ergebnis führen kann. Die Risikobeurteilung, die bei der Beurteilung, ob etwas als adäquates Mittel anzusehen ist, mit einzubeziehen ist,, muss dabei ebenfalls kasuistisch erfolgen und kann nicht für die grüne Gentechnik allgemein bestimmt werden.

3.2 Lebewesen

> At first sight it will seem quite obvious that I, or my cat, or George W. Bush, are discrete biological entities whatever else is. [...] But when we consider a little more closely what is to be included in these entities, matters become less clear. (Dupré 2008:27)

Die Unterscheidung von unbelebten und belebten Gegenständen ist eine, die in der vortheoretischen Praxis bereits etabliert ist. Meist wird diese Frage in der Forschungspraxis der Biologie auch nicht gestellt, sondern die jeweiligen Bereiche der Biologie gehen von einer vorwissenschaftlichen Klassifikation aus. Aus dem Blickwinkel der unterschiedlichen Disziplinen wird eventuell randständig darüber reflektiert, was denn vom ‚eigentlichen Gegenstand' der Biologie – dem Lebendigen – hier betrachtet wird. Wuketits geht z. B. in seinem Werk „Biologische Erkenntnis" (1983:175) davon aus, dass die Biologie als empirische Wissenschaft nur Gegenstände untersuchen kann, die bereits als belebt gelten. Auch bei Plessner wird beispielsweise vermerkt, dass man „Körper vor[findet], von denen es zunächst fraglos ist, daß sie lebendig sind." (Plessner 2002:90)

Nimmt man einmal an, dass ein Erwachsener mit einem Kind spazieren geht und das Kind achtlos Blumen zertrampelt, so kann man sich vorstellen, dass der Erwachsene mit den Worten: „Mach das nicht, denn auch Pflanzen sind Lebewesen und die zerstört man nicht achtlos!" das Kind von seinem Tun abzuhalten versucht. Was es genau ist, das nun die Pflanze als Lebewesen qualifiziert, wird dem Kind nicht deutlich. Auf Nachfragen erhält es vielleicht die Antwort: Sie wachsen, sie ernähren sich usw. Aber keines dieser Merkmale ist ein hinreichendes Kriterium, um die Qualifikation zu rechtfertigen (irgendwann hören Lebewesen auf zu wachsen, ein Auto braucht auch quasi eine Ernährung um zu fahren etc.). Und auch nicht die gesamte Menge an Attributen, die man Lebewesen zuschreiben kann – im Lehrbuch der Botanik findet man z. B. bestimmte stoffliche Zusammensetzung, komplexe Struktur mit Systemcharakter, Ernährung, Bewegung, Reizaufnahme und -beantwortung, Entwicklung, Fortpflanzung, Vermehrung, Vererbung und Evolution (Bresinsky et al. 2008:2) – erfasst all diejenigen Objekte, die wir landläufig als Lebewesen bezeichnen. So sind z. B. Maultiere oder Bienenarbeiterinnen nicht fortpflanzungsfähig oder Komatöse der Reizaufnahme und -beantwortung in vielen Fällen nicht fähig. Hier würde man aber dennoch davon sprechen, dass diese Lebewesen sind. Also ist bereits vor jeder theoretischen Auseinandersetzung mit dem Ausdruck ‚Lebewesen' ein lebensweltlicher Gebrauch der Prädikation, ‚ist lebendig' bzw. ‚ist ein Lebewesen' zu konstatieren, der allerdings konturlos bleibt.

Erst in der Eingliederung in ein größeres System, wie z. B. in naturphilosophischen oder wissenschaftlichen Explikationen, gewinnt der Begriff Lebewesen an Schärfe. Es gibt hier mehrere mögliche Kontexte, in denen der Begriff des Lebewesens eingebettet sein kann und diese sind keineswegs auf die Biologie beschränkt. In der Philosophie wurde spätestens seit Aristoteles versucht, das ‚Lebendige' systematisch zu erfassen. Dieser Ansatz steht aber nicht konkurrenzlos im Raum, sondern steht neben den Konzeptionen, die sich auf systemtheoretische, metaphysische, gestalttheoretische oder evolutionsbiologische Überlegungen stützen.[24]

Aristoteles bindet das Konzept des Lebewesens an die Substanzmetaphysik und analysiert somit das Wesen von Lebewesen. Dies wird von Christof Rapp (1995) und vor allem Marianne Schark (2005a) für die heutige Debatte fruchtbar zu machen versucht, indem die aristotelischen mit sprachphilosophischen Überlegungen verknüpft werden. Diese Konzeption wird insbesondere unter den Gesichtspunkten der aristotelischen Individuenkonstitution und der Substanzmetaphysik kritisiert.

[24] Mit dieser Auflistung wird kein Anspruch auf Vollständigkeit erhoben.

Im systemtheoretischen Ansatz wird versucht, die Rechtfertigung für die korrekte Zusprache des Prädikators ‚ist ein Lebewesen' an kybernetische[25] Erkenntnisse zu knüpfen. Der systemtheoretische Ansatz, der ursprünglich von Ludwig von Bertalanffy entwickelt wurde, findet seine ‚Neuauflage' in den Werken von Humberto Maturana und Francisco Varela, vor allem in „Autpoiesis and Cognition" (Maturana und Varela 1980) Diese Position und auch die Präsupposition einer vorliegenden und vorfindlichen Stufenleiter der Organisationsformen wird im Kap. 3.2.2 vorgestellt und diskutiert.

Der metaphysische Holismus Adolf Meyer-Abichs wird nur kurz skizziert, da er erhebliche spekulative Anteile hat, die diesen disqualifizieren. Aufgenommen wurde diese Position dennoch, weil z. B. in der deep-ecology Bewegung oder in der ‚Ökosophie' auf ähnlich metaphysisch-holistische Prämissen zurückgegriffen wird. Anhand der Meyer-Abichschen Position – die zugegebenermaßen eine beeindruckende Systematik der Biologie liefert (allerdings ohne eine allgemein nachvollziehbare Rechtfertigung) – werden diese Prämissen exemplarisch kritisiert.

Dass der Gestaltbegriff auf Lebewesen Anwendung finden kann, wird vor allem von Wolfgang Köhler behauptet, der den wahrnehmungspsychologischen Ausdruck ‚Gestalt' auf physikalische Objekte bezieht. Diesem Gedankengang wird ebenfalls nachgegangen, wobei sich aber zeigt, dass Gestalt keine sinnvolle Konzeption darstellt, um den Ausdruck ‚Lebewesen' zu explizieren.

Als letzte Konzeption wird die von Richard Dawkins vorgestellt, der Lebewesen als Vehikel genetischer Information in einem evolutionsbiologischen Rahmen ansieht. Hier wird gezeigt, dass diese Reduktion zwar in manchen – vielleicht auch in vielen – Fällen heuristisch sinnvoll ist, aber dass dieser Kontext nicht für alle (evolutions-biologischen) Fragestellungen explikativ ist.

3.2.1 Neoaristotelischer Ansatz

Der neoaristotelische Ansatz besteht in einer holistischen Charakterisierung von Lebewesen.[26] Konzeptionell sind die Grundgedanken des Holismus schon bei Ari-

---

[25] Die Kybernetik als ‚Steuerungskunst' ist ein wissenschaftlicher Ansatz, der Systeme unter den Aspekten der Regelungstechnik, der Informationstheorie, der Algorithmentheorie, der Automatentheorie und der Spieltheorie untersucht. (Vgl. Mainzer 2004b)

[26] Der Begriff des Holismus wurde von Jan Christiaan Smuts (1926) durch sein Werk ‚Holism and Evolution' in einer ontologisch-naturalistischen Art und Weise eingeführt:

„Holism (from ὅλος = whole) is the term here coined for this fundamental factor operative towards the creation of wholes in the universe. [. . .] Wholes are not mere artificial constructions of thought; they actually exist; they point to something real in the universe, [. . .]." (Smuts 1926:88)

Von Smuts werden Holoi als natürliche Ganzheiten angenommen, die unabhängig von der menschlichen Kognition bestehen und die dadurch charakterisiert sind, dass das Ganze die Struktur und Funktion seiner Teile bestimmt. Das Ganze und seine Teile werden als sich gegenseitig reziprok beeinflussend und determinierend aufgefasst. Charakterisierend für ein Holon sind damit die Dependenzbeziehungen seiner konstitutiven Teile untereinander, die von den Eigenschaften des Holons als solchem determiniert sind. Dies ermöglicht z. B. eine Erklärungsmöglichkeit in Bereich von emergenten Eigenschaften, die über reduktionistische Positionen nicht ohne weiteres erklärbar sind.

stoteles angelegt, der sozusagen den Slogan holistischer Positionen ‚Die Summe des Ganzen ist mehr als seine Teile' bereits in seinem Werk „Metaphysik" formulierte. Holistische Ansätze gehen davon aus, dass ein ‚Holon', also eine Ganzheit, die Eigenschaften seiner Teile bestimmt und nicht umgekehrt die Eigenschaften der Teile die des Ganzen.

Die Ansätze, die den Begriff des Lebewesens in neoaristotelischer Weise zu erfassen versuchen, berufen sich auf zwei Elemente der aristotelischen Philosophie: die aristotelische Kategorienlehre und eine essentialistische Ontologie (vgl. Kamp 2005). Beide sind in diesem Zusammenhang eng miteinander verwoben. Der teleologische Aspekt der aristotelischen Philosophie wird in den hier zu verhandelnden neoaristotelischen Positionen hingegen vernachlässigt.

In Hinsicht auf die Kategorienlehre wird hauptsächlich auf den Begriff der Substanz rekuriert, der im Gegensatz zu den Akzidenzien das bestimmt, ‚wodurch etwas ist, was es ist' (vgl. Mittelstraß 2004b). Aristoteles unterscheidet zwischen der ersten Substanz, welche den Gegenstand selber bezeichnet, und der zweiten Substanz, welche das bezeichnet, was die erste Substanz begrifflich ist. Es wird also von konkreten Einzeldingen (erste Substanz) ausgegangen, die aufgrund ihrer zweiten Substanz – ihrem Wesen nach – kategorial eingeordnet werden. Die essentialistische Komponente dieses Ansatzes ist die Annahme, dass die kategoriale Zuordnung aufgrund der wesensmäßigen, essentiellen Eigenschaften der ersten Substanz, vollzogen wird.

Dieses Verständnis des aristotelischen Essentialismus wird von Quine folgendermaßen paraphrasiert:

> [Aristotelian essentialism] is the doctrine that some of the attributes of a thing (quite independently of the language in which the thing is referred to, if at all) may be essential to the thing and others accidental. E. g., a man, or talking animal, or featherless biped (for they are all the same things), is essentially rational and accidentally two-legged and talkative, not merely qua man but qua itself. (Quine 1976:173f.)

Die essentiellen Eigenschaften sind solche, die einem Gegenstand notwendigerweise – sozusagen in allen möglichen Welten – zukommen, akzidentielle Eigenschaften hingegen besitzt ein Gegenstand nur kontingenterweise.[27] Es wird also eine Unterscheidung zwischen wesensmäßigen – essentiellen – und akzidentiellen Eigenschaften getroffen, wobei die essentiellen Eigenschaften die jeweilige Kategorienzugehörigkeit bestimmen. Über diese Determination der Kategorienzugehörigkeit ist die aristotelische Substanzmetaphysik mit dem Konzept der natürlichen Arten (siehe Kap. 3.5.2) verbunden. Etwas zugespitzt – allerdings recht illustrativ – stellt Rudolf-Peter Hägler die Position des aristotelischen Essentialismus als ‚Kleiderständermodell des Einzeldings' dar, wobei an den Haken des Kleiderständers die

[27] Aristoteles schreibt z. B.: „Akzidens heißt das, das an etwas vorhanden ist und der Wahrheit gemäß von ihm ausgesagt werden kann, jedoch nicht mit Notwendigkeit und nicht in der Regel [. . .]." Aristoteles. Met. 1025a. 14–15 und „In einer anderen Bedeutung aber nennt man Akzidens das, was sich an jedem Einzelnen an sich findet, ohne aber in seinem Wesen enthalten zu sein, so etwa am Dreieck die Winkelsumme von zwei Rechten." Aristoteles. Met. 1025a.30–33.

akzidentiellen Eigenschaften mal auf- und wieder abgehängt werden können, die wesentlichen Eigenschaften hingegen – also der Kleiderständer selber – immer derselbe bleibt. (vgl. Hägler 1994:10)

Bezogen auf die Kategorie der Lebewesen wird auf die Substanzmetaphysik zurückgegriffen, wonach Lebewesen individuiert werden können, weil sie ihrem *Wesen nach* zur Kategorie der lebendigen Entitäten gehören. Die Individuation von Lebewesen wird als eine vom Menschen unabhängige angenommen und es kommt nicht darauf an, ob Menschen Gegenstände als solche identifizieren oder nicht, die Identität kommt bestimmten Gegenständen qua Kategoriezugehörigkeit zu. Unabhängig davon, ob die von Aristoteles intendierte Position bzgl. eines Essentialismus von den Neoaristotelikern genau getroffen wird[28], wird unter Verweis auf die aristotelisch-ontologische Basis – insbesondere unter der Position des *sortalen Essentialismus* – u. a. versucht zu klären, was für eine Entität ein Lebewesen ist. (vgl. z. B. Wiggins 1980; Wilson 1999; Rapp 1995; Schark 2005a)

Der Begriff des Sortals geht auf John Locke zurück, der diesen in „An Essay Concerning Human Understanding" folgendermaßen expliziert:

> But it being evident that things are ranked under names into sorts or species only as they agree to certain abstract idea, which the general or ‚sortal' (if I may have leave so to call it from ‚sort' as I do ‚general' from genus) name stands for. (Locke 1995: § 15)

Es geht also um die Sortierung konkreter Gegenstände, insofern sie unter bestimmte abstrakte Ideen fallen. Locke unterscheidet hinsichtlich der abstrakten Ideen, unter denen die Dinge subsumiert werden können, zwischen Real- und Nominalessenzen, wobei Realessenzen die reale interne Konstitution der Dinge repräsentieren und Nominalessenzen unsere konzeptuellen Konstruktionen hinsichtlich der Dinge darstellen.

Die Idee, dass Spezies über Realessenzen unterschieden werden können, wird in der Position des sortalen Essentialismus wieder aufgegriffen, indem die Realessenz in einer aristotelischen Wendung als das identitätsbestimmende Sortal von Lebewesen aufgefasst wird. Diese Wiederbelebung des Sortalbegriffs geht u. a. auf Schriften von Peter F. Strawson zurück. Dieser unterscheidet *universals*, welche auf Einzeldinge angewendet werden bzw. diese zusammenfassen, Sortale und charakterisierende *universals*:

> A sortal universal supplies a principle for distinguishing and counting individual particulars which it collects. It presupposes no antecedent principle, or method, of individuating the particulars it collects. Characterising universals, on the other hand, whilst they supply principles of grouping, even of counting, particulars, supply such principles only for particulars already distinguished, or distinguishable, in accordance with some antecedent principle or method. (Strawson 2005:168)

In der neoaristotelischen Interpretation wird diese Unterscheidung in Analogie zum Substanzmodell gesetzt:

> Wie die Anwendung der akzidentiellen Prädikate im Aristotelischen Substanzmodell, so setzt auch der Gebrauch der charakterisierenden Universalien Strawsons eine Bestimmung

[28] Vgl. zur Heterogenität des Begriffs der Essentialität: Matthews (1990).

> von Einzeldingen voraus, die die charakterisierenden Universalien von sich aus nicht leisten können. Dagegen zeichnen sich die sortalen Universalien, die die Art einer Sache und somit gewissermaßen die Zweite Substanz des Aristotelischen Modells beinhalten, gerade dadurch aus, daß sie ohne Inanspruchnahme fremder Prinzipien zählbare Einzeldinge zu unterscheiden vermögen. (Rapp 1995:14)

Gestützt wird die Wiederaufnahme der aristotelischen Substanzmetaphysik nach Rapp von verschiedenen Quellen und Motiven, als da wären: der Ansatz der deskriptiven Metaphysik, die Diskussionen um die Begriffe der Referenz und Individuation, die sortalen Terme, die Semantik der möglichen Welten, Kripkes ‚starre Designatoren', die natürlichen Arten, das Problem der Identität sowie die Rehabilitierung des Substratgedankens (ebd.:26–57). In diesem Zusammenhang ist anzumerken, dass im Falle von Rapp kein reiner Essentialismus vertreten wird, sondern ein ‚zumindest realistischer Konzeptualismus':

> Wenn sich bei der Behandlung von Arten und ihren Exemplaren bestimmte einfache, lebenslang zutreffende Artbegriffe als grundlegend erweisen, dann können wir (aufgrund der Kritik, die die neue Referenztheorie am herkömmlichen Intension-bestimmt-Extension-Modell der Bedeutung übte) davon ausgehen, daß wir noch nicht einmal angemessen erklären könnten, wie diese Begriffe zu ihrer Bedeutung kommen, wenn diese Bedeutung nicht durch mindestens ein wirkliches Exemplar der betreffenden Art bestimmt, sondern einer Reihe von Beschreibungen äquivalent und in der Festsetzung dieser Beschreibung konventionell verfügbar wäre. Um Begriffe und ihre Instanzen unter der leitenden Frage nach Substanzialität zu behandeln, muß man nun in der Tat von der Voraussetzung Gebrauch machen, daß sich in diesen Begriffen nicht ausschließlich unsere Konventionen und Zwecksetzungen widerspiegeln, sondern, daß sie etwas in der (dem Begriffsschema äußerlichen) Wirklichkeit, nämlich die Arten bezeichnen. Damit wir also die Artbegriffe oder sortalen Terme, von denen wir reden werden, tatsächlich als dem Aristotelischen *eidos* entsprechend behandeln können, müssen wir für diese Arten zumindest einen *realistischen* Konzeptualismus vertreten – und dafür stellt uns (unserer Bewertung der Neuen Referenztheorie zufolge) die Semantik nicht nur nichts in den Weg, sondern ermutigt dazu. (ebd.:49–50)

Innerhalb dieser Arbeit beschränkt sich die Kritik des neoaristotelischen Ansatzes auf die Elemente, die sich spezifisch bei der Ausbuchstabierung der Position in Hinsicht auf Lebewesen ergeben, welche im folgenden Unterkapitel skizziert wird.

3.2.1.1 Lebewesen im Neoaristotelismus

Marianne Schark hat in ihrer Dissertationsschrift „Lebewesen versus Dinge" die neoaristotelische Position in Hinsicht auf Lebewesen expliziert, und im Weiteren wird der neoaristotelische Ansatz hinsichtlich dieser Explikation, was es bedeutet ein Lebewesen zu sein, anhand ihrer Ausarbeitung kritisiert.

Hier wird die Frage danach, was ein Lebewesen ist, als die Frage nach dem Wesen beziehungsweise der Natur oder natürlichen Art von Lebewesen verstanden und „[. . .] die Antwort darauf besteht in der Angabe der Merkmale, die hinreichend und notwendig dafür sind, daß wir etwas ein Lebewesen nennen." (Schark 2005a:1)

Schark bezieht sich grundlegend auf die aristotelische Individuenkonzeption, die durch folgende Annahmen gekennzeichnet ist (ebd.:78f.):

1. Einzeldinge gibt es nur als Exemplare bestimmter Arten.
2. Die Sortierung der Einzeldinge erfolgt über Art- bzw. Substanzprädikate.
3. Jedes Einzelding besitzt nach (1.) notwendigerweise eine Eigenschaft: diejenige, welche die Artzugehörigkeit bestimmt = *ousia* des Einzeldings.[29]
4. Der Verlust der notwendigen Eigenschaften eines Gegenstandes geht mit dem Verlust der Existenz dieses Gegenstandes, als einer bestimmten Art zugehörig, einher.

Eine Sortierungsleistung kann also anhand von essentiellen Eigenschaften vorgenommen werden, die über sortale Prädikate bezeichnet werden. Um eine geeignete Kategorie für Lebewesen zu finden, werden die ‚artbestimmenden' auf sortale Prädikate beschränkt, weil – so wird behauptet – nur jene ‚autonom individuieren': Nur durch sie wird die Zählbarkeit von Individuen gewährleistet. Lediglich die sortalen Prädikate sollen eine Kategorie von Einzeldingen auf der Stufe niedrigster Allgemeinheit liefern, alle anderen Zusammenfassungen würden hingegen auf Abstraktion beruhen.[30]

Ein sortales Prädikat muss nach Schark (2005a) drei Kriterien erfüllen:

1. *Das grammatikalische Kriterium*: Grammatikalisch sind sortale Terme dadurch gekennzeichnet, daß sie Pluralformen zulassen und daß sie als Einsetzungsinstanzen für K in den Formulierungen ‚x ist dasselbe K wie y'; ‚ein K, zwei Ks, drei Ks'; ‚es gibt Ks' dienen können.
2. *Das Kriterium der Zählbarkeit*: Gemäß diesem Kriterium ist ein Term sortal, wenn er die Frage ‚Wieviele ___ sind da?' zu einer sinnvollen Frage ergänzt, ohne daß dazu auf Individuationsprinzipien und Zählverfahren anderer Begriffe zurückgegriffen werden müsste.
3. *Das mereologische Kriterium*: Ihm zufolge ist ein Term sortal, wenn die beliebige Zerteilung des von ihm denotierten Gegenstandes keine weiteren Gegenstände ergibt, die ebenfalls mit diesem Term bezeichnet werden. (ebd.:121)

---

[29] „Es besitzt alle diejenigen Eigenschaften notwendigerweise, die im Definiens des Wesens [...] dieser Art von Individuum aufgeführt sind, durch das die Frage beantwortet wird, was es heißt, ein Individuum der Art K zu sein." (Ebd.:79)

[30] Eine ähnliche Position bzgl. der substantiellen Sortalität in Hinblick auf Lebewesen wird z. B. von Jack Wilson in seinem Werk ‚Biological Individuality' mit dem Ziel expliziert, eine neue Theorie der Individuation und der Persistenz von biologischen Entitäten zu liefern. Wilson geht von folgender Annahme aus: Eine lebendige Entität ist ein potentiell finites drei-dimensional persistierendes Objekt und kann daher bestimmte Veränderungen über die Zeit hinweg überleben, manche Veränderungen kann es aber nicht überleben: „A living thing comes into existence and persists through time. For any living thing, there is some possible change that it can undergo but not survive." (Wilson 1999:16) Ein Lebewesen kann damit nicht als solches existieren, wenn es nicht essentielle Eigenschaften besitzt, die zwar eine Veränderung des Lebewesens über die Zeit erlauben, aber nur so lange, wie es als Lebewesen existiert.

Lebewesen fallen nach Wilson unter die ontologische Kategorie der Sortale und können daher individuiert werden. Wilson definiert als substantielles Sortal: „A sortal is a substantial sortal just in case a thing correctly identified under the sortal cannot cease to fulfill the criterion of identity associated with that sortal without ceasing to exist." Ebd, S. 17. Aufgrund eines Identitätskriteriums können also Dinge unter ein Sortal subsumiert werden. Sobald aber das Identitätsmerkmal verloren geht, hört der Gegenstand als solcher auf zu existieren.

Insbesondere das dritte Kriterium Scharks wird als wichtiges Kriterium hervorgehoben, da es ein bestimmtes, holistisches Charakteristikum von Lebewesen zu treffen scheint:

> Mit einem sortalen Begriff ist die Vorstellung von einem in Teile eingeteilten Ganzen verbunden, das als dieses Ganze nicht mit einem Aggregat bzw. einer Summe seiner Teile gleichgesetzt werden kann. (A. a. O)

Aus dem mereologischen Kriterium folgt hiernach, dass eine bestimmte Anordnung der Teile in einem Ganzen vorliegen muss, die auch die Identität des Ganzen mitbestimmt, als auch, dass die Teilung des Ganzen Dinge einer anderen Art hervorbringt. Der holistische Slogan ‚Das Ganze ist *mehr* als die Summe seiner Teile' wird aufgrund der Thesen, dass der unter ein Sortal fallende Gegenstand keine Summe seiner Teilungsprodukte ist und dass der unter ein Sortal fallende Gegenstand eine andere Art von Entität ist als seine Teile, umformuliert in: „Das Ganze ist etwas *anderes* als eine Summe seiner Teile" (Schark ebd.:182f.).

Durch die Kategorie der Sortale werden Ausdrücke wie ‚Lebewesen', aber auch Ausdrücke für andere Einzeldinge von sogenannten Massetermen distinguiert. Der Unterschied zwischen Lebewesen und anderen materiellen Gegenständen, die ebenfalls den sortalen Kriterien genügen, besteht wiederum in der unterschiedlichen Art der Persistenz der Einzeldinge, die unter die betreffenden Kategorien fallen. Nach Rapp ist die Persistenz eine bestimmte Form eines Identitätsverhältnisses. Die besondere Art der Identitätsbeziehung, die durch Persistenz bezeichnet wird, ist die diachrone Identifizierung und Re-Identifizierung von Gegenständen, die sich über die Zeit hinweg zwar verändern, aber ihre Identität behalten.

> Ein Gegenstand persistiert also, wenn er trotz Veränderungen vom Zeitpunkt t zum Zeitpunkt t_{+1} überdauert; die pauschale Rede von der Persistenz eines Gegenstandes ohne die Angabe einer bestimmten Zeitspanne meint dagegen in der Regel den Umstand, daß ein veränderlicher und vergänglicher Gegenstand für die gesamte Dauer seiner Existenz mit sich selbst identisch ist. (Rapp 1995:470)

Leblose Entitäten und Lebewesen werden als beharrende Dinge in der Zeit angesehen, wobei die Persistenz von Lebewesen – nach Schark – durch die aristotelische ‚Formel' *vivere viventibus est esse* (Übers.: Für Lebewesen bedeutet ‚sein' zu leben) gekennzeichnet ist. (Schark 2005a:131)[31] Diese Formel wird auf zwei Weisen interpretiert: Die erste Weise geht von einem mehrdeutigen Verständnis des ‚Seins' aus und in diesem Fall wird das ‚Sein' als ein Prädikat erster Stufe aufgefasst. Allerdings wird die Unterscheidung von verschiedenen Seinsweisen als Mittel zur Auszeichnung von Kategorien als redundant verworfen und ein auf Frege zurückgehendes Verständnis der Existenz expliziert (siehe Kap. 3.2.1.2). Demnach kann die Formel *vivere viventibus est esse* auf die wahre Aussage der Form ‚ϕx (x lebt)' reduziert werden.

In der zweiten Interpretation der Formel – die auf der zuvor durchgeführten Reduktion aufbaut – wird dann allerdings der Existenzbegriff wieder ‚revitalisiert', indem sie folgendermaßen gedeutet wird:

---

[31] Nach Aristoteles, De An. II, 4, 415b 13.

> Für Lebewesen bedeutet Leben vielmehr nichts anderes als zu existieren. [...] Für Lebewesen gilt: leben = sein. [...] Zu leben heißt für Lebewesen zu persistieren. (ebd.:134)[32]

Diese Abwendung von der alleinigen Explikation der Existenz im Rahmen der Existenzquantifikation wird damit begründet, dass physische Gegenstände in Raum und Zeit existieren und dass dieser Gebrauch von ‚Sein' über die Fregesche bzw. Russellsche Analyse nicht gedeckt wird. Schark erläutert dies so:

> Dass ein Kontinuant persistiert, sagen wir nur, solange er in Raum und Zeit existiert. Die aristotelische Formel besagt dann: Für Lebewesen ist persistieren gleichbedeutend mit leben. Das heißt, daß wir in jeder Aussage der Form ‚Lebewesen a existiert (aktual)' bzw. ‚Lebewesen a persistiert' an die Stelle von ‚existiert' oder ‚persistiert' ‚lebt' einsetzen können. (ebd.:136)

Es ist also die den Lebewesen eigene Art zu existieren (bzw. zu persistieren), die sie gegenüber leblosen Dingen auszeichnet, welche durch ein ‚aktives Beharren' ausgezeichnet ist. Lebewesen müssen aktiv daran arbeiten, dass sie ihre Form der Existenz – also zu leben – aufrechterhalten, ansonsten würden sie die ihnen eigene Existenzform verlieren. Diese Aktivität wird in Anlehnung an den aristotelischen Begriff der *energeia* als Leben im Sinne eines ‚Aktivzustandes' oder ‚Aktualisiertheitszustands' verstanden: als „*aktuelle Manifestation* der *Lebensfähigkeit* eines Individuums." (Schark 2005a:211) Weiterhin heißt es:

> Gemäß der aristotelischen Differenzierung von Prozessen und Tätigkeiten ist Leben – im Sinne von Am-Leben-Sein – demzufolge die ‚*energeia haplos*' der Lebensfähigkeit. [...] Sagt man von einem Kontinuanten, daß es am Leben ist, so sagt man folglich von ihm, daß es ein lebensfähiges Individuum ist, welches diese Fähigkeit gerade aktuell manifestiert. (ebd.:219)

Diese Definition dessen, was es heißt, dass etwas lebendig ist, wird weiter konkretisiert. Unter Bezug auf Aristoteles' Werk „De Anima" werden die beiden Fähigkeiten, die allen Lebewesen gemeinsam sind, als die der Fortpflanzungsfähigkeit und der Selbsterhaltung spezifiziert, wobei die Fortpflanzungsfähigkeit nur hinreichendes Kriterium darstellt, da es auch Lebewesen gibt, die sich nicht fortpflanzen (z. B. Maultiere). Die Selbsterhaltung soll aber als notwendiges und hinreichendes Kriterium gelten; als essentielle Disposition von Lebewesen. Diese ist laut Schark eine essentielle, eine nicht vom Erkenntnisinteresse des Menschen geleitete Distinktion, weil Lebewesen sich aufgrund ihrer physischen Verfasstheit von sich aus gegen ihre Umgebung abgrenzen. (vgl. ebd.:292–295)[33]

Schark unterscheidet zwischen den charakteristischen Dispositionen, mit denen der Begriff eines Einzeldings definiert wird (aristotelian nature), und der entdeckbaren physischen Feinstruktur (das Wesen der Dinge, im Sinne Lockes). Diese beiden Positionen werden als der dispositionale und der mikrophysikalistische Ansatz zur

[32] Dies weicht von dem Fregeschen Existenzverständnis ab, da hier das ‚Sein' wieder absolut gebraucht wird. Nach Frege ist das ‚Sein' als ein Prädikat zweiter Stufe aufzufassen, hier aber wird es mit einem Prädikat erster Stufe gleichgesetzt und ist demnach auch als Prädikat erster Stufe aufzufassen.

[33] Diese Argumentation wird unter Rekurs auf Plessners ‚Positionalität' geführt. (Vgl. Plessner 1975)

Bestimmung dessen, was das Wesen von Einzeldingen ausmacht, bezeichnet. Allerdings tritt hier eine Ungereimtheit auf, da die ‚aristotelian nature' der nominalen Essenz und das Wesen der Dinge im Sinne Lockes als reale Essenz bezeichnet wird. Das Verhältnis zwischen beiden Essenzen wird folgendermaßen aufgefasst:

> [...] eine nominale Essenz gibt den Begriff einer Art von Einzeldingen, für die gilt: die Existenz von Mitgliedern dieser Art wird durch eine spezifische Verfasstheit der Materie, aus der sie bestehen, konstituiert, die es zu entdecken gilt. (ebd.:173)

Ein solches Verständnis des Verhältnisses wäre mit einem gebrauchstheoretischen Ansatz der Bedeutung zu vereinbaren (wenn unter der nominale ‚Essenz' der konventionell geregelte Gebrauch des Ausdrucks ‚Lebewesen', bzw. der Prädikation ‚x ist ein Lebewesen' verstanden würde), was im Kontext einer Explikation auf aristotelischer Basis zunächst überrascht. Die Rückbindung an die Substanzlehre gründet allerdings in der Auffassung, dass es die essentiellen Dispositionen der Dinge sind, die den Begriff – die nominale Essenz – festlegen. So schreibt Marianne Schark: „*Ratio cognoscendi* einer Substanz sind ihre manifestierten Dispositionen; ihre intrinsische (Mikro-)Struktur jedoch ist die *ratio essendi* der Dispositionen." (ebd.:176)[34]

Im Folgenden werden die aristotelische Individuenkonzeption und die essentialistisch-realistische Auffassung von Sortalen kritisiert.

3.2.1.2 Kritik der neoaristotelischen Individuenkonstitution

Die oben gewählte Formulierung ‚Einzeldinge gibt es nur als Exemplare bestimmter Arten' (siehe Kap. 3.2.1.1) verbindet die klassifizierende Redeweise mit einer Existenzaussage. Dass hier gesagt wird, es gäbe Einzeldinge nur als Exemplare bestimmter Arten, legt nahe, dass das ‚es gibt' im Sinne einer Existenzaussage verstanden werden soll, in der das ‚es gibt' als Paraphrase von ‚existieren' als reales Prädikat verwendet wird. Dies wird durch Punkt 4, in dem explizit von dem ‚Verlust der Existenz eines Gegenstandes' geschrieben wird, bestätigt.

Es wird hier also ein bestimmtes Verständnis der Existenz von Gegenständen präsupponiert, das durch die aristotelische Aussage ‚*vivere viventibus est esse*' (ebd.:131) auf eine Kurzformel gebracht wird. Dies wird so interpretiert, dass die Existenzaussage hinsichtlich eines bestimmten Gegenstands nicht allein über die kategoriale Zugehörigkeit bestimmt ist, sondern dass hier eine bestimmte Form der Existenz bzw. der Persistenz behauptet wird. ‚Leben' wird als eine bestimmte Art und Weise des Seins bzw. der Existenz aufgefasst. Existieren wird also als eine ‚Seinsweise' absolut gedacht, im Gegensatz zum relationalen Gebrauch.[35]

---

[34] Diese Konzeption kann im direkten Zusammenhang mit der der natürlichen Arten gesehen werden. (Siehe hierzu Kap. 3.5)

[35] Hier wird auf die unterschiedlichen Bedeutungsmöglichkeiten von ‚sein' rekurriert, die einmal im absoluten Sinne in Form der Existenz (z. B. ‚Gott ist') aufzufassen ist, hingegen eine relationale Bedeutung in Form der Prädikation (z. B. Tibbles ist eine Katze), der Inklusion (z. B. eine Katze ist ein Säugetier) oder der Identität (z. B. Tibbles ist die Katze von David Wiggins) erhalten kann.

Christof Rapp erläutert dieses Verständnis vor dem Hintergrund der aristotelischen Quellen bzgl. der Existenz und der Klassifizierung als eine Verschärfung der Frage danach, was etwas ist:

> Dieser Übergang von der Was-Frage zu der Frage nach dem Sein einer Sache bzw. zu der Frage was das Sein einer Sache ist/war, muß offensichtlich damit zusammenhängen, daß die Antwort auf eine derart gestellte Frage, zugleich aufdecken soll, in welchem Verhältnis die betreffende Sache zum *esti* steht, also daß sie etwa aufdeckt, ob eine Sache nur ist, insofern sie etwas anderes ist oder ob sie selbständig ist. [...] Wenn wir nämlich angeben, was eine Sache ist, insofern sie ist, dann beinhaltet dies zugleich eine Auskunft über die Ursachen und Bedingungen, unter denen etwas ist, wie etwa wenn wir sagen, daß ein Mensch *ist*, insofern ein Lebewesen zweibeinig ist. (Rapp 1995:324f.)

Das, was das Sein eines Gegenstandes ausmachen soll, ist nun durch das Art- bzw. Substanzprädikat gegeben, das den Dingen notwendigerweise zukommt (Punkt 2 und 3 der Individuenkonzeption) und dies ist im Falle der Lebewesen die ‚aktuelle Manifestation der Lebensfähigkeit'.

Diese ontologisch stark aufgeladene Individuenkonzeption kann in mancherlei Hinsicht kritisiert werden. Erstens ist der hier unterstellte Existenzbegriff zu klären und zweitens ist zu hinterfragen, wodurch bestimmt wird, dass ein Prädikat als Substanzprädikat ausgezeichnet ist – also als ein solches, das das Sein der Dinge bestimmt – und wie es sich von den sogenannten akzidentiellen Prädikaten unterscheidet.

1. Wenn Substanzprädikate als solche verstanden werden, die das Sein der Dinge bestimmen, dann wird angenommen, dass das Sein der Dinge als solches erfassbar ist und dass durch dieses besondere Prädikat das Sein der Dinge attribuiert werden kann. Es wird also davon ausgegangen, dass die besondere Existenzweise von Gegenständen bestimmt werden kann. Dies wiederum setzt voraus, dass die *wahre Natur* der Dinge zugänglich ist. Diese Position ist allerdings mit hohen Beweislasten verbunden, denn es stellt sich die Frage, worin der Unterschied zwischen der wahren Natur und der uns zugänglichen Natur der Dinge festgemacht werden soll (siehe Kap. 2).

Nach Kant kann durch die Angabe, dass ein Gegenstand existiert, dem Wissen über diesen Gegenstand nichts weiter hinzugefügt werden, als man sowieso schon über den Gegenstand prädizieren kann.[36] Frege hat diese Analyse weiter spezifiziert, indem er das Problem mit den entsprechenden sprachlogischen Mittel traktiert hat. Dementsprechend ist ‚existieren' ein Konzept, welches vollständig durch den Existenzquantor erfasst wird. Dabei wird Existenz als ein Begriff zweiter Stufe aufgefasst; d. h., dass nicht von irgendwelchen Gegenständen eine Existenz behauptet wird, sondern von Begriffen ihre Nichtleerheit.

---

[36] „Wenn ich also ein Ding, durch welche und wie viele Prädikate ich will, (selbst in der durchgängigen Bestimmung) denke, so kommt dadurch, daß ich noch hinzusetze, dieses Ding ist, nicht das mindeste zu dem Dinge hinzu. Denn sonst würde nicht eben dasselbe, sondern mehr existieren, als ich im Begriffe gedacht hatte, und ich könnte nicht sagen, daß gerade der Gegenstand meines Begriffs existiere." (Kant.KrV 628)

Begriffe sind nach Frege diejenigen Gattungsnamen, die von den individuellen Unterschieden der Einzeldinge absehen und die Gemeinsamkeiten derselben erfassen. Behauptet man z. B., dass der Erdmond existiert, so impliziert diese Aussage, dass ein Gegenstand unter den Begriff ‚Erdmond' fällt, hingegen hat man nichts über den Gegenstand, der unter den Begriff ‚Erdmond' fällt, selber ausgesagt. Wenn nun kein Gegenstand unter einen bestimmten Begriff X fällt, so ist das gleichbedeutend mit der Aussage ‚X existiert nicht'. (Frege 1988a:§ 53)

Dieses Ergebnis wird allerdings von Rapp als eine unzulässige Verkürzung des Problems der Existenz angesehen, da in der normalen Sprache der absolute Gebrauch des Wortes ‚Sein' durchaus eine Rolle spiele. Die von Rapp angeführten paradigmatischen Gebrauchsweisen, die eine Berücksichtigung der Existenz von Einzeldingen im absoluten Sinne notwendig machen, sind:

a) Wennman z. B. sagt, dass ein Einzelding als ‚etwas von der und der Art' existiert bzw. aufhört zu existieren, wenn es seine substantiale Form verliert und
b) wenn man die aktuelle Existenz von etwas feststellt. (vgl. Rapp 1995:337f.)

Es wird zwar die formale Deutung des Existenzbegriffs vorausgesetzt, nach der jede Existenzaussage in eine prädikative Aussage umgeformt werden kann, von der aus dann allerdings

> [...] je nach relevantem Gegenstandsbereich – eine Konkretisierung derjenigen Bedingungen vorzunehmen ist, unter denen wir bei einem Gegenstand des je relevanten Gegenstandsbereiches bereit sind von ‚Existenz' zu sprechen. [...] Die formale inhaltslose Interpretation soll keineswegs preisgegeben werden, sondern ermöglicht gerade aufgrund der durch sie veranlassten Thematisierung der Gegenstandsbereiche, die konkreten Umstände der Existenz verschiedenartiger Gegenstände zu thematisieren, ohne eine gemeinsame, eindeutige Basis für diese unterschiedlichen Konkretisierungen aufgeben zu müssen. (ebd.:344)

Hier ist zu fragen – im Sinne von Ockhams Razor – ob nicht die gemeinsame formale Basis ausreicht, um die normalsprachlichen Phänomene des Gebrauchs des Existenzprädikats im absoluten Sinne zu explizieren.

Wenn man davon spricht, dass ein Einzelding ‚etwas von der und der Art' ist, dann spricht man gerade davon, dass es ein Ding gibt, das unter den Begriff fällt, was beinhaltet ‚von der und der Art' zu sein. Wenn Rapp beispielsweise auf die unterschiedliche Existenzweise einer Kubikwurzel, einer Gesellschaft mit beschränkter Haftung oder eines Menschen hinweist, um deutlich zu machen, dass die jeweiligen Bedingungen zu nennen sind, in der die besondere Existenzweise eines Gegenstands aus einem bestimmten Gegenstandsbereich deutlich wird (Rapp 1995:344), dann übersieht er, dass diese Bedingungen durch die Ausdrücke ‚Kubikwurzel', ‚Gesellschaft mit beschränkter Haftung' bzw. ‚Mensch' gegeben werden und nicht durch die besondere Weise der Existenz. Also reicht für diese Gebrauchsweise das Fregesche Verständnis von Existenz aus.

Und auch in dem Fall, in welchem man auf die aktuelle Existenz eines Einzeldinges hinweist, reicht die Explikation der Existenz im Sinne des Existenzquantors aus, denn hier ist die Feststellung, dass gerade ein Ding unter einen Begriff fällt, zeitlich gebunden und nicht die Existenz des Dinges selber. Man könnte hier eher von einer temporalen Indexikalität der Prädikation sprechen. Wenn behauptet wird, dass etwas von der und der Art existiert, dann kann dies über die Angabe des jeweiligen (effektiven) Entscheidungsverfahrens, das für Gegenstände von der und der Art – die unter einen bestimmten Begriff fallen – gilt, bejahend oder verneinend erwidert werden.

Die von Rapp skizzierten Schwierigkeiten, die verschiedenen Seinsweisen der Dinge unterschiedlicher Gegenstandsbereiche zu explizieren, treten nur dann auf, wenn man gerade voraussetzt, dass die absolute Gebrauchsweise von ‚Sein' eine Berechtigung hat. Dies ist aber nur mit der aristotelischen Annahme einer Essenz der Dinge notwendig. Wird aber ontologisch sparsamer vorgegangen, so kann der Gebrauch von ‚Sein' im Sinne der absoluten Existenz als eine ‚Verlegenheitsschöpfung der Sprache' betrachtet werden, ein partikuläres Urteil ausdrücken zu können (Frege 1988b:17).

2. Die Idee der Neoaristoteliker ist es, auf der Grundlage der Unterscheidung von attribuierenden (akzidentiellen) und klassifizierenden (substantiellen) Prädikaten, den Existenzquantor stets, wenn auch manchmal nur indirekt, an sortale Terme zu binden:

> Gegen diese die verschiedenen Funktionen von ‚ist' bzw. die verschiedenen Funktionen eines Prädikats nivellierende Position, machten wir den schon bekannten Unterschied geltend, der zwischen ‚*ist* ... ein Exemplar der Art ... ' und ‚... *ist* charakterisiert durch ... ' bzw. zwischen einem klassifizierenden und einem attribuierenden Prädikat besteht, weil sortale und kontinuative Terme von sich aus festlegen, auf welche Art von individuellen Gegenständen sie zu Recht angewandt werden können, während attributive Terme offenlassen, auf welche Art von Gegenständen sie angewandt werden können. (Rapp 1995:285)[37]

Nach Rapp sind sortale Terme selbständige Subjekte von Existenzaussagen. Im Falle der Kontinuitiva und der Attributiva sind Existenzaussagen nur vermittels von sortalen Termen möglich. Demnach wird der Existenzbegriff über den sortalen Term zu einem gehaltvollen Term (zu Kritik dieser Position siehe oben Punkt 3.2.1.2).

Worüber sind nun genau die substantiellen Eigenschaften gegenüber den akzidentiellen Eigenschaften ausgezeichnet? Rapp macht dies an der Individuierung von Gegenständen als solche einer bestimmten Art fest. Während die Aussage ‚Das ist ein Boot' jemanden dazu befähigt

> [...] aus dem mannigfaltig Vorliegenden einen Gegenstand einer bestimmten Art zu individuieren, auf den man auch fürderhin Bezug nehmen kann, ist die zweite Aussage (‚Das ist schnell') dazu nicht in der Lage, sondern charakterisiert nur einen auf andere Weise zu individuierenden Gegenstand. (ebd.:244)

Also können Gegenstände nicht über beliebige Eigenschaften individuiert werden. Die Individuation erweist sich als nur möglich, wenn genau die artbestimmenden

[37] Rapp rekonstruiert die Existenzaussage ‚es gibt ein x, für das gilt: x ist F' für drei unterschiedliche Kategorien von F: erstens F ist ein sortaler Term; zweitens F ist ein kontinuativer Term und es gibt einen sortalen Term G, mit dessen Hilfe man bestimmen kann, was als einzelner unter F fallender Gegenstand zählt; und drittens F ist ein attribuierender Term und es gibt einen sortalen Term G unter den Gegenstände fallen, und auf die F als Prädikat zutrifft. (vgl. ebd.:285f.)

Prädikate gewählt werden.[38] Erst über das Prädikat ‚ist ein Boot' werden die Prinzipien der Distinktion und der Persistenz geliefert, nicht aber unter der Prädikation ‚x ist ein schneller Gegenstand'. Damit wird vom Gegenstand x behauptet, dass er nicht hätte existieren können, ohne ein Boot zu sein.

Diese These ist allerdings mit mehreren Schwierigkeiten konfrontiert. Zuvorderst ist das Prinzip der Individuation und Persistenz bzgl. der Gegenstände der Welt sicherlich eher heterogen für z. B. Menschen, Pferde oder Schmetterlinge. So wird derselbe Gegenstand für einen Menschen, ein Pferd oder einen Schmetterling sicherlich ein unterschiedliches Prinzip der Individuierung und Persistenz besitzen. Die Klassifikation der Gegenstände in der Welt ist demnach abhängig vom Typ der wahrnehmenden und klassifizierenden Lebewesen.[39] Aber da dies aufgrund mangelnder Deutungskooperativität auf Seiten von z. B. Pferden und Schmetterlingen eher spekulativ bleibt, kann dieses Argument in der Form unter gewissen Umständen außen vor bleiben.

Allgemeiner gesagt, ist es nicht die Übereinstimmung mit der Realität bzw. nicht die Existenz von bestimmten Gegenständen, welche die Artzugehörigkeit bestimmt, sondern vielmehr die Nützlichkeit der konzeptuellen Vernetzung, um mit der Realität umzugehen. Es gibt nichts Sakrosanktes an den Begriffen, die wir gebrauchen.

> They [the concepts] are not *true* or *correct*. They do not *correspond to the facts*, to the ‚logical form of the world', to something that lies ‚deep in the nature of things' [...]. Rather they are useful; and above *they are used*. There could be *analogous* concepts, which are yet very different. They would be no less ‚correct'. For they would be perfectly good, not for us, but for others with different interests and purposes, in different circumstances. (Baker und Hacker 1985:320)

Dass die Nützlichkeit auf einen bestimmten Zweck hin ausgerichtet ist und daher unterschiedliche Konzepte auch ‚unter uns' entstehen können, kann man an der Klassifikation der biologischen Gegenstände sehen (siehe Kap. 3.5).[40]

Es ist vielmehr so, dass man bestimmte Begriffe zur Verfügung hat, d. h. diese sind im zwischenmenschlichen Bereich durch Lernsituationen eingeführt und das Wissen darüber kann sich manifestieren. Dann kann entschieden werden, ob es einen Gegenstand gibt, der unter diesen Begriff fällt – in diesem Fall kann man von Existenz sprechen – oder ob es keinen Gegenstand gibt. In letzterem Fall kann

---

[38] Dies kann als eine Variation des ‚principle of individuation' von David Wiggins angesehen werden, das nach Penelope Mackie folgendermaßen zusammengefasst werden kann: „ EPI(1) If an individual x has a *principle of distinction and persistence* P, then x could not have existed without having P." (Mackie 1994:324)

[39] Der Terminus ‚Klassifizierung' ist hier natürlich nur im übertragenen Sinne auf andere Arten von Lebewesen anwendbar.

[40] Wenn man nun aber wie Kripke die essentiellen Eigenschaften als starre Designatoren auffasst, so lässt sich mit Penelope Mackie fragen: Warum sind es gerade die essentiellen Eigenschaften, die über alle möglichen Welten hinweg, die Individuierung eines Gegenstandes notwendigerweise bedingen? (Vgl. Mackie 1994) Es könnte auch ausreichend sein, einen individuellen Gegenstand, qua seiner Eigenschaft ein materiales Objekt zu sein, in allen möglichen Welten zu verankern. Was rechtfertigt die darüber hinausgehende Annahme von Eigenschaften? Fordert man diese als essentielle Eigenschaften ein, damit der Gegenstand als solcher über alle möglichen Welten hinweg individuiert werden kann, dann setzt man gerade das voraus, was man gerade zeigen möchte.

man von Nicht-Existenz sprechen. Es werden also, wie Frege schon ausführte, die Begriffe und nicht die Gegenstände eingeteilt und zwar in diejenigen, unter die etwas fällt und in diejenigen, unter die nichts fällt.

Die Begriffe, die uns zur Verfügung stehen, werden uns aber nicht von der Natur oder von den Gegenständen vorgegeben, sondern diese erlernen wir, indem wir die Sprache erlernen. Deshalb kann es keinen Term geben, der *von sich aus* individuiert. Die mit dem Term vollzogene Individuierung ist durch dessen Gebrauch in der Sprache und die entsprechenden Regeln, die diesen regieren, vorgegeben.

Wenn nun versucht wird, wie im neoaristotelischen Ansatz, diejenigen Kriterien ausfindig zu machen, die notwendig sind, damit die Prädikation ‚x ist lebendig' wahrheitsgemäß vollführt werden kann, so sind diese ‚notwendigen Kriterien' nicht den Dingen inhärent; sie sind konventionelle Kriterien, um die Prädikation korrekt durchführen zu können. Mit Wittgenstein kann man sagen, dass die ‚definierenden Kriterien' gegeben werden (vgl. Wittgenstein 1984b:48f.). Wären die notwendigen Kriterien Sache der Empirie, so müsste es ein Entscheidungskriterium geben, was als notwendiger und was als kontingent wahrer empirischer Satz anzusehen wäre. Dies wurde hier über die Unterscheidung von substantiellen und akzidentiellen Prädikaten einzuführen versucht, welche allerdings nicht überzeugt. Wenn die Kriterien für die Prädikation ‚x ist lebendig' spezifiziert werden, so sind diese nicht durch die Dinge, von denen man etwas prädiziert, vorgegeben, sondern es müssen die Regeln für den Gebrauch des Prädikats angegeben werden und diese sind ‚in der Sprache niedergelegt' und in diesem Sinne eine Sache der Konvention. (vgl. Glock 2000:196)

Wenn man so will, kann man sagen, dass die ‚Essenz in der Grammatik ausgedrückt wird' (Wittgenstein 1984a:§ 371), und dass dadurch weiterhin festgelegt wird, was Sinn macht, gesagt zu werden. Die Korrektheit einer Prädikation liegt daher nicht in der Übereinstimmung mit der Realität oder einer natürlichen Artzugehörigkeit, sondern in der Übereinstimmung mit einer Regel, mit dem kontextualen Gebrauch eines Wortes in der Sprache (vgl. Baker und Hacker 1985). In der Wissenschaft müssen die Prädikatorenregeln allerdings explizit gemacht werden, was durchaus darin münden kann, dass die Behauptung, etwas sei lebendig, über den Nachweis der Fähigkeit der Selbsterhaltung verifiziert werden kann. Die jeweiligen Kriterien werden allerdings durch die jeweiligen Belange der unterschiedlichen (bio-)wissenschaftlichen Disziplinen vorgegeben. Das Selbsterhaltungskriterium kann z. B. im paläontologischen Bereich kein adäquates Mittel sein, um einen Fund als einen zu qualifizieren, der von einem Lebewesen stammt, da dies nicht operational handhabbar ist.

3.2.1.3 Kritik des substantiellen Sortalbegriffs

In einem metaphysisch anspruchslosen Sinn dient die Kategorie der Sortale der Abgrenzung von Einzeldingen, die prinzipiell zählbar sind (z. B. Hunde), von sogenannten Massetermen wie z. B. ‚Gold' oder ‚Wasser'.[41] Anspruchsvoller und kontroverser ist hingegen die Auffassung, dass die Sortal/Nicht-Sortal-Unterscheidung mit weiteren metaphysischen Prämissen verbunden ist.

In dem hier vorgestellten neoaristotelischen Kontext wird in dieser Hinsicht die These der Sortaldependenz der Identität – oder wie Schark sie nennt: Die These der Sortalabhängigkeit der Individuation, als auch die These der Sortalabhängigkeit der Kontinuität oder Persistenz – vertreten.

Die These der Sortaldependenz der Identität besagt nach Runggaldier und Kanzian, „daß etwas erst dann als ein eigentliches konkretes Ding gelten kann, wenn es *sortal bestimmt* ist, wenn seine Bestandteile [...] auf eine gewisse Art miteinander verknüpft sind und so eine Einheit bilden" (Runggaldier und Kanzian 1998:153). Durch diese These wird behauptet, dass „es für jedes Identitätsurteil und für jede Identifizierung grundlegende sortale Terme gibt, von denen sich die identifizierende Verwendung anderer Terme als abhängig erweist." (Rapp 1995:347) Als grundlegend werden diese Begriffe bezeichnet, „weil sie keine andere semantische Funktion haben, als Arten zu bezeichnen, zu denen die einzelnen Exemplare gehören *solange* und *insofern* sie existieren." (ebd.:385) Grundlegend sind diese sortalen Terme gegenüber sortalen Begriffen, die weitere semantische Funktionen übernehmen, welche auch als komplexe Sortale bezeichnet werden. Beispiele für komplexe Sortale wären sogenannte ‚Phasensortale', die sich auf bestimmte zeitliche Abschnitte im Laufe der Existenz eines Gegenstandes beziehen (beispielsweise ‚Kaulquappe', ‚Fohlen' etc.) oder aber auch die charakterisierende Erweiterung eines grundlegenden Sortals wie z. B. von ‚Hund' zu ‚schwarzer Hund' oder ‚Katze' zu ‚müde Katze'.

Diese Unterscheidung von grundlegenden und komplexen Sortalen scheint auf den ersten Blick einleuchtend. Der Begriff ‚Hund' kann als grundlegendes Sortal bezeichnet werden, da er semantisch einfach zu fassen ist. Nun ist nicht ganz klar, was es genau heißen soll, dass etwas semantisch einfach zu fassen ist. Ein semantisch einfacher Term scheint ein solcher zu sein, der ein feststehendes Identitätskriterium und Individuationsprinzip besitzt. Einmal abgesehen davon, dass es auch nicht klar ist, was genau ein Identitätskriterium sein soll, kann man davon ausgehen, dass die Begriffe ‚Hund', ‚Katze' oder ‚Maus' solche sind, die, wenn man Gegenständen das Prädikat ‚x ist ein(e) Hund/Katze/Maus' korrekterweise zusprechen will, Individuen als solche bezeichnen wird. Wenn nun noch ein charakterisierendes Attribut wie ‚ist schwarz' hinzugenommen wird, so gestaltet sich die Individuierung tatsächlich als komplexer, da jetzt die konjugierte Prädikation ‚ist ein(e) Hund/Katze/Maus und ist schwarz' durch die Prädikatorenregeln für ‚ist ein(e) Hund/Katze/Maus' und ‚ist schwarz'bestimmt wird.

Allerdings wird die Unterscheidung schwieriger, wenn grammatisch einfache Begriffe semantisch komplex sind. Beispiele hierfür wären der grammatisch einfache

[41] Es gibt auch ein weiteres Verständnis des Begriffs der Sortalität, der auf das Zutreffen bzw. Nicht-Zutreffen einer Prädikation bezogen ist – wenn etwas von der falschen Sorte ausgesagt wird. Dieses Verständnis im Sinne eines Kategorienfehlers ist in diesem Fall zu weit, da der Sortalbegriff noch weitere Kriterien erfüllen soll.

Term ‚Gaul‘ für ‚Nicht allzu wertvolles Pferd‘. Hier werden Pferde individuiert, die zusätzlich noch die Eigenschaft aufweisen, nicht allzu wertvoll zu sein. Der grammatisch grundlegende Term für diesen Begriff wäre also ‚Pferd‘. Es wird von Rapp zwar zugegeben, dass diese Unterscheidung vage ist und nur graduell und relativ plausibel gemacht werden kann. Dennoch ist sie wichtig für die neoaristotelische Konzeption, da die Artzugehörigkeit über die *grundlegenden* sortalen Terme gewährleistet ist.

In diesem Zusammenhang ist darauf hinzuweisen, dass die Unterscheidung zwischen semantisch einfachen und komplexen Termen tatsächlich sehr vage ist und je nach den zugrundeliegenden klassifikatorischen Zwecken unterschiedlich ausfallen kann. Auch schwarze Gegenstände könnten klassifiziert werden, und das Prädikat ‚ist schwarz‘ ist durchaus kein sortales Prädikat. In diesem Sinne könnte auch die ‚Art‘ – besser wäre es jedoch generell anstatt von ‚Art‘ von ‚Klasse‘ zu sprechen – der schwarzen Gegenstände gebildet werden. Gegenstände gehören solange zu dieser Klasse, wie ihnen das Attribut ‚ist schwarz‘ zugesprochen werden kann. Und auch die grammatisch einfachen Termini, die dennoch semantisch komplex sind, sind nur nach jeweiligem klassifikatorischen Ziel auf ihre einfachen Termini zurückzuführen. Der Begriff ‚Gaul‘ könnte durchaus auch als ‚ist ein Lebewesen und ist ein Unpaarhufer mit wuchtigem Kopf und hat einen klapprigen Körperbau und ist nicht allzu wertvoll‘ rekonstruiert werden. Hier wäre der Begriff des Lebewesens – wenn er denn tatsächlich als Sortal zu bezeichnen ist – der semantisch einfachste sortale Begriff. Von einem ‚wesensbestimmenden‘ Prädikat wäre dann aber nicht mehr die Rede.

Um einen Zugang zu den wesensbestimmenden Sortalen zu bekommen, wird der Existenzbegriff von Rapp expliziert. Die Anwendung des Existenzbegriffs wird auf die sortalen Terme beschränkt und Existenz wird als gleichbedeutend mit der Instantiierung eines sortalen Terms angesehen.

> Wenn Existenz also gleichbedeutend damit ist, daß ein sortaler Term – also ein Term, der die Funktion hat, Gegenstände einer Art zuzuweisen, deren Exemplare sie sind – instantiiert wird, dann können wir von einem einfachen sortalen Term, der die unter ihn fallenden Gegenstände ausschließlich einer Art zuweist, sie aber nicht in einer bestimmten Hinsicht charakterisiert, sagen, er treffe auf die unter ihn fallenden Gegenstände zu, insofern diese existieren. Ein grundlegender sortaler Term ist deswegen ein solcher, der keine andere semantische Funktion als diejenige hat, Gegenstände als die Angehörigen einer Art zu bestimmen, zu der sie gehören, solange und insofern sie existieren, und die es ermöglicht, diesen Gegenstand zu individuieren, zu klassifizieren, zu identifizieren und sich zu verschiedenen Zeitpunkten reidentifizierend auf ihn zu beziehen. (Rapp 1995:386)

Diese Argumentation kann folgendermaßen rekonstruiert werden:

Unter der Präsupposition, dass Artzugehörigkeiten nur über sortale Terme zugesprochen werden und der Beschränkung der Existenzaussagen auf sortale Terme wird unter den Prämissen:

(P1) Einzelne Instanzen einer Art sind für die gesamte Dauer ihrer Existenz Exemplare dieser Art, und

(P2) sie sind Instanzen ihrer Art insofern sie existieren, weil sie Exemplare dieser Art sind, darauf geschlossen, dass

(K1) kein Gegenstand existiert, insofern er Instanz eines attribuierenden Terms ist (attributive Terme charakterisieren nur die Instanz einer sortalen Terms) und

(K2) ein Gegenstand nur dann existiert, wenn dieser Gegenstand einen sortalen Term instanziiert.

Durch diese Rekonstruktion wird deutlich, dass die Schlussfolgerungen lediglich das paraphrasieren, was als Voraussetzungen investiert wurde und damit als redundant angesehen werden können.

Nur wenn der Existenzbegriff präsuppositionell auf die Instanziierung von sortalen Begriffen beschränkt wird, ist der Schluss möglich, dass ein Gegenstand nur dann existiert, wenn dieser einen sortalen Term instanziiert. Es ist aber durchaus möglich, Existenzaussagen mit Hilfe von ‚charakterisierenden' Termen vorzunehmen, wie z. B.: ‚Es gibt einen Gegenstand x, der schnell ist', genauso wie es bei sortalen Termen der Fall ist (‚es gibt einen Gegenstand, der ein Boot ist'). Eine Klassifikation kann dann sowohl anhand des Prädikats ‚ist ein Boot' als auch im Falle ‚ist schnell' vorgenommen werden. Es kann also die Klasse der Gegenstände, die als Boote bezeichnet werden, und die Klasse der Gegenstände, denen das Prädikat der Schnelligkeit zukommt – vorausgesetzt ‚Schnelligkeit' wird hinreichend spezifiziert – gebildet werden. Die Klassifikation erfolgt hierbei über die Prädikatorenregeln, die der erfolgreichen Prädikation in beiden Fällen zugrunde liegen und die Prädikation der Existenz solcher Gegenstände impliziert nichts anderes, als dass es Gegenstände gibt, die dieser Klasse zugeordnet werden können.

Es können sogar auch Gegenstände klassifiziert werden, obwohl gar nicht klar ist, zu welcher Art Gegenstände diese gehören. Dies wäre z. B. bei einer archäologischen Ausgrabung der Fall, bei der alle interessanten Fundstücke z. B. nach Größe, Gewicht etc. katalogisiert werden können.[42] Die Identifizierung eines Gegenstandes setzt sicherlich die Wahrnehmung von bestimmten erkennbaren Eigenschaften dieses Gegenstandes voraus, es ist aber keinesfalls sicher, dass dies Eigenschaften sein müssen, die über diejenige des ‚ein Gegenstand sein' hinaus gehen. Wenn jemand z. B. die Aufgabe gestellt bekommt, Objekte in einer Schachtel zu zählen, dann ist derjenige fähig, die Objekte zu individuieren und auch zu zählen, ohne vorher wissen zu müssen, welcher Art nun genau diese Objekte sind. Hier wäre der grundlegende sortale Term der des physikalischen Gegenstands.

Es spricht nun einiges dagegen, dass über das Prädikat ‚ist physikalischer Gegenstand' etwas individuiert werden kann[43]: 1. Über dieses Prädikat ist nicht spezifiziert, was als Instanz desselben gezählt werden soll. 2. Das Prädikat liefert keine Prinzipien der numerischen Identität. 3. Über dieses Prädikat kann keine Antwort auf die Frage ‚Was ist x?' gegeben werden.

[42] Dieses Beispiel stammt aus Hägler (1994:163). Ein ähnliches Argument findet sich bei Ayers (1974:115).

[43] Diese Argumente für und wieder die Sortalität des Begriffs der physikalischen Objekte findet sich bei Xu (1997:368f.).

Um diese Probleme zu umgehen muss der Begriff des physikalischen Gegenstands im Sinne der ‚medium sized dry goods' spezifiziert werden oder in Anlehnung an Strawson als ‚material bodies'. Diese haben die Eigenschaften der Dreidimensionalität, der Beständigkeit über die Zeit und der Zugänglichkeit zu unseren Beobachtungsmöglichkeiten (vgl. Strawson 2005:39).

Über diese Eingrenzung dessen, was es bedeutet ein physikalisches Objekt zu sein, werden die Kriterien geliefert, nach denen es möglich ist zu entscheiden, ob etwas als eine Instanz von ‚ist physikalisches Objekt' gilt. Über ‚x ist ein physikalischer Gegenstand' im oben genannten Sinne (der Begriff ‚physikalisches Objekt' wird von nun an in dieser Bedeutung verwendet) wird ein Kriterium der qualitativen Identität bereitgestellt. Als Beispiel kann hier jegliche Art von Metamorphose genannt werden, wie z. B. die von Schmetterlingen. Wenn ‚physikalisches Objekt' als Sortal aufgefasst wird, dann können alle Stadien der Entwicklung bis zum adulten Schmetterling (eigentlich bis zum toten Körper und bis die Eigenschaft der Dreidimensionalität nach dem Verwesungsprozess nicht mehr zugeschrieben werden kann) als Phasen-Sortale gekennzeichnet werden, während die Eigenschaft ein physikalisches Objekt zu sein über die Zeit hinweg gleich bleibt.

Auf die Frage ‚Was ist es?' die Antwort zu geben: ‚es ist ein physikalisches Objekt' scheint auf den ersten Blick wenig informativ zu sein. Allerdings ist darüber eine Abgrenzung gegenüber denjenigen Entitäten möglich, die nicht die Eigenschaften der Dreidimensionalität, der Beständigkeit über die Zeit und der Zugänglichkeit zu unseren Beobachtungsmöglichkeiten aufweisen. Daher ist die Antwort doch informativ.

Problematisch bleibt bei der Auffassung, dass der Ausdruck ‚physikalisches Objekt' als Sortal aufgefasst werden kann, die Erfüllung des mereologischen Kriteriums. Wenn ein physikalischer Gegenstand geteilt wird, dann können die Teile wiederum als physikalische Gegenstände bezeichnet werden, was das mereologische Kriterium verletzen würde. Diese Schwierigkeit kann umgangen werden, wenn die Prädikation ‚dies ist ein physikalischer Gegenstand' temporal und räumlich indexikalisiert aufgefasst wird. Zu einem gegebenen Zeitpunkt t in einem gegebenen Raum r kann entschieden werden, ob etwas als ein physikalischer oder zwei physikalische Gegenstände aufzufassen ist.

Damit könnte, wenn man bei dem Ansatz der Sortaldependenz der Individuation bleiben möchte, der Begriff des ‚physikalischen Gegenstands' als das grundlegende ‚Sortal' ausgezeichnet werden, von dem die Verwendung anderer Terme sich als abhängig erweist. Damit hat man sich auf eine Ontologie verpflichtet, die durch das Strawsonsche „unitary spatio-temporal framework of four dimensions" (Strawson 2005) festgelegt ist. In einem solchen sind die physikalischen Gegenstände, oder wie Strawson sie bezeichnet: material bodies, die fundamentalen Entitäten.[44]

> By means of identifying references, we fit other people's reports and stories, along with our own, into the single story about empirical reality; and this fitting together, this connexion, rests

[44] Diese Position ist sicherlich nicht die einzige vertretbare ontologische Position, allerdings bleibt im Rahmen dieser Arbeit nicht der Raum das Für und Wider zu erwägen. Innerhalb dieser Position ist jedenfalls der ‚physikalische Gegenstand' fundamental gegenüber anderen sortalen Ausdrücken.

> ultimately on relating the particulars which figure in the stories in the single spatio-temporal system which we ourselves occupy. (ebd.:29)

Und:

> Material bodies constitute the framework. (ebd.:39)

Nichtsdestoweniger sind es üblicherweise dennoch die sortalen Terme, welche in ihrer Bedeutung über den physikalischen Gegenstand hinaus gehen, diejenigen, die die Individuierung, die Identifizierung und Reidentifizierung von Entitäten ermöglichen – dies allerdings nicht zwingend in Verbindung mit essentialistischen Überlegungen.

Durch die Kriterien, die ein sortaler Term erfüllen muss, werden gerade die Entitäten so klassifiziert, dass eine Individuierung über die Zeit und den Raum hinweg ermöglicht wird.[45] Dies ist uns aber nicht von den Dingen auferlegt, sondern ist eine Klassifikationsleistung mit dem Ziel der Individuierung.[46] Die Kernintuition des aristotelischen Ansatzes, bei der eine über die Kategorie der physikalischen Gegenstände hinausgehende Artbestimmung als grundlegend angesehen wird, die zudem bestimmt, wann ein bestimmter Gegenstand als Gegenstand einer bestimmten Art aufhört zu existieren, ist nicht durch die Essenz der Dinge bestimmt, vielmehr sind es die Maßstäbe, die wir den Dingen entgegenbringen, die die Artbestimmung ausmachen.

Der gehaltvolle Existenzbegriff, der von den Neoaristotelikern investiert wird, und auch die Annahme von natürlichen Arten[47] sind überflüssig, denn Prädikatorenregeln sind nicht an einen Existenzbegriff gebunden, der wiederum an den der natürlichen Art gebunden wäre. Etwas hört nicht auf zu existieren, wenn die Prädikatorenregeln einer bestimmten Prädikation sich als falsch erweisen; die Prädikation ist in diesem Fall einfach misslungen.[48]

Die hier essentialistischen Präsuppositionen werden demnach nicht geteilt. In begrenztem Maß wird die Klassifikation über attributive Terme als möglich angesehen.

---

[45] Die Unabhängigkeit von Zeit und Raum ist allerdings insoweit limitiert, als dass die Bedeutung des sortalen Terms konstant bleiben muss.

[46] Die Sortalabhängigkeit der Identität ist damit trivial, denn Voraussetzung dafür, die Identität einer Entität mit einer anderen feststellen zu können, ist es, diese zuvor individuiert zu haben.

[47] Über das Sortalkonzept erhofft sich z. B. Wilson, die Frage beantworten zu können was etwas ist, sozusagen welche Natur es aufweist. Denn eng verbunden mit dem Konzept des substantiellen Sortals wird das der natürlichen Art eingeführt. Wenn nämlich ein Lebewesen aufhört zu existieren, dann hört es auch auf ein Lebewesen einer bestimmten Art zu sein. Wilson nimmt an, dass jedes Lebewesen für die Dauer seiner Existenz zumindest einer substantiellen Art angehört, wenn es nun aufhört das Identitätskriterium für diese Art zu erfüllen, dann hört es auch auf zu leben. Er argumentiert also sowohl für reale substantielle Individuen als auch für dazu korrespondierende substantielle Arten von Individuen:

„Indeed, each living thing is a thing of at least one substantial kind for the duration of its existence. When it ceases to fulfill the criterion of identity of that kind, it ceases to exist. [A]s part of my argument that living entities are real, I will argue that there are real natural kinds. [. . .], I argue that there are real substantial individuals and real natural kinds corresponding to the substantial kinds of individuals." (Wilson 1999:19f.)

[48] Die Unabhängigkeit von Prädikation und Existenz gilt natürlich nicht für Fälle in denen thematisiert wird, ob Gegenstände unter einen Begriff fallen. Insofern gilt die Unabhängigkeit nur im Bereich der Prädikation erster Stufe.

Eine Sortalabhängigkeit der Individuierung ist trivialerweise wahr, da die Individuierbarkeit Kriterium für die Zusprache ‚Begriff x ist ein sortaler Begriff' ist. Das Prädikat ‚x ist ein sortaler Term' ist vielmehr – ähnlich wie der Existenzbegriff – als Prädikat zweiter Stufe zu explizieren. Mit ihnen werden die Begriffe zusammengefasst, die dem grammatikalischen, dem mereologischen und dem Kriterium der Zählbarkeit genügen.

Biologische Kritik Ob der Begriff ‚Lebewesen' als sortaler Begriff einzustufen ist, kann durch Überprüfung der Anwendbarkeit der die sortalen Begriffe charakterisierenden Kriterien auf den Begriff ‚Lebewesen' überprüft werden. Zur Erinnerung: Die Kriterien, die ein Begriff erfüllen muss, um als sortaler Term ausgezeichnet werden zu können, sind das grammatikalische Kriterium, das Kriterium der Zählbarkeit und das mereologische Kriterium.

Das grammatikalische Kriterium trifft zweifellos auf den Begriff der Lebewesen zu, denn es kann ohne weiteres im Plural von Lebewesen gesprochen werden. Der Begriff kann als Einsetzungsinstanz für K in den Formulierungen ‚x ist dasselbe K wie y'; ‚ein K, zwei Ks, drei Ks'; ‚es gibt Ks' dienen. Die Sätze bzw. Satzteile ‚x ist dasselbe Lebewesen wie y', ‚ein Lebewesen, zwei Lebewesen, drei Lebewesen' sowie ‚es gibt Lebewesen' können sinnvoll gebildet werden.

Hinsichtlich der Zählbarkeit von Lebewesen treten erste Schwierigkeiten auf. Wenn man z. B. danach fragt, wie viele Lebewesen sich in einem bestimmten Raum zu gegebener Zeit befinden, so ist die Beantwortung der Frage keineswegs trivial, da man alle Mikroorganismen sowohl innerhalb als auch außerhalb anderer Organismen berücksichtigen müsste.[49] Und auch im Fall von Lebewesen, die an der Grenze zwischen Organismus und Koloniebildung bzw. zwischen Organismus und Symbiose stehen ist nicht klar, was als ein Exemplar dieser Lebewesen zählen sollen (vgl. Wilson 2000). In diesen Fällen stellt sich z. B. die Frage, ob nur die Einzeller einer Kolonie (z. B. von Cyanobakterien oder Planktonalgen) oder aber die ganze Kolonie als solche als individuelles Lebewesen zählen soll. Ebenfalls fraglich ist es, ob bei Symbionten (z. B. Flechten) die jeweiligen einzelnen symbiontischen Arten (Mykobiont und Photobiont) als Lebewesen zählen oder die gemeinsame Lebensform.

---

[49] John Duprè bezeichnet die Mikroorganismen als ‚elephant in the room' der biologischen Taxonomie:

„A natural way of describing the limits of the individual, John Dupré, would be to imagine the surface that includes all the parts that move together when John Dupré moves, and treat all the material included within that surface as part of John Dupré. [...] Within the surface I just mentioned, my own, 90 % of the cells are actually microbes. Most of these inhabit the gastro-intestinal tract, though within that, and elsewhere in the body, are a wide variety of niches colonised by microbial communities. Because of the diversity of these microbial fellow travellers, as many as 99 % of the genes within my external surface are actually bacterial." (Dupré 2008:36)

Und:

„There are estimated to be at least 10 times as many microbial cells in our bodies as there are human somatic and germ cells [...], as well as perhaps 100 times more genes [...]. A full picture of the human organism sees it as a ‚composite of many species and our genetic landscape as an amalgam of genes embedded in our Homo sapiens genome and in the genomes of our affiliated microbial partners' [...]. Every eukaryote can, in fact, be seen as a superorganism, composed of chromosomal and organellar genes and a multitude of prokaryote and viral symbionts." (Dupré und O'Malley 2007:157f.)

Hier müsste, um die Zählbarkeit zu gewährleisten, zuvor eine Spezifizierung auf eine bestimmte Klasse von Lebewesen erfolgen, damit dieses Kriterium erfüllt werden kann.

Probleme gibt es auch hinsichtlich des Verständnisses des Ausdrucks ‚Lebewesen' als sortaler Term im Fall des mereologischen Kriteriums: Ihm zufolge ist ein Term sortal, wenn die beliebige Zerteilung des von ihm denotierten Gegenstandes keine weiteren Gegenstände ergibt, die ebenfalls mit diesem Term bezeichnet werden (vgl. Schark 2005a).

Wenn ein Lebewesen zerteilt wird, so kann es doch sein, dass wenigstens ein Produkt der Teilung immer noch als Lebewesen anzusehen ist. Schneidet man der Katze Tibbles den Schwanz ab, so ist der abgetrennte Schwanz zwar keine Katze mehr, jedoch die schwanzlose Katze wird immer noch als ‚Tibbles, die Katze' bezeichnet werden. Aber immerhin zugegeben, zerteilt man ein Pferd so in zwei Teile, dass es nach der Teilung nicht mehr lebt, dann sind beide Teile etwas anderes als das zuvor geteilte. Was zuvor ein Lebewesen war, bildet nach der ‚Teilung' zwei leblose Kadaverhälften. Aber auch das Tibbles-Beispiel ist nach Rapp kein Konterargument, da gerade dieses Beispiel die besondere Teil-Ganzes-Beziehung von Gegenständen, die durch sortale Termini bezeichnet werden, verdeutlicht:

> [. . .] eine Summe von bestimmten Teilen nämlich kann allgemein den Verlust eines Teils nicht überdauern. Dagegen lässt die mit der Verwendung sortaler Terme verbundene Vorstellung von einem Ganzen den Wechsel oder den Verlust einzelner Teile unbeschadet der Persistenz des betreffenden Gegenstandes zu. Dies genau ist der Grund, warum die Summe aller Teile eines als Ganzen vorgestellten Gegenstandes [. . .] nicht mit diesem Gegenstand identisch sein können. Wann immer wir deshalb sortale Terme gebrauchen, meinen wir Anlaß zu haben, ein bestimmtes Ganzes gegenüber der Summe oder Kumulation seiner Bestandteile auszeichnen zu müssen. (Rapp 1995:201)

Durch das mereologische Kriterium soll also der holistische Aspekt besonders betont werden, der Sortale gegenüber Massetermen auszeichnet. Und Marianne Schark behauptet: „All die umgangssprachlichen Ausdrücke für Lebewesen und alle biologischen Taxonbezeichnungen, von der Art bis zum Reich, gehören zu diesen so definierten sortalen Termen." (Schark 2005a:123) Allerdings entspricht die Plausibilität des mereologischen Kriteriums in Hinsicht auf ‚Lebewesen' mehr der üblichen Vorstellung der lebensweltlichen Praxis, die von Zoobesuchen oder Haustierhaltung geprägt ist. Das Charakteristikum der Anhomöomerie ist für die Mikroebene der lebendigen Welt nicht eindeutig, denn hier sind zumindest Grenzfälle zu vermerken. Ein paar dieser Grenzfälle sollen deshalb kurz erwähnt werden.

Als erstes Beispiel kann eine Ordnung der Plathelminthes (Plattwürmer) angeführt werden, die sogenannten Planarien, welche durch eine besondere Regenerationsfähigkeit ausgezeichnet sind. Bei der Amputation von Teilen von Strudelwürmern sind die durch die Amputation entstandenen Teile fähig, die fehlenden Strukturen zu regenerieren. So kann z. B. bei horizontaler Teilung der Kopfteil einen neuen Hinterkörper und das Hinterende einen neuen Vorderkörper erzeugen. Allerdings ist diese Teilung, deren Produkte wieder neue Exemplare derselben Art hervorbringen würde, nicht beliebig durchführbar. Dies ist auch der Ansatzpunkt der Repliken, die Rapp und Schark gegen solche Konterbeispiele anführen, indem sie die Beliebigkeit der Teilung betonen. (vgl. Schark 2005a:129; Rapp 1995:201f.) Wäre z. B. der Begriff Planarium als nicht-sortaler Term klassifiziert, so würde das mit der Forderung nach beliebiger und nahezu unendlicher Teilbarkeit der Gegenstände einhergehen, die durch diesen Begriff bezeichnet würden. Dies ist bei Planarien so nicht der Fall, denn nur bestimmte Teilungen liefern im Anschluss zwei Planarien; bei manchen Teilungen ist eine Regeneration nicht mehr möglich. (Zur Übersicht: Reddien und Alvarado 2004)

Eine Präzisierung des mereologischen Kriteriums in Hinsicht auf die Beliebigkeit und der Unabzählbarkeit der Teilungsschritte wird allerdings nicht unternommen, da zugegeben wird, dass auch nach einer Präzisierung immer wieder Grenzfälle auftreten können. Es wird stattdessen darauf verwiesen, dass das Teilbarkeitskriterium an diejenige Vorstellung zu binden ist, die es auch indizieren soll: ein Ganzes, das nicht durch die Summe seiner Teile bestimmt ist (Rapp 1995:203).

Hingegen kann z. B. im Fall der Pilze gesagt werden, dass diese sich sowohl unter einem präzisierten Teilbarkeitskriterium als auch hinsichtlich der Vorstellung eines sich gegenüber seinen Einzelteilen qualifizierbarem Ganzen als Ausnahmefall darstellen. Eine Pilzkolonie eines Schimmelpilzes kann prinzipiell beliebig zerteilt werden und aus diesen Teilen würden immer wieder Pilze derselben Art erwachsen. Auch fällt es schwer, ein Individuum der verschiedenen Pilzarten zu identifizieren und damit auch das Ganze gegenüber seinen Teilen auszumachen. Im Falle eines sich gigantisch ausdehnenden Pilzes, wie z. B von *Armillaria bulbosa*, der sich über ein Gebiet von 15 Hektar erstrecken kann, ist eine Individuation nur mit Hilfe von molekularbiologischen Methoden möglich und eine Quantifizierung eines Individuums wird nicht über ein bestimmtes Zählverfahren, sondern über die Angabe einer Gewichtseinheit – ähnlich wie bei Massetermen – vorgenommen.

In Anbetracht all dieser Beispiele sollte klar geworden sein, dass der Begriff ‚Lebewesen' nicht zwingend als sortaler Begriff aufzufassen ist, sondern dass je nach Kontext bzw. je nach Betrachtung von Lebewesen als Masseterm oder als sortaler Begriff bestimmt werden kann.

3.2.1.4 Kritik der ‚aristotelian nature' von Lebewesen

Nach Punkt 3 der aristotelischen Individuenkonzeption ist es das Wesen (die *ousia*) jedes Einzeldings, das seine Artzugehörigkeit bestimmt. Dies ist nach Marianne Schark für Lebewesen die besondere Art und Weise der Persistenz, nämlich die ‚aktuelle Manifestation der Lebensfähigkeit'. Zur Erinnerung hier noch einmal die Scharksche Definition: „Für Lebewesen bedeutet Leben vielmehr nichts anderes als zu existieren. [...] Für Lebewesen gilt: leben = sein." (Schark 2005a:134) Diese These ist allerdings entweder trivial oder aber ontologisch fragwürdig.

Die Trivialität liegt darin, dass die besondere Persistenzweise von Lebewesen als die ‚zu leben' ausgezeichnet wird. Die Prädikation ‚x ist ein Lebewesen' ist allerdings gleichbedeutend mit ‚x ist lebendig'; es wird in beiden Fällen das Gleiche ausgesagt.

Mit Quine kann man sagen:

> The general term is what is predicated, or occupies what grammarians call predicative position; and it can as well have the form of an adjective or verb as that of a substantive. For

> predication the verb may even be looked on as the fundamental form, in that it enters the predication without the auxiliary apparatus ‚is' or ‚is an'. The copula ‚is' or ‚is an' can accordingly be explained simply as a prefix serving to convert a general term from adjectival or substantival form to verbal form for predicative position. (Quine 1973:96f.)

‚Lebt', ‚ist lebendig' und ‚ist ein Lebewesen' sind demnach als austauschbare Prädikatoren zu betrachten. Wenn nun also geklärt werden sollte, wie Lebewesen ontologisch zu verorten sind, dann ist es redundant, dies über die Form des Prädikators ‚ist ein Lebewesen' nämlich über ‚x lebt' zu explizieren. Die besondere Persistenzweise von Lebewesen – ihr Sein – über das Verb ‚leben' zu definieren ist kein Informationsgewinn, denn das Definiendum ist im Definiens enthalten.[50]

Ontologisch fragwürdig ist die metaphysische Verortung, da sie an einen gehaltvollen Existenzbegriff gebunden ist (siehe hierzu Kap. 3.2.1.2). Wenn man von etwas sagt, dass es lebendig ist, dann sagt man dadurch, dass der Gegenstand, von dem man es aussagt, unter den Begriff ‚Lebewesen' fällt. In diesem Sinne kann man sagen, dass ein Lebewesen existiert. Die Formulierung, dass etwas aufhört zu existieren und dann nicht mehr von derselben Art ist wie zuvor verweist lediglich darauf, dass Gegenstände diachron unter verschiedene Begriffe fallen können.

3.2.2 Systemtheoretischer Ansatz

Als Begründer der ‚Allgemeinen Systemtheorie' kann der Biologe Ludwig von Bertalanffy angesehen werden, der sich durch bestimmte Probleme, die sich aus reduktionistisch-physikalistischen Ansätzen der Wissenschaften ergaben, veranlasst sah, ein neues Paradigma der Wissenschaft – die Systemtheorie[51] – zu postulieren.

Die Systemtheorie ist kein rein holistischer Ansatz, sondern verbindet reduktionistische und holistische Elemente miteinander. Jedoch steht auch diese Theorie unter dem Slogan ‚Das Ganze ist mehr als die Summe seiner Teile', der auch als Leitgedanke anzusehen ist (vgl. Wuketits 1979:73). Ontologisch ist die Systemtheorie als materialistische bzw. mechanistische Position anzusehen. Komplexe Ganzheiten

---

[50] Informativ ist hingegen die Formulierung ‚x manifestiert aktuell seine Lebensfähigkeit', da hier die die Prädikation von ‚x lebt' durch ‚x manifestiert die Fähigkeit zu leben' erweitert wird. Durch die Akzentuierung der Fähigkeit zu leben, wird der Unterschied von aktiven und ruhenden Lebensformen thematisiert. Ruhende Lebensformen wie z. B. Samen oder eingefrorene Organismen bezeichnet man für gewöhnlich nicht als lebendig, aber auch nicht als leblos, sondern als lebensfähig.

[51] Die Systemtheorie kann als Sammelbegriff angesehen werden, bei dem hinsichtlich verschiedener Disziplinen (z. B. biologische Systemlehre, Kybernetik und Nachrichtentechnik, Spieltheorie, mathematische Informationslehre, Ökonomie, Sozial- und politikwissenschaftliche Programme) ein besonderer Modellansatz – der des Systems – zur Beschreibung und Erklärung komplexer Phänomene Anwendung findet (vgl. Siegwart 2004a). Was allerdings genau unter den Begriff ‚System' fällt, wird meist nicht expliziert. Hier wird davon ausgegangen, dass unter einem System ein gegliedertes geordnetes Ganzes zu verstehen ist (vgl. Siegwart 2004b). In der Systemtheorie wird dann demzufolge die spezifische Gliederung und Ordnung des Systems unter verschiedensten Gesichtspunkten thematisiert. Als Sammeldisziplin soll die Systemtheorie disziplinübergreifend operative Modelle, Formalisierungs- und Kalkülisierungsinstrumente bereit stellen.

werden als ‚inhärent größer als die Summe ihrer Teile' angenommen und die Eigenschaften der Teile sind als abhängig vom Kontext der Teile im Ganzen anzusehen. Dabei wird angenommen, dass sowohl die Eigenschaften der Teile als auch die der Ganzheit allein über physikalisch-chemische Prozesse zu erklären sind.

Im Gegensatz zum materialistischen Reduktionismus, der davon ausgeht, dass ‚bottom-up'-Ansätze ausreichen, um Phänomene erklären zu können, geht es in der Systemtheorie darum, dass beide Ansätze – sowohl ‚bottom-up' als auch ‚top-down' – angewendet werden:

> For instance, reductionistic ontology and explanations would see a tissue as an organized collection of cells and cells as an organized collection of organelles, etc. Organicist[52] ontology and explanations would include the functioning of the tissue within the organism, the functioning of the organism within the environment (and perhaps other parameters as well). [...] The properties of any level depend both on the properties of the parts ‚beneath' them and the properties of the whole into which they are assembled. (Gilbert und Sakar 2000:2)

Das Ziel der allgemeinen Systemtheorie ist es, Prinzipien zu formulieren, die für Systeme unterschiedlicher Bereiche gültig sind:

> General system theory, therefore, is a general science of ‚wholeness' which up till now was considered a vague, hazy, and semi-metaphysical concept. In elaborate form it would be a logico-mathematical discipline, in itself purely formal but applicable to the various empirical sciences. (von Bertalanffy 1971:36)

Die Darstellung der Systemgesetzmäßigkeiten in mathematischer Formulierung ist ein angestrebtes Ziel, wobei Bertalanffy auch verbale Modelle (z. B. in der Psychoanalyse oder in der Soziologie) zulässt, da sie zumindest als Leitideen dienen können (ebd.:22). Die Grundidee der Systemtheorie ist es, fundamentale Analogien – sogenannte Isomorphien – in den verschiedenen Wissenschaften zu entdecken, die sich idealerweise über eine mathematische Beziehung formulieren lassen.

Nach Bertalanffy gibt es drei verschiedene Prinzipien, durch die Phänomene bzgl. verschiedener Systeme beschrieben werden können: Analogie, Homologie und Erklärung (vgl. ebd.:80–86). Eine Analogie ist nach Bertalanffy nur eine oberflächliche Ähnlichkeit, die weder zu relevanten Kausalfaktoren noch zu relevanten Gesetzen korrespondiert (z. B. die Analogie zwischen dem Wachstum eines Kristalls und dem eines Organismus). Homologien sind vorhanden, wenn zwar die wirkenden Faktoren für die Ähnlichkeit verschieden sind, aber diesbezügliche Gesetze formal identisch sind. Als logische Homologien werden die allgemeinen Charakteristika betrachtet, die ein System haben muss, unabhängig davon wie das System ausgestaltet ist. Als konzeptuelles Modell in der Wissenschaft sollen Homologien zur korrekten Beurteilung und Erklärung von Phänomenen dienen. Hier liegt folgende Annahme zugrunde: „The isomorphism under discussion is more than a mere analogy. It is a consequence of the fact that, in certain respects, corresponding abstraction and conceptual models can be applied to different phenomena." (ebd.:35)

[52] In Gilbert und Sakar (2000) bezeichnen die Ausdrücke ‚wholism', ‚holism' und ‚organicism' dasselbe. Der Ausdruck ‚organicism' wird vorgezogen, da ‚holism' oft im Kontext vitalistischer Positionen Verwendung findet.

Bertalanffy nennt drei Präsuppositionen, die der Annahme der Existenz von Isomorphien vorausgesetzt sind: 1. der Besitz von bestimmten intellektuellen Schemata, 2. eine entsprechende (passende) Struktur der Realität und 3. die Existenz von Prinzipien einer allgemeinen Systemtheorie. Hier wird deutlich, weshalb Bertalanffy von dem erklärenden Potential von Isomorphien ausgehen kann. Er nimmt an, dass die intellektuellen Schemata – in der Mathematik wie in der Gebrauchssprache – auf verschiedene Bereiche angewendet werden können und dass die Realität eine dazu entsprechende Struktur aufweist. Bertalanffy nimmt zwar an, dass eine Vielzahl von konzeptuellen Schemata gleichermaßen auf die Realität anwendbar ist, macht aber zur Voraussetzung, dass die Realität selber geordnet ist.

> The homology of system characteristics does not imply reduction of one realm to another and lower one. But neither is it mere metaphor or analogy; rather, it is a formal correspondence founded in reality inasmuch as it can be considered as constituted of ‚systems' of whatever kind. (von Bertalanffy 1971:86)

Demnach kann eine hierarchische Ordnung der Welt angenommen werden, worin Elemente zu immer höheren Einheiten zusammengeschlossen sind – von den Elementarpartikeln der Physik zu Atomen, Molekülen, zu lebenden Zellen, Geweben, Organen und vielzelligen Organismen und darüber hinaus zu überindividuellen Systemen zum Beispiel Ökosysteme, Tiergesellschaften, menschlichen Sozialeinheiten, Organisationen und Kulturen (vgl. ebd.:18).

Nach Wuketits – einem weiteren Vertreter der Systemtheorie – bedeutet „jede der Hierarchie-Stufen des Lebenden ein *System*, in Bezug auf ihr übergeordnete Stufen ein *Subsystem* und im Hinblick auf ihr untergeordnete Stufen ein *Supersystem* [...]" (Wuketits 1983:138), wobei hier die Stufen als Komplexitätsbereiche verstanden werden sollen und der biologische Zweck – die Teleologie – von der höheren Hierarchiestufe nach unten diktiert wird. Als Beispiel für die Hierarchiestufen eines vielzelligen Organismus gibt er z. B. an, dass dieser in die Stufen Moleküle, Zellen, Gewebe und Organe unterteilt ist. Er nimmt an, dass jede dieser Stufen „1. für sich genommen ein *System*, 2. in Bezug auf die ihr übergeordneten Stufen ein *Subsystem* und 3. im Hinblick auf die ihr untergeordneten Stufen ein Supersystem [...]" (Wuketits 1979:74) repräsentieren.

Auf jeder Stufe der Organisation werden spezifische Gesetzmäßigkeiten angenommen, die nicht auf die Gesetzmäßigkeiten der darunterliegenden Stufe reduzierbar sind. Wird eine komplexe Entität wie eine Zelle untersucht, so ist es für gewöhnlich irrelevant, welchen Gesetzmäßigkeiten subatomare Entitäten gehorchen. Das heißt aber nicht, dass die verschiedenen Ebenen unabhängig voneinander sind: „To the contrary, laws at a level may be almost deterministically dependant on those at lower levels; but they may also be dependant on levels ‚above'." (Gilbert und Sakar 2000:3)

3.2.2.1 Organismische Biologie – Lebewesen als autopoietische Maschinen

Speziell in der Biologie ergeben sich durch reduktionistische Ansätze einerseits Probleme hinsichtlich des Phänomens der Äquifinalität und andererseits bezüglich der Vereinbarkeit des zweiten Hauptsatzes der Thermodynamik mit Theorien der Biologie, welche über die Systemtheorie gelöst werden sollen.

In geschlossenen Systemen, das sind solche, die keinen Austausch mit ihrer Umgebung eingehen, bestimmen die Initialbedingungen zu einem Zeitpunkt t_0 die Zustände zu einem Zeitpunkt t_1. So wird z. B. ein chemisches Gleichgewicht durch die Anfangskonzentrationen der Reaktanden bestimmt. Der finale Zustand wird also durch die Anfangsbedingungen determiniert und ist nicht äquifinal.

In lebendigen Systemen wird hingegen unabhängig von bestimmten Anfangsbedingungen ein bestimmter Endzustand angestrebt, wie z. B. die Erhaltung der Körpertemperatur oder des Blutzuckerspiegels auf einem bestimmten Niveau. Nach dem Prinzip der Äquifinalität wird also derselbe finale Status ausgehend von unterschiedlichen Initialbedingungen und auf verschiedene Weisen erreicht. Diese Finalität – oder auch Teleologie – kann nicht vollständig über mechanistische Ansätze erklärt werden, und so plädiert Ludwig von Bertalanffy für einen neuen holistischen Ansatz, der hier Erklärungen bietet:

> We may state as characteristic of modern science that this scheme of isolable units acting in one-way causality has proved to be insufficient. Hence the appearance, in all fields of science, of notions like wholeness, holistic, organismic, gestalt, etc., which all signify that, in the last resort, we must think in terms of systems of elements in mutual interaction. (von Bertalanffy 1971:44)

Das zweite Problemfeld, das sich dadurch ergibt, dass reduktionistische Ansätze alleinigen Anspruch auf Erklärung von biologischen Phänomenen erheben, hängt mit dem zweiten Hauptsatz der Thermodynamik zusammen. Die Hauptsätze der Thermodynamik beziehen sich auf Prinzipien der Umwandlung von Energie. Nach dem zweiten Hauptsatz der Thermodynamik strebt die Entropie (S = Maß für die strukturelle Unordnung eines Systems) in geschlossenen Systemen nach einem Maximum an Unordnung und Prozesse kommen in einen Gleichgewichtszustand.

> The most probable distribution, however, of a mixture, say of red and blue glass beads, or of molecules having different velocities, is a state of complete disorder; having separated all red beads on one hand, and all blue ones on the other, or having a closed space, all fast molecules, that is, a high temperature on the right side, and all slow ones, a low temperature, at the left, is a high improbable state of affairs. So the tendency towards maximum entropy or the most probable distribution is the tendency to maximum disorder. (vgl. ebd.:38)

Dies widerspricht nach Bertalanffy empirischen Daten aus der Biologie, da sich dort im Bereich der Embryogenese und der Evolution eine Entwicklung zu größerer Ordnung und Organisation feststellen lässt. Die im Hinblick auf physikalische Ereignisse passenden Gesetzmäßigkeiten können nicht in allen Fällen auf Lebewesen angewandt werden, da Lebewesen sich gerade durch die Aufrechterhaltung höchster Organisation auszeichnen. Es gibt zwar ausreichend empirische Daten, die die spezifische Organisation von Lebewesen belegen, aber es fehlt das konzeptuelle Schema, welches die Erklärung der Daten erlaubt (ebd.:46).

Aus diesen Problemsträngen ergibt sich nach Bertalanffy, dass in der Biologie nicht Einzelphänomene zu analysieren seien, sondern Phänomene in ihrer

Vernetzung. Er fasst Systeme als Entitäten auf, deren Teile in Interaktion stehen, und nennt dies ‚organisierte Komplexität'.

> A system or ‚organized complexity' may be circumscribed by the existence of ‚strong interactions' [...] or interactions which are ‚nontrivial' [...], i.e. nonlinear. The methodological problem of system theory, therefore, is to provide for problems which, compared with the analytical-summative ones of classical science, are of a more general nature. (ebd.:17)

Für Bertalanffy gehört die Organisation von Lebewesen zum fundamentalen Charakter derselben und er sieht es als Aufgabe der Biologie, die Gesetze lebender Systeme auf allen Niveaus der Organisation zu untersuchen. Er nennt diese Forschung gemäß dieser Maxime ‚organismische Biologie' und den Versuch, die Organisation von Lebewesen zu erklären, die ‚Systemtheorie des Organismus'.[53] Demnach ist es nicht nur wichtig die Teile von Lebewesen zu identifizieren und zu analysieren, sondern auch die Beziehungen unter diesen Teilen in Bezug auf das Ganze zu verstehen. Es soll keinem der beiden Begriffe ‚Teil' bzw. ‚Ganzes' Vorrang gegeben werden, sondern sie werden in einem holistischen Ansatz als relativ zueinander aufgefasst, da das eine nur im Zusammenhang mit dem anderen sinnvoll erscheint. Ein als Ganzheit betrachtetes System S ist, nach Bertalanffy, nicht über die Addition seiner Elemente zu erklären, sondern es muss als Resultat aus den spezifischen Wechselwirkungen seiner Teile verstanden werden (Wuketits 1983:157).

Das konzeptuelle Konstrukt, das die Unterscheidung von lebenden und unbelebten Systemen ermöglichen soll, ist das eines offenen Systems. „The organism is not a closed, but an open system. We term a system ‚closed' if no material enters or leaves it; it is called ‚open' if there is import and export of material." (von Bertalanffy 1971:128) Im Allgemeinen sollen sich alle Phänomene des Lebendigen aus der fundamentalen Eigenschaft ableiten lassen, dass sich Organismen als Systeme im ‚Fließgleichgewicht' beschreiben lassen.[54] In einem ‚Fließgleichgewicht' bleibt die Komposition des Systems konstant, obwohl Komponenten kontinuierlich ausgetauscht werden. Diese Konzeption hat den Vorteil, dass rein mechanistisch-reduktionistische Probleme (s. o.) gelöst werden können.

Methodisch wird dabei die Organisationsstruktur von Lebewesen häufig über kybernetische Modelle dargestellt, welche die Funktionsweise von Maschinen über Regelkreismodelle erklären und durch welche das Rückkopplungsmodell bzw. der *feed-back* Mechanismus für die Systemtheorie zugänglich wurde. Dadurch wurde eine Erklärung des Erhalts der Gleichmäßigkeit von inneren Lebensvorgängen (z. B. Aufrechterhaltung der Körpertemperatur, des Stoffwechsels etc.), welche als homöostatische Regelung bezeichnet werden, möglich. Die Wechselwirkungen innerhalb der Organismen werden also als Regelkreise beschrieben und werden in der

---

[53] Eine Übersicht hinsichtlich philosophischer Überlegungen zur Systembiologie gibt Boogerd et al. (2007).

[54] Paradigmatische Beispiele für offene Systeme sind Lebewesen, in der Technik sind z. B. Verbrennungsmotoren oder Turbinen als offene Systeme anzusehen. Ein Beispiel für ein geschlossenes System, das zwar Energie mit der Umgebung, aber keine Materie austauschen kann, ist ein Druckkochtopf.

Systemtheorie als das ‚Urprinzip' des Lebendigen betrachtet (vgl. von Bertalanffy 1971:143).

Das lebende System wird als ein dynamisch-offenes System gesehen, da die Elemente dynamisch miteinander in Beziehung und das System selbst zusätzlich mit der Umwelt in Beziehung steht (vgl Hassenstein 1972). Die Systemeigenschaften sind von den Elementeigenschaften zu unterscheiden, da erstere nicht durch die Summe der Elementeigenschaften zustande kommen, sondern eigenständige Eigenschaften sind. Diese äußern sich z. B. in den oben genannten Regelkreismechanismen. Durch diesen Ansatz sollen vitalistische Spekulationen abgewiesen werden können, wie z. B. seelenartige Vitalfaktoren, die das Geschehen zweckmäßig leiten. Bertalanffy formuliert: „Es zeigt sich, daß in offenen Systemen, falls sie einem sogenannten Fließgleichgewicht zugehen, dieses Gleichgewicht äquifinal ist, ohne daß dies den Eingriff einer regulierenden Entelechie oder Seele erforderte." (von Bertalanffy 1972)

Prominente Vertreter einer auf diesem kybernetischen Ansatz basierenden Position in Bezug auf Lebewesen sind die Autoren Humberto Maturana und Francisco J. Varela, die Lebewesen als autopoietische Maschinen explizieren (vgl. Maturana und Varela 1980:76). Sie suchen nach der Gemeinsamkeit zwischen allen lebenden Entitäten und identifizieren diese als die besondere Organisationsweise in Form der autopoietischen Systeme.

> Our approach will be mechanistic: no forces or principles will be adduced which are not found in the physical universe. Yet, our problem is the living organization and therefore our interest will not be in properties of components, but in processes and relations between processes realized through components. [. . .] An explanation is always a reformulation of a phenomenon showing how its components generate it through their interactions and relations. (ebd.:75)

Die beiden basalen Phänomene der lebendigen Welt werden von Maturana und Varela als die der Autonomie und der Diversität bestimmt: Autonomie als Erhalt der Identität von Lebewesen und Diversität als Variation der Art und Weise, in der die Identität erhalten bleibt (vgl. ebd.:73). Während die Erklärung der Diversität für die Autoren durch die Evolutionstheorie geklärt wurde –

> Diversity has been removed as a source of bewilderment in the understanding of the phenomenology of living systems by Darwinian thought and particulate genetics which have succeeded in providing an explanation for it and its origin without resorting to any peculiar directing force. (ebd.:74)[55]

– bleibt die Frage nach der Eigenschaft, die allen Lebewesen gemeinsam ist als die Forschungsfrage, die noch zu klären ist.

Diese Eigenschaft wird als die der selbstbezüglichen, homöostatischen Organisationidentifiziert. Der von Maturana eingeführte Neologismus der Autopoiesis (*auto* = *autonomy*; *poiesis* = *creation, production*) ist der grundlegende Terminus dieser Position (Maturana 1980:xvii).

[55] Die Diversität wird im weiteren Verlauf von ‚Autopoiesis and Cognition' als aus der Autopoiesis ableitbar expliziert.

> An autopoietic machine is a machine organized (defined as a unity) as a network of processes of production (transformation and destruction) of components that produces the components which: (1) through their interactions and transformations continuously regenerate and realize the network of processes (relations) that produced them; and (2) constitute it (the machine) as a concrete unity in the space in which they (the components) exist by specifying the topological domain of its realization as such a network. [. . .] If living systems are machines, that they are physical autopoietic machines is trivially obvious: they transform matter into themselves in a manner such that the product of their own operation is their own organisation. (Maturana und Varela 1980:79)

Lebewesen werden also als autopoietische Maschinen betrachtet und auch die Konverse wird als zutreffend bestimmt: Jedes physikalische System ist, wenn es autopoietisch ist, auch lebendig (ebd.:82). Die Eigenschaft ein autopoietisches System zu sein, wird bei der Charakterisierung der Organisation von Lebewesen als *notwendige und hinreichende* Eigenschaft betrachtet.

Die Art der Organisationsweise – unter Ausschluss des Anspruches, die materiale Basis der Organisation identifizieren zu müssen (vgl. ebd.:76) – bestimmt hier völlig die Definition dessen, was als lebendig angesehen wird. Diese Bestimmung findet in Analogie zu Überlegungen statt, was die Organisation von allopoietischen Maschinen[56] ausmacht, nämlich, dass diese unabhängig von den Eigenschaften ihrer Komponenten ist und auf vielerlei Weise realisiert werden kann (vgl. ebd.:77).[57]

Die autopoietischen Maschinen sind durch folgende Charakteristika ausgezeichnet:

- Autonomie: Alle Veränderungen werden der Aufrechterhaltung der eigenen Organisation untergeordnet. Die Autonomie ist die selbstbezügliche Fähigkeit von lebenden Systemen, ihre Identität durch eine aktive Kompensation von Deformationen zu erhalten (Maturana und Varela 1980:135).
- Beobachterunabhängige Identität: „[. . .] keeping their organization as an invariant through its continous production they actively maintain an identity which is independent of their interactions with an observer." (ebd.:80)
- Geschlossenheit[58]: Durch die autopoietische Organisation werden die eigenen Grenzen beobachterunabhängig spezifiziert.
- Weder Input noch Output: Alle Störungen und Änderungen der internen Struktur sind der Aufrechterhaltung der Organisation untergeordnet. Werden die äußeren Einflüsse und Veränderungen einer autopoietischen Maschine beschrieben,

---

[56] Allopoietische Maschinen sind solche, die das Charakteristikum der Autonomie nicht aufweisen.

[57] Die Bestimmung der materialen Basis und die der vorliegenden Struktur ist aber immerhin wichtig, um die möglichen Veränderungen bestimmen zu können, die ein lebendes System durchlaufen kann, ohne die Eigenschaft der Autopoiesis zu verlieren. (vgl. ebd.:81)

[58] Dies ist eine Abweichung vom Bertalanffyschen ‚offenen System', das ja durch das Fließgleichgewicht charakterisiert wurde. Hier liegt der Fokus ganz auf der Aufrechterhaltung der Organisation und Maturana und Varela fassen die Autopoiesis als Eigenschaft *eines geschlossenen Systems* auf.

„They [the autopoietic machines] can be perturbated by independent events and undergo internal structural changes which compensate these perturbations. [. . .] Whichever series of internal changes takes place, however, they are always subordinated to the maintenance of the machine organization, condition which is definitory of the autopoietic machines." (Maturana und Varela 1980:81)

> so erfolgt dies stets unter Auffassung der autopoietischen Maschine als einer allopoietischen Maschine.

Maturana und Varela gehen davon aus, dass sich aus dem Phänomen der Autopoiesis die gesamte ‚Phänomenologie der Biologie' – inklusive der Reproduktion und der Evolution – ableiten lässt und somit auch die Teleologie überflüssig ist:

> [...] and then that given the proper historical contingencies one can derive all the biological phenomenology from the characterization of living systems as autopoietic systems in the physical space. Notions of purpose, function or goal are unnecessary and misleading. (Maturana 1980:xix)

Die Teleologie – und auch der Begriff der Funktion – werden für überflüssig erachtet, weil diese nur dem Bereich der Observation angehören und nicht konstitutiv sind für die Beschreibung der Organisation der autopoietischen Systeme. Jegliche Auszeichnung einer Funktion wird als Bestimmung des Beobachters angenommen, die die Organisation einer autopoietischen Maschine selbst nicht betreffen. Als konstitutiv für deren Organisation werden lediglich die Prozesse zur Erhaltung der Autopoiesis erachtet. Für die Beschreibung der Organisation der autopoietischen Systeme zählen nur die Beziehungen zwischen den Komponenten des Systems und die Regeln für deren Interaktionen und Transformationen, so dass die verschiedenen Zustände des Systems realisiert werden können. Es wird behauptet, dass

> the notions of purpose and function have no explanatory value in the phenomenological domain which they pretend to illuminate, because they do not refer to processes indeed operating in the generation of any of its phenomena. [...] Accordingly, if living systems are physical autopoietic machines, teleonomy becomes only an artifice of their description which does not reveal any feature of their organization, but which reveals the consistency in their operation within the domain of observation. Living systems, as physical autopoietic machines, are purposeless systems. (Maturana und Varela 1980:86)

Im Folgenden werden zunächst die unterstellten Präsuppositionen des systemtheoretischen Ansatzes – die Stufenleiter der Organisation, der mechanistische Physikalismus und der systemtheoretische Begriff der Ganzheit analysiert, um dann anschließend, hinsichtlich der Autopoiesis als notwendiges und hinreichendes Kriterium zur Charakterisierung von Lebewesen, Stellung zu beziehen.

3.2.2.2 Kritik der Stufenleiter der Organisation

Eine substantielle Präsupposition des systemtheoretischen Ansatzes ist die Annahme einer bestimmten Strukturiertheit der Realität, in die die Analyse des Verhältnisses von Teil und Ganzem eingebettet ist. William C. Wimsatt hat in seinem Artikel ‚The Ontology of Complex Systems' versucht diese hierarchische Ordnung der Welt zu explizieren (vgl. Wimsatt 1994). Ausgangspunkt seiner Explikation sind zwei Präsuppositionen: Erstens wird angenommen, dass diejenigen Entitäten real sind, die ‚robust' gewusst werden können und zweitens, dass diese robusten Entitäten, in kausalen Beziehungen organisiert, in der Welt fundamental und in Netzwerken stufenförmig organisiert sind.

Wimsatt gibt das Kriterium der Robustheit als dasjenige an, demzufolge etwas als real angesehen werden kann. Die Prädikation, dass etwas real ist, ist hier nicht im Sinne von nicht-bezweifelbar, wahr oder nicht-korrigierbar zu verstehen – also nicht gemäß der Explikation des wissenschaftlichen Realismus von Kap. 2 – sondern als eine relative Vertrauenswürdigkeit:

> Thus, I would rather give a criterion which offers relative reliability, one that you're better off using than not, indeed better off using it than any other, and which seems to have a number of the right properties to build upon. Rather than opting for a global or metaphysical realism [...] I want criteria for what is real which are decidedly local – which are the kinds of criteria used by working scientists in deciding whether results are ‚real' or artifactual, trustworthy or untrustworthy, ‚objective' or ‚subjective' (in contexts where the latter is legitimably critizized – which is not everywhere). (ebd.:210)

Gegenstände können nach Wimsatt dann als robust angesehen werden, wenn sie auf viele verschiedene, voneinander unabhängige Weisen zugänglich sind (vgl. ebd.:211). Die unterschiedlichen Zugangsweisen können dabei von der schieren Beobachtung von etwas über experimentelle Manipulationen bis hin zu mathematischen und logischen Ableitungen reichen.

Als Begründung gibt er an, dass die Chance, bei mehreren Nachweismethoden simultan falsch zu liegen mit der Anzahl von unabhängigen Nachweisen abnimmt. Dabei werden die unabhängigen Nachweismethoden nicht auf einen experimentellen Zugang beschränkt:

> We feel more confident of objects, properties, relationships, etc. which we can detect, derive measure, or observe in a variety of independent ways because the chance that we could be simultaneously wrong in each of these ways declines with the number of independent checks we have. (ebd.:211f.)

Und:

> [T]he independent means of access are not limited to experimental manipulations but can range all the way from non-interventive observation or measurement to mathematical or logical derivation, with many stops in between. (ebd.:211)

Hier stellen sich zwei Fragen: 1) Wie hängt das Kriterium der Robustheit mit dem Anspruch, dass etwas als ‚real' gilt, zusammen? Und: 2) Können Zugangsmöglichkeiten für denselben Gegenstand unabhängig voneinander sein?

Zu 1) Robustheit soll als Kriterium dafür angesehen werden, dass etwas ‚real' ist. Was bedeutet nun hier ‚real'? Wimsatt schlägt in diesem Zusammenhang einen historischen Bogen zur Lockeschen Ontologie der primären und sekundären Qualitäten und identifiziert robuste Eigenschaften mit primären Qualitäten:

> [S]eventeenth century philosophers made a distinction between primary qualities (shape, extension, impenetrability, etc.) that they held were really in objects, and secondary qualities (colour, taste, sound, etc.) that they held were induced in us by our interactions with the primary qualities of objects [...]. Thus, in modern jargon, the primary qualities are robust and the secondary qualities are not. (ebd.:216f.)

Hier sind zwei Lesarten dieser Bestimmung von der Robustheit möglich: Entweder die robust gewussten Dinge werden tatsächlich als *adaequatio ad rem* aufgefasst, womit aber dieses Kriterium nicht mehr als ein weiches Kriterium der relativen

Verlässlichkeit angesehen werden kann und alle Kritiken, die gegenüber einer essentialistischen Ontologie angebracht wurden, auch hier als einschlägig anzusehen wären (siehe Kap. 3.2.1.2, 3.5.2.2). Oder aber – benevolent gelesen – wäre das, was wirklich in den Dingen ist, nur eine lokal auf die Praxis des Wissenschaftlers bezogene Kategorie, die abhängig von dem wissenschaftlichen Paradigma ist, unter dem der Wissenschaftler arbeitet. Damit kommt man aber zur zweiten Frage, die sich im Kontext der ‚Robustheit' stellt, zur Frage nach der Möglichkeit der Unabhängigkeit von Zugangsmöglichkeiten.

Zu 2) Wimsatt gibt selbst zu, dass das Kriterium der Unabhängigkeit für Schwierigkeiten bei der Konzeption von robusten Dingen sorgt. Er weist darauf hin, dass die physische Unabhängigkeit von verschiedenen Zugängen nicht gleichzeitig eine Garantie für eine Unabhängigkeit der Zugangsmöglichkeiten bedeuten muss. Allerdings geht er trotzdem davon aus, dass die Robustheit das richtige Kriterium für die Realität einer Entität ist:

> Although nothing will guarantee freedom from error, robustness has the right kind of properties as a criterion for the real, and has features which naturally generate plausible results. Furthermore it works reliably as a criterion in the face of real world complexities, where we are judging the operational goodness of the criterion, and not its goodness under idealized circumstances. We are judging its performance as well as its competence, as it were. Robustness even has the right metaphysical and epistemological properties. Thus, it is part of our concept of an object that objects have a multiplicity of properties. But different properties will generally require different kinds of tests or procedures for their determination or measurement. Thus it follows that our concept of an object is a concept of something which is knowable robustly. (Wimsatt 1994:214)

Aus unserem generellen Konzept eines Objekts, das beinhaltet, dass Objekte eine Vielzahl von Eigenschaften haben, soll also folgen, dass diejenigen Eigenschaften, die über verschiedene Zugänge erfahrbar sind, als primäre Qualitäten, also als die robusten und damit ‚realen' auszuzeichnen sind.[59] Diese Argumentation wäre also folgendermaßen aufzufassen:

1. Objekte haben eine Vielzahl von Eigenschaften.
2. Manche Eigenschaften/Objekte können über verschiedene Prozeduren nachgewiesen werden.
3. Wenn Prozeduren zum Nachweis von Eigenschaften/Objekten voneinander unabhängig sind, so sind die Eigenschaften/Objekte robust und damit ‚real'.

Es ist zwar zutreffend, dass wir Entitäten eine Vielzahl von Eigenschaften zuschreiben, aber die Frage ist doch eigentlich, welche Eigenschaften wir welcher Entität berechtigterweise zuschreiben können. Aus dem allgemeinen Konzept eines Objekts, das die Menge der Eigenschaften unbestimmt lässt, kann man nicht schließen *als was* das Objekt nachgewiesen wurde, sondern nur, dass ein (unbestimmtes) Objekt vorliegt. Interessant wird diese Überlegung aber erst, wenn man ein Objekt als ein

[59] Diese Konzeption erinnert stark an die ‚Consilience of inductions' von William Whewell (1837). Die Consilience of Inductions wird z. B. von Michael Ruse als Evidenz für die Existenz natürlicher Arten angesehen (vgl. Ruse 1987).

bestimmtes Objekt nachweisen will, daher müsste die Argumentation erweitert bzw. verändert werden:

1. Objekte haben eine Vielzahl von Eigenschaften.
2. Manche Eigenschaften/Objekte können über verschiedenste Prozeduren nachgewiesen werden.
   (a) Objekt x fällt unter Begriff y, und hat damit Eigenschaft $F_1, F_2, \ldots, F_n$
   (b) Die Eigenschaften $F_1, F_2, \ldots, F_n$/das Objekt x können/kann über physisch unabhängige Prozeduren nachgewiesen werden.
3. Wenn die Eigenschaften $F_1, F_2, \ldots, F_n$/das Objekt x über physisch unabhängige Prozeduren nachgewiesen werden können/kann, dann sind diese Eigenschaften/ist x robust bzw. ‚real'.

Unter Zeile (a) wurde das Objekt x als unter den Begriff y fallend bestimmt und hier liegt die Einschränkung, die dem Kriterium der Robustheit auferlegt werden muss, nämlich, dass der Nachweis auf die begrifflich-kriteriellen Eigenschaften beschränkt und in dem Sinne die Nachweisprozeduren von der begrifflichen Vorgabe als abhängig zu betrachten sind. Die Nachweisverfahren können zwar physisch voneinander unabhängig sein, jedoch werden sie durch den begrifflichen Rahmen bestimmt. Damit wäre der Begriff der ‚Realität', als etwas das ‚wirklich existiert', in dem Sinne zu verstehen, dass ein Gegenstand als unter einen Begriff fallend bestimmt wird.[60]

Der einfachste Fall ist nun der Nachweis eines Gegenstandes, der unter einen Terminus mit Explizitdefinition fällt, da hier die Kriterien dafür, dass ein Gegenstand unter diesen Begriff fällt, damit ebenfalls determiniert sind. Problematisch sind Fälle wo z. B. a) für einen Gegenstand noch kein entsprechender Begriff existiert oder aber b) ein Gegenstand zwar unter einen Begriff fällt, dieser aber mehrdeutig ist.

Ein Beispiel für Fall a) stammt aus dem Mikroskopieralltag: Zwei Personen examinieren dasselbe Präparat. Der eine (mikroskopierender Laie) sieht aber nur ein Artefakt, der andere (mit zellbiologischem Vorwissen) hingegen ein zelluläres Organell. Beide Personen haben zwar denselben visuellen Eindruck, interpretieren ihn aber vor dem Hintergrund ihres Wissens unterschiedlich. Kann man nun sagen, dass in dem einen Fall die Eigenschaft einer Zelle, z. B. einen Golgi-Apparat zu besitzen, nachgewiesen wurde, im anderen Fall aber nicht? Ist der Besitz eines Golgi-Apparats eine robuste Eigenschaft einer Zelle oder nicht? Die Identifikation von zellulären Organellen ist erst nach dem Wissen um diese möglich. Es muss also zuerst eine Theorie darüber existieren oder aber der entsprechende Terminus geprägt worden sein, um zu entscheiden welche Bestandteile in einer Zelle mikroskopisch feststellbar sind und sie damit als solche ausweisen zu können.

---

[60] Oliver R. Scholz schreibt z. B. zur Abhängigkeit der Erkenntnisquellen der Wahrnehmung und dem Zeugnis anderer:

„Der größte Teil der menschlichen Wahrnehmung ist Wahrnehmung-als, genauer: Wahrnehmung von etwas (x) als etwas (F). Anders gesagt: Die meisten menschlichen Wahrnehmungen schließen die Anwendung von Begriffen ein. Der Besitz eines Begriffs geht mit dem Besitz eines Stereotyps, d. h.: einer rudimentären Alltagstheorie, über die Dinge einher, die unter den Begriff fallen." (Scholz 2011)

Ein Beispiel für Fall b) wäre der Begriff der Sonne, der je nach theoretischem Hintergrund – kopernikanisch oder ptolemäisch – unterschiedlich intensional bestimmt ist. Wenn Kepler und Tycho Brahe die Sonne betrachten, dann haben sie einen unterschiedlichen konzeptuellen Hintergrund, vor dem sie die Sonne betrachten. Sie nennen zwar beide den Gegenstand, den sie betrachten, gleich, jedoch könnte man sagen, sie fassen ihn mit unterschiedlicher Bedeutung aufgrund ihres unterschiedlich theoretisch-konzeptuellen Hintergrunds. Die Eigenschaften dieses Gegenstandes werden von beiden unterschiedlich bestimmt und jeder hat seine Nachweismethoden für diese Eigenschaften.[61]

Man kann somit davon ausgehen, dass die Nachweismethoden als theoriedependent anzusehen sind. Die Robustheit kann damit also nur innerhalb eines bestimmten theoretischen Kontextes oder eines begrifflichen Rahmens angenommen werden. Um einen Gegenstand robust nachweisen zu können, muss zuvor der begriffliche Rahmen stehen, erst dann kann man entscheiden, ob über verschiedene Nachweisverfahren der gleiche Gegenstand nachgewiesen wurde. Damit sind die Nachweisverfahren aber nicht mehr als unabhängig voneinander anzusehen, denn sie werden durch den begrifflichen Rahmen miteinander verbunden.

Ausgehend von dem Kriterium der Robustheit entwickelt Wimsatt nun die Theorie von der hierarchischen Organisation der Realität. Das Konzept von einem Gegenstand ist nach Wimsatt das, was robust gewusst werden kann und diese konzeptuellen Schemata werden ontologisch analog zu Organisationsstufen der Welt angesehen. Dabei wird die sprachliche Erfassung der Entitäten in konzeptuellen Schemata als von der Realität determiniert aufgefasst:

> Thus language (in which concrete nouns – entity words – are learned first) and theories constructed using and refining this language are in this way responses to – rather than determiners of – the structure of the world. A causal asymmetry is asserted here which runs counter to most recent linguistic or social-relativist views of the world. During the heyday of linguistic philosophy one might almost have had the impression that nature came in levels because language came in strata – a kind of theory dependence or conceptual scheme dependence of our ontology. For most of the natural world, this has it exactly backwards: language is a tool for dealing with problems in the environment [...]. For the most part, language has the macroscopic structure that it does because of the structure of the environment, and only relatively rarely is it the other way round. If most of the robust entities are at levels (as they are), then the levels will themselves be robust – they will be relatively stable and multiply detectable. (Wimsatt 1994:240–242)

Die Dinge, die robust gewusst werden können, werden also als in hierarchischen Stufen organisiert angenommen. Die Organisation ist als eine kompositionelle Stufigkeit zu verstehen:

> By levels of organization, I will mean here compositional levels – hierarchical divisions of stuff (paradigmatically but not necessarily material stuff) organized by part-whole relations, in which wholes at one level function as parts at the next (and all higher) levels [...]. (ebd.:222)

---

[61] Beide Beispiele stammt aus Hanson (1972).

Wobei die Organisationsstufen als lokale Maxima der Gesetzmäßigkeit und Vorhersagbarkeit im Zustandsraum alternativer Modi der Organisation von Materie definiert werden.

Mit der Einschränkung, mit der das Kriterium der Robustheit zuvor versehen wurde ist diese Argumentation allerdings nicht mehr durchgängig. Wenn die Erfassung von Objekten als bestimmte Objekte theoriedependent ist, so ist auch die hierarchische Organisation von der unterlegten Theorie abhängig und es ist eher zur ‚heyday of linguistic philosophy' zurückzukehren.[62] Die hier unterlegte korrespondistische Tendenz ist hingegen abzulehnen (siehe auch 2.1.1).

Die grundlegende These Wimsatts ist, dass eine bestimmte Ontologie notwendig ist, um die Welt erklären zu können. Allerdings müsste er Kriterien angeben können, warum gerade diese Ontologie die korrekte Ontologie ist. Das von Wimsatt genannte Kriterium der Robustheit wurde hier als nicht einschlägig qualifiziert. Die Aussage, dass die von Wimsatt angenommene Ontologie der wissenschaftlichen Praxis entspricht und daher für diese essentiell ist, ist hingegen als widersprüchlich anzusehen. Der Widerspruch ergibt sich daraus, dass einerseits angenommen wird, dass eine bestimmte Ontologie als fundamental für die Wissenschaft angesehen wird, weil sie mit der wissenschaftlichen Praxis übereinstimmt, andererseits aber unterschiedliche Ontologien mit der wissenschaftlichen Praxis konsistent sind. Wenn die Konsistenz mit der wissenschaftlichen Praxis als relevant für die Auswahl der richtigen Ontologie als Basis derselben angesehen wird, dann kann aber diese Basis nicht für die jeweilige Wissenschaft konstitutiv sein (vgl. Gutmann und Neumann-Held 2000:286). Die bei Wimsatt unterstellte ‚reale' Stufung der Welt wäre dementsprechend lediglich eine, die einem herrschenden Forschungsparadigma adäquat wäre. Es ist aber durchaus denkbar, dass mehrere Forschunsparadigmen gleichzeitig gelten[63] und so zu unterschiedlichen Stufungen führen. Es kann aber auch sein, dass unter einem herrschenden Forschungsparadigma, wie z. B. der Evolutionstheorie, mehrere Hierarchien angenommen werden können (siehe hierzu Kap. 3.2.2.5).

Trotz dieser Kritik ist die Idee der Teil-Ganzes-Beziehungen der Systemtheorie und der hierarchischen Organisation von Zwecken als heuristisch wertvoll anzusehen. Während man nicht davon ausgehen kann, dass bestimmte Stufen der Organisation der Wirklichkeit abgeschaut werden können, so ist es doch von pragmatischem Wert, wissenschaftliche Analysen unter der Annahme von Dependenzbeziehungen unterschiedlicher Organisationsstufen zu betreiben.

3.2.2.3 Kritik der Klassifikation

Die von Maturana und Varela vorgeschlagene Definition von Lebewesen als autopoietische Maschinen ist hinsichtlich der unterliegenden Ontologie zu hinterfragen. Die Autopoiesis wird von den Autoren als notwendige und hinreichende Eigenschaft

---

[62] Wobei natürlich auch keine willkürliche und privative Klassifikation im Sinne des Jabberwocky-Gedichts verfochten werden soll. (vgl. Carroll 1994)

[63] Vgl. hierzu die Zusammenstellung von unterschiedlichen biologischen Hierarchien bei Gutmann und Neumann-Held (2000:287).

von Lebewesen charakterisiert, so dass man ihrer Meinung nach sagen kann, dass etwas, das die Eigenschaft der Autopoiesis besitzt, auch als Lebewesen zu bezeichnen ist.

Die hier unterliegende Klassifikation scheint eine dichotome Teilung der physischen Gegenstände in diejenigen vorzunehmen, die die Organisationsform der Autopoiesis besitzen und die diese nicht besitzen. Gegen diese Unterscheidungshinsicht ist prinzipiell nichts einzuwenden. Allerdings kann der Schluss, dass diese auf eine Klassifikation der physischen Gegenstände in belebte und unbelebte direkt übertragbar ist, nicht ohne weiteres nachvollzogen werden.

Dass die Organisationsform von Lebewesen als selbstreferenziell und selbsterhaltend charakterisiert werden kann, soll hier keineswegs bestritten werden. Es wird hingegen bestritten, dass allein aufgrund dieser speziellen Art und Weise der Organisation, der Prädikator, ist ein Lebewesen' zugesprochen werden kann!

Würde man die Perspektive von Maturana und Varela übernehmen, so hätte das zur Folge, dass der Ausdruck ‚Lebewesen' entgegen dem üblichen Gebrauch in der Sprache neu definiert würde. Eine Revision des Sprachgebrauchs ist nicht per se zu verdammen, jedoch sollte diese entsprechend gerechtfertigt sein. Der Gebrauch des Prädikators ‚ist ein Lebewesen' ist üblicherweise nicht nur an die Organisationsform, sondern z. B. auch an die materiale Ausstattung der so klassifizierten Entitäten gebunden[64], so dass eineKlassifikation, die die Überlegungen von Maturana und Varela mit einbezieht, jedoch nicht deren Sichtweise der Autopoiesis als notwendige und hinreichende Eigenschaft von Lebewesen nachvollzieht, dem folgenden Schema entsprechend aufzufassen ist:

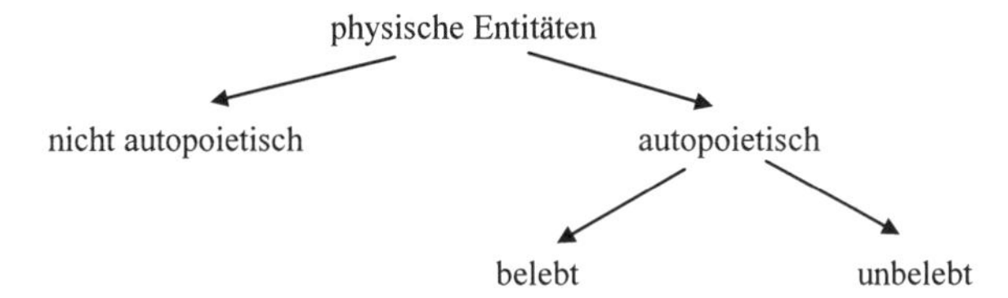

Dass Maturana und Varela eine Identitätsbeziehung zwischen autopoietischer Maschine und Lebewesen annehmen, ist nur vor dem Hintergrund ihrer mechanistisch-physikalistischen Ontologie zu verstehen, die im Folgenden kritisiert wird.

3.2.2.4 Kritik des mechanistischen Physikalismus

Grundlegend für den systemtheoretisch-autopoietischen Ansatz ist die mechanistische Interpretation von Organismen, die den Anspruch erhebt, alle Phänomene des

[64] Eine Festlegung auf eine materiale Ausstattung, die an Nukleinsäuren, Proteine etc. gebunden ist, kann durch die Implementierung von biologischem Wissen in den Sprachgebrauch begründet werden. Falls unbekannte Entitäten klassifiziert werden müssten, die zwar nicht diese spezielle Basis, dafür aber eine Vielzahl der Eigenschaften aufweisen würde, die für Lebewesen charakteristisch sind, müsste eine Entscheidung gefällt werden, ob man die materiale Ausstattung zu den notwendigen Bedingungen rechnen sollte. Solange solche Entitäten allerdings nicht vorliegen, scheint die Bindung des Ausdrucks ‚Lebewesen' an die materiale Basis gerechtfertigt.

Lebendigen allein auf physikalische Gesetzmäßigkeiten zurückzuführen. Obwohl im Vorwort von Stafford Beer zu ‚*Autopoiesis and Cognition*' davon die Rede ist, dass die Autopoiesis in keine der Kategorien Biologie, Kybernetik, Epistemologie oder Psychologie verortet werden sollte – Beer geht davon aus, dass ihre Position als metasystematisch anzusehen ist (Maturana und Varela 1980:65) –, ist doch festzuhalten, dass der Explikation dessen, was Lebewesen für Maturana und Varela sind, ein starker mechanistischer Physikalismus unterliegt. Dieser Physikalismus ist an die Überlegungen der Systemtheorie gebunden, dass nicht lineare, sondern selbstreferenzielle Kausalketten adäquate Erklärungen liefern. Maturana und Varela schreiben hierzu:

> Since a living system is defined as a system by the concatenation of processes of production of components that generate the processes that produce them and constitute the system as a unity in the physical space, biological phenomena are necessary phenomena of relations between processes which satisfy the autopoiesis of the participant living system. [...] Therefore, biological phenomena as phenomena of relations between processes are a subclass of the mechanical phenomena which constitute them, and are defined through the participation of these processes in the realization of at least one autopoietic system. The phenomenology of living systems, then, is the mechanical phenomenology of physical autopoietic machines. (ebd.:113)

Die Biologie wird hier also als eine Subklasse der Mechanik deklariert, allerdings unter besonderer Berücksichtigung der Selbstreferenzialität bzw. der Autopoiesis. Dadurch wollen die Autoren den biologischen Erklärungen die gleiche Autorität zusprechen wie den mechanistischen Erklärungen der Physik (vgl. ebd.:116).

Hier ist zu überlegen, ob auf der Basis dieses mechanistischen Physikalismus tatsächlich alle Phänomene des Lebendigen erklärt werden können.[65]

In der Annahme einer hierarchischen Struktur der Wissenschaft kommt der Physik – als eine der wissenschaftlichen Disziplinen – eine besondere Autorität zu, weil sie üblicherweise an der Basis der Wissenschaften verortet wird und angenommen wird, dass von ihren Erkenntnissen alle übrigen wissenschaftlichen Disziplinen abhängen bzw. auf diese zurückgeführt werden können. Eine mögliche hierarchische Abfolge könnte folgendermaßen angenommen werden: an der Spitze stehen die Sozialwissenschaften, darunter die Psychologie, die Biologie, die Chemie und an der Basis die Physik. Dieser Stufung korrespondiert die Überlegung, dass jede Gesellschaft aus Individuen besteht, dass die Individuen wiederum einen Geist haben, dass jedes Individuum lebendig ist, dass in jedem Individuum, das lebendig ist, chemische Prozesse ablaufen und schließlich, dass in jedem System, in dem chemische Prozesse ablaufen, sich auch physikalische Prozesse ereignen.[66]

Der Physikalismus ist eng an die Wissenschaft der Physik gebunden; es wird angenommen, dass alle Entitäten der Welt physisch bzw. physikalisch beschreibbar sind, d. h. dass diese durch Theorien der physikalischen Wissenschaften, zu denen

[65] Eine Übersicht über verschiedene Formen des Reduktionismus gibt Sarkar (1992). Zum Physikalismus siehe Stjoljar (2008).

[66] Diese Hierarchie wurde aus Sober (1999:543) übernommen und erhebt keinen Anspruch auf Ausschließlichkeit. Eine ähnliche hierarchische Klassifikation findet sich z. B. bei Oppenheim und Putnam (1991).

z. B. auch die Chemie, die Molekularbiologie und die Neurophysiologie gezählt werden, beschrieben werden können. Tim Crane und D. H. Mellor fassen dies so:

> Physicalists believe that everything is physical: more precisely, that all entities, properties, relations, and facts are those which are studied by physics or other physical sciences. [...] they all grant physical science a unique ontological authority: the authority to tell us what there is. (Crane und Mellor 1990:185)

Sprachphilosophisch gewendet müsste ein Physikalismus alle Prädikatoren bereitstellen, um die Welt zu beschreiben. Dies ist das Kernprogramm Rudolf Carnaps hinsichtlich der ‚physikalischen Sprache‘ als ‚Universalsprache der Wissenschaft‘ (vgl. Carnap 1932).[67]

Dabei versteht Carnap die physikalische Sprache der wissenschaftlichen Disziplin der Physik allerdings so weit gefasst, dass der Terminus „sich nicht nur auf die speziellen Sprachformen der Gegenwart bezieht, sondern auf diejenige Sprachform, die die Physik in irgendeinem Entwicklungsstadium jeweils anwenden wird.“ (ebd.:442) Und er geht davon aus, dass sich jeder Satz der Sprache in die physikalische Sprache übersetzen lässt.

Im Falle der Biologie geht Carnap davon aus, dass alle biologischen Termini (als Beispiele nennt Carnap: Arten von Organismen, Organe, Vorgänge an Gesamtorganismen, Stoffwechsel, Zellteilung, Wachstum, Regulation, Fortpflanzung) und auch biologische Gesetze in die physikalische Sprache übersetzt werden können. Die biologischen Termini können nach Carnap in die physikalische Sprache übersetzt werden, weil sie durch wahrnehmbare Kennzeichnungen (physikalisierbare qualitative Bestimmungen) definiert sind. Die biologischen Gesetze können übersetzt werden, weil sich – durch die Übersetzbarkeit der biologischen Termini – jeder Satz der Biologie in die physikalische Sprache übersetzen lässt.[68]

Ein reduktiver Physikalismus geht davon aus, dass nicht-physikalische Prädikatoren redundant sind und dass es immer eine Übergangsregel[69] von den physikalischen zu den nicht-physikalischen Prädikatoren gibt, bei korrespondierenden Gesetzmäßigkeiten. In dem Sinne wären die physikalischen Prädikatoren gegenüber den nicht-physikalischen Prädikatoren basal. Im Prinzip wäre dann eine komplette Beschreibung einer Entität über physikalische Prädikatoren möglich und damit wäre der nicht-physikalische Prädikator ‚ist ein L‘ eliminierbar. Ein Grund für die Beibehaltung des nicht-physikalischen Prädikators – also ein Grund für Toleranz – wäre, dass dieser für bestimmte Zwecke eine gewisse Nützlichkeit besitzt. Diese Nützlichkeit könnte in der abkürzenden Redeweise oder aber auch in der Verankerung im Sprachgebrauch begründet sein. Hier ist generell zu überlegen, ob eine Reduktion bzw. prinzipielle Eliminierbarkeit in allen Fällen durchführbar oder überhaupt erstrebenswert ist.

---

[67] Allerdings schreibt Carnap in seiner Autobiographie, dass er von ontologischer Seite stets einen neutralen Standpunkt eingenommen hat und dass es ihm um die rationale Rekonstruktion von wissenschaftlichen Begriffen ging (vgl. Carnap 1963).

[68] Von der Übersetzbarkeitsthese distanziert sich Carnap später in „Testability and Meaning“ (1936).

[69] Im Prinzip wären diese Übergangsregeln zu verstehen wie die Brückenprinzipien auf der Theorien- bzw. Hypothesenebene. (vgl. Nagel 1974; Hempel 1966)

In Hinblick auf die Biologie würde eine Identitätsthese folgendermaßen lauten: „[A]ll biological systems, states, and processes are basically nothing else than complex physicochemical systems, states and processes, and thus are governed by purely physicochemical laws and explainable in terms of these.“ (Hempel 1969)[70] Die Betonung erfolgt hier über das ‚nothing else', also dem Ausschluss sämtlicher anderen Gesetzmäßigkeiten außer denen der Physik und der Chemie.

Eine schwächere Position wäre die der Supervenienz biologischer über physikalischen Eigenschaften. Man geht hier davon aus, dass alle biologischen, i. e. nicht-physikalischen Eigenschaften, über physikalischen Eigenschaften supervenieren, d. h. dass es nicht möglich ist, die nicht-physikalischen, i. e. biologischen Eigenschaften zu verändern, ohne dass sich die physikalischen Eigenschaften ebenfalls verändern. Demnach kann es keine nicht-physikalische Differenz ohne eine physikalische Differenz geben.[71] Auch auf der Basis der Supervenienzthese könnte eine im schwachen Sinne fundamentale Stellung der Physik gegenüber anderen wissenschaftlichen Disziplinen behauptet werden, denn über die Klärung der physikalischen Strukturen hätte man elementare Aspekte der supervenierenden Eigenschaften aufgedeckt. Die basale Stellung dieser Strukturen wäre darin begründet, dass die Eigenschaften ermittelt würden, die, wenn sie geändert würden, auch eine Änderung der supervenierenden Eigenschaften bedingen würden.

Bei beiden Sichtweisen – der Identitätsthese sowie der Supervenienzthese – kann nicht davon ausgegangen werden, dass es genuine biologische und physikalische Entitäten (Systeme, Zustände, Prozesse) gibt, die zueinander in Beziehung gestellt werden könnten. Eine solche Aufteilung der Welt nach der Einteilung der wissenschaftlichen Disziplinen ist nicht anzunehmen. Vielmehr kann man davon ausgehen, dass dieselbe Entität von unterschiedlichen Disziplinen – mit unterschiedlichem Passungsbereich – interpretiert und beschrieben werden kann. Dementsprechend wären die Etiketten ‚physikalisch', ‚biologisch', ‚chemisch' nicht auf bestimmte Entitäten anwendbar, sondern wären Charakterisierungsebenen von Entitäten:

> Thus, the distinction of biological from physical, chemical, and other kinds of items applies to individual things and events and to kinds or classes of things or events only ‚under a specific description', i. e., only in so far as they have been characterized by means of a terminological apparatus distinctive of a certain scientific discipline. Rather than of physical, chemical, biological, etc. phenomena, we should speak of physical, chemical, biological characterization of phenomena. A biological characterization would be one that contains essential occurrences of biological terms [. . .]. (Hempel 1969:181)

---

[70] An diesem Zitat ist ersichtlich, dass die Reduktionsthese nichtnur auf der Basis der Physik ausgesprochen wird, sondern dass diese auch auf die Chemie ausgeweitet wird. Unter dieser Sichtweise zählen zu den sogenannten ‚harten Wissenschaften' demnach auch die biologischen Disziplinen der Molekularbiologie und der Neurophysiologie, da diese ihre Erkenntnisse im Wesentlichen aus der Biochemie beziehen. Die Ausweitung des Physikalismus auf den Bereich der Chemie bzw. Biochemie wird hier hingenommen und nicht weiter hinterfragt.

[71] Der Begriff der Supervenienz wurde prominenterweise von Donald Davidson in der Philosophie des Geistes eingebracht, indem er behauptete, dass mentale Eigenschaften über physikalischen Eigenschaften supervenieren:

„Such supervenience might be taken to mean that there cannot be two events alike in all physical respects but differing in some mental respect, or that an object cannot alter in some mental respect without altering in some physical respect.“ (Davidson 1980:214)

Es sind also nicht die ‚Dinge in der Welt', die biologisch, physikalisch oder chemisch wären, sondern die ‚Dinge in der Welt' werden von den wissenschaftlichen Disziplinen mit ihren Mitteln – also mit der jeweiligen Terminologie und den jeweiligen Theorien – zu erfassen und zu erklären versucht. Eine Reduktion der Biologie auf die Physik geht also, in einer Abkehr von der ontologischen Sichtweise und sprachphilosophisch gewendet, eher von folgenden Annahmen aus:[72]

R1 Jeder biologische Prädikator kann über physikalische Prädikatoren definiert werden.
R2 Für jeden biologischen Prädikator gibt es einen koextensionalen Prädikator, der nur physikalische Ausdrücke enthält.
R3 Jedes biologische Gesetz kann aus rein physikalischen Gesetzen abgeleitet werden.

In dieser Art kann die Herangehensweise von Maturana und Varela interpretiert werde, denn sie gehen davon aus, dass die gesamte Biologie auf der Basis ihrer physikalistischen, d. h. mechanistisch-kybernetischen, Sichtweise ableitbar ist.

Diese Annahmen würden jemanden allerdings darauf verpflichten, dass jeder biologische Begriff – auch ein solcher, der vom heutigen Standpunkt aus obsolet wäre (z. B. der ‚elain vitale') – über physikalische Begriffe fassbar wäre. Und auch ist nicht davon auszugehen, dass biologische Begriffe mit den Termini verworfener physikalischer Theorien (z. B. der Äthertheorie) explizierbar wären. Die wissenschaftlichen Theorien, die hier in Betracht kommen, müssten also als solche qualifiziert werden, die aktuell als gültig bzw. akzeptiert qualifiziert werden. Das führt dazu, dass die Annahmen folgendermaßen umformuliert werden müssen (Hempel 1969:182):

R1* Jeder biologische Begriff einer aktuellen biologischen Theorie B kann über physikalische Begriffe der aktuellen physikalischen Theorie P definiert werden.
R2* Für jeden biologischen Prädikator der aktuellen biologischen Theorie B gibt es einen koextensionalen Prädikator, der nur die physikalischen Ausdrücke von P enthält.
R3* Jede aktuelle biologische Theorie ist reduzierbar auf eine aktuelle physikalische Theorie P.

Damit wäre die Reduzierbarkeit der biologischen Theorien zeitlich gebunden und könnte unter der Entwicklung oder Ablösung der Theorien prinzipiell wieder revidiert werden.

Legt man sich allerdings darauf fest, dass es nicht die aktuell gültigen (bzw. derzeit akzeptierten) Theorien sind, sondern die ‚wahren' Theorien, dann folgt dieses Dilemma:

> This formulation comes closer to the intuitive intent of the mechanistic view, but at the price of introducing serious obscurities. For the phrase ‚every true biological theory' must be understood to refer not only to theories actually formulated at one time or another in the past, present or future, but simply to any conceivable true biological theory, whether or not it is actually ever thought of and formulated; and this evidently is an extremely elusive idea. (ebd.:182)

---

[72] Die folgende Argumentation basiert auf Hempel (1969).

Nicht nur, dass man entscheiden müsste, welche der konkurrierenden biologischen oder physikalischen Theorien wahr sind – was in diesem Kontext eher eine korrespondenztheoretisch-realistische Lesart hätte –, man müsste sich zur Stützung des Physikalismus auch auf bislang noch nicht bekannte Theorien beziehen, was diese Position offensichtlich in eine äußerst spekulative Richtung bringt.

Aber gesetzt den Fall, dass nur die derzeitig gültigen biologischen Theorien bzw. Begriffe und die derzeit gültigen physikalischen Theorien bzw. Begriffe interessieren, und angenommen man könnte immer zwischen konkurrierenden Theorien der jeweiligen Disziplin entscheiden, dann stellt sich (‚for the sake of the argument') immer noch berechtigterweise die Frage der Reduzierbarkeit bzw. der Supervenienz.

Zu Beginn der Analyse wurde eine Stufenhierarchie vorgeschlagen, auf deren Basis eine Reduktion der Biologie auf die Physik für möglich gehalten wurde (Jede Gesellschaft besteht aus Individuen, die Individuen haben wiederum einen Geist, jedes Individuum ist lebendig, in jedem Individuum, das lebendig ist, laufen chemische Prozesse ab und schließlich ereignen sich in jedem System, in dem chemische Prozesse ablaufen, physikalische Prozesse). Die Reduktion der höheren Stufen auf die niedrigeren (oder auf die niedrigste) ist allerdings nur möglich, wenn zwischen den höherstufigen und den niedrigstufigeren Prädikatoren sogenannte Brückenprinzipien benannt werden können. Ein Beispiel hierfür wird von Carl G. Hempel geliefert:

> For example, the chemical analysis of photosynthesis and cellular respiration in plants permits a reduction of some uniform features of these phenomena to physicochemical laws. Such reduction makes use of connecting principles broadly to the effect that the plant cells involved in photosynthesis contain certain characteristic chemicals, including chlorophyll; that the latter is a mixture of two substances of such and such molecular structures; and so forth. To this information, principles of physics and chemistry can then be applied to the account for certain physicochemical processes that take place in the cells and for the production of energy by oxidation, which is the principal aspect of cellular respiration. (ebd.:188)

Ähnlich wie Hempel gehen Maturana und Varela vor, wenn sie Organismen als autopoietische Maschinen identifizieren. Sie reduzieren die Organismen auf deren physiko-chemische Basis. Während man zwar geneigt ist, die Reduktion von Photosynthese und Zellatmung als berechtigt anzunehmen, scheint die Reduktion der Lebewesen zumindest eine verkürzte Sichtweise zu sein. Und nicht nur die Reduktion des biologischen Terminus ‚Organismus' auf den der ‚autopoietischen Maschine' scheint fraglich; es ist auch die damit implizierte Behauptung zu hinterfragen, dass alle Phänomene der Biologie auf der Basis dieser Auffassung explizierbar wären.

Die Hempelschen Überlegungen zur Reduzierbarkeit von biologischen auf physikalische Gesetzmäßigkeiten[73] können – in Anlehnung an die Fodorsche Charakterisierung der reduktionistischen These – so aufgefasst werden: Ein biologisches Gesetz B kann über Brückenprinzipien (BP_1, BP_2), die die Prädikatoren der beiden

---

[73] In diesem Rahmen wird der Status von Gesetzen in Biologie und Physik nicht hinterfragt. In einer Lesart sind z. B. die Mendelschen Gesetze oder auch die Lotka-Volterra-Regeln (Regeln zur Beschreibung des Räuber-Beute-Verhaltens) gültige Gesetze.

Wissenschaften miteinander in Relation setzen, auf ein physikalisches Prinzip P rückgeführt werden (Fodor 1974:98):

$$\begin{array}{ll} B & (B_1x \rightarrow B_2x) \\ BP_1 & (B_1x \leftrightarrow P_1x) \\ BP_2 & (B_2x \leftrightarrow P_2x) \\ \hline P & (P_1x \rightarrow P_2x) \end{array}$$

Ein mögliches Brückenprinzip wäre nun das von Maturana und Varela formulierte Kriterium der Autopoiesis: Etwas ist genau dann ein Lebewesen, wenn es eine autopoietische Maschine ist. Wenn dieses Brückenprinzip wahr wäre, dann ist ein Grundstein für einen reduktiven mechanistischen Physikalismus gelegt.

Um diese Überlegungen weiterzuführen, sind noch einige Vorüberlegungen zu erläutern. Die Bedeutung von Prädikatoren in den Bereichen der Wissenschaften ist durch deren Einbettung in den jeweiligen Kontext festgelegt. Man kann zwei verschiedene Aspekte der Prädikatorenbedeutung annehmen: die Intension und die Extension des Prädikators (vgl. Carnap 1956). Während die Extension von Sätzen deren Wahrheitswert und von singulären Ausdrücken deren Referent ist, ist die Extension von Prädikatoren durch die Klasse von Entitäten bestimmt, auf die die Prädikatoren zutreffen (vgl. Chalmers 2002).

Die Intension von sprachlichen Entitäten reflektiert hingegen deren kognitive Signifikanz. Als Beispiel für die kognitive Signifikanz bei singulären Termen wird von David Chalmers die Fregesche Identitätsaussage ‚Hesperus ist Phosphorus' angeführt:

> [T]wo referring quexpressions ‚a' and ‚b' have different senses if and only if an identity statement ‚a = b' is cognitively significant. So ‚Hesperus' and ‚Phosphorus' have different senses, since ‚Hesperus is Phosphorus' is cognitively significant. ‚Hesperus is Hesperus' by contrast, is cognitively insignificant, and the two sides of the identity correspondingly have the same sense. (Chalmers 2002:138)

Bei Prädikatoren liegt dementsprechend genau dann ein unterschiedlicher Sinn vor, wenn die Aussage ox $(B_1x \leftrightarrow P_1x)$ kognitiv signifikant ist.

Die kognitive Signifikanz kann hier folgendermaßen verstanden werden:

> When two expressions are trivially equivalent, they will play almost the same role in reason and cognition, and will have the same sense. When two expressions are not trivially equivalent, they will play different roles in reason and cognition, and will have different senses. In this way, we can think of an expression's sense as capturing its cognitive significance, and as representing the „cognitive value" or „cognitive content" of the expression. (ebd.:139)

Die Rolle, die ein Ausdruck im Begründungs- und Kognitionskontext spielt und damit die Intension des Ausdrucks, kann als die relevante Bedingung zur Identifizierung der Extension eines Ausdrucks angesehen werden. Die Intension gibt also die Kriterien an, die notwendig sind, um die Ausdrucksextension identifizieren zu können (vgl. ebd.:139f.). Damit kann die Intension als Funktion von möglichen Welten (möglichen Beschreibungen der Welt) in Extensionen epistemisch aufgefasst werden. Es gibt eine Reihe von Beschreibungsmöglichkeiten der Welt, die alle mögliche Zustände der Welt sein können und von denen die Extensionen von Ausdrücken abhängig sind.[74] Die möglichen Weltbeschreibungen sind dabei begrenzt auf solche, die von einem gegebenen Startpunkt (dem lebensweltlichen Kontext) epistemisch möglich sind[75] und im wissenschaftlichen Bereich den Kriterien der Transsubjektivität und Universalität genügen.

Bei der Übersetzbarkeitsthese wird unterstellt, dass die Prädikatoren B_i und P_i aus zwei verschiedenen Sprachbereichen stammen – der biologischen und der physikalischen Sprache – und dass die Prädikatoren auf dieselbe Entität Bezug nehmen. Um zu klären, wie die Relation von biologischen und physikalischen Prädikatoren zu verstehen ist, ist einerseits das Verhältnis der Wissenschaften zueinander bzw. das Verständnis von Wissenschaft überhaupt (siehe hierzu Kap. 2) und andererseits das Verständnis von unterschiedlichen Sprachbereichen bzw. der darin vorkommenden Prädikatoren zu explizieren.

Die physikalische bzw. die biologische Sprache ist als Hochstilisierung der lebensweltlichen Sprache zu verstehen. Dabei generieren sich die beiden Wissenschaften aus dem lebensweltlichen Umgang mit leblosen und belebten Entitäten.[76] Die Unterscheidung ob eine Entität als belebt oder unbelebt aufgefasst wird, wird quasi vorwissenschaftlich getroffen. Es ist nicht anzunehmen, dass sich aus dem Prozess der Hochstilisierung der lebensweltlichen Praxen ein Sprachendualismus von biologischer und physikalischer Sprache ausbildet. Eine scharfe Trennung zwischen biologischer und physikalischer Sprache kann daher nicht angenommen werden. Es ist vielmehr eine Gemengelage zu erwarten, in der in manchen Bereichen der beiden Wissenschaften eine gemeinsame Sprache Verwendung findet – oder zumindest ineinander übersetzbare Sprachen vorliegen –, in anderen Bereichen hingegen nicht.

Es können nun folgende Relationen der Prädikatoren der Brückenprinzipien vorliegen:

a) Intension B = Intension P mit Extension B = Extension P
b) Intension B $\neq$ Intension P mit Extension B = Extension P
c) Intension B $\neq$ Intension P mit Extension B $\neq$ Extension P

Im Fall (a) der intensionalen Identität kann man auch von Analytizität sprechen. Zwei Prädikatoren sind genau dann intensional identisch, wenn sie in allen epistemischen Szenarien (Weltbeschreibungen) dieselbe Extension besitzen.[77] Ein bekanntes

---

[74] Mögliche Welten werden hier im Sinne von Nelson Goodman auch als mögliche Beschreibungsweisen einer Welt verstanden:

„Wenn es nur eine Welt gibt, umfasst sie eine Vielfalt kontrastierender Aspekte; wenn es viele Welten gibt, ist ihre Zusammenfassung eine. Die eine Welt kann als viele oder die vielen können als eine aufgefasst werden; ob eine oder viele, das hängt von der Auffassungsweise ab." (Goodman 1990:14)

[75] Zur Unterscheidung von metaphysischer und epistemischer Möglichlichkeit vgl. Chalmers (2002); ders. (2011).

[76] Wobei der Physik die Möglichkeit bleibt, die belebten Entitäten als leblose Entitäten aufzufassen, indem die Eigenschaft der Belebtheit bei der Explikation von Sachverhalten ausgeklammert wird.

[77] David Chalmers spricht im Fall der intensionalen Identität von verschiedenen Szenarien (vgl. Chalmers 2002).

Beispiel für einen solchen Fall sind die Prädikatoren ‚ist ein Junggeselle' und ‚ist ein unverheirateter junger Mann'. Ein reduktiver Physikalismus geht von einer solchen Form der Identitätsbeziehung zwischen biologischen und physikalischen Prädikatoren aus. In beiden möglichen Beschreibungen der Welt – der biologischen und der physikalischen – liefern die Prädikatoren B und P die gleichen Identifizierungskriterien für die entsprechende Klasse von Entitäten.

Ein solcher Fall liegt vor, wenn die Beschreibungsweisen der Wissenschaften mit dem gleichen (oder zumindest einem sehr ähnlichen) Modell arbeiten. So können diejenigen Bereiche der Biologie, die mit einem mechanistisch-kybernetischen Modell arbeiten, wie es z. B. die Molekularbiologie verwendet, durchaus zu einem großen Teil in die physiko-chemische Sprache übersetzt werden. Die Prädikatoren B und P werden also dann intensional identisch sein, wenn sie im selben Kontext Verwendung finden. Wenn man z. B. erklären will, was genau eine Zelle ist, dann wird man diese ganz über das mechanistisch-kybernetische Modell beschreiben.[78] Die Feinkörnigkeit der Analyse ist dabei vom jeweiligen explanatorischen Interesse diktiert. Wenn man die Photosynthese erklären will, dann rekurriert man auf die Lichtkomplexe, die Photosysteme etc. Über die Brückenprädikatoren wird also, vor dem Hintergrund desselben Modells, extensional dieselbe Klasse von Gegenständen bestimmt.

Allerdings sind nicht alle Aspekte von Lebewesen allein auf der Grundlage dieses Modells zufriedenstellend erfassbar – insbesondere die der Ethologie. Dies spricht dafür, dass das Verhältnis der Prädikatoren ‚ist ein Lebewesen' und ‚ist eine autopoietische Maschine' nicht das der intensionalen Identität ist, sondern entweder in dem unter Punkt b) – intensional verschieden, bei extensionaler Gleichheit – oder c) – intensional wie auch extensional verschieden – charakterisierten Verhältnis zu suchen ist.

Ein prominentes Beispiel für intensionale Ungleichheit und extensionale Übereinstimmung stellen die Nominatoren ‚Hesperus' und ‚Phosphorus' dar. Hier sind die Identifizierungskriterien der Extension unterschiedlich, denn die Identifizierung ist hier zeitlich gebunden: Es wird zum einen der hellste Stern am Morgenhimmel und zum anderen der hellste Stern am Abendhimmel benannt. Trotz dieser unterschiedlichen Identifizierungsanleitungen wird dennoch derselbe Gegenstand – der Planet Venus – identifiziert.

Übertragen auf den Fall von Prädikatoren sind dann bei intensionaler Verschiedenheit die bezeichneten Klassen von Entitäten dieselben. Verlässt man den Kontext der Mechanik und betrachtet das Verhältnis der Prädikatoren ‚ist ein Lebewesen' des lebensweltlichen Kontexts und ‚ist eine autopoietische Maschine' des physikalischen Kontexts, so werden hier unterschiedliche Identifizierungskriterien benötigt.

Wenn man den übergreifenden Ansatz von Maturana und Varela wählt, die die autopoietischen Maschinen allein auf der Basis der Organisationsform definieren, dann sind die Prädikatoren in einem Verhältnis wie unter Punkt c) aufzufassen. Der

[78] Hier wird in der naturwissenschaftlichen Gemeinschaft hinsichtlich des intraorganismischen Aufbaus und des Funktionierens kein Dissens herrschen. Das Verständnis von Anatomie und Physiologie ist von dem mechanistisch-kybernetischen Modell gänzlich geprägt.

lebensweltliche Prädikator ‚ist ein Lebewesen' umfasst nur solche Entitäten, die neben der Fähigkeit zur Autopoiesis auch noch die entsprechende materiale Basis aufweisen.[79] Der autopoietische Prädikator ‚ist ein Lebewesen' hingegen umfasst eine Menge von Gegenständen, die über diejenigen mit organischer Basis hinausgeht. Sowohl die Identifizierungskriterien als auch die Extensionen unterscheiden sich voneinander.

Wenn man allerdings die gemäßigte Interpretation von Kap. 3.2.2.3 unterlegt, dass Lebewesen diejenigen Entitäten sind, die die Fähigkeit der Autopoiesis besitzen und auch die entsprechende materiale Basis aufweisen, dann sind die Prädikatoren in dem Verhältnis, wie es unter Fall b) beschrieben ist, aufzufassen. Sie sind *intensional verschieden, bei extensionaler Gleichheit*. Mit dem Modell der autopoietischen Maschine kann man zwar einen wichtigen Aspekt von Lebewesen beschreiben, aber es bleibt ein Aspekt unter einem Gesamtspektrum von Merkmalen von Lebewesen. Jedes Lebewesen kann zwar als ein physikalischer Gegenstand aufgefasst werden, jedoch gibt es verschiedene Realisierungsmöglichkeiten von Merkmalen auf der physikalischen Basis und zudem ist der physikalische Kontext nicht der einzig mögliche Kontext, in dem der Begriff des Lebewesens Verwendung findet.

Davon auszugehen, dass die Eigenschaften eines Lebewesens nur auf der Basis der Autopoiesis zu erklären sind, ist in einem Sinn trivial, im anderen Sinn aber problematisch. Die Trivialität liegt darin, dass ohne eine entsprechende Organisationsform der jeweilige Gegenstand nicht als lebendig ausgezeichnet werden und daher auch nicht das entsprechende Merkmal eines Lebewesens aufweisen könnte. Maturana und Varela gehen aber davon aus, dass auf der Basis der Autopoiesis alle Phänomene der Biologie erklärbar wären. Allerdings sind Lebewesen nicht nur mechanistisch-kybernetisch beschreibbar, sondern der Ausdruck ‚Lebewesen' findet auch in Beschreibungskontexten Verwendung, in denen das Prinzip der Finalität eine Rolle spielt. Dies ist in all den Kontexten relevant, in denen das kausale Modell nicht mehr adäquat erscheint, wie z. B. zur Erklärung von Verhalten von sogenannten ‚höheren Lebewesen', die dem Menschen hinreichend ähnlich sind, um ein diesen ähnelndes Verhalten zu postulieren.

Und auch wenn man bei der Maschinenmetapher bleibt, so ist festzuhalten, „dass in jede Minimalbeschreibung des Maschinalen zwei Merkmalskomplexe eingehen müssen: der kausalmechanische und der funktional-finalistische." (Keil 1993:301) Der technisch-herstellende Aspekt – also der Zweck, zu dem die Maschine gebaut wurde – ist aus einer vollständigen Beschreibung von Maschinen quasi nicht zu tilgen. Diese kann aber nicht in den Maschinen selbst liegen, sondern ist bei physikalischen Maschinen in ihrer geplanten Verwendungsweise begründet. Der Bau von Maschinen, um etwas bewerkstelligen zu können, kann nur in Analogie auf Lebewesen übertragen werden und hier ist ein kantisches ‚als-ob' bei der Erklärung nicht auszuklammern (vgl. Kap. 3.3.4).

Die Eigenschaften, die den autopoietischen Maschinen zugeschrieben wurden (Autonomie, beobachterunabhängige Identität und Geschlossenheit, kein Input und

[79] Es wird hier davon ausgegangen, dass der Skopus des lebensweltlichen und des biologischen Prädikators weitestgehend übereinstimmt.

kein Output) sind schon entgegen der Auffassung von Maturana und Varela jeweils teleologisch verfasst. Die Identität – und damit auch die Autonomie – sowie die Spezifikation der Grenzen von lebenden System wird nicht aus diesen selbst heraus ‚produziert'. Und auch die Ausklammerung von Input und Output ist ebenfalls auf die besondere Fokussierung der Autopoiesis, bei der Analyse von Lebewesen, zurückzuführen. Die hervorgehobenen Eigenschaften sind daher als interpretative Leistung der Wissenschaftler aufzufassen, die bei der Explikation den Fokus auf die Aufrechterhaltung der Organisation legen.

In der Zuschreibung von Funktionen – und dazu gehört auch die selbstbezügliche Aufrechterhaltung der Organisation – wird eine finalistische Sichtweise, sei es in Hinblick auf den ganzen Organismus im Kontext seiner Umwelt oder aber auch seiner Teile im Kontext zum Ganzen, notwendig. Jede Erklärung auf der Basis eines ‚um zu' unterstellt die Zuschreibung einer bestimmten Funktion, die nicht allein aus der Organisation heraus erklärt werden kann.

Der Sichtweise von Maturana und Varela wird in dieser Arbeit die Position der Teleologie als anthropomorphe Projektion entgegen gesetzt (siehe Kap. 3.3.4). Die Teleologie ist nicht den Lebewesen inhärent und kann daher auch nicht auf der Basis der Autopoiesis abgeleitet werden. Sie ist vielmehr eine Interpretationsleistung. Geert Keil schreibt zur Thematik der Maschinenmetapher:

> Der Konstrukteur ist nicht ohne Inkonsistenz aus dem Maschinenbegriff wegzudenken, denn eine Maschine ist ohne ihr Telos, ohne ihre Funktion unvollständig beschrieben. So entsteht eine Dialektik von Autonomie und Heteronomie, von Selbstorganisation und Konstruiertsein, die der Proponent der Maschinenmetapher nicht einfach ignorieren kann. (Keil 1993:303)

Schon allein die Auswahl des Zustands, der durch die autopoietische Maschine aufrechterhalten wird, wird nur durch die Interpretation der Verhältnisse durch den beobachtenden Wissenschaftler getroffen. Verliert man diese teleologischen Implikationen aus dem Blick, so hat man nur ein sehr verkürztes Verständnis von Lebewesen.

Den vorhergehenden Überlegungen zufolge ist das Brückenprinzip ‚etwas ist genau dann ein Lebewesen, wenn es eine autopoietische Maschine ist' nicht haltbar und ein reduktiver (mechanistischer) Physikalismus kann abgewiesen werden. Hingegen wird die Autopoiesis als eine Abstraktionsmöglichkeit, auf der Ebene der Organisation von physischen Entitäten, angesehen.

3.2.2.5 Kritik des systemtheoretischen Begriffs der ‚Ganzheit'

Der systemtheoretisch-organismische Ansatz zollt der Tatsache Tribut, dass komplexe Vorgänge in Lebewesen naturwissenschaftlich nicht durch einfache, lineare Kausalketten darstellbar sind. Sie werden hingegen als ‚netzartig-kausal' strukturiert betrachtet. Als wesentliches Merkmal gilt, dass diese Organisationsstruktur nicht durch die Angabe der Teile mit ihren spezifischen Eigenschaften spezifiziert werden kann, sondern in ihrer Komplexität erfasst werden muss. In diesem Zusammenhang wird dann oft auf den Slogan ‚das Ganze ist mehr als die Summe der Teile' verwiesen. Der systemtheoretische Ansatz soll also einen Zugang zu diesen Ganzheiten ermöglichen, der sich offensichtlich nicht durch einen additiven Ansatz ergibt. Es werden also nicht die Eigenschaften der einzelnen Teile, sondern die Interdependenzbeziehungen der Teile untereinander und deren Zusammenwirken im Ganzen betrachtet. In diesem Zusammenhang ist es erforderlich sich zu vergegenwärtigen, wie der Begriff der organismischen Ganzheit konzipiert ist.

Zur Erinnerung ist noch einmal zu erwähnen, dass im systemtheoretischen Ansatz angenommen wird, dass Organismen einen bestimmten Platz in der Stufenleiter der Organisation der Realität einnehmen. Ein Organismus wird als ein „Supersystem in Bezug auf seine Moleküle, Zellen, Gewebe und Organe, (und als) ein Subsystem gegenüber der Population, der Biocönose und der gesamten Biosphäre, in die er integriert ist" (Wuketits 1979:74) aufgefasst. Die organismische Ganzheit ist damit das System des Organismus, der verschiedenen Systemen untergeordnet und anderen übergeordnet ist. Als Ganzheit hat der Organismus emergente Eigenschaften, die durch seine ‚Komponenten' zwar bedingt, aber nicht vollständig erklärt werden können. Er ist aber auch interdependent mit den darüberliegenden Organisationsstufen verbunden. Es kann also keine Element-Klasse-Beziehung sein, die zwischen den verschiedenen Systemen besteht, denn sonst müsste die Klasse vollständig über ihre Elemente bestimmt werden können. Es wird also angenommen, dass Organismen notwendigerweise Teile von darüberliegenden Ganzheiten sind und notwendigerweise als Ganzheit gegenüber anderen Teilen fungieren. Dies könnte – mit $\subseteq$ rückwärts gelesen als ‚besteht notwendig aus' – folgendermaßen aufgefasst werden:

1. Molekül $\subseteq$ Zelle $\subseteq$ Gewebe $\subseteq$ Organ $\subseteq$ Organismus $\subseteq$ Population $\subseteq$ Biocönose $\subseteq$ Biosphäre $\subseteq$ Kosmos (?)

Aber genauso gut könnte diese Hierarchie der $\subseteq$-Beziehungen aufgestellt werden:

2. Gen $\subseteq$ Chromosom $\subseteq$ Organismus $\subseteq$ Dem $\subseteq$ Spezies $\subseteq$ Monophyletisches Taxon[80]

Während (1.) eher unter ökologischen Aspekten aufgestellt wird, kann (2.) eher für genealogische Fragestellungen herangezogen werden. Wenn nun, wie postuliert wurde, die Teile nur in ihrem Bezug zum Ganzen interpretierbar sind, das Ganze aber bedingt durch seine Teile bestimmte emergente Eigenschaften erhält, dann werden je nach unterlegter Hierarchie unterschiedliche Schwerpunkte gesetzt, um eine bestimmte emergente Eigenschaft erklären zu können. Es ist daher notwendig, sich bezüglich einer bestimmten Fragestellung auf eine Hierarchie festzulegen und damit unterliegt die Wahl der Hierarchie der Zweck-Mittel-Rationalität. Für jede Fragestellung ist es notwendig, eine Entscheidung bzgl. der Hierarchiestufen, von denen man ausgeht, zu treffen. Den oben vorgestellten Hierarchien zufolge könnte die Frage, was ein Organismus ist, z. B. einmal von der Stufe der Spezies aus und ein

[80] Genealogische Hierarchie nach Niles Eldredge (1985), zitiert nach Gutmann und Neumann-Held (2000:287).

anderes Mal von der Stufe der Biocönose aus beantwortet werden. Man wird hier zu unterschiedlichen Antworten gelangen.[81]

Die Kategorie der Ganzheit ist also als eine „vom Menschen der Realität entgegen getragene Deutungskategorie“ (2005:396) aufzufassen, die sich durch eine der jeweiligen Fragestellung entsprechende „Zergliederung (Analyse) und kontrollierte Zusammensetzung (Synthese)“ (A. a. O.) verdankt. Sie wird nicht vorgefunden, sondern ist jeweilig schon konstruiert.

Der Terminus System ist als perspektivischer Begriff zu verstehen, da nicht jeder Gegenstand ein System ist, sondern „fast jeder Gegenstand als solches analysiert werden kann und unter einem bestimmten Ansatz *als System interpretiert werden* [kann].“ (Lenk 1980) Das heißt, dass verschiedene Systemkonzeptionen

> darin überein [kommen], dass jede Gegebenheit (bei entsprechender Reichhaltigkeit der unterlegten Sprache) als System betrachtet werden kann. Diese sowohl bezüglich der Elemente wie bezüglich der Relation bestehende Offenheit macht die Systemkonzepte der Systemtheorie zu perspektivischen Begriffen. (Siegwart 2004b:191)

Wenn die unterlegte Hierarchie konstruiert und der Fragestellung entsprechend festgelegt wurde, von welcher Hierarchiestufe aus eine Analyse vorgenommen werden soll, dann ist es möglich, für die ausgewählte Fragestellung, entgegen dem Diktum ‚das Ganze ist mehr als die Summe der Teile‘, das Ganze sehr wohl durch die Summe seiner Teile erschöpfend zu beschreiben und zu erklären. Dass dies als unmöglich empfunden wird, liegt an einem verkürztem Begriff der ‚Summe‘. Der Begriff der ‚Summe‘ ist nur im Bereich der Zahlen genau festgelegt, in anderen Bereichen ist er nicht eindeutig und bedarf einer Definition (vgl. Schlick 1970:215) Wenn hier nur Elemente ‚addiert‘ werden, dann ist eine unzureichende Erklärung des Ganzen von vornherein vorprogrammiert. Werden aber nicht nur die Elemente, sondern auch die interdependenten Eigenschaften bei der ‚Addition‘ berücksichtigt, dann kann das Ganze durch die Summe seiner Teile beschrieben werden.

Für eine solche Analyse ist essentiell, dass ausgewählt wird, was als Ganzheit und was als Teile betrachtet werden soll. Diese Auswahl unterliegt hingegen nicht einer Schau der Realität, sondern ist abhängig vom jeweiligen theoretischen Hintergrund. Ernest Nagel macht in dieser Hinsicht folgenden Explikationsvorschlag für ein erweitertes Verständnis der ‚Summe‘ von Teilen:

> Angenommen, T sei eine Theorie, die im allgemeinen imstande ist, das Vorkommen und die Interdependenzmodi einer Menge von P_1, P_2, ... P_k zu erklären. Oder spezifischer: Angenommen es sei bekannt, daß wenn ein oder mehrere Individuen, die zu einer Menge K von Individuen gehören, in einem Milieu E_1 vorkommen und zueinander in irgendeiner Beziehung stehen, die wiederum zu einer Klasse von Beziehungen R_1 gehört, die Theorie T

[81] John Dupré macht noch auf einen anderen Aspekt aufmerksam, bei dem es darum geht, dass man unter Annahme einer hierarchischen Dependenzpenziehung ein Abgrenzungsproblem bekommt:

„So an adequate model of, say, a cell must at least be rich enough to include the mutual determination of properties of objects at different structural levels. If this is true, it may seem to imply that there can be no stopping place short of the entire biosphere. If cells have properties partially determined by, at least, the organism of which they are part, then everything mutually determines everything else. [...] What these points do indicate is the importance of deciding what is a sufficiently isolated system to be a plausible target for modelling [...].“ (Dupré 2008:50)

> das Verhalten eines solchen Systems im Hinblick auf seine Manifestation einiger oder aller Eigenschaften P erklären kann. Nun nehmen wir an, daß einige oder alle der zu K gehörenden Individuen in einem von E_1 verschiedenen Milieu E_2 einen von R_1 verschiedenen Beziehungskomplex R_2 bilden und daß das System bestimmte Verhaltensweisen an den Tag legt, die in einer Menge von Gesetzen L formuliert sind. Dann lassen sich zwei Fälle unterscheiden: aus T lassen sich in Verbindung mit Aussagen über die Organisation der Individuen in R_2 die Gesetze L deduzieren; und – zweitens – nicht alle Gesetze L können auf diese Weise deduziert werden. Im ersten Falle kann man das Verhalten des Systems R_2 als die „Summe" der Verhaltensweisen seiner komponenten Individuen bezeichnen; im zweiten Falle stellt das Verhalten von R_2 *nicht* eine solche Summe dar. (Nagel 1970:234)

Damit kann man sagen:

> If this interpretation of ‚sum' is adopted for the indicated contexts of its usage, it follows that the distinction between wholes which are sums of their parts and those which are not is relative to some assumed theory T in terms of which the analysis of a system is undertaken. (Nagel 1952:26)

Wenn nun eine solche Theorie nicht zur Verfügung steht, dann hat man es mit emergenten Eigenschaften zu tun, die (bislang noch) nicht über die vorliegenden Informationen und Gesetzmäßigkeiten erklärbar sind. Liegt allerdings eine solche Theorie vor, so kann man das bestimmte Verhalten von Systemen darüber ableiten. Im Falle des systemtheoretischen Ansatzes geschieht dies über die Kybernetik. Während von Bertalanffy allerdings noch auf die Unterschiede bzw. Limitierungen von kybernetischen Modellen hinsichtlich der Erklärung von Phänomenen des Lebendigen hinweist (wer ist der Konstrukteur und wie erfolgt die Regulation?) (vgl. von Bertalanffy 1971:146–148) und sie als heuristische Idee betrachtet, wird später von Vertretern eines radikalen Konstruktivismus eine Abbildrelation angenommen.

Das kybernetische Erklärungsschema macht zwar die Annahme von metaphysischen Entitäten wie der Seele oder der Entelechie überflüssig, diskreditiert aber nicht andere erklärende Ansätze. Die Übertragung von technischen Modellen auf natürliche Systeme macht die Erklärung verschiedener Phänomene, wie die der Äquifinalität, möglich, ist aber immer in Zusammenhang einer Mittel-Zweck-Relation zu sehen. Es kann keine Abbildung der natürlichen Funktionen über die kybernetischen Modelle angenommen werden. Die angenommene Isomorphie zwischen Maschinen und Organismen führt dazu, dass beide als zur selben Gegenstandsklasse gehörig gedacht werden.[82] Die Organisationsweise und Funktionsweise menschlicher Artefakte kann hier aber letztlich nur als heuristische Idee zur Erklärung von Phänomenen des Lebendigen herangezogen werden. Gemäß dem Slogan „Maschinen sind Modelle für Organismen, nicht aber von Organismen!" (Janich und Weingarten 1999:135) muss unterschieden werden zwischen einem ‚Modell von etwas' und einem ‚Modell für etwas'.

---

[82] Der Begriff der Isomorphie ist erst dann nützlich, wenn die Strukturen und Relationen, die zwischen zwei Entitäten korrespondieren, genau spezifiziert werden (vgl. van Fraassen 2002:22f.).

3.2.3 *Metaphysischer Holismus*

Während der systemtheoretische Holismus mit seinem kybernetischen Ansatz ein mechanistisches Erklärungsmuster zugrunde gelegt hat und sowohl ‚top-down'- als auch ‚bottom-up'-Analysen zulässt, lehnt der metaphysisch-ontologische Holismus den Mechanismus ab und plädiert für einen Primat der ‚top-down' Analyse. Prominenter Vertreter dieser Richtung ist der Biologe Adolf Meyer-Abich. In Ablehnung der alleinigen Erklärungsansprüche von pluralistisch-dualistischen (Vitalismus) und monistisch-mechanistischen Auffassungen postuliert er einen Holismus, der sich, in Anlehnung an Hegel, als Synthese aus den dialektischen Antithesen von Vitalismus und Mechanismus ergibt (vgl. Meyer-Abich 1963:28).

Er fasst die Wirklichkeit als universalen lebenden Organismus auf, dessen Organe die verschiedenen Bereiche der Wirklichkeit (das Räumliche, das Mechanische, das Makro- und Mikrophysische, das Organische, das Psychische, das Soziale und das Historische) sind (vgl. Meyer-Abich 1940:103).[83] Die Bereiche der Wirklichkeit werden durch das Hinzutreten von sogenannten Urphänomenen voneinander abgegrenzt. So ist das Räumliche nur durch das Urphänomen des Raumes gekennzeichnet, das Mikrophysische aber schon durch Raum, Zeit, Energie, und Quanten. Das Organische ist durch das Hinzutreten des Urphänomens der Entelechie gegenüber dem Mikrophysischen ausgezeichnet (vgl. Meyer-Abich 1940:94) Das Hinzutreten sogenannter Urphänomene ist dabei nicht additiv zu verstehen, sondern als Synthese „zu jeweils neuen und originalen Ganzheiten." (ebd.:94) Den unterschiedlichen Bereichen der Wirklichkeit korrespondieren dann die Wissenschaften: Geometrie, Mechanik, Makrophysik, Mikrophysik, Biologie, Psychologie, Soziologie und Historie.[84]

Die Kriterien, die Adolf Meyer-Abich angibt, damit etwas (und damit auch ein Lebewesen) als ein Holismus[85] gelten kann, sind:

- das Ehrenfels-Kriterium: „Jede Ganzheit ist immer mehr als die Summe ihrer Teile!" (Meyer-Abich 1955:88) und das sogenannte
- ‚Kompensationsprinzip' nach Goethe: „[. . .] dass keinem Teil etwas zugelegt werden könne, ohne dass einem andern dagegen etwas abgezogen werde und umgekehrt." (ebd.:95)

Das Ehrenfels-Kriterium wird im Falle der Organismen – nach A. Meyer-Abich – im Gegensatz zu Maschinen erfüllt. Maschinen werden nach Meyer-Abich in Teile ge-

---

[83] Eine Theorie, die diesen Gedanken auf andere Weise weiter spinnt, ist die Gaia-Theorie von Lovelock (1992).

[84] A. Meyer-Abich nimmt an, dass die Bereiche und damit auch die Wissenschaften nicht aufeinander reduziert werden können, sondern dass jeder dieser Bereiche die ihm eigentümlichen Prinzipien aufweist und jeweils in der darüberliegenden Stufe ‚ganzheitlich' aufgehoben ist. Die Schwierigkeit der Systemtheorie, Brückenprinzipien zwischen verschiedenen wissenschaftlichen Disziplinen angeben zu können, ist nach Meyer-Abich durch den Holismus aufgelöst. A. Meyer-Abich nennt dieses Prinzip, nach welchem die niedrigstufigeren Bereiche aus den höheren abgeleitet werden können, das Prinzip der holistischen Simplifikation.

[85] Eigentlich müsste hier von einem Holon gesprochen werden, es wird aber der Verbalisierung Meyer-Abichs gefolgt.

teilt, ein Holismus hingegen gliedert sich in Glieder, die selber Holismen sind – also dadurch ausgezeichnet sind, mehr zu sein als die Summe der physiko-chemischen Teile.[86] Die zergliederten Ganzheiten werden von Meyer-Abich Holholismen genannt, die Glieder einer zergliederten Ganzheit als Synholismen. Er formuliert in Hinsicht auf das Ehrenfels-Kriterium folgende Thesen:

1. Jedes organismische Gebilde ist ein Holismus.
2. Jeder Holismus gliedert sich in Gliedholismen und ist immer zugleich Holholismus und Synholismus; Synholismus für den ihm nächstübergeordneten Holismus und Holholismus für die eigenen ein- und untergeordneten Synholismen.
3. Holismen sind somit relative und korrelative Begriffe.
4. Jeder Holismus besitzt als solcher mehr Qualitäten als die Summe der Sonderqualitäten seiner Synholismen ergibt, und jeder Synholismus ist als möglicher Holholismus qualitätsreicher, als die Summe jener Qualitäten ausmacht, mit der er an seinem übergeordneten Holismus als Synholismus beteiligt ist. (Meyer-Abich 1955:97)

Die Qualitäten, die ein Holismus gegenüber seinen Gliedern mehr besitzt, bezeichnet Meyer-Abich als ‚Ergien', was ein Neologismus an Stelle des aristotelischen Energiebegriffs ist, und schlägt damit einen Bogen zu Hans Drieschs ‚Entelechie' wie auch zur aristotelischen Metaphysik (vgl. Meyer-Abich 1946:366).

Durch diese Spezifikation ist seine Version des Kompensationsprinzips formulierbar:

1. Jeder Holismus verfügt über eigentümliche Ergien, welche entweder holholistisch oder vorwiegend synholistisch sich äussern und ebenso in ihrer Gesamtmenge begrenzt wie in ihrer Wirkungsweise spezifiziert sind.
2. Die Wirkungsweise der Ergien eines Holismus ist eine komplementäre, sie tritt als ein jedesmal spezifischer Bauplan und Funktionsplan in die Erscheinung. Da Bauplan und Funktionsplan komplementäre Erscheinungsweisen derselben Ergien sind, so können sich Bauplancharaktere in Funktionsplancharaktere verwandeln und umgekehrt, aber immer nur so, dass auch der neu entstandene Holismus zugleich Bau- und Funktionsplan ist, wenn auch in einem dem früheren Holismus gegenüber neuem komplementären und spezifischen Gefüge.
3. Die Ergien eines Holismus lassen sich also miteinander kompensieren, aber immer nur so, dass er als Ganzheit lebensfähig und der Gesamtbetrag seiner Ergien konstant bleibt. (Meyer-Abich 1955:98)

Da nun Organismen als Synholismen in die Biosphäre eingegliedert sind, kann Meyer-Abich unter diesen Thesen davon ausgehen, dass die Biosphäre somit kein zufällig zusammengeronnener Haufen von lebendiger Substanz, sondern ein in

[86] Er gibt hier als Beispiel die Zelle, die auch wenn sie aus dem Gewebeverband herausgelöst wird, unter geeigneten Bedingungen (*in vitro*) weiter leben kann. In einem bestimmten Sinne müsste aber auch die Maschine als Holismus aufzufassen sein, denn wenn eine Maschine in ihre funktionalen Bestandteile zerlegt wird, dann sind diese Teile auch in Bezug auf die ganze Maschine mehr als die Summe ihrer physiko-chemischen Teile – qualifiziert durch die bestimmte Funktion, die sie im Ganzen übernehmen.

sich zusammenhängendes aktivlebendiges Ganzes darstellt, das als ‚universalster Holholismus' der Kompensation befähigt ist. (vgl. ebd.:99)

Während der systemtheoretisch-organismische Ansatz unter heuristischen Aspekten durchaus seine Berechtigung hat, ist der metaphysische Holismus auf allen Ebenen hoch spekulativ und mit hohen Beweislasten konfrontiert. Sowohl die Ordnung der Wirklichkeit anhand von wissenschaftlichen Disziplinen als auch die postulierte eigene Kausalität der Biologie sowie die kriterielle Bestimmung von Holismen ist hochgradig fragwürdig und wird im Folgenden kritisiert.

3.2.3.1 Kritik der metaphysischen Holismus-Kriterien

Das Ehrenfelskriterium wurde bereits in der Analyse des systemtheoretischen Ansatzes als harmlos ausgewiesen, indem gezeigt wurde, dass der Unterschied, der zwischen der ‚Ganzheit' und der ‚Summe der Teile' gemacht wurde, auf einen verkürztes Verständnis der ‚Summe' zurückzuführen ist (siehe Kap. 3.2.2.5). Werden in die Definition des Begriffs der Summe die Relationen der Teile untereinander mit eingespeist, kann entgegen dem holistischen Slogan gesagt werden, dass das Ganze sehr wohl als Summe seiner Teile aufgefasst werden kann. Wenn bestimmte Eigenschaften – als sogenannte emergente Eigenschaften – über diese Strategie nicht erklärbar sind, dann ist genau das Anreiz für weitere Forschungsfragen, die aber gerade zum Ziel haben, entweder ‚neue' Teile des Ganzen oder ‚neue' Relationen unter den Teilen zu identifizieren.[87]

Die von Meyer-Abich vorgeschlagene Konzeption des Holholimus und der Synholismen innerhalb eines Organismus kann, benevolent gelesen, als eine mereologische Beziehung gelesen werden, bei der einfach nur angegeben wird, was sinnvoll als Teil eines Ganzen ausgezeichnet werden kann. Diskreditiert wird der Ansatz durch die starken metaphysischen Prämissen, die in ihn eingehen. Eine Ergie einzuführen, die die spezifische Qualität eines Hol- oder Synholismus ausmacht, ist als ein *obscurum per obscurius* aufzufassen. So kann einerseits die spezifische Ergie eher als diejenige Eigenschaft ausgemacht werden, die noch unter (physiko-chemischen) Forschungsbedarf gestellt ist oder aber als genuin biologische Qualität, deren Erklärung nicht auf physiko-chemische Elemente angewiesen ist. Das legitimiert aber keinesfalls einen Übergang zum Kompensationsprinzip.

Das Kompensationskriterium ist nicht haltbar. Das Kompensationsprinzip ist ein Grundgedanke der idealistischen Morphologie.[88] Es geht auf Elemente der aristotelischen Naturphilosophie zurück, wurde von Goethe wieder aufgenommen und von

---

[87] Auf dies Art und Weise wäre z. B. die ‚Entdeckung' der Gene rekonstruierbar (vgl. Bünning 1952:519).

[88] Die idealistische Morphologie geht davon aus, dass alle Lebewesen nach einem ‚Urbild' geformt sind und auf bestimmte Archetypen zurückgeführt werden können. Sie erklärt die Form von Lebewesen als Produkt einer zugrundeliegenden Essenz oder eines zugrundeliegenden Archetypus. Vgl. Kap. 3.2.4.

Geoffrey St. Hilaire als ‚Loi de balancement' ausgearbeitet (vgl. Mayr 2002:365).[89] Nach A. Meyer-Abich ist die gesamte Biosphäre, als ‚aktiver Holholismus', dem Kompensationsprinzip unterworfen. Die absurde Konsequenz ist die Annahme von phylogenetischen Kompensationen. A. Meyer-Abich geht so zum Beispiel davon aus, dass das Aussterben der Dinosaurier und das Aufkommen der Säugetiere nicht nur zeitlich, sondern auch kausal zusammen hängen:

> Ein weiteres Beispiel [...] ist die phylogenetische Kompensation der Saurier durch die Säuger während des Erdmittelalters. Es scheint hier innerhalb des Stammes der Wirbeltiere streng nach der Regel von Vernadsky (1930) zu gehen, der zufolge die Gesamtmenge der organismischen Substanz auf der Erde durch alle geologischen Epochen hindurch die gleiche geblieben ist. Demgemäß muß das Aufkommen und die riesige Ausbreitung der Säuger, die ja auch eine gewaltige Substanzvermehrung der Säugermasse auf der Erde bedeutet, phylogenetisch kompensiert werden, und das ist durch das Aussterben der Saurier ganz offensichtlich geschehen. (Meyer-Abich 1963:235)

Auch geht Meyer-Abich davon aus, dass durch das Aufkommen von mehrzelligen Lebewesen proportional viele Arten der Protisten verschwunden sind. Diese Überlegungen legen nahe, dass Meyer-Abich von einer ordnenden Entität ausgeht, die dafür sorgt, dass Änderungen immer kompensiert werden. Diese Entität wird als die Biosphäre[90] selber identifiziert:

> Die Biosphäre als solche ist kein bloß summarischer Mischmasch der gesamten organismischen Substanz auf der Erde, sondern ihr mächtiger wohlgegliederter Überorganismus, dessen Organe die einzelnen Spezies in ihrer ökologischen Gesamtordnung sind. (Meyer-Abich 1963:235)

Allein schon unter evolutionstheoretischen Gesichtspunkten ist diese Position absurd. Die zufällige Mutation von Erbmaterial ist nicht unter der Kontrolle irgendeines Kompensationsmechanismus vorstellbar. Wollte Meyer-Abich diese These belegen, müsste er angeben können, was genau die Biosphäre ist und wie sie ordnend eingreift. Die Biosphäre als ‚Überorganismus' oder ‚Holholismus' auszuzeichnen ist ebenso dunkel wie unklar, was sich üblicherweise zwangsläufig ergibt, wenn Begriffe unzulässigerweise reifiziert werden. Dies ist eine Vervielfältigung von Entitäten über das notwendige Maß hinaus, was sich darüber hinaus zusätzlich durch esoterische Spekulationen (z. B. ‚phylogenetische Telepathie') disqualifiziert.

Die Biosphäre, nach Meyer-Abich, stellt sich als Gesamtheit aller Lebewesen, deren Umwelten sowie den Beziehungen, in denen diese untereinander stehen, dar. Eine Erkenntnis bzgl. dieser übergreifenden Ganzheit ist allerdings schon allein aufgrund der komplexen Beschaffenheit nicht möglich. Wenn die Biosphäre als ordnende Instanz angesehen wird, dann könnte jegliches Wissen über Sachverhalte auf einer

---

[89] Das ‚loi de balancement' besagt, dass die Menge des während der Entwicklung zur Verfügung stehenden Materials begrenzt ist, so dass bei jeder Vergrößerung einer Struktur eine andere verkleinert werden muss, damit ein Gleichgewicht bewahrt bleibt.

[90] Der Begriff ‚Biosphäre' leitet sich von griechisch *bios* (Leben) und *sphaira* (Ball, Kugel) ab. Grob kann man also Biosphäre mit Lebensraum übersetzen – also die Umwelt derjenigen Entitäten, denen das Prädikat ‚ist lebendig' zugesprochen werden kann – dies würde eine geologische Definition der Biosphäre mit dem Teil der Erdoberfläche, der von Lebewesen bewohnt wird, nahelegen. Unter dieser Definition kann allerdings keine ordnungsstiftende Instanz ausgemacht werden.

untergeordneten Ebene nur dadurch möglich sein, dass deren Stellung und Funktion im Gesamtgefüge bekannt wäre. Es müsste also das Gesamtsystem schon bekannt sein, um diese Frage klären zu können. Da aber eine Erkenntnis des Gesamten ‚an sich' nicht möglich ist, wäre auch jegliche Erkenntnis des Einzelnen nicht möglich, damit wäre das Projekt Wissenschaft *ad absurdum* geführt (vgl. Gethmann 2005; Russell 2005).

3.2.3.2 Kritik des metaphysischen Ansatzes

Unter Bezugnahme auf Jan Christiaan Smuts bezeichnet Meyer-Abich Organismen als ‚*verae causae*' des biologischen Geschehens (Meyer-Abich 1955:88). Smuts schreibt:

> Wholes are not artificial constructions of thought; they actually exist; they point to something real in the universe, and Holism is a real operative factor, a *vera causa*. There is behind Evolution no mere vague creative impulse or *Elan vital*, but something quite definite and specific in its operation, and thus productive of the real concrete character of cosmic Evolution. [. . .] As Holism is a process of creative synthesis, the resulting wholes are not static but dynamic, evolutionary, creative. Hence Evolution has an ever-deepening inward spiritual holistic character; and the wholes of Evolution and the evolutionary processs itself can only be understood in reference to this fundamental character of wholeness. (Smuts 1927:88f.)

Ganzheiten (Holismen) werden also hier als real existent angesehen. Sie gehen in kausale Prozesse als operative Faktoren ein und sind im evolutionären Geschehen als solche wirksam. Dies kann benevolent so gelesen werden, dass Organismen als Ganzheiten verstanden einen Einfluss auf die Evolution nehmen. Allerdings darf dabei der zufällige Charakter dieser Einflussnahme nicht außer Acht gelassen werden. Durch die Formulierung der dynamisch-evolutionären Kreativität wird aber suggeriert, dass etwas von Holismen kreiert bzw. geschaffen wird. Diese Perspektive wird von A. Meyer-Abich auch mit der Einfluss nehmenden Biosphäre als oberste ordnende (holistische) Instanz aufgegriffen.

Aber nicht nur Organismen werden von A. Meyer-Abich als Holismen betrachtet, sondern auch theoretische Entitäten – ja ganze Theorien oder wissenschaftliche Disziplinen – sollen als Holismen verstanden werden. In diesem Zusammenhang postuliert er eine der Biologie eigene Form der Kausalität. Nach A. Meyer-Abich

> anerkennt der Begriff des Holismus zunächst einmal die Geltung einer eigenen biologischen Kausalität, welche deshalb aber keineswegs physikochemische Kausalitäten leugnet, sie vielmehr in ihren eigenen Rahmen einbezogen und so in eine komplexere Geltungsweise ‚aufgehoben' (Hegel) hat. Das bedeutet dann aber, dass man das auch in den Organismen wirksame physikochemische Geschehen nur begreifen kann, wenn man zunächst den rein biologisch-kausalen Rahmen ermittelt hat, innerhalb dessen er wirksam ist. [. . .] Man muss m. a. Worten einen Organismus zunächst als Holismus kennen, ehe man feststellen kann, welche Mechanismen unter seiner Regie wirksam sind. Die biologische Kausalität ist daher kein ableitbarer Spezialfall aus der physikochemischen Kausalität, diese ist im Gegenteil nur eine holistische Simplifikation der biologischen Kausalität. (Meyer-Abich 1955:87)

Ganz in dialektischer Manier behauptet Meyer-Abich ein Aufgehoben-Sein der Physik in der Biologie und die der Biologie eigene Kausalität wird durch das Prinzip der

‚holistischen Simplifikation' charakterisiert. Zur Illustration dessen was hier gemeint ist, gibt A. Meyer-Abich folgende Erläuterung:

> [d]as allgemeine physikalische Fallgesetz GALILEIS [wird sich] alsdann als eine physikalische Vereinfachung der physiologischen Fallformel erweisen, welche für das Auf-die-Füße-Fallen der lebendigen Katze gilt und in welcher natürlich auch GALILEIS Fallformel logisch aufgehoben ist. (Meyer-Abich 1963:126)

Abgesehen davon, dass man diese sogenannte biologische Kausalität des ‚auf-die-Füße-Fallens einer Katze' für die meisten Fragestellungen hinreichend in einem mechanistischen Ansatz erfassen kann (man muss eben nur mehr Parameter beachten als bei dem Fall eines Steines), geht es hier darum, welche der Wissenschaften auf einer höheren Stufe als die andere steht und damit die anderen ‚holistisch beherbergt'. Es geht also im Grunde um die Frage, ob Fragestellungen der Biologie allein unter Bezugnahme auf physiko-chemische Erklärungen beantwortet werden können oder ob es genuin biologische Gesetzmäßigkeiten gibt.[91]

Eine Reduktion der Biologie auf die Physik wird bei Meyer-Abich, unter Verweis auf die besondere Theorienrelation der holistischen Simplifikation bzw. dem holistischen Aufgehobensein von Theorien ineinander, bestritten. Eine solche Relation zeichnet sich dadurch aus, dass

> [d]ie betreffenden Theorien einer Stufenfolge angehören, bei welcher eine der beiden Theorien einer weniger komplexen logischen Ebene angehört als die andere. [...] Im Unterschied von der systematischen Deduktion ist für die holistische Simplifikation wesentlich, daß sie sich immer in dialektischen Stufenfolgen vollzieht, während sich bei der systematischen Deduktion immer alles auf derselben logischen Erkenntnisebene abspielt. (Meyer-Abich 1963:39f.)

Die Annahme einer genuin biologisch-holistischen Kausalität wird also über hegelianisch-dialektische Überlegungen bzw. über eine Ontologie der hierarchischen Strukturierung der Wirklichkeit begründet. Diese Überlegungen gehen schließlich soweit, dass im Bereich der Ökologie eine ökologische Kausalität, die auch als holistische Finalität bezeichnet wird, postuliert wird:

> Wer sich indessen unserer Ausführung erinnert, denen zufolge die Ökologie holistisch nicht nur Morphologie und Phylogenie, sondern auch Physiologie in sich „aufgehoben" hat, der darf auch nicht vergessen, daß damit auch alle physiologische Kausalität [...] in die Ökologie selbst Eingang gefunden hat. [...] Kausalforschung beginnt erst mit der modernen Physik [...]. Unsere finale Kausalität ist also echte Kausalität und, da sie holistisch auf die phylogenetische Kausalität folgt, ist sie auch deren biologisch höchstmögliche Steigerung. (ebd.:302)

Das heißt nach A. Meyer-Abich, dass jeder Organismus versucht „seine Organisationsmerkmale so gut wie möglich seinen Umwelt-(Biotop-)merkmalen ein- und anzupassen." (a. a. O.) Hiermit hätte er eine natürliche Teleologie über die hegelianische Dialektik eingeführt.[92]

---

[91] Unter Bezugnahme auf die Unterschiede in Begriffen und Theorien von Biologie und Physik, lässt sich eine solche Position durchaus sinnvoll verteidigen. (Vgl. Kap. 3.2.2.4)

[92] Zur Kritik der natürlichen Teleologie siehe Kap. 3.3.

Ohne im Weiteren auf die genaue Begründung der jeweiligen biologischen Kausalitäten eingehen zu wollen (Meyer-Abich nennt in seinem Werk ‚Geistesgeschichtliche Grundlagen der Biologie' sechs Axiome bzw. Kausalitätsprinzipien, die den Status von ‚transzendenten metaphysischen Kalkülen' besitzen), wird im Rahmen dieser Arbeit nur auf die grundlegende methodische Herangehensweise eingegangen. Grundlage aller dieser metaphysischen Überlegungen ist die dialektische Methode. Mit Hilfe dieser wird jegliches Argument fundiert und hier wird schon dem gesamten Aufbau des Meyer-Abichschen Systems der Stempel des Spekulativen aufgedrückt.

Zur Verdeutlichung mag die grundlegende These dienen, dass die Positionen des Vitalismus und des Mechanismus in antithetischer Relation zueinander stehen und in der Synthese des Holismus ‚holistisch aufgehoben' sind. Gesetzt den Fall, dass Vitalismus und Mechanismus tatsächlich in Antithese zueinender stehen, fehlt der Ableitung des Holismus daraus die entsprechende Rechtfertigung. Es ist genauso gut denkbar, dass eine der beiden Positionen (Vitalismus/Mechanismus) weiter ausgearbeitet wird, um Schwächen, die sich ergeben, zu überwinden. Daraus lässt sich aber nicht notwendigerweise schließen, dass dies in holistische Konzeptionen münden wird.

Dieser metaphysische Ansatz kann kein intersubjektiv gerechtfertigtes Wissen bereitstellen, da es an grundlegenden transsubjektiv zugänglichen Rechtfertigungen fehlt. Die Thesen, die von Meyer-Abich vertreten werden, erscheinen als willkürliche Setzungen, die vor allem aus der Retrospektive erfolgen. Die wissenschaftlichen Disziplinen sind vorhanden und eine Behauptung der Übereinstimmung von bestimmten Wissenschaften mit bestimmten Bereichen der Wirklichkeit, die dann auch noch nach den Prinzipien der holistischen Beherbergung erfolgen, sind zwar in ihrer Systematizität zu bewundern, aber sie können keinen Anspruch auf Notwendigkeit erheben. Sie ist lediglich als eine mögliche Perspektive anzusehen unter den Prämissen der dialektischen Herangehensweise. Es ist nicht etwa so, dass sich viele (wenn nicht alle) Phänomene nicht über dieses System beschreiben lassen könnten. Die ex post Beschreibung und Erklärung mit Hilfe der hier angewandten dialektischen Methode ist vage genug, um jegliche biologischen Phänomene erfassen zu können. Jedoch dadurch, dass man fast jegliche Phänomene – sowohl die Position als auch eine entsprechende Gegenposition – über diese Methode erklären kann, ist sie als hochgradig beliebig anzusehen und stellt keine Konzepte bereit, die über verlässliche Regeln ihres Gebrauchs verfügen.

3.2.4 Lebewesen als Gestalten?

Ursprünglich und auch hauptsächlich ist die Gestalttheorie (zur Übersicht vgl. Gethmann 2008b, c) in der Psychologie verortet. Sie geht u. a. auf Arbeiten von Christian von Ehrenfels, Max Wertheimer, Kurt Koffka, Kurt Lewin und Wolfgang Köhler zurück. Als Grundproblem der Gestalttheorie formuliert Wertheimer:

> Es gibt Zusammenhänge, bei denen nicht was im Ganzen geschieht, sich daraus herleitet, wie die einzelnen Stücke sind und sich zusammensetzen, sondern umgekehrt, wo – im prägnanten

> Fall – sich das, was an einem Teil dieses Ganzen geschieht, bestimmt [ist] von inneren Strukturgesetzen dieses seines Ganzen. (Wertheimer 1924:3)

Während es in der Gestaltpsychologie darum geht Wahrnehmungsmuster, ähnlich wie die der Tonwahrnehmungen, als Gestaltqualitäten zu erklären, wurde auf der Grundlage der Gestalttheorie auch in anderen Wissenschaftszweigen gearbeitet. Besonders Wolfgang Köhler hat sich an einer Übertragung der psychologischen Gestalten auf physische Gegenstände versucht. Einen Gestaltcharakter haben für Köhler ‚psychische Gestalten', bestimmte anorganische Systeme wie z. B. elektrische Felder, aber auch Organismen (vgl. Köhler 1920) Damit ist die Gestalttheorie – zumindest nach Köhlerscher Lesart – auch als ein Ansatz zur Explikation des Begriffs ‚Lebewesen' anzusehen.

Auch die Gestalttheorie arbeitet unter dem ‚Holismus-Slogan' ‚Das Ganze ist mehr als die Summe seiner Teile'. Ergänzend zu dieser These der Übersummativität (die Gestalt ist mehr als die Summe ihrer Elemente) tritt hier jedoch noch das Charakteristikum der Transpositionsinvarianz (eine Gestalt kann ihre Qualität bewahren, auch wenn ihre Elemente in regelmäßiger Weise verändert werden) hinzu (vgl. Gethmann 2008b).[93] Das charakteristische Beispiel für eine Gestalt ist die Melodie in der Musik. Eine Melodie wird nicht durch die Menge ihrer Elemente – der Töne – definiert, sondern es ist die bestimmte Abfolge der Töne, die sie bestimmt. Diese Abfolge bzw. die Qualität der Töne ist transponierbar, d. h. durch proportionale Verschiebung der Tonhöhe bleibt die ‚Tongestalt' als solche erhalten. Die Melodie kann auch transponiert wiedererkannt werden. Die beiden Eigenschaften Übersummativität und Invarianz gegenüber Transformationen sind diejenigen, die eine Gestalt ausmachen.

Nun ist zu überlegen, ob Lebewesen, so wie Melodien, unter den Gestaltbegriff fallen können. Auf den ersten Blick scheint dies wenig einleuchtend, denn sowohl Melodien wie auch bestimmte optische Gestalten sind daran gebunden, dass die Teile eines Ganzen einer proportionalen Veränderung unterzogen werden, was in Bezug auf Lebewesen kontraintuitiv ist.

In ihrem Aufsatz ‚Der Gestaltbegriff im Lichte der neuen Logik' gehen Kurt Grelling und Paul Oppenheim auf den Gestaltbegriff ein und zeigen, dass es mindestens zwei Gebrauchsweisen des Ausdrucks ‚Gestalt' gibt, die aber häufig nicht sauber getrennt werden, bzw. es wird nicht geklärt, in welcher Weise der Gestaltbegriff im betreffenden Kontext verwendet wird.

Wie zuvor schon erwähnt sind die folgenden zwei Kriterien zu erfüllen, damit etwas als unter den Begriff Gestalt fallend betrachtet werden kann:

1. Die Gestalt ist invariant gegenüber einer Transposition.
2. Die Gestalt ist mehr als die Summe der Teile.

---

[93] Diese Charakteristika von Gestalten wurden durch Christian von Ehrenfels in seinem Artikel ‚Über Gestaltqualitäten' (1890) erstmals fixiert.

Beide Kriterien werden z. B. von Melodien in der Musik, geometrischen Formen in der Mathematik oder ‚Ausdrucksgestalten'[94] in der Logik erfüllt und diese können nach Grelling und Oppenheim als Gestalten[95] bezeichnet werden.

Sogenannte ‚organisierte Ganzheiten' bzw. ‚funktionelle Ganzheiten' erfüllen hingegen das erste Kriterium nicht, werden aber dennoch manchmal als Gestalten bezeichnet. Um Ambiguitäten zu vermeiden werden diese von Grelling und Oppenheim als ‚Wirkungssysteme' bezeichnet. Als Wirkungssysteme können Lebewesen sehr wohl beschrieben werden (siehe Kap. 3.2.2), es ist aber fraglich, ob sie als Grelling-Oppenheimsche Gestalten im engeren Sinne, d. h. solche, die beide Kriterien erfüllen, aufgefasst werden können.

Die Gestalten der Musik und der Optik ergeben sich durch die Invarianz gegenüber einer Transformationshandlung. Was Tonsequenzen, optische Gebilde und Lebewesen allerdings miteinander gemeinsam haben, ist eine spezifische Struktur, die bei Veränderung dieselbe bleibt. Ein Lebewesen steht im ständigen Austausch mit seiner Umwelt, seine Teile werden im Prinzip immer wieder ersetzt und doch bleibt die strukturelle Organisation dieselbe. Der Unterschied ist allerdings, dass Tonsequenzen aktiv verändert werden und man die Operation, die durchgeführt werden, zuvor genau beschreiben und auch reproduzieren kann. Lebewesen hingegen unterliegen einer Veränderung, die nicht willentlich verursacht ist. Sie mögen zwar selber aktiv an Stoffwechsel- oder Reproduktionsprozessen beteiligt sein, die eigentliche Transformationsinvarianz ist aber nicht über eine bestimmte herstellende Handlung herbeigeführt worden, sondern verdankt sich einem Abstraktionsschritt.

Bei genauerer Überlegung bleiben Lebewesen auch nicht in ihrer Struktur gleich, denn der Körper derselben altert und verändert sich – obwohl die strukturelle Organisation im Prinzip die gleiche bleibt. Hier kommt es auf die Tiefe der Betrachtungsweise an, in wie weit die strukturelle Organisation tatsächlich die gleiche bleibt. Oberflächlich bleibt zwar die Struktur erhalten, aber auch nur unter Präsupposition eines bestimmten Struktur*typs*. Dieser Typ bleibt erhalten, aber geringe Abweichungen von diesem Typ sind, zumindest über die Zeit, zu erwarten.

Nach diesen Überlegungen können es keineswegs Lebewesen selber sein, die als unter den Gestaltbegriff fallend betrachtet werden können – es sind vielmehr die Abstraktionen (z. B. ontogenetische bzw. phylogenetische Baupläne oder Theorien,

---

[94] Ausdrucksform im Sinne von Carnap: Zwei syntaktisch gleiche Ausdrücke haben dieselbe syntaktische Gestalt.

[95] Grelling und Oppenheim zeigen, dass es ein Verständnis von ‚Gestalt' gibt, das beide Kriterien erfüllt und zwar:

„Gestalt (eines Komplexes mit Bezug auf eine gewisse Korrespondenz) *ist die Invariante von Transpositionen* (des Komplexes mit Bezug auf die Korrespondenz)." Ein Beispiel für eine solche Gestalt stellt eine Melodie dar. Ein Komplex ist hier „eine Relation zwischen einer Klasse von Z-Klassifikatoren und einem Stellengebiet, so daß jeder Z-Klassifikator einer Stelle des Gebiets je einen Wert zuschreibt." Z-Klassifikatoren (Zustands-Klassifikatoren) sind dabei Begriffe, die den Stellen eines Stellengebietes (z. B. Zeit-Kontinuum, in dem eine Tonfolge abläuft), einen Wert zuweisen. Im Falle der Melodie wäre ein Z-Klassifikator die Tonhöhe, das Stellengebiet: das Zeitkontinuum, in dem die Tonfolge abläuft, die Stellen: Zeitpunkte der Melodie und die Werte wären z. B. bestimmte Hertzangaben, das gesamte Gebilde wird dann als Komplex bezeichnet. (vgl. Grelling und Oppenheim 1937a:212–219)

Tab. 3.1 Basale Konzepte des Gestaltbegriffs

	Architektur	Musik
Komplex	ein Haus	eine Tonsequenz
Klassifikator	‚Material'	‚Tonhöhe'
Argument des Klassifikators	Ort im Raum	Ort in der Tonsequenz
Wert des Klassifikators	z. B. Stein	z. B. c
Korrespondenz	Beziehung zwischen Modell und Haus	Gleichheit in Beziehung auf die Melodie
Transposition	Änderung des Maßstabs	Transposition
Gestalt	Plan des Hauses	Donau-Walzer-Melodie

die konzeptualisieren, was ein Lebewesen ist), die als Gestalten aufgefasst werden können.

Zur Verdeutlichung sei hier ein Ausschnitt aus einer Tabelle (vgl. Grellig und Oppenheim 1937b:358) angegeben, nach der Grelling und Oppenheim die basalen Konzepte des Gestaltbegriffs am Beispiel der Architektur und der Musik verdeutlichen (Tab. 3.1[96]):

Hiernach kann auch der Plan eines Hauses genauso wie eine bestimmte Melodie (hier der Donau-Walzer) als eine Gestalt aufgefasst werden. Das Gestaltkriterium der Transponierbarkeit findet sich hier in der Änderung der Maßeinheit, die Korrespondenz ergibt sich über die Beziehung zwischen Modell und Haus: „[f]or the plan is an invariant with respect to that transposition." (Grelling und Oppenheim 1937b:357)

Wenn nun eine Gestalt immer auf einen Komplex und auf eine bestimmte Korrespondenz bezogen ist, so ist klar, dass ein Lebewesen (oder Lebewesen einer Art) schon als ein bestimmter Komplex (z. B. mit einer bestimmten Gliederung) interpretiert sein muss, damit bestimmten Stellengebieten (z. B. morphologischen Lagebeziehungen) auch bestimmte Werte zugeordnet werden können. Die Klassifikatoren sind dann diejenigen Funktoren, die z. B. bestimmten Organen ihren Platz zuweisen. Als Gestalt kann dann z. B. der Wirbeltierbauplan angenommen werden.

Dementsprechend kann nun im Kontext des Begriffs Lebewesen eine Zuordnung zu den Kernkonzepten des Gestaltbegriffs vorgenommen werden (siehe Tab. 3.2):

Es werden also nicht, wie bei Köhler angenommen, Lebewesen direkt als Gestalten aufgefasst, sondern Lebwesen werden als einer bestimmten Art zugehörig bestimmt; hierüber werden dann auch die Korrespondenz und damit auch die entsprechende Gestalt fixiert.

96

- Komplex: eine Relation zwischen einer Klasse von Z-Klassifikatoren und einem Stellengebiet, so dass jeder Z-Klassifikator einer Stelle des Gebietes je einen Wert zuordnet.
  Klassifikator: schreibt jedem Element, auf das er mit Sinn angewendet werden kann, einen bestimmten Wert zu.
- Argument des Klassifikators: Elemente, auf die die Klassifikatoren angewendet werden.
- Z(ustands)-Klassifikatoren: ordnen den ‚Stellen' eines ‚Stellengebietes' gewisse Werte zu.
- Korrespondenz: Korrespondenz zwischen Komplexen (z. B. Lagerelation zwischen den Stellengebieten (Isomorphie), paarweise Identität der Z-Klassifikatoren, Wertverläufe der Z-Klassifikatoren sind gleich).

Tab. 3.2 Zuordnung der Kernkonzepte des Gestaltbegriffs zum Begriff des Lebewesens

	Architektur	Biologie
Komplex	ein Haus	Lebewesen als Komplex X (z. B. Wirbeltier) interpretiert
Klassifikator	‚Material'	‚bestimmtes Organ'
Argument des Klassifikators	Ort im Raum	Ort im Raum
Wert des Klassifikators	z. B. Stein	z. B. Herz
Korrespondenz	Beziehung zwischen Modell und Haus	Isomorphie
Transposition	Änderung des Maßstabs	Ähnlichkeitstransformation
Gestalt	Plan des Hauses	Wirbeltierbauplan

Es ist also auf keinen Fall das individuelle Lebewesen selber, das als Gestalt aufgefasst werden kann, sondern als Invariante von Transformationen könnte allenfalls ein unterlegter Organisationstyp, ein Modellorganismus (ein individueller Archetypus)[97] oder eine Modelltransformation (ontogenetisch oder phylogenetisch) (vgl. Breidbach und Jost 2006; Breidbach und Ghiselin 2007; Webster und Goodwin 1996; zur Kritik einer strukturalistischen Position vgl. Gutmann und Voss 1995; Gutmann und Neumann-Held 2000) in Betracht gezogen werden, die als Typen zu entsprechenden Einzeldingen aufzufassen wären. Der Prädikator ‚ist eine Gestalt' wäre damit als Prädikator zweiter Stufe aufzufassen.

Um den Gestaltbegriff in Zusammenhang mit Lebewesen also fruchtbar machen zu können, ist es daher notwendig, den jeweiligen Abstraktionsschritt zu verdeutlichen und klar zu machen, unter welcher Hinsicht eine Korrespondenz besteht.

3.2.5 Lebewesen als Vehikel genetischer Information

Die bislang diskutierten Positionen dessen was unter einem Lebwesen zu verstehen ist, werden sämtlich von holistischen Grundannahmen getragen. Als letzte Position wird deshalb in diesem Kapitel ein populärer reduktionistischer Ansatz vorgestellt. Der basale Gedanke der Position wird von Richard Dawkins in seinem Buch „The Selfish Gene" und auch in „The Extended Phenotype" entwickelt. In „The Selfish Gene": formuliert er provokanterweise:

> The argument of this book is that we, and all other animals, are machines created by our genes. (Dawkins 2006:2)

Und:

> This may have been how the first living cells appeared. Replicators began not merely to exist, but to construct for themselves containers, vehicles for their continued existence. The replicators that survived were the ones that built survival machines for themselves to live in. [. . .] They are in you and me; they created us, body and mind; and their preservation is the

[97] So z. B. Goethes Urpflanze.

> ultimate rationale for our existence. They have come a long way, those replicators. Now they go by the name of genes, and we are their survival machines. (ebd.:19f.)

Damit reduziert er Lebewesen auf bloße Vehikel, die dazu dienen, die Replikatoren zu erhalten. Er entwirft diese Sichtweise ganz vor dem Hintergrund eines „gene's eye view of Darwinism" (ebd.:xvi), indem er den Blick hinsichtlich der Ebene, die evolutionär selektiert wird, vom Individuum auf die Ebene der Gene verschiebt, was sein Buchtitel „The Selfish Gene" schon indiziert.[98] Die Gene werden selektiert und die Lebewesen dienen nur dem Zweck, als Überlebensmaschinen dienlich zu sein. Der lebendige Körper wird dabei folgendermaßen aufgefasst:

> Both animals and plants evolved into many-celled bodies, complete copies of all the genes being distributed to every cell. [...] I prefer to think of the body as a colony of genes, and of the cell as a convenient working unit for the chemical industries of the genes. (Dawkins 1982:114)

Als Vehikel können all jene Entitäten angesehen werden, die eigenständig sind, die Replikatoren (die Gene) beherbergen und die zum Schutz und der Verbreitung der Replikatoren dienen (vgl. ebd.:114).

Unter dem ‚gene's eye view' interpretiert Dawkins sämtliche Lebensvorgänge und Lebensmerkmale. Er hat z. B. kein Problem damit, bewusste Entscheidungen in seine Konzeption zu integrieren, die auf den ersten Blick seiner Position entgegenstehen, denn eine genetische Kontrolle einer zweckrationalen Entscheidung kann zunächst nicht angenommen werden.[99] Aber auch in dieser kontraintuitiven Hinsicht kann er den ‚gene's eye view' aufrecht halten:

> The genes too control the behaviour of their survival machines, not directly with their fingers on puppet strings, but indirectly like the computer programmer. All they can do is to set it up beforehand; then the survival machine is on its own, and the genes can only sit passively inside. (Dawkins 2006:52)

Gene sind also wie Programmierer zu verstehen, die das Verhalten nur an der langen Leine, nur indirekt kontrollieren. Dadurch, dass sie vorgeben wie das Nervensystem und das Gehirn gebildet wird, geben sie auch vor in welchen Bahnen Verhalten oder auch Handeln ermöglicht wird. Es wird angenommen, dass die von Moment-zu-Moment Entscheidungen vom Nervensystem übernommen werden. Die Gene werden hier als die ‚primary policy-makers' und das Gehirn als die Exekutive aufgefasst (vgl. ebd.:60).[100] Die richtende Instanz, welches Verhalten vorteilhaft und damit auch welche Gene repliziert werden, ist hier die Selektion:

> The genes are the master programmers, and they are programming for their lives. They are judged according to the success of their programs in coping with all the hazards that life

---

[98] In der Einleitung zu Sonderausgabe anläßlich der ‚30th anniversary edition' macht Dawkins klar, dass die Betonung hier auf dem Wort ‚gene' liegt und nicht auf ‚selfish'.

[99] Es wird zwar in der Körper-Geist-Debatte darüber debattiert, ob rationale Entscheidungen nichts anderes sind als ‚feuernde Neuronen', eine genetische Kontrolle spielt aber hier m. E. zunächst keine Rolle.

[100] Diese Position kann noch als Verschärfung eines Physikalismus à la Wolf Singer oder Gerhard Roth betrachtet werden.

throws at their survival machines, and the judge is the ruthless judge of the court of survival. (ebd.:62)

Dass es die Ebene der Gene ist, die selektiert wird und nicht die der Individuen, die die entsprechenden Gene tragen, versucht Dawkins an seinem Konzept des ‚extended phenotype' deutlich zu machen. Durch Gene werden bestimmte Merkmale in Individuen ausgeprägt, aber es sind nicht nur die Gene, die in dem Individuum selber vorhanden sind, die dazu führen, dass die Merkmale ausgeprägt werden, sondern es können auch Gene sein, die in einem anderen Individuum vorliegen. Ein Beispiel für einen solchen Phänotyp mit gemischt-genetischem Ursprung ist das Verhalten von Wirtsorganismen, das durch die Beeinflussung ihrer Parasiten hervorgerufen wird.[101]

Die These zum extended phenotype lautet dementsprechend:

An animal's behaviour tends to maximize the survival of the genes ‚for' that behaviour, whether or not those genes happen to be in the body of the particular animal performing it. (Dawkins 1982:253)

Und:

It seems to follow from the thesis of this book that there is no important distinction between our ‚own' genes and parasitic or symbiotic insertion sequences. Whether they conflict or cooperate will depend not on their historical origins but on the circumstances from which they stand to gain now. (ebd.:226)

Der Grund, warum sich Biologen bislang vorrangig mit den Individuen (also den Vehikeln) und nicht mit den Genen (den Replikatoren) beschäftigen, ist die offensichtliche Dominanz des Merkmals, ein Individuum zu sein, gegenüber dem eher versteckten Merkmal als Vehikel für Replikatoren zu dienen. Letztere Eigenschaft bedarf zu ihrer Wahrnehmung eines erheblichen theoretischen Hintergrundes (vgl. Dawkins 2006:265).

In ‚The Selfish Gene' präsentiert Dawkins den ‚gene's eye view' als eine These darüber, wie Evolution tatsächlich abläuft (vgl. ebd.:2). Damit stellt er eine substantielle These darüber auf, auf welcher hierarchischen Ebene die Selektion abläuft – nämlich auf der Ebene der Gene. Er klammert damit die anderen denkbaren Ebenen der Selektion (z. B. das Individuum oder die Gruppe) aus. In seinem späteren Werk „The Extended Phenotype" und in den Vorworten zur „Second Edition" und der „30th anniversary edition" von „The Selfish Gene" weist Dawkins allerdings darauf hin, dass der individuelle Blickwinkel[102] und derjenige, der die Gene fokussiert, zwei mögliche Perspektiven darstellen, die beide gleichberechtigt nebeneinander bestehen können.

Dawkins Beispiel, an dem er dies verdeutlicht, ist der Necker-Würfel – eine dreidimensional erscheinende Kippfigur, deren Perspektive immer von einer Variante

[101] So beeinflusst z. B. der Parasit Nosema die Entwicklung des Mehlkäfers, indem er durch Produktion eines Juvenil-Hormons das adulte Stadium unterdrückt und somit dafür sorgt, dass aus der Larve kein Käfer wird. Damit beeinflussen Gene des Parasiten Eigenschaften des Wirts (vgl. Dawkins 1982:242).

[102] Dawkins stellt den ‚gene's eye view' meist in Opposition zu dem Blickwinkel, der individuelle Lebewesen fokussiert.

zur anderen wechselt. Ähnlich wie es beim Necker-Würfel der Fall sei, dass keiner der Perspektiven ein Vorrang eingeräumt wird, sei der Perspektivenwechsel vom ‚gene's eye view' zum ‚individual view' nicht eine Sache der Richtigkeit, sondern es seien eben zwei Blickweisen, die beide ihre Berechtigung vor einem neo-darwinistischen Hintergrund finden (vgl. Dawkins 1982:1–8).[103]

Dass sich verschiedene Perspektiven in der Betrachtung der natürlichen Selektion und damit der Evolution anbieten, ist auf die vielfältige Anwendbarkeit des Prinzips der natürlichen Selektion zurückzuführen. Nach Richard Lewontin beruht die natürliche Selektion auf drei Prinzipien: Variation, Reproduktion und Vererbbarkeit. Dabei steht aber keineswegs fest, auf welche Entitäten diese Prinzipien Anwendung finden müssen: „The generality of the principles of natural selection means that any entities in nature that have variation, reproduction and heritability may evolve." (Lewontin 1970:1) In der strengen monistischen Sicht des genetischen Selektionismus legt sich Dawkins aber darauf fest, dass die einzig sinnvollen Entitäten, die hier eingesetzt werden können und dürfen, die Gene sein sollen.

In der Reflektion auf seine Arbeiten zum ‚gene's eye view' sagt Dawkins, dass seine Sicht der Dinge das gesamte Denkklima der Wissenschaft beeinflussen kann, indem dieser Blickwinkel das offensichtlich Gegebene (das Lebewesen als Individuum) hinterfragt hat.

> I am pretty confident that to look at life in terms of genetic replicators preserving themselves by means of their extended phenotypes is at least as satisfactory as to look at it in terms of selfish organisms maximizing their inclusive fitness. [...] Moving from my minimum hope to my wildest daydream, it is that whole areas of biology, the study of animal communication, animal artefacts, parasitism and symbiosis, community ecology, indeed all interactions between and within organisms, will eventually be illuminated in new ways by the doctrine of the extended phenotype. (Dawkins 1982:7)

Es ist zweifellos so, dass man den Dawkinschen Standpunkt in vielen Bereichen der Evolutionsbiologie einnehmen kann. Hier ist allerdings zu hinterfragen, ob er in allen Bereichen sinnvoll ist und welchen Status der ‚gene's eye view' hat: Ist er fundamental, gleichberechtigt (und unabhängig) oder nur abgeleitet von anderen Perspektiven der natürlichen Selektion?

Fundamentale Stellung? Dawkins selbst scheint den monistischen Standpunkt, dass seine Sicht der Dinge die einzig richtige ist, später relativiert zu haben, indem er eine gleichberechtigte Sichtweise von verschiedenen Ebenen der Selektion annimmt.

---

[103] Dawkins schreibt:

„Both Cubes are equally compatible with two-dimensional data on the retina, so the brain happily alternates between them. Neither is more correct than the other. My point was there are two ways of looking at natural selection, the gene's angle and that of the individual. If properly understood they are equivalent; two views of the same truth. You can flip from one to the other and it will still be the same neo-Darwinism." (Dawkins 2006:xv)

Hier kann man natürlich hinterfragen, was Dawkins mit dem Ausdruck ‚same *truth*' meint, da das aber nicht Dawkins Argumentationslinie ist – diese epistemologischen Elemente werden von ihm nicht thematisiert – kann man ihn benevolent auch vor dem Hintergrund des in Kap. 2.3 gemachten Vorschlags lesen.

Allerdings diskutiert er diese Problematik nicht sehr ausgiebig. Die Autoren Philip Kitcher und Kim Sterelny nehmen diesen Aspekt auf und machen einerseits für einige Beispiele eine fundamentale Stellung und andererseits für alle Fälle der Selektion eine generelle Anwendbarkeit des ‚gene's eye view' geltend.[104] Die Beispiele, für die eine fundamentale Stellung ausgemacht werden, sind ‚outlaw-genes' und die Fälle des ‚extended phenotype'.

Die ‚outlaw genes' werden auch als Segregationsverzerrer oder auch meiotische Driftgene[105] bezeichnet. Diese Gene sorgen dafür, dass sie in den Keimzellen entsprechender Lebewesen weiter verbreitet sind, obwohl ihr Vorkommen für die entsprechenden Lebewesen nicht von Vorteil, u. U. auch von Nachteil ist. Prominentes Beispiel sind die t-Gene der Maus, deren homozygotes Auftreten zum Tod oder bei männlichen Exemplaren zur Sterilität führt.

> Selection for such genes cannot be selection for traits that make organisms more likely to survive or reproduce. They provide uncontroversial cases of selective processes in which the individualistic story cannot be told. (Sterelny und Kitcher 1988:355)

Aber so unkontrovers, wie hier behauptet, ist dieser Fall nicht. Man kann zwar zunächst von einem häufigeren Auftreten des entsprechenden Allels sprechen, aber nach entsprechender Durchmischung der Population stirbt diese aufgrund der individuellen phänotypischen Eigenschaften der männlichen Sterilität oder Letalität aus, so dass, wenn man den Zeitfaktor berücksichtigt, auch hier von einer ‚individualistic story' gesprochen werden kann. Es ist auch zu überlegen, ob in diesem Fall nicht davon ausgegangen werden kann, dass die ‚individualistic story' nicht primär gegenüber der ‚genetic story' anzusehen ist und dass letztere nur eine abgeleitete Analyse darstellt. So interpretiert es Elisabeth A. Lloyd und kommt zu dem Schluss:

> [L]evels of interaction important to the outcome of the selection process (in genic terms) are being discovered in the usual ways – that is, by using hierarchical approaches to identify various levels of interactors[106], and that information is then being translated into talk of the differentiated and layered environments of the genes. (Lloyd 2005:298)

---

[104] The chief merit of Dawkinspeak is its generality. Wheras the individualist perspective may sometimes break down, the gene's eye view is apperently always available. (Sterelny und Kitcher 1988:360)

[105] Unter meiotischer Drift versteht man die direkte Beeinflussung der Vorgänge der Meiose durch bestimmte Gene, so dass diese Gene in den Keimzellen häufiger auftreten. Sterelny und Kicher beschreiben dies so:

„Usually, they [the meiotic drive genes, SH] are enemies not only of their alleles but of other parts of the genome, because they reduce the individual fitness of the organism they inhabit. Segregation distorters thrive, when they do, because they exercise their phenotypic power to beat the meiotic lottery." (Sterelny und Kitcher 1988:355)

[106] Der Ausdruck ‚interactor' – ursprünglich von David Hull eingeführt (Hull 1988) – bezeichnet diejenigen Entitäten, die im Prozess der natürlichen Selektion selektiert werden. Damit wird versucht eine Ambiguität der Dawkinschen Terminologie von Replikatoren und Vehikeln zu beheben, da Vehikel auf der Individuenebene, Replikatoren auf der Genebene anzusiedeln sind, die Selektion aber auch von anderen Ebenen (Chromosomen, Populationen, etc.) aus rekonstruiert werden kann. Gegen die Terminologie sowohl von Hull und auch Dawkins argumentieren Gould (2002) und Godfrey-Smith in (2000). Für einen Überblick siehe Okasha (2006).

Sterelny und Kitcher hingegen behaupten, dass sich in den genannten Fällen die Dawkinssche Sprache nicht in die Sprache über Individuen übersetzen lassen kann, „because the competition is among builders of a single vehicle.“ (Sterelny und Kitcher 1988:355)

Im Falle der ‚meiotic drive Gene‘ ist das Ergebnis der Analyse, was genau selektiert wird, jedenfalls von dem zeitlichen Rahmen abhängig, der gesteckt wurde um die evolutive Entwicklung zu beobachten. Bei Sterelny und Kitcher wird nur der zeitliche Rahmen bis zur vollständigen Ausbreitung der t-Allele betrachtet. Hier liegt der Fokus auf der Ausbreitung der t-Allele von einer Generation zur nächsten, denn nur so macht es Sinn, dass sie von einem Wettkampf von Allelen sprechen, die die t-Allele auch gewinnen (a. a. O.). Anders hingegen sieht das Ergebnis aus, wenn man den evolutiven Verlauf über mehrere Generationen hinweg beobachtet. Auch wenn man hier eine Dawkinssche Auffassung von Selektion anlegt, also einer die vom Überleben der Replikatoren spricht (Dawkins 1982:82), so kann man nicht sagen, dass diese ‚meiotic drive Gene‘ in Bezug auf mehrere Generationen als die fitteren auszuzeichnen sind, denn schließlich werden sie – wenn alle Männchen steril sind – nicht mehr weitergegeben und haben damit nicht überlebt. Man kann also immer noch die individualistische Version erzählen, bei der die Eigenschaft der Sterilität negativ selektiert wird.[107] Die individualistische Version kann allerdings kausal auf die Genebene zurückgeführt werden, da das t-Allel direkt für die Ausprägung der Sterilität verantwortlich gemacht wird.[108] Man hätte also durch die Sicht auf der Genebene zumindest eine tiefer gehende Erklärung, als allein über die phänomenale Ebene.[109]

Als allein auf der Ebene der Gene zu erzählende Story wäre der Fall zu überlegen, dass ‚meiotic drive Gene‘ keinen beobachteten phänotypischen Effekt – weder positiv noch negativ – haben und sich dann durchsetzten. Angenommen ein ‚meiotic drive Gen‘ würde für ein Protein kodieren, dessen Expression sich nur in einem Maße von seinem Allel-kodierten unterschiede, dass das Protein immer noch in einer festgelegten Kategorie passen würde.[110] In solch einem Fall greift die Behauptung von Sterelny und Kitcher, dass der ‚gene's eye view‘ die einzige Erklärung bietet. Denn man kann auf individueller Ebene nur feststellen, dass bei genotypischer Varianz der

[107] Peter Godfrey-Smith und Richard Lewontin machen auf diesen zeitlichen Aspekt aufmerksam:

„[I]t is still necessary to make a decision about the temporal grain of these [evolutionary] trajectories. If the entire trajectory within and between generations is demanded, then clearly [...] something more than simple allelic information is needed in some cases. If only the trajectory between generations is of interest, the question of the required dimensionality is different.“ (Godfrey-Smith und Lewontin. 1993:378)

[108] Die genauen kausalen Zusammenhänge konnten allerdings bislang m. W. nicht rekonstruiert werden. (Vgl. Lyon 2005)

[109] Ähnliches ließe sich dann z. B. für den Fall der Sichelzellanämie oder den Industriemelanismus sagen.

[110] In einem solchen Fall, bei dem es phänomenal gar keine Ansatzpunkte gibt, wäre ein Analysegang von vorneherein schon zu Beginn auf die Genebene festgelegt. Ansatz einer solchen Untersuchung wäre ein bekanntes Gen, bei dem interessiert, wie es über Generationen hin vererbt wird.

gleiche Phänotyp erhalten bleibt, die Einheit der Selektion wäre hier allein das Allel. Wenn also nur auf der Ebene der Gene eine Selektion stattfindet – es kann eben keine Hierarchie der Interaktoren aufgestellt werden, sondern einziger Interaktor ist das Allel –, kann auch nur der ‚gene's eye view' eine Erklärung bieten[111] und andere Ebenen spielen hier keine Rolle.

Ein weiteres Beispiel, das Sterelny und Kitcher anführen, um die regional fundamentale Stellung des gene's eye view gelten zu machen, ist der Fall des ‚extended phenotype'. Hier werden tatsächlich Individuen-übergreifend Merkmale ausgemacht, die durch das komplexe Zusammenspiel von z. B. Parasiten-Wirt-Interaktionen zustande kommen.

> Dawkins suggests that the traits in question [traits which decrease the prospects of reproduction of the hosts and enhance those of the parasites, SH] should be viewed as adaptations – properties for which selection has occured – even though they cannot be seen as adaptations of the individuals whose reproductive success they promote, for those individuals do not possess the relevant traits. Instead, we are to think in terms of selectively advantageous characteristics of alleles which orchestrate the behavior of several different vehicles, some of which do not include them. (Sterelny und Kitcher 1988:357)

Auf den ersten Blick kann man hier tatsächlich eher davon sprechen, dass es bestimmte Gene sind, die anscheinend ‚überleben'. Aber diese Story kann genauso gut auf der Ebene der Individuen erzählt werden – oder auch auf der Ebene der (Wirt-Parasiten-)Gruppe –, denn der von Parasiten befallene Wirt wird negativ selektiert und der Parasit, durch seine Fähigkeit den Wirt in seinem Sinne positiv zu beeinflussen, positiv selektiert. Die Gruppe aus Wirten und Parasiten wird – ähnlich wie Räuber-Beute-Gruppen –, so selektiert, dass nur ein gewisses Gleichgewicht evolutionär von Vorteil ist. Es kann bei den Fällen des ‚extended phenotype' zwar die Story auf der Ebene der Gene erzählt werden, aber sie kann auch anders beschrieben werden und damit kann in diesem Fall keine Vorrangstellung des gene's eye view angenommen werden. Zu überlegen ist auch, dass im Falle der Story vom ‚gene's eye view', zumindest nicht zuvor eine phänomenale Beschreibung methodisch der genetischen vorausgesetzt werden muss, denn immerhin sind es bestimmte Gene, die für bestimmte Eigenschaften zuständig sind (z. B. zur Produktion eines Juvenilhormons im Falle des Parasiten Nosema)[112] und ausgehend von der Evaluation dieser Eigenschaften, hinsichtlich eines selektiven Vor- oder Nachteils, wird eine Analyse üblicherweise beginnen.

Insgesamt kann nach den vorgelegten Überlegungen nur in dem Fall von einer fundamentalen Stellung des ‚gene's eye view' ausgegangen werden, wenn man wie im Fall der t-Allele die Zeitspanne der evolutionären Veränderung hinreichend klein wählt oder aber bei Interaktoren – also Entitäten, die selektiert werden –, die nur auf der Genebene auszumachen sind. Im Bereich der Fälle, bei denen die phänomenale kausal auf die genetische Perspektive reduzierbar ist, kann in dem Sinne von einer fundamentalen Stellung gesprochen werden, dass die Ursache des Phänomens auf

---

[111] Was allerdings schon fast einer Tautologie gleichkommt und damit keinen Umbruch im Denken zur Folge haben sollte.

[112] Vgl. Fußnote 101.

genetischer Seite bekannt ist. Und man kann sagen, wenn das phänotypische Merkmal selektiert wird, dass dann auch das/die Gen(e) für das entsprechende Merkmal selektiert wird/werden. Die Genebene ist allerdings keineswegs zwingend als die einzig richtige Ebene anzusehen, sondern man muss dies vor dem Hintergrund der jeweiligen evolutionären Fragestellung entscheiden.

Der ‚gene's eye view' als allgemein anwendbare Beschreibungsebene? Eine fundamentale Stellung des ‚gene's eye view' kann also nur in bestimmten Fällen ausgemacht werden. Bleibt noch zu überlegen, ob nicht zu jeder Story, die auf der Individuenebene erzählt wird, auch eine Story auf der Genebene erzählt werden kann, die dann die kausalen Zusammenhänge der Vererbung bestimmter Merkmale verdeutlicht. Es stellt sich also die Frage, ob diese Perspektive wie Sterelny und Kitcher behaupten die allgemeine Ebene ist, die immer Anwendung finden kann. Kann es Fälle geben, bei denen der ‚gene's eye view' keine passende Beschreibungsebene darstellt?

Sterelny und Kitcher haben gezeigt, dass der von Sober angeführte Fall der heterozygoten Überlegenheit[113] (als Beispiel für ein Phänomen, das nicht vom Dawkinsschen Standpunkt verstanden werden kann) kein Fall ist, der nicht auch auf der Genebene beschrieben werden kann (vgl. Sober 1984a; Sterelny und Kitcher 1988) Nach Sober ist die heterozygote Überlegenheit nicht in den ‚gene's eye view' zu übersetzen, da es sich immer um eine Kombination von Allelen eines Gens handelt und nicht um ein Gen alleine, das den selektiven Unterschied macht. Nach Sterelny und Kitcher ist die Übersetzung allerdings doch möglich, da sie diesen Fall als eine Subinstanz der frequenzabhängigen Selektion[114] sehen, die auf der Genebene arbeitet. Sie greifen damit einen Gedanken Dawkins' auf:

> As far as a gene is concerned, its alleles are its deadly rivals, but other genes are just part of its environment, comparable to temperature, food, predators, or companions. The effect of the gene depends on its environment, and this includes other genes. Sometimes a gene has one effect in the presence of a particular other gene, and a completely different effect in the presence of another set of companion genes. The whole set of genes in a body constitutes a kind of genetic climate or background, modifying and influencing the effects of any particular gene. (Dawkins 2006:37)

Also kann ein Fall, bei dem Allele identifiziert wurden, deren *Kombination* für eine bestimmte phänotypische Ausprägung verantwortlich gemacht werden kann – also

[113] Die Ausdrücke Heterozygotie bzw. Homozygotie entstammen der mendelschen Genetik. In diploiden Organismen sind diese heterozygot auf ein bestimmtes Merkmal, wenn die entsprechenden Gene (mögliche Ausprägung eines bestimmten Gens z. B. A oder a) auf homologen Chromosomen in verschiednene Allelen (Aa) vorliegen. Dementsprechend sind sie homozygot, wenn die Allele gleich sind (aa oder AA). Allele sind bestimmte Ausprägungsformen von Genen. Bei der heterozygoter Überlegenheit (Heterosis) sind heterozygote Organismen im selektiven Vorteil gegenüber den homozygoten. Ein Beispiel hierfür wäre die Sichelzellanämie, bei der homozygote Menschen entweder anfällig für Malaria oder anämisch sind, heterozygote Menschen nicht anämisch und resistent gegenüber der Malaria sind.

[114] Unter frequenzabhängiger Selektion versteht man die Selektion eines Phänotyps, die in Abhängigkeit seiner Häufigkeit in einer Population auftritt. Beispiele wären z. B. Warnfärbungen, die besser wirken, wenn sie häufiger vorkommen.

die eine Beschreibung auf Ebene des Genotyps[115] auf den ersten Blick sinnvoller macht –, auch auf der Genebene adäquat geschildert werden.[116]

In dem von Sterelny und Kitcher angeführten Beispiel handelt es sich jedoch um ein Beispiel, das stellvertretend für Fälle steht, bei denen die Zuordnung von Merkmal und Genebene bzw. Genotypebene bekannt und relativ einfach ist. Schwieriger stellt sich die Sache dar, wenn – wie bei Dawkins zu finden – komplexe Eigenschaften wie z. B. der Altruismus auf der Genebene[117] lokalisiert werden.

Komplexe Eigenschaften wie Altruismus, Intelligenz oder Aggression sind von einem ebenfalls komplexen Zusammenspiel vieler Gene abhängig. Zudem sind diese Eigenschaften nicht nur von der genetischen Ausstattung, sondern auch von der Sozialisation, der Umwelt und nicht zuletzt beim Menschen auch von der Entscheidung geprägt, ob man diese Eigenschaften pflegen oder ablegen möchte. Bleibt man aber – ‚for the sake of the argument' – bei dem Ansatz, dass alle Eigenschaften von Genen direkt verursacht sind, dann ist keineswegs nur ein Gen für die betreffende Eigenschaft anzunehmen, sondern viele Gene, die über das ganze Genom verteilt sind (vgl. Dupré 1993:129–131).

Würde man hier Gene aus molekulargenetischer Sicht auffassen, als DNS-Abschnitte, die für bestimmte Proteine kodieren, die regulative Funktionen übernehmen, dann hätte man es mit dem Problem zu tun, dass komplexe Eigenschaften auf

---

[115] Es ist wichtig hier zwichen Genebene und der Ebene des Genotyps zu unterscheiden, denn die Genebene fokussiert einzelne Gene, der Genotyp die Gesamtheit des Genoms. Hier kommt es auch darauf an was unter einem Gen genau verstanden wird, nach Dawkins evolutionären Genkonzept gilt:

„A Gene is defined as any portion of chromosomal material that potentially lasts for enough generations to serve as a unit of natural selection. [...] a gene is a replicator with high copying-fidelity." (Dawkins 2006:28)

Hier ist der Begriff des Gens nicht daran gebunden, dass es zu einer phänotypischen Ausprägung kommt. Später im ‚Extended Phenotype' ist ein aktiver Replikator sehr wohl daran gebunden sich phänotypisch auszuprägen(vgl. Dawkins 1982, Kap. 5; siehe zum Begriff des Gens Kap. 3.6)

[116] Indem Allele als Teile der gegenseitigen Umwelt angesehen werden:

„Just as we can give sense to the idea that a treit of being melanic has a unique environment-dependent effect on survival and reproduction, so too we can explicate the view that property of alleles, to wit, the property of directing the formation of a particular kind of hemoglobin, has a unique environment-dependent effect on survival and reproduction. The alleles form parts of one another's environments, and, in an environment with a copy of the A allele is present, the typical trait of the S allele (namely, directing the formation of deviant hemoglobin) will usually have a positive effect on the chances that copies of that allele will be left in the next generation." (Sterelny und Kitcher 1988:343)

[117] Dawkins spricht von ‚altruistic genes'. Die von Dawkins unterstellte These, dass die Ursache des Altruismus auf genetischer Basis zu finden ist, ist nur vor dem Hintergrund zu erklären, dass die Gene selber ihre Weitergabe anstreben würden.

„The key point of this chapter [Genesmanship] is that a gene might be able to assist *replicas* of itself that are sitting in other bodies. If so, this would appear as individual altruism but it would be brought about by gene selfishness." (Dawkins 2006:88)

Eine quasi Homunculi-Story ist aber aus offensichtlich Gründen abzulehnen. Gene erkennen nicht ihre Kopien, da sie gar keine Fähigkeit haben etwas zu erkennen. Nichtsdestoweniger hat der ‚gene's eye view' geholfen altruistische Merkmale vom evolutionären Standpunkt aus zu verstehen.

der Genebene auf eine unüberschaubare Anzahl von Arten und Weisen repräsentiert sein können.[118] In diesem Fall könnte keine sinnvolle Zuordnung von Genen, die für eine komplexe Eigenschaft kodieren, bestimmt werden.[119]

Interessant ist hier, wie Dawkins und auch Sterelny und Kitcher in diesem Zusammenhang ‚Gene für etwas' definieren. Es ist keineswegs so, dass ‚Gene für etwas' im Sinne einer Bohnensackgenetik[120] isoliert nebeneinander als für bestimmte Proteine kodierend angenommen werden, sondern sie werden als „difference maker" (vgl. Sterelny und Griffith 1999:4.3; vgl. Kap. 3.6) aufgefasst:

> [W]e can speak of genes for X if substitutions on a chromosome would lead, in the relevant environments, to a difference in the X-ishness of the phenotype. (Sterelny und Kitcher 1988:348)

Dementsprechend können z. B. Gene für die komplexe Eigenschaft ‚lesen können' ausgemacht werden, indem Loci identifiziert werden, deren Abweichung von einem Standard zur Dyslexie führt. Das Problem bei diesem Ansatz ist allerdings, dass hier ‚Gene für etwas' immer schon vor dem Hintergrund eines genetischen Standardhintergrunds ausgezeichnet werden. Sie sind kontext-sensitiv. Wenn allerdings der Kontext eine Rolle spielt, dann kann man nicht einfach von einem gene's eye view sprechen, sondern von einem ‚gene in context X view', wobei X der Genotyp des entsprechenden Lebewesens ist.[121] Man hätte damit keine hinreichende Ursache für eine komplexe Eigenschaft, sondern lediglich eine notwendige Bedingung ausgemacht. Und vielleicht auch nicht einmal das, wenn z. B. eine Mutation des entsprechenden Gens bei gleichzeitiger Änderung des genomischen Gesamtkontextes – was unwahrscheinlich, aber denkbar ist – zu einer Kompensation der erwarteten Merkmalsbeeinträchtigung führen würde.

Im Fall der komplexen Eigenschaften scheint der genetische Level nicht die adäquate Beschreibungsebene zu sein. Die Erzählung der evolutionären Story führt hier

[118] Es kann der Fall sein, dass mehrere Gene an der Ausprägung eines Merkmals beteiligt sind (Polygenie) und dass ein Gen an der Ausprägung mehrerer Merkmale beteiligt ist (Pleiotropie).

[119] Der Versuch einer Reduktion der Mendelschen auf die Molekulargenetik wäre ungefähr folgendermaßen aufzufassen: „In one view, the ‚corrections' in Mendelian genetics that would be required in order to reduce it to molecular genetics are so large that this project resembles the frivolous proposal to ‚reduce' phlogiston to oxygen." (Sterelny und Griffith 1999:135) (Wobei die Autoren natürlich nicht davon ausgehen, dass die Mendelsche Genetik wie die Phlogistontheorie als überholte wissenschaftliche Theorie anzusehen ist.)

[120] Der Begriff wurde von Ernst Mayr geprägt, um einen Ansatz in der Genetik zu charakterisieren, bei denen Gene als isolierte Funktionseinheiten betrachtet werden.

[121] John Dupré schreibt zu dieser Problematik:
„[W]hen we start talking about genes for extremely complex phenotypic traits such as intelligence or aggressiveness or, for that matter, physical size or disposition to heart failure, there are large, perhaps vast numbers of DNA segments that satisfy the definition for genes for these traits. [...] This might well amount to a substantial proportion of the genome. The subset of these genes that would satisfy the official definition of ‚gene for intelligence' is the presumably very large subset of these that exhibit some variation in the population. Talk of such genes is unrelated to any attempt to illuminate structural processes that ground the development of intelligence." (Dupré 1993:130f.)

auf höheren Selektionsstufen explanatorisch weiter, während sie auf der Genebene zu detailreich und kompliziert ist, um eine erklärende Rolle übernehmen zu können.

Es gibt allerdings noch einen Bereich der evolutionären Entwicklung, die den ‚gene's eye view' völlig außen vor lässt, nämlich jene, bei der die ‚Vererbung von Merkmalen' nicht auf der genetischen, sondern auf kulturell-sozialer Basis zu erklären ist.[122] Diesen Gedanken hat bereits Dawkins in ‚The Selfish Gene' angelegt und zwar mit der These, dass die Entwicklung der menschlichen Kultur auch unter der Evolutionstheorie zu fassen sei. Hier werden sogenannte Meme[123] als Replikatoren bestimmt, die von Generation zu Generation weitergegeben werden. Während insbesondere im ‚Extended Phenotype' das Verhalten von Lebewesen als Ausdruck ihrer genetischen Ausstattung interpretiert wird, sieht Dawkins die Evolution des Menschen bzw. der Kultur des Menschen als einen Sonderfall an:

> The argument I shall advance, surprising as it may seem coming from the author of the earlier chapters, is that, for an understanding of the evolution of modern man, we must begin by throwing out the gene as the sole basis of our ideas on evolution. I am an enthusiastic Darwinian, but I think Darwinism is too big a theory to be confined to the narrow context of the gene. (Dawkins 2006:191)

Abgesehen davon, dass sich durch die Analogie von Genen und Memen einige Schwierigkeiten ergeben,[124] kann dennoch sinnvoll von einer Rekonstruktionsmöglichkeit der kulturellen Evolution von Lebewesen auf der Basis der Evolutionstheorie ausgegangen werden. Und diese Möglichkeit bezieht sich nicht nur auf die Entwicklung der menschlichen Kultur, sondern kann auch Anwendung bei den Lebensgewohnheiten von anderen (lernfähigen) Lebewesen finden (vgl. Avital und Jablonka 2000).[125]

---

[122] In dieser Arbeit wird keine Stellungnahme dazu erarbeitet, in wie weit es sinnvoll ist, die Evolutionstheorie auf die kulturelle Entwicklung von Lebewesen anzuwenden. Sie wird aber als eine mögliche Perspektive, diese Entwicklung zu rekonstruieren, betrachtet.

[123] Unter einem Mem versteht Dawkins eine Entität, die ‚von einem Gehirn zum anderen weiter gegeben werden kann'. Als Beispiele führt er bestimmte Melodien, die Idee der Darwinschen Theorie u. a. an.

[124] In der Debatte um die Meme werden häufig folgende Punkte angeführt, die gegen die Mimetik sprechen: Kultur kann nicht in diskrete Einheiten atomisiert werden – hier haben wir aber auch gesehen, dass das im Fall der Gene für komplexe Eigenschaften ebenfalls nicht der Fall ist; es sind keine klaren Gesetzmäßigkeiten bei der Weitergabe der Einheiten der kulturellen Einheiten zu erwarten, wie das bei den Genen der Fall ist, daher können keine Vererbungslinien ausgemacht werden; und kulturelle Einheiten können nicht als Kopien – also nicht mit hoher Wahrscheinlichkeit als identisch mit dem Vorfahren – angesehen werden, sondern eher als Nachahmungen (vgl. Lewens 2008).

[125] „Given the existence of patterns of behaviour that are reliably transmitted from one generation to the next and are selected at the ‚cultural' not the genetic level, it is illogical to base theories about evolution of behaviour solely on specific brain modules that were constructed via the selection of genes. The course of the evolution of behaviour cannot be described and understood without incorporating ‚culture' as an active and interacting evolutionary agent that effects the selection of genes. Genes are not enough." (Avital und Jablonka 2000:11)

Durch die zuvor gemachten Überlegungen ist klar, dass der gene's eye view in manchen Fällen seine eigene Berechtigung erhält und nicht nur als abgeleitet anzusehen ist (z. B. ‚meiotic drive'). In vielen Fällen lässt sich eine Story, die vom Individuum oder der Gruppe ausgeht, mit informativem Zugewinn vom ‚gene's eye view' aus erzählen. Allerdings gibt es auch Fälle, bei denen der ‚gene's eye view' keine relevanten Informationen liefert (z. B. im Falle komplexer Eigenschaften oder kultur-sozialer Selektion) und dementsprechend können Ebenen ausgemacht werden, bei denen zwar eine Story auf Genebene erzählt werden kann, dies aber keinen erklärenden Vorteil darstellt und z. T. sogar als redundant angesehen werden kann. In diesem Sinn ist wohl auch Elliot Sober zu verstehen, der die These, dass natürliche Selektion immer in der Hinsicht auf Gene und deren Eigenschaften repräsentiert werden kann, als trivial bezeichnet (vgl. Sober 1990). Man kann zwar meist die Genebene wählen, aber sie ist nicht immer die adäquate Ebene, um die Phänomene zu erklären. Also sind weder die ursprüngliche Dawkinssche Version eines monistisch-genetischen Selektionismus noch die, die der Analogie zum Necker-Würfel entstammt, dass es (mindestens) zwei gleichberechtigte Perspektiven gibt, anzunehmen. Vielmehr ist kasuistisch zu klären, welche Perspektive vor dem Hintergrund der jeweiligen Fragestellung die adäquate Erklärung liefert. Hier kann es vorkommen, dass es gleichberechtigte Perspektiven gibt, aber auch, dass eine Perspektive besser erklärt als die andere.

Die Praxis der grünen Gentechnik kann – wenn sie im Freiland zum Einsatz kommt – als ein züchterischer Sonderfall betrachtet werden, da hier der Verlauf der ökosystemaren Einbettung von einem menschlich festgesetzten Startpunkt aus betrachtet werden kann, insbesondere unter der Wirkung eines Genproduktes. Dabei ist der ‚gene's eye view' aber nicht zwingend einzunehmen, denn auch in diesem Fall muss der genetische Background sowie andere Ebenen, die im Bereich der Selektion eine Rolle spielen, in die Betrachtung mit einbezogen werden. Die grüne Gentechnik wird sich also als ein Fall darstellen, bei dem der ‚gene's eye view' informativ erklärend ist, bei dem je nach Fragestellung aber auch eine Entwicklung vom Individuum her oder von der Gruppe aus gesehen werden kann und muss.

3.2.6 Zusammenfassung

Um zu klären was der Begriff Lebewesen überhaupt bedeutet, ist es notwendig, sich zuerst zu überlegen, auf welche Weise dieser Begriff konstituiert ist. Das lebensweltliche Fundament der Rede von Lebewesen ist die konstative Redehandlung, in der einem Gegenstand das Prädikat ‚ist lebendig' zugesprochen wird. Die lebensweltliche Praxis wurde in Kap. 2 als das Ensemble derjenigen Handlungen und Handlungsregeln expliziert, denen gemäß das Thematisieren, Objektivieren und Konstituieren von Sachverhalten zu einer Welt geschieht (vgl. Gethmann 1987:286). Die lebensweltliche Prädikation ‚ist lebendig' kann in dem Sinne verstanden werden, dass Gegenständen der Welt diese Eigenschaft zugesprochen wird.

Dieser so trivial anmutende letzte Satz birgt einigen Explikationsbedarf, da sowohl der Begriff des Gegenstands[126] als auch Begriff der Welt Missverständnisse herausfordert. Die Explikation erfolgt hier in Anlehnung an Kamlah und Lorenzen, die darauf hingewiesen haben, dass wir uns über die Sprache die Welt erst erschließen:

> Daß wir uns in der Welt überhaupt zurechtfinden, beruht darauf, daß wir fort und fort Gegenstände wiedererkennen, die uns zwar oft nicht als ‚diese' Einzeldinge (als ‚Individuen', wie man auch sagt), wohl aber als Beispiele, als ‚Exemplare' von etwas ‚Allgemeinen' bereits bekannt sind. [...] Die Sprache mit ihren Eigennamen und Prädikatoren ist es also, die uns unsere Welt ‚immer schon' erschließt, immer schon bekannt und vertraut macht. (Kamlah und Lorenzen 1996:45f.)

‚Das Lebewesen' verweist aber nicht auf einen Gegenstand, denn es kann kein Gegenstand diesbezüglich exemplifiziert werden bzw. es gibt keine direkte Antwort auf die Frage: ‚Was ist ein Lebewesen?'. Diese Frage beschwört nur Scheindebatten herauf, die Mathias Gutmann als ein hoffnungsloses Suchen nach Sprachgespenstern bezeichnet hat (vgl. Gutmann et al. 1998).

Die Schwierigkeiten, die sich hinsichtlich solcher Fragen ergeben, hat Wittgenstein folgendermaßen charakterisiert:

> Die Frage ‚Was ist Länge?', ‚Was ist Bedeutung?', ‚Was ist die Zahl Eins?' etc. verursachen uns einen geistigen Krampf. [...] (Wir haben es hier mit einer der großen Quellen philosophischer Verwirrung zu tun: ein Substantiv lässt uns nach einem Ding suchen, das ihm entspricht.) (Wittgenstein 1984b:15)

Diese Problematik hat Kant unter dem Begriff der ‚transzendentalen Amphibolie' verhandelt und die entsprechenden Begriffe, die dazu verleiten, als Reflexionsbegriffe bezeichnet.[127] Einen Vorschlag, wie die Reflexionsbegriffe aufgefasst werden

---

[126] Gegenstände sind nach Kamlah und Lorenzen keine Prädikatoren, sondern der Ausdruck Gegenstand bezeichnet erstens dasjenige, dem jeweils ein Prädikator zugesprochen wird und zweitens dasjenige, das jeweils durch einen Eigennamen benannt wird:

„Gegenstand' ist kein Prädikator – obwohl es so ‚aussieht', sich so ‚anhört' – sondern lediglich, nun einmal bildlich gesprochen, so etwas wie ein verlängertes ‚dies' (ein verlängertes Demonstrativpronomen – in der Sprache der Grammatik)." (Kamlah und Lorenzen 1996:40)

Als Gegenstand werden also alle Konkreta bezeichnet, auf die im Rahmen einer deiktischen Handlung hingewiesen werden kann, wobei die deiktische Handlung nicht auf die präsentische Zeigehandlung beschränkt ist, sondern im übertragenen Sinn wird im Vollzug einer Prädikation auf etwas hingewiesen.

[127] Reflexionsbegriffe sind bei Kant Begriffe der Vergleichung, wobei bereits ‚gegebene Begriffe' in einer ‚logischen Reflexion' (als ‚bloße Komparation') – verbunden mit einer ‚transzendentalen Reflexion' – klassifiziert werden. Durch die ‚transzendentale Reflexion' soll die Amphibolie der Reflexionsbegriffe beurteilt werden, die in der Gefahr besteht, dass logische Konstruktionen (‚reine Verstandesobjekte') mit Sachverhalten (‚Erscheinungen') verwechselt werden (vgl. Schwemmer 2004). Kant schreibt selbst:

„Die Begriffe können logisch verglichen werden, ohne sich darum zu kümmern, wohin ihre Objekte gehören, ob als Noumena für den Verstand, oder als Phaenomena für die Sinnlichkeit. Wenn wir aber mit diesen Begriffen zu den Gegenständen gehen wollen, so ist zuvörderst transzendentale Überlegung nötig, für welche Erkenntniskraft sie Gegenstände sein sollen, ob für den reinen Verstand, oder die Sinnlichkeit. Ohne diese Überlegung mache ich einen sehr unsicheren Gebrauch von diesen Begriffen, und es entspringen vermeinte synthetische Grundsätze, welche die kritische Vernunft nicht anerkennen kann, und die sich lediglich auf einer transzendentalen Amphibolie, d. i. einer Verwechselung des reinen Verstandesobjektes mit der Erscheinung gründen." (Kant KrV B 325/A269)

können, liefert Peter Janich. Die hier als Reflexionstermini bezeichneten Begriffe reflektieren auf unser Sprechen und dienen der Sortierung der entsprechend verwendeten Wörter. Als Beispiel wird hier das Adjektiv ‚räumlich' angeführt, das einen Bereich des Redens in räumliche Sprachstücke kategorial zusammenfasst. Reflexionstermini sind somit „metasprachliche Bezeichnungen zum Zwecke der Unterscheidung, Klassenbildung und Reflexion objektsprachlicher Ausdrücke." (Janich und Weingarten 1999:120) Das Verfahren der Begriffsbildung über Reflexionstermini umfasst dabei zwei Stufen: Auf der ersten Stufe findet ein Übergang von objektsprachlichen Sachverhalten zu metasprachlichen Bezeichnungen statt. Auf der zweiten Stufe findet dann die Substantivierung statt.

‚Das Lebewesen' wäre damit als Substantivierung der adjektivischen Verwendung von ‚ist lebendig' zu rekonstruieren (vgl. Janich 2004). Es wird also kein neuer Gegenstand ‚erzeugt' sondern das Substantiv ‚Lebewesen' kann als abkürzende Redeweise für eine bestimmte Prädikation gesehen werden. Analog „zu ‚dem Raum' kann von ‚dem Lebewesen' im Sinne zusammenfassender Rede über apprädikative Bestimmungen gesprochen werden." (Gutmann et al. 1998) Durch die Klärung der Frage: ‚Wann darf ich einem Gegenstand das Prädikat ‚ist lebendig' zusprechen?' wird gleichzeitig geklärt, was der Begriff ‚Lebewesen' bedeutet, wobei die inhaltsgleiche Umformulierung berücksichtigt werden muss.

Es stellt sich nun die Frage, in welcher Hinsicht die Unterscheidung zwischen unbelebten und belebten Gegenständen möglich wird.

Die in Kap. 3.2 skizzierten und kritisierten Ansätze versuchen alle Aussagen der Form ‚x ist lebendig', ‚x lebt', ‚x ist ein Lebendiges' oder ‚x ist ein Lebewesen' zu explizieren. Die Probleme, die sich dabei ergeben, gehen weitgehend darauf zurück, dass die jeweiligen Versuche, Definitionskriterien zu geben, stark ontologisch aufgeladen und mit einem gewissen Ausschließlichkeitsanspruch verstanden werden. So wird im neoaristotelischen Ansatz das Wesen des ‚Lebendigen' analysiert, im systemtheoretischen Ansatz das ‚offene System' akzentuiert, im Gestalttheoretischen nach den Kriterien der ‚Gestalthaftigkeit' definiert, in den reduktionistischen Ansätzen die Ebene der Gene in den Vordergrund gerückt. Dabei gehen Vertreter der entsprechenden Ansätze davon aus, *das* Merkmal des Lebendigen gefunden und analysiert zu haben.

Nach manchen Systemtheoretikern sind die Aussagen ‚x ist ein offenes System' und ‚x ist lebendig' als synonym zu betrachten und damit austauschbar. Dabei wird nicht beachtet, dass die Prädikatoren ‚ist lebendig' und ‚ist ein offenes System' sich in ihrer Bedeutung – in ihrer Intension und der Extension – unterscheiden. Man kann nicht ohne weiteres im Sinne einer Synonymie von ‚x ist ein offenes System' zu ‚x ist lebendig' übergehen. Im Fall des systemtheoretischen Ansatzes wurde hier z. B. darauf verwiesen, dass allein vor dem systemtheoretischen Hintergrund der Explikation des Begriffs Lebewesen nicht alle Bereiche der Biologie (z. B. die Ethologie) abgedeckt werden können (vgl. Kap. 3.2.2.4).

Zu der Schwierigkeit, einen Monismus für die jeweilige Position geltend machen zu können, treten bei den einzelnen Ansätzen auch Probleme hinzu, die die jeweilige

Position selber betrifft. Hier wurden fünf mögliche theoretische Kontexte vorgestellt, auf deren Basis der Begriff des Lebewesens expliziert wurde.

Der neo-aristotelische Ansatz versucht die Substanzmetaphysik Aristoteles' mit dem Konzept des Lockeschen Sortals zu verbinden. Hier wurde gezeigt, dass der Neo-aristotelismus mit einem zu gehaltvollen Existenzbegriff arbeitet, der unter Anwendung von Ockham's Razor auf seine formale Basis (im Sinne des Existenzquantors) begrenzt werden sollte. Als Prädikator zweiter Stufe, der Auskunft darüber gibt ob Begriffe leer sind oder nicht, kann er aber nicht mehr die entscheidende Rolle in der neo-aristotelischen Explikation des Begriffs Lebewesen spielen. Die Unterscheidung der substantiellen und akzidentiellen Prädikatoren unter Rückgriff auf den Sortalbegriff erscheint ebenfalls verfehlt, denn hier wurde gezeigt, dass eine identifizierende Handlung auch unter der Anwendung von sogenannten charakterisierenden – nicht-sortalen – Prädikatoren möglich ist, so dass eine generelle Vorrangstellung der substantiellen – sortalen – Prädikatoren bei der Identifizierung nicht angenommen werden kann. Eine behauptete Sortalabhängigkeit der Individuierung wurde hier als ein Fall von Individuierung über Prädikatorenregeln, speziell für sortale Prädikatoren, expliziert. Den Begriff des Lebewesens als einen sortalen Begriff aufzufassen, ist auch biologisch einigen Problemen ausgesetzt. So können z. B. Exemplare, die in die Gruppe der Pilze fallen, prinzipiell beliebig zerteilt werden und aus den Teilen würden immer wieder Pilze derselben Art erwachsen, so dass hier das für die Sortalität wichtige mereologische Kriterium als nicht erfüllt gilt. Eine behauptete ‚aristotelian nature' von Lebewesen wurde als redundant qualifiziert.

Was bleibt nun vom aristotelischen Ansatz? In gewisser Weise können die essentiellen Eigenschaften, die für etwas postuliert werden, als Wittgensteins ‚definierende Kriterien' aufgefasst werden. Essentiell sind sie aber nur in dem Sinne, dass sie für einen bestimmten Zweck als geeignete Mittel ausgezeichnet sind und definitorisch fixiert wurden. Wenn z. B. in der Paläontologie über bestimmte Untersuchungsverfahren festgelegt wird, dass über diese entschieden wird, ob eine Entität als ehemals lebendig ausgezeichnet werden kann, dann sind hier für die Fragestellung dieser Disziplin essentielle Eigenschaften festgelegt worden.Diese Eigenschaften werden aber nicht allein durch die Dinge festgelegt, sondern sind durch die Fragestellungen, die wir an die Dinge herantragen, mitbestimmt.

Der unter die Systemtheorie fallende Ansatz, Lebewesen als autopoietische Systeme aufzufassen, welche die notwendigen und hinreichenden Eigenschaften bereitstellen, um Lebewesen als solche auszuzeichnen, wurde als ebenfalls defizitär ausgewiesen. Vor allem wurden hier die Annahme einer monistisch-hierarchischen Struktur der Wirklichkeit, der unterliegende mechanistische Physikalismus und die Gleichsetzung von Systemen mit in der Wirklichkeit vorzufindenen Ganzheiten kritisiert. Demgegenüber wird geltend gemacht, dass die Klassifikation der Wirklichkeit unter verschiedenen Fragestellungen unterschiedlich ausfallen kann und dass dadurch auch die Dependenzbeziehungen zwischen den Stufen unterschiedlich ausbuchstabiert werden müssen. Dadurch kommt es aber auch zu einer unterschiedlichen

Auffassung von ,Lebewesen', wenn diese in verschiedenen Hierarchien eingegliedert werden. Die von den kritisierten Autoren Maturana und Varela unterstellte Autopoiesis, als notwendige und hinreichende Eigenschaft der Lebewesen, wurde zurückgewiesen unter Verweis darauf, dass die Umdefinition eines Prädikators, welche dem üblichen Gebrauch entgegensteht, gesondert gerechtfertigt werden muss. Dies wird von den Autoren aber nicht geliefert.

Die Idee von Teil-Ganzes-Beziehungen und von hierarchischen Einbettungen im Kontext von Erklärungen, die die lebendige Welt betreffen, wird aber als heuristisches Instrument für durchaus wertvoll betrachtet. Es muss allerdings vor dem jeweiligen Fragehintergrund eine Anpassung von Klassifikationen vorgenommen werden.

Richard Dawkins' ,gene's eye view', der Lebewesen als Vehikel der Gene auffasst, wird hier ebenfalls als heuristisch wertvoll ausgezeichnet, allerdings kann auch hier kein Alleinstellungsanspruch angenommen werden. Es kann keine Vorrangstellung vor anderen Ansätzen geltend gemacht werden, da z. B. im Bereich von evolutionären Fragestellungen andere Ebenen, als die der Genebene (Individuen oder Gruppen), explanatorische Vorteile bieten. Es kann zwar die Ebene der Gene immer thematisiert werden, aber sie ist nicht immer die adäquate Beschreibungsebene für bestimmte Phänomene.

Die Idee Lebewesen als Gestalten aufzufassen wurde als nicht einschlägig qualifiziert. Hier kann davon ausgegangen werden, dass die ,Gestalt' als Begriff zweiter Stufe aufzufassen ist, der auf einer Metaebene verschiedene Konzeptionalisierungen des Begriffs Lebewesen bzw. auf Klassifikationsmöglichkeiten von Lebewesen Anwendung finden kann. Der metaphysische Ansatz wurde aufgrund seines hoch spekulativen Anteils und des hohen Beliebigkeitsgrades disqualifiziert.

Die verschiedenen skizzierten und kritisierten Ansätze dessen, wie und als was das ,Lebendige' zu verstehen ist, sind als eine ,Familie von Fällen' zu verstehen, bei der, unter verschiedenen Umständen, verschiedene Kriterien dafür angewendet werden, dass etwas lebendig ist. Und diese Kriterien verdanken sich verschiedenen Modellen, oder Theorien, die zur Zusammenfassung oder zur Erklärung dessen dienen, was man wahrnimmt (vgl. Wittgenstein 1984a:§ 156–171). Wird nun der Begriff des ,Lebewesens' vor dem Hintergrund eines ganz bestimmten Modells thematisiert, so sind die Kriterien dessen, was als lebendig gilt, durch den Kontext des Modells gegeben.

3.3 Natürliche Ziele

> Nature herself cannot and does not sustain teleology. This is something we bring to the table when we pick out natural selection as something important we need to explain. (Hartcastle 2002:155)

Die teleologische Erklärung ist ein Erklärungstyp, der häufiger in der Biologie als in den anderen Naturwissenschaften zu finden ist. Nach Ernest Nagel beherrscht dieser die Biologie insbesondere im Bereich der Funktionszuschreibungen vitaler Prozesse (vgl. Nagel 1974:401). Im Kontext der grünen Gentechnik erscheint es wichtig die Problematik teleologischer Erklärungen zu erläutern, da z. B. aus biozentrischer oder holistischer Sichtweise ein bestimmtes Naturverständnis vorliegt, das bei der Bewertung des menschlichen Umgangs mit Pflanzen eine Rolle spielen kann. Dieses Naturverständnis steht in naher Verwandtschaft zum aristotelischen Naturverständnis.[128] In diesem Sinne wäre die grüne Gentechnik ein unnatürliches Verfahren, da es wider das naturgegebene Ziel – also gegen das Telos – wirkt. In dem folgenden Kapitel gilt es nun zu überdenken, welche Konzeption von Teleologie vertretbar ist.

In den Wissenschaften Physik und Chemie werden Ursache-Wirkungsverhältnisse nicht final, sondern kausal erklärt. Diese Erklärungsmöglichkeit steht der Biologie durchaus offen und reicht auch in vielen Bereichen der Biologie aus. Vielfach wird aber eine finale Erklärungsweise verwendet. Ein Beispiel für teleologische Erklärungen in der Botanik ist:

> Take a cotton plant: it moves its leaves throughout the day to track the sun, and it does so *in order to* maximize the amount of sunlight that falls on its petals. Even more impressively purposeful or goal directed is the cowpea plant. When well-watered plants of this species move in a way that maximizes the amount of sunlight to fall on their leaves, they do so apparently *in order to* produce starch from water and CO_2 through a chemical reaction catalyzed by chlorophyll. And the plant produces starch *in order to* grow. But when the surrounding soil is dry, these same plants move their leaves *in order to* minimize the exposure to sunlight so that they retain water that would otherwise evaporate. (Rosenberg und McShea 2008:13)

Und nicht nur in der Biologie werden teleologische Erklärungen vorgenommen. Die Teleologie im allgemeinen Sinn als die Lehre von der Zielgerichtetheit von Vorgängen erstreckt sich auf die Phänomene der bewussten intentionalen Handlung, der Herstellung von Artefakten sowie der Organisation von Lebewesen (vgl. Hull 1998:225f.). Während bei den Phänomenen des intentionalen Verhaltens und des Herstellens von Artefakten die Vorstellung der intendierten Wirkung als Ursache durch die Fähigkeit zur Antizipation erklärbar ist, ist dies bei biologischen Vorgängen zwar gängig, aber durchaus zu hinterfragen.

Unter einer bewusst intentionalen Handlung versteht man, dass diese Handlung ausgeführt wird, weil ein bestimmter Sachverhalt herbeigeführt werden soll – es kann also ein Zweck angegeben werden, dem die Handlung dienlich ist (vgl. Schwemmer 1976; Gethmann 2007). In der Selbstdeutung wie auch in der Fremddeutung ist dieser antizipierte Sachverhalt wesentliches Element der Handlung. Auf die Nachfrage warum eine bestimmte Handlung ausgeführt wurde wird daher erklärend der Zweck der Handlung angegeben. Der Wunsch, einen entsprechenden Sachverhalt herbeizuführen, diesen Sachverhalt zu antizipieren, ist also Teil der Handlung und macht die Handlung der Beurteilung in Hinsicht auf ihre Zweckrationalität zugänglich. Dies

[128] Bei Aristoteles ist dasjenige naturgemäß, was den Grund seines Daseins und seines Wachstums in sich trägt. Im Gegensatz dazu ist das Künstliche, das was seinen Grund außerhalb seiner selbst findet, also durch Kunst/Fertigkeit oder Technik geschaffen wird. Unter dem Begriff des Lebendigen ist nach Aristoteles dann all das zusammengefasst, was eine Seele besitzt. Diese Seele wiederum dient als organisierende Kraft, als sogenannte Entelechie. Das vollkommen erwachsene Lebewesen selbst ist das immanente Ziel (Telos), welches in der Entwicklung verwirklicht wird. (Vgl. Kullmann 1979:9)

ist nicht so zu verstehen, dass ein Zustand, der zeitlich nach der Handlung liegt, als Ursache der Handlung angenommen wird, sondern dass die ‚Intention' Teil der Handlungserklärung ist.

Die Herstellung von Artefakten wird ebenfalls teleologisch erklärt, da auch hier eine Intention hinter der Herstellung eines bestimmten Artefaktes steht. Ein Messer wird dazu hergestellt, um Dinge schneiden zu können, eine Maschine wird entworfen und gebaut, um bestimmte Funktionen erfüllen zu können. Auch hier wird ein Zweck antizipiert, der anschließend über einen herstellenden Akt zu erfüllen versucht wird.

In der Biologie werden vitale Prozesse studiert, die zielorientiert abzulaufen scheinen, was in teleologischen Erklärungen durch Formulierungen wie ‚um zu. . . ', ‚um. . . Willen' oder ‚ist zweckmäßig für. . . ' widergespiegelt wird. Beispiele für solche Erklärungen wären: ‚Das Herz ist da, um Blut zu pumpen' oder ‚Pflanzen besitzen Chlorophyll, um Photosynthese betreiben zu können'. Um Erscheinungen von Lebewesen erklären zu können, wird auf einen Status verwiesen, der angestrebt wird. Für alle Systeme einer Art zu einer beliebigen Zeit wird also ein Zustand oder Status – das Ziel – postuliert, nach dem ein Lebewesen, seine Teile oder auch Gruppen von Lebewesen streben und der, auch wenn Behinderungen auftauchen, zu erhalten versucht wird.

Das Problem, das im biologischen Bereich hinsichtlich teleologischer Erklärungen besteht, liegt in der Berechtigung der Festlegung eines bestimmten Zieles. In diesem Zusammenhang ergeben sich mehrere Fragen, wie z. B. was als biologisches Ziel ausgezeichnet werden kann, ob es Ziele gibt, die den Dingen tatsächlich inhärieren,[129] ob es natürliche Zwecke gibt, ob biologische Vorgänge an sich zweckorientiert sind oder ob es einen Zusammenhang zwischen biologisch-teleologischen und intentional-teleologischen Erklärungen bzw. Artefakten gibt und wenn ja, worin dieser besteht. Wie diese Phänomene sich zueinander verhalten, wird im Folgenden diskutiert.

Im biologischen Zusammenhang wird bezüglich teleologischer Erklärungen die Organisation von Lebewesen fokussiert und es wird darunter sowohl die zielgerichtete – funktionsgemäße – Entwicklung von ganzen Organismen als auch von deren Teilen verstanden. Anders als bei kausal-mechanischen Erklärungen geht man bei teleologischen Erklärungen davon aus, dass eine finale Ursache rückwärtig auf die Organisation von Lebewesen wirkt. Klassisches Beispiel für ein solches Ziel ist die Erhaltung der Normaltemperatur beim Menschen[130], die unter Kälte- oder Hitzebedingungen über Zittern oder Schwitzen reguliert wird. Wenn ein solches Ziel postuliert wird, geht das einher mit einer Funktionszuschreibung wie z. B. der Funktion des Schwitzens, um die Körpertemperatur zu verringern bzw. der Funktion des Zitterns zur Erhöhung der Körpertemperatur. Damit ist dieTeleologie eng verbunden mit der Funktionsanalyse von Lebewesen und deren Teilen (vgl. von Wright

[129] Der Ausdruck ‚Ziel' oder ‚Zweck' wird üblicherweise im Zusammenhang mit Personen gebraucht, die Ziele haben oder Zwecke setzen, das Reden von Zielen und Zwecken von Gegenständen oder Vorgängen wirkt zumindest auf den ersten Blick eher wie eine metaphorische Rede.

[130] Das Beispiel stammt aus Ruse (1973).

1971:55–60).[131] Solche Funktionserklärungen sind im Sinne von von Wright als quasi-teleologische Erklärungen anzusehen, deren Gültigkeit von der Wahrheit gesetzmäßiger Verknüpfungen abhängt.[132] Eine biologisch-teleologische Äußerung kann also generell in folgender Form aufgefasst werden:

1. ‚X führt Aktivität A aus, um F zu tun'.
   Es wird also eine Eigenschaft/Aktivität von X als Funktion F ausgezeichnet. Ein klassisches Beispiel hierzu findet sich in Kants ‚Kritik der Urteilskraft', in dem er den Naturzweck eines Baumes durch drei Merkmale bestimmt: die Produktion neuer Gattungsexemplare, die Selbsterzeugung des Individuums (Wachstum) und die Erhaltung des Individuums durch die wechselseitige Abhängigkeit der Teile des Baumes. Hierdurch werden implizit die Ziele der Arterhaltung und der Selbsterhaltung gesetzt (vgl. Kant KrU:§ 64).
   Als Funktion des Herzens wurde dies zuvor schon als die Blutzirkulation zu bewirken, identifiziert und das Ziel der Lebenserhaltung postuliert. Aber ein Herz hat auch andere Eigenschaften wie Geräusche zu machen oder einen bestimmten Raum im Körper einzunehmen. Auch können einem Baum noch andere als die von Kant genannten Funktionen zugeschrieben werden. Fraglich ist also, wodurch gerade das ‚Blut-Pumpen' bzw. die drei Kantschen Merkmale als die Funktion ausgezeichnet werden und damit ob es eine intrinsische Funktion gibt, die dem Herzen oder einem Baum zu eigen ist.

3.3.1 Teleologie in Kants ‚Kritik der Urteilskraft'

In der Analogie zum herstellenden Handeln – im Sinne der Konstruktion für einen bestimmten Zweck – ist es möglich eine bestimmte Eigenschaft auszuzeichnen, die einen intendierten Zweck erfüllt. So wie Artefakte zu bestimmten Zwecken hergestellt werden, so kann man sich vorstellen, sind bestimmte Organe oder Lebewesen mit einer bestimmten Funktion versehen. Kant hat dies in der ‚Kritik der teleologischen Urteilskraft' analysiert. Für ihn liegt die teleologische Erklärung der Organismen zwischen dem mechanistischen Erklärungsschema und dem Postulat, dass es ein Wesen gibt, das die Zwecke der Natur setzt. Nach Kant ist es der Organismus als Naturzweck, der „von sich selbst [. . .] Ursache und Wirkung ist." (Kant KrU:§ 64) Allerdings betrachtet er den Begriff des Naturzwecks nicht als einen konstitutiven Begriff des Verstandes, aus dem Erklärungen oder Gesetzmäßigkeiten deduktiv ableitbar wären, sondern vielmehr als einen regulativen Begriff, der es überhaupt erst ermöglicht Organismen zu erforschen. Ein Naturzweck ist eher als regulative, heuristische Idee zu verstehen, denn das Verstehen der Lebewesen kann

---

[131] Es wird hier nicht terminologisch zwischen Teleologie und Funktionalität unterschieden.

[132] Nach von Wright haben quasi-teleologische Erklärungen gegenüber teleologischen (intentionalen) Erklärungen einen kausalen Charakter, indem notwendige Ereignisse ausgemacht werden, die ein Zielereignis verursachen. Die von von Wright benannten quasi-teleologischen Erklärungen, werden von Pittendrigh als teleonome Erklärungen bezeichnet (vgl. Pittendrigh 1958).

nicht in objektiver Weise erfolgen, „sondern nur subjektiv für den Gebrauch unserer Urteilskraft in ihrer Reflexion über die Zwecke in der Natur, die nach keinem anderen Prinzip als dem der Kausalität einer höchsten Ursache gedacht werden können." (ebd.:75)

Für Kant fällt die Analyse und Beurteilung der Organismen in den Bereich der reflektierenden Urteilskraft, welche im Gegensatz zur bestimmenden Urteilskraft nicht unter Gesetze subsumiert, sondern ein subjektives Prinzip der Reflexion über Gegenstände ist (vgl. ebd.:68).[133] Im Bereich der Naturdinge ist lediglich die Besonderheit gegeben und das allgemeine Gesetz muss erst durch die Reflexion der Urteilskraft gesucht werden. Der menschliche Verstand ist hier nach Kant nicht fähig, sich Naturdinge anders als durch Zwecke und Endursachen zu erklären (vgl. ebd.:77).

Er führt den Begriff der ‚Zweckmäßigkeit ohne Zweck' ein, der auf Gegenstände außerhalb der bewussten, intentionalen Handlung angewandt wird und der es ermöglicht, diese Gegenstände zu erklären. „Die Zweckmäßigkeit kann also ohne Zweck sein, sofern wir die Ursachen dieser Form nicht in einen Willen setzen, aber doch die Erklärung ihrer Möglichkeit nur, indem wir sie von einem Willen ableiten, uns begreiflich machen können." (ebd.:10) Bei den Naturdingen scheint das Ganze die Teile zu bestimmen und der menschliche Verstand kann sich diesen Umstand nur so erklären, dass die „Idee des Ganzen als ideale Ursache seiner Teile" (Teichert 1992:114) fungiert und dass die Natur in gewissem Sinne ‚technisch' zu erklären ist (vgl. Kant KrU:§61).[134]

Es ist der einzig mögliche Zugang zu den Organismen, ohne bei einer der beiden Alternativen zu landen, die für Kant beide ausgeschlossen sind, nämlich die alleinige kausal-mechanische oder die Annahme einer theistischen Erklärung:

> Es ist nämlich ganz gewiß, daß wir die organisierten Wesen und deren innere Möglichkeit nach bloß mechanischen Prinzipien der Natur nicht einmal zureichend kennen lernen, viel weniger uns erklären können [...]. Daß dann aber auch in der Natur, wenn wir bis zum Prinzip derselben in der Spezifikation ihrer allgemeinen uns bekannten Gesetze durchdringen könnten, ein hinreichender Grund der Möglichkeit organisierter Wesen, ohne ihrer Erzeugung eine Absicht unterzulegen (also im bloßen Mechanism derselben), gar nicht verborgen liegen könne, das wäre wiederum von uns zu vermessen geurteilt; denn woher wollen wir das wissen? (ebd.:75)

Neben dem heuristischen Ansatz der teleologischen Erklärungen betont Kant allerdings auch den Aspekt der inneren Zweckmäßigkeit, der auf den Zweck der Lebewesen ‚an sich' – den von ihm so benannten Naturzweck – verweist. Kant

---

[133] Peter McLaughlin erläutert dies folgendermaßen:
„Wenn das Besondere in der Erfahrung gegeben ist, das Allgemeine, unter das subsumiert werden soll, jedoch nicht, gibt sich die Urteilskraft selbst eine Regel, wie sie das Allgemeine (das Gesetz, den Begriff) suchen soll." (McLaughlin 1989:118)

[134] Das kann folgendermaßen verstanden werden:
„Obgleich wir in einem solchen Fall die Gesetzlichkeit des Vorgangs nur einsehen können, wenn wir eine den Prozess steuernde Idee des Resultats unterstellen, unterstellen wir nicht, dass es einen wirklichen Verstand gibt, der diese Idee hat. Diese Idee ist ein Erkenntnismittel von uns, nicht eine Absicht, die von irgendeinem Verstand wirklich realisiert worden sein soll." (McLaughlin 1989:41)

unterscheidet zwischen der relativen und der inneren Zweckmäßigkeit (dem Naturzweck), wobei die relative Zweckmäßigkeit ein Ding in eine ‚gut für etwas'-Relation bringt, die innere Zweckmäßigkeit jedoch darauf hinweist, dass etwas Ursache und Wirkung seiner selbst ist:

> In einem solchen Produkte der Natur wird ein jeder Teil, so wie er nur durch alle übrigen da ist, auch als um der anderen und des Ganzen willen existierend, d. i. als Werkzeug (Organ) gedacht; welches aber nicht genug ist (denn er könnte auch Werkzeug der Kunst sein und so nur als Zweck überhaupt möglich vorgestellt werden), sondern als ein die anderen Teile (folglich jeder den anderen wechselseitig) hervorbringendes Organ, dergleichen kein Werkzeug der Kunst, sondern nur der allen Stoff zu Werkzeugen (selbst denen der Kunst) liefernden Natur sein kann; und nur dann und darum wird ein solches Produkt als organisiertes und sich selbst organisierendes Wesen ein Naturzweck genannt werden können. (ebd.:65)[135]

Die Möglichkeit den Begriff des Naturzwecks zu bestimmen ist, nach Kant, in einer Antinomie verfangen: zwischen der Beurteilung desselben nach mechanistischen oder finalistischen Gesetzen. Die Antinomie besteht darin, dass angenommen wird: „Alle materiellen Dinge müssen ‚als nach bloß mechanischen Gesetzen beurteilt werden' und einige solche Dinge können nicht so beurteilt werden; dass also etwas für alle notwendig sei, was für einiges unmöglich sei." (McLaughlin 1989:124)

Dies ist so zu verstehen, dass zwar angenommen wird, dass alle materiellen Dinge mechanistisch – also über die Reduktion des Ganzen auf seine Teile – erklärt werden können, einige materielle Dinge – die Organismen – aber in diesem Erklärungsansatz nicht ausreichend explizierbar sind und deshalb teleologische Erklärungsansätze in Spiel kommen.

Der mechanistische Ansatz ist für Kant der grundlegende Erklärungsansatz, ohne den die Naturwissenschaft nicht denkbar wäre. Dies würde aber im Fall der Lebewesen bedeuten, dass alle unterliegenden empirischen Gesetzmäßigkeiten und alle Eigenschaften aller Teile bekannt sein müssten, um eine mechanistische Erklärung geben zu können. Dies hält Kant praktisch für unmöglich:

> [E]s ist für Menschen ungereimt, auch nur einen solchen Anschlag zu fassen, oder zu hoffen, daß noch etwa dereinst ein Newton aufstehen könne, der auch nur die Erzeugung eines Grashalms nach Naturgesetzen, die keine Absicht geordnet hat, begreiflich machen werde; sondern man muß diese Einsicht den Menschen schlechterdings absprechen. (Kant KrU:75)

Da dies nun unmöglich scheint, bleibt dem menschlichen Verstand nichts anderes übrig, als Lebewesen teleologisch zu erklären, als ob ein zwecksetzender Verstand diese geplant hätte. Peter McLaughlin interpretiert diesen Kantschen Gedankengang:

> Wenn wir bestimmte Dinge nicht als mechanisch denken können, müssen wir sie als künstliche Mechanismen beurteilen, die von einem Verstand bezweckt worden sind: Nicht weil es einen solchen Verstand gibt, noch weil die Dinge nicht bloß mechanisch sind [. . .], sondern weil wir die kausale Bedingtheit der Teile durch das Ganze nicht anders denken können. (McLaughlin 1989:153)

---

[135] Aufgrund eines solchen Determinismus hat wohl P. M. S. Hacker hervorgehoben, dass Kants Position sich dem Bereich des ‚intelligent designs' nahe ist, wenn auch nur in der Form des ‚as if' (vgl. Hacker 2007:192).

Dieses Prinzip, dass alle Teile im Ganzen um des Ganzen Willen da sind, ist für Kant Grundvoraussetzung der Beurteilung lebender Gegenstände. Es dient als heuristischer Ansatz, nach welchem kausal-mechanische Erklärungen möglich werden. Es ist „ein *Mittel*, das *wir* benutzen, um das Ding zu erkennen." (ebd.:48)

3.3.2 Der ätiologische Funktionsbegriff

Der für Kant so problematische Spagat zwischen Mechanismus und einem Zweck setzenden, übernatürlichen Wesen wird durch die Evolutionstheorie aufgelöst. Allerdings kann die Teleologie der Evolutionstheorie auf unterschiedliche Weise verstanden werden. Der ätiologische Ansatz nach Larry Wright verfolgt einen Gedankengang, der auch schon von Kant in der ‚Kritik der Urteilskraft' aufgegriffen wurde. Und zwar handelt es sich dabei um einen Aspekt der *inneren* Zweckmäßigkeit.

> Man kann daher obengenanntes Prinzip (‚Ein organisiertes Produkt der Natur ist das, in welchem alles Zweck und wechselseitig Mittel ist.') eine Maxime der Beurteilung der inneren Zweckmäßigkeit organisierter Wesen nennen. (Kant KrU:66)

Er führt dieses Prinzip weiter aus, indem er auf die Praxis der Botaniker und Zoologen verweist:

> Daß die Zergliederer der Gewächse und Tiere, um ihre Struktur zu erforschen und die Gründe einsehen zu können, warum und zu welchem Ende solche Teile, warum eine solche Lage und Verbindung der Teile und gerade diese innere Form ihnen gegeben worden, jene Maxime: daß nichts in einem solchen Geschöpf umsonst sei, als unumgänglich notwendig annehmen, und sie ebenso als den Grundsatz der allgemeinen Naturlehre: daß nichts von ungefähr geschehe, geltend machen, ist bekannt. (a. a. O.)

Dieser Aspekt wird im ätiologischen Ansatz erfasst, da hier Funktionen darüber bestimmt werden, dass über sie erklärt werden kann, warum Gegenstände/Eigenschaften da sind (vgl. Wright 1973).

Der ätiologische Ansatz, der von Larry Wright ausgearbeitet wurde, geht auf einen Gedanken Carl Gustav Hempels zurück, der meinte, „dass manche Funktionszuschreibungen in der Biologie und Kulturanthropologie nicht nur erklären sollen, was der Funktionsträger tut, sondern auch warum (wozu) er überhaupt da ist." (zitiert nach McLaughlin 2005:26)

Wright fasste die Bedeutung der Aussage: Die ‚Funktion von X ist Z' so, dass

1. X da ist, weil es Z tut und
2. Z die Konsequenz (oder das Ergebnis) von X's Dasein ist. (vgl. Wright 1973:161)

Damit wird eine von Ernest Nagel bestimmte Eigenheit der teleologischen Erklärungen deutlich, nämlich die Betonung von Konsequenzen gegenüber der bloßen Erklärung von Konditionen: „[A] teleological explanation in biology indicates the consequences for a given biological system of a constituent part or process." (Nagel 1974:405) Ruth Garrett Millikan führt die Wrightsche Position für die Biologie weiter aus, indem sie die ‚proper functions' definiert, um damit einen Begriff zu konstruieren, auf dem sich eine konsistente Theorie der Biologie aufbauen lässt (vgl. Toepfer 2004:267):

> My claim will be that it is the ‚proper function' of a thing that puts it in a biological category, and this has to do not with its powers but with its history. Having a proper function is a matter of having been designed to or ‚supposed to' (impersonal) perform a certain function. (Millikan 1984:17)

Dieses ätiologische Verständnis kommt dem der inneren Zweckmäßigkeit Kants sehr nahe. Nur wenn Eigenschaften von Lebewesen oder deren Teilen über einen evolutionären selektiven historischen Prozess erklärt werden können, sind diese als Funktionen auszuzeichnen, andernfalls nur als zufälliger Nutzen (vgl. Godfrey-Smith 1998:281).

Dem Versuch den Funktionsbegriff über den ätiologischen Ansatz zu fundieren muss allerdings entgegen gehalten werden, dass die Evolutionstheorie als Rekonstruktionsprinzip für rezente Eigenschaften eingesetzt werden kann. Einen evidenten Nachweis, dass bestimmte Merkmale in Hinsicht auf eine ganz bestimmte Funktion hin ausgebildet wurden, kann sie hingegen nicht leisten. Denn ausgehend von der Mannigfaltigkeit der heute vorgefundenen Organismen und ihren spezifischen Ausformungen wird anhand von Indizien – in Form fossiler Funde oder aber auch durch genetische Analysen – die Entwicklungsgeschichte rekonstruiert. Durch die Evolutionstheorie kann keine Antwort auf die Frage ‚wozu?' gegeben werden, sondern sie ist die Konzeption, durch die das ‚wie' der Entwicklung erklärt werden kann.[136] Die Annahme einer natürlichen Zweckmäßigkeit macht den rezenten Entwicklungsstand aber zur Ursache für eine bestimmte Entwicklung. Die Evolutionstheorie ermöglicht zwar die Erklärung, warum ein rezenter Organismus derzeit so und nicht anders aussieht, der Umkehrschluss, dass der rezente Organismus als Ziel der Evolution gedient hat, ist aber nicht zulässig.

Es kann kein Ziel postuliert werden, auf das hin Mutation und Selektion faktisch arbeiten – das wäre eine sehr naive und nach Darwin und den Erkenntnissen der synthetischen Evolutionstheorie obsolete Sicht. Die Variationen der Eigenschaften von Mitgliedern einer Art, welche eine Voraussetzung der Evolution sind, sind blind gegenüber der Nützlichkeit in irgendeiner Hinsicht. Die Dinge und deren Teile werden unter dem Gesichtspunkt natürlicher Selektion und damit auf ein Passen in eine Rolle und damit einhergehendes Funktionieren *ex post* interpretiert. Nach dem ätiologischen Funktionsansatz soll aber gerade erklärt werden, warum eine Eigenschaft in bestimmter Funktion da ist. Er will also auf die Frage ‚wozu' antworten. Diese Antwort kann aber nicht über die Evolutionstheorie gegeben werden.[137]

---

[136] Demnach ist es nicht nur der mechanistische Ansatz – so wie Kant in Unkenntnis der Darwinschen Theorie behauptet –, der in der Naturwissenschaft Biologie eine Rolle spielt, sondern es spielt auch der historische Ansatz eine Rolle.

[137] von Wright schreibt (1971:84):

„We have already termed [...] *quasi-teleological* such explanations as may be couched in teleological terminology, but nevertheless depend for their validity on the truth of nomic connections. Explanations of this kind more frequently answer questions as to *how* something is or became *possible* [...], than questions as to *why* something happened *necessarily*. Functional explanations in biology and natural history are typically quasi-teleological as we have defined them."

Durch die Evolutionstheorie wird aber immerhin die Annahme eines Konstrukteurs von Lebewesen, der diese zweckmäßig ausgestattet hat, hinfällig. Das wird als eine der wichtigsten Entdeckungen Darwins eingeschätzt.

> On the view I shall propose the central common feature of usages of function – across the history of enquiry, and across contexts involving both organic and inorganic entities – is that the function of S is what S is designed to do; design is not always to be understood in terms of background intentions, however; one of Darwin's important discoveries is that we can think of design without a designer. (Kitcher 1998:259)[138]

Der Begriff des ‚design without a designer' wird von Richard Dawkins als Argument gegen einen teleologischen Gottesbeweis verwendet (vgl. Dawkins 1986). Dieser Beweis wird zwar schon in Humes ‚Dialogues on natural religion' widerlegt, wird aber in kreationistischen Argumenten, besonders in den USA, aber auch in Deutschland, immer wieder bemüht (vgl. von Kutschera und Beyer 2007).

Die Rede vom Design, auch wenn es ganz im evolutionsbiologischen Sinne verwendet wird, ist in dem Sinne irreführend, indem sie suggeriert, dass bestimmte Funktionen als die richtigen, ‚designten' auszuzeichnen sind, weil sie erklären, warum Lebewesen sie haben. So spricht Philip Kitcher von Funktionen als: „the function of an entity S is what S is designed to do." (Kitcher 1998:258) Dieser Designbegriff könnte so verstanden werden, als würde ein ‚Wohl' von Lebewesens postuliert, das durch intrinsische Funktionen erhalten bzw. gefördert wird und sämtliche anderen Funktionszuschreibungen, die zusätzlich angeführt werden könnten, nicht mehr in dem Sinne als Funktionen gelten können. Bei einem so verstandenen biologischen Design wird die natürliche Selektion in Analogie zur Herstellung von Artefakten gesetzt, so dass daraus der Schluss gezogen werden kann: „die Natur, so wie der Handwerker, wähle Dinge wegen bestimmter Auswirkungen aus." (McLaughlin 2005:28) Es wird also eine natürliche Zweckmäßigkeit postuliert, die folgendermaßen aufgefasst werden kann:

1. X führt Aktivität A aus, um F zu tun.
2. F dient dem Wohl von S.
3. Also wurde X zum Wohl von S designt.

Hier sind zwei Dinge als problematisch anzusehen: Erstens wird der intentional-subjektivistische geprägte Begriff des ‚Wohls' bemüht und zweitens wird wieder eine Antwort auf die Frage ‚wozu?' gesucht.

Würde aber das Wohl eines Organismus postuliert, das als Endzweck der Entwicklung angesehen würde, so stellte sich die Frage, wie dieses Wohl evolutionär einzufangen sei. Auf der Artebene kann man bestimmte Eigenschaften von Lebewesen als ‚gut für die evolutive Entwicklung' bestimmen. Aber damit ist nicht gesagt, dass dies auch gut für das jeweilige Lebewesen ist. Auf der Individuenebene kann zwar teilweise, bei engem persönlichen Kontakt mit einem bestimmten Lebewesen, dessen Verhalten uns gut zugänglich ist, auf Vorlieben und Abneigungen desselben

[138] Diese Einschätzung bezieht sich auf das Werk Richard Dawkins. The Blind Watchmaker.

geschlossen werden und in diesem Fall könnte man von einem ,Wohl' sprechen, das uns epistemisch zugänglich ist. Auf der allgemeinen Ebene kann hingegen das Wohl nicht bestimmt werden und der kognitive Zugang zu einem Wohl eines Lebewesens ,an sich' bleibt verwehrt.

Die Evolutionstheorie ist der epistemische Zugang, der die Entwicklung biologischer Gegenstände zum heutigen Zeitpunkt am besten erklären kann und der in der Biologie zu den herrschenden Paradigmata gehört. Die evolutive Entwicklung hat aber nichts mit dem Wohl eines Lebewesens zu tun. Die Evolutionstheorie ist als erkenntnisleitendes Prinzip (vgl. Janich und Weingarten 1999:77) zu verstehen, welches als Rekonstruktionsprinzip der Wissenschaft von Entwicklungsstufen anzusehen ist. Robert Cummins macht sehr deutlich, warum die Evolutionstheorie keinen Aufschluss darüber geben kann, warum ein Merkmal entwickelt wurde:

> Development is determined by a complex interaction between genes and environment. It is utterly insensitive to the function of the trait developed. Selection, on the other hand, is sensitive to the effects that are functions but is, in the sense relevant for neo-teleology, utterly incapable of producing traits. It can preserve them only by preserving the mechanisms that produce them. Nor can selection, in the sense relevant to neo-teleology, produce the mechanisms that underwrite a trait's development; it can preserve only whatever mechanisms it finds already there. (Cummins 2002:163)

Die Wissenschaft legt hinsichtlich der Evolutionstheorie Kategorien und Systematisierungen vor, die den Dingen nicht intrinsisch, sondern eben durch diese Herangehensweise an die biologischen Gegenstände begründet sind.

Das Ziel des Überlebens liegt also nicht in den Dingen, sondern ist ein Erklärungsmuster der Entwicklung von Entitäten aus biologischer Sicht. Funktionen werden dann in Hinsicht auf dieses Modell festgelegt und damit auf den Zweck ,Überleben' der jeweiligen Art. Ob allerdings unter diesem Rekonstruktionsansatz Funktionen ausgemacht werden können, die dem Wohl des Lebewesens dienen, ist äußerst fraglich. In diesem Zusammenhang kann auf Stanislaw Lem hingewiesen werden, der in seinem ,Pasquill auf die Evolution' Argumente gegen einen Panglossismus der ,Methode' der natürlichen Evolution vorbringt (vgl. Gräfrath 1996:96f.; Gould und Lewontin 1979).

3.3.3 Der dispositionelle Funktionsbegriff

Aus dem Vorhandensein einer bestimmten Tätigkeit – einer Funktion – einer bestimmten Entität kann also nicht auf die Notwendigkeit des Vorhandenseins dieser Entität geschlossen werden (vgl. Cummins 1994:175f.).[139] Dies ist eine unzulässige Inferenz, die über die Evolutionstheorie nicht abgedeckt ist.

---

[139] Cummins illustiert das am Beispiel des Herzens. Dem Herzen wird die Funktion Blut zu pumpen zugeschrieben. Daraus kann aber nicht notwendigerweise auf das Vorhandensein des Herzens geschlossen werden sondern das Herz ist lediglich als Bestandteil der Erklärung der Blutzirkulation in Vertebraten ausgezeichnet.

Wie kommt man nun dazu, bestimmte Tätigkeiten von etwas als dessen Funktionen auszuzeichnen? Der Ansatz von Hempel z. B. ist es, die Funktion an diejenigen Tätigkeiten zu binden, die Lebewesen einer Art dazu befähigen, normal zu funktionieren. Allerdings ist dies mit einigen Problemen konfrontiert. Im Falle des Herzens, das dazu da ist Blut zu pumpen, mag dies einleuchtend sein, wie steht es aber mit Sexualorganen, deren Funktionieren zum Tod des Trägers führen? Oder im Fall von Lebensprozessen, die zwar der Gesunderhaltung dienen, die aber üblicherweise nicht als deren Funktion ausgezeichnet würden (z. B. führt die Sekretion des Adrenalins zur Fettverbrennung, dies würde allerdings nicht als Funktion des Adrenalins bezeichnet werden).[140] Es sind auch nicht nur Erklärungen, die vor dem Hintergrund der Evolutionstheorie gegeben werden, die dazu führen, dass Funktionen ausgemacht werden. Die Erhaltung der Art ist nicht notwendigerweise mit der Funktionszuschreibung verknüpft, so wird man Flügeln auch dann die Funktion zuschreiben, das Fliegen zu ermöglichen, wenn diese Fähigkeit – in einer bestimmten Umgebung (ausreichend Nahrung, Abwesenheit von Raubtieren, keine Notwendigkeit zur Migration) – nicht mehr dazu dient, die Spezies zu erhalten (vgl. Cummins 1994).[141]

Ein Beitrag zur Lösung dieser Problematik kann im dispositionellen oder systemanalytischen Ansatz von Robert Cummins gesehen werden. Er macht das Zusprechen von Funktionen daran fest, dass eine bestimmte Fähigkeit eines Systems im Forschungsinteresse steht und dass diese Fähigkeit erklärt werden soll. Das System kann dabei das Lebewesen selber oder aber auch z. B. das Verdauungssystem, das Nervensystem, oder das Ökosystem sein (vgl. ebd.:189). Es kann daher kein Zweck/keine Funktion als natürlich ausgezeichnet werden, sondern eine Funktion kann nur unter Berücksichtigung des jeweiligen Forschungsinteresses besonders ausgezeichnet werden.

Er identifiziert Funktionen als Eigenschaften, die einen kausalen Beitrag in einem komplexen System leisten:

> x functions as Φ in s (or: the function of x in s is to Φ) relative to an analytical account A of s's capacity to ψ just in case x is capable of Φ-ing in s and A appropriately and adequately accounts for s's capacity to ψ by, in part, appealing to the capacity of x to Φ in s. (ebd.:64)

Es muss also zuerst die Fähigkeit bzw. die Disposition ψ eines Systems s ausgemacht werden, das dann über einen analytischen Ansatz[142] A erklärt werden kann. In diesem Ansatz A wird die ψ-Fähigkeit von s über die Tätigkeit von x zu Φn erklärt und daher gilt Φ als Funktion von x in s in Bezug auf ψ.

Hier sind Ziele nicht natürlich vorgegeben, sondern können durch die Interessen der Forscher, bzw. über die vorhandenen Erklärungsansätze – den „analytical

[140] Die Beispiele stammen aus Cummins (1994:182).

[141] Flight is a capacity which cries out for explanation in terms of anatomical functions regardless of its contribution to the capacity to maintain the species. (Cummins 1994:183)

[142] Ein analytischer Ansatz ist bei Cummins die Erklärung einer bestimmten Fähigkeit d einer Entität a, durch die Zergliederung in weitere Fähigkeiten ($d_1, \ldots, d_i$), die a auch hat und deren systemische Manifestation zu d führt. (vgl. ebd.:187–189)

account" A – bestimmt werden. Tritt ein Wissenschaftler an seinen Untersuchungsgegenstand heran, so tut er dies, weil ihn eine bestimmte Eigenschaft in einem System interessiert. Er untersucht das System unter einem gewissen Erkenntnisinteresse. Die übliche Funktionszuschreibung zum Organ Herz ist die des Blut-Pumpens, dies ist so, weil der Blutkreislauf als System im Fokus von Medizin und Physiologie eine große Rolle spielt. Es wäre aber auch denkbar, dass auch das Geräusche-machen des Herzens als Funktion angesehen wird, wenn man das System Blutkreislauf verlässt und eher an einem psychologischen System (Mutter/Kind-Verhältnis, emotionale Beeinflussungen etc.) interessiert ist.[143]

Der systemanalytische Ansatz von Cummins wird vielfach in der Physiologie gewählt, wo eher eine mechanistische Analyse von biologischen Systemen vorherrscht. In evolutionsbiologischen Fragestellungen scheint er aber der besonderen Auszeichnung von bestimmten Funktionen zur Lebenserhaltung bzw. zur Reproduktionsleistung nicht gerecht zu werden. Allerdings kann der Ansatz mit der Evolutionstheorie verbunden werden, wenn der ‚analytical account' genau in dieser Hinsicht spezifiziert wird. Wenn z. B. die Wirkung von Phytohormonen wie dem Gibberellin erklärt werden soll, dann kann dies allein physiologisch analysiert werden, es kann aber auch das Interesse auf den selektiven Vorteil, den eine Pflanze dadurch haben kann, dass Speicherstoffe über Pflanzenhormone bedarfsgerecht mobilisiert werden können, gelenkt werden. Das System und dessen Fähigkeiten, das hier interessiert, ist das der Erhaltung der Art. Welcher Ansatz gewählt wird, ist abhängig vom Erklärungsinteresse der Wissenschaft und nicht von einem intrinsischen Wohl eines Lebewesens. „Es gibt also Funktionen nicht in irgendeinem absoluten oder natürlichen Sinne, sondern nur in Bezug auf bestimmte Systemleistungen, die wir auswählen." (McLaughlin 2005:25)

Dem Cumminsschen Ansatz wird entgegen gehalten, dass auf diese Weise der Funktionsbegriff auch in der Physik Anwendung finden müsste und dass damit in unerwünschter Weise die Teleologie Einzug in diese Wissenschaft hält. Denn „nichtmathematische Funktionsbegriffe werden in der Physik als metaphorisch empfunden und, vielleicht um Missverständnisse zu vermeiden, nicht verwendet". (Krohs 2004:44) Der Begriff der Funktion wird damit zu einer Besonderheit, die die Biologie von der Physik trennt und dieser Unterschied wird durch den Cumminsschen Funktionsbegriff nicht getragen. Allerdings gibt es auch Beispiele aus der Physik, in denen der Cumminssche Funktionsbegriff Anwendung finden kann. Physikalische Extremalprinzipien z. B. ermöglichen es, Gleichgewichtsprozesse ausgehend von dem Endpunkt ihres Ablaufs zu beschreiben. Als Beispiel kann hier das Hamiltonprinzip angeführt werden, nach dem jeder zukünftige Zustand in einem System von Massenpunkten eindeutig bestimmbar ist, wenn zu einem festen Zeitpunkt für jeden Massenpunkt die Orts- und Impulsgröße bekannt ist (vgl. Mainzer 2004a). Es können also auch in der Physik Systeme so beschrieben werden, dass sie einen bestimmten Zustand ‚anstreben' (vgl. Toepfer 2004:27).

[143] Dem Gehirn wird üblicherweise die Funktion zugeschrieben Nervenimpulse zu verarbeiten, es kann aber auch im Zusammenhang der Endokrinologie als hormonproduzierendes Organ beschrieben werden.

Nach Ernest Nagel können sogar alle teleologischen (funktionalen) Erklärungen in nicht-teleologische Erklärungen äquivalent umgeformt werden, wobei die Differenz zwischen beiden Erklärungen in der selektiven Aufmerksamkeit auf Konditionen oder Konsequenzen und nicht im behaupteten Gehalt liegt:

> The difference between a teleological explanation and its equivalent nonteleological formulation is thus comparable to the difference between saying that Y is an effect of X, and saying that X is a cause or condition of Y. In brief, the difference is one of selective attention, rather than of asserted content. (Nagel 1974:405)

Es ist allerdings fraglich, ob sich durch die unterschiedliche Emphase und selektive Aufmerksamkeit nicht auch der behauptende Gehalt der Äußerung ändert, da in nicht-teleologischen Erklärungen Ziele oder Zwecke nicht thematisiert werden, diese aber in teleologischen Erklärungen zumindest implizit enthalten sind. Es ist zwar möglich, viele Sachverhalte nicht-teleologisch, in reinen Ursache-Wirkungs-Beziehungen, darzustellen und dies dank des wissenschaftlichen Fortschritts heutzutage in größerem Umfang als in der Vergangenheit, aber ob diese Erklärungen den *gleichen* Gehalt besitzen ist damit nicht gesagt. Wenn man auf das ‚Herzbeispiel' zurückgreift, so wäre die teleologische Erklärung folgendermaßen aufzufassen:

(TE) Das Herz schlägt, um Blut zu pumpen.

In nicht-telologischer Weise wäre eine Umformung von (TE) so zu wählen:

(NTE) Das Blut wird gepumpt, weil das Herz schlägt.

Während (TE) implizit auf einen Normalitätsstandard eines adäquaten Funktionierens hinweist (meist hinsichtlich des ‚Überlebens'), also eine deskriptive und gewissermaßen eine implizite nomologische Prämisse enthält, ist (NTE) eine rein deskriptive Erläuterung ohne solche Implikationen. (TE) beinhaltet, dass das Herz schlagen muss, damit Blut gepumpt wird und damit ein Überleben möglich ist. (NTE) besagt allein, dass kein Blut mehr gepumpt wird wenn das Herz aufhört zu schlagen,. Obwohl sich die beiden Aussagen (TE) und (NTE) auf den gleichen Sachverhalt beziehen, also referentiell gleich sind, sind sie intensional verschieden.

Hier kann ein Beispiel von D. K. Lewis aus der Körper-Geist-Debatte zur Erläuterung dienen. Ein zylindrisches Kombinationsschloss für Fahrräder kann einmal auf der funktionalen Ebene beschrieben werden, indem auf die Zustände des Schlosses – ‚offen' und ‚geschlossen' – referiert wird. Auf der physikalischen Ebene können diese Zustände durch Angabe einer bestimmten mechanischen Struktur, wie z. B. dass alle Nuten von Stahlringen in einer Reihe liegen, beschrieben werden.

> Auf sprachlicher Ebene spiegelt sich die Identität von funktionalen und physikalischen Zuständen darin wieder, daß man z. B. sagen kann, daß die Sätze ‚Dieses Schloß ist offen' und ‚In diesem Schloß liegen die Nuten der Stahlringe genau in einer Reihe' im Falle des oben betrachteten zylindrischen Kombinationsschlosses denselben Zustand als Referenzobjekt, daß sie also dieselbe *Bedeutung* haben. Doch ist ihr *Sinn* natürlich verschieden; denn sie beschreiben diesen Zustand auf sehr verschiedene Weise. Daher kann man funktionale und physikalische Beschreibungen auch nicht einfach aufeinander reduzieren; sie vermitteln ganz verschiedene Informationen. (Beckermann 1985:66)

Es liegt also keine Synonymie zwischen teleologischen und nicht-teleologischen Erklärungsmustern vor und die einwandfreie, ohne Verluste durchzuführende Übersetzung von teleologischen zu nicht-teleologischen Äußerungen kann daher abgelehnt werden, denn „beide Beschreibungsweisen haben [...] ihr eigenes Recht". (ebd.:67)

3.3.4 Teleologische Erklärungen als anthropomorphe Projektionen

Es scheint nun so, dass der Kantische Aspekt des ‚als-ob' völlig unnötig geworden ist. Die Erklärung von Fähigkeiten der Lebewesen oder der Funktion von Lebewesen in ihrer Umwelt scheint ohne das intentionale Moment über den ‚analytical account' erklärbar zu sein. Es stellt sich aber dennoch die Frage, wie man zum ‚analytical account' gelangt.

Der ‚analytical account' ist nach Cummins dasjenige, was die Eigenschaft von System s adäquat erklärt. Eine Erklärung ist dann adäquat, wenn diejenigen Komponenten und Relationen des Systems s angegeben werden können, die die Fähigkeit ψ verursachen. Vielfach können Erklärungen anhand von Modellen vorgenommen werden, dabei sind Modelle „Bildungen von Wort- und Satzsystemen, die für einen unbekannten oder wenig bekannten Gegenstand hypothetisch oder metaphorisch eine Erklärungsleistung ermöglichen sollen". (Janich und Weingarten 1999:88)

In dieser Beziehung zwischen dem ‚analytical account' – bzw. dem Modell von System s – und der bestimmten Eigenschaft einer Entität kann die Kantische ‚als ob'-Relation fruchtbar gemacht werden. Denn die Erklärungen der Eigenschaften von lebendigen Entitäten können vielfach über die Anwendung von Modellen auf diese Entitäten erfolgen. Hier kann eine methodologische Dependenzbeziehung zwischen intentionalem, bewussten Handeln und der Erklärung biologischer Vorgänge angenommen werden. Dies ist auf zwei Weisen möglich: a) es können Artefakte als Modelle für biologische Systeme verwendet werden oder b) die menschliche, zweckrationale Art und Weise des Handelns dient direkt als Modell der Interpretation. Artefakte können z. B. als Modelle im Bereich der Anatomie und Physiologie dienen, die zweckrationale Handlung kann z. B. bei der Verhaltensinterpretation von Lebewesen als Modell herangezogen werden, die dem Menschen hinreichend ähnlich sind.

Da sich die wissenschaftlichen Anfänge im lebensweltlichen Kontext konstituieren und dieser wesentlich dadurch ausgezeichnet ist, dass Menschen Zwecke verfolgen und auch herstellend handeln, kann man sagen, dass sich auch hier die Funktionen biologischer Gegenstände konstituieren. Indem z. B. anthropomorphe Übertragungen aus dem Bereich der Konstruktion von Gegenständen auf die Funktionen von Lebewesen vorgenommen werden. Allerdings mit dem Unterschied, dass die Konstruktion von Gegenständen (z. B. Maschinen) einen Konstruktionsplan des Menschen erfordert, Lebewesen jedoch diesen Plan mit sich zu führen scheinen, denn Wachstum, Regeneration und Fortpflanzung – also das Funktionieren – geschehen ohne menschlichen, konstruktiven Plan und Eingriff. Der Konstruktionsplan der

Lebewesen kann wiederum über die Evolutionstheorie rekonstruiert werden.[144] Artefakte dienen also als Modelle für Lebewesen und Funktionen werden aus einem herstellenden Tun abgeleitet, womit nicht impliziert ist, dass Artefakte ein Abbild der Lebewesen darstellen, sondern sie sind ‚Modelle für etwas'. Diese werden gebildet,

> um durch Zugriff auf anschauliche, jedenfalls gut bekannte und begrifflich wie technisch beherrschte Zusammenhänge eine Erklärung beobachteter Sachverhalte zu geben, um mit dieser modellhaften Erklärung nach Möglichkeit weitere, neue Sachverhalte am Modellierten zu postulieren, hypothetisch zu behaupten und dergleichen. (Janich und Weingarten 1999:88)

Grundsätzlich und übergreifend wird der Zugang zu biologischen Gegenständen darüber bestimmt, unter welchem Forschungsinteresse und Forschungsthesen sie analysiert werden. Dieses Forschungsinteresse konstituiert sich in der menschlichen, zweckrationalen Art und Weise des Handelns. Wird z. B. eine Pflanze untersucht, so kann dies unter ökologischen, evolutionsbiologischen usw. Gesichtspunkten erfolgen. Die jeweiligen Methoden und Theorien unterschiedlicher Disziplinen der Biologie konstituieren unterschiedliche Zwecke und Ziele und arbeiten mit unterschiedlichen Modellen. Will man die Funktion der Wurzel bestimmen, so kann dies aus bodenökologischen Beweggründen aber auch physiologisch bestimmt werden. Es ist also das forschende Tun der Wissenschaftler, das als zweckorientiertes Handeln interpretiert wird. Durch die Zwecksetzungen der Biologie, wie z. B. das ‚Überleben' erklären zu wollen, werden Lebewesen auf diesen Zweck hin analysiert und Zweckmäßigkeiten – in gewissem Sinne Nützlichkeiten hinsichtlich eines Zweckes – ausgesprochen und damit Funktionen festgelegt.

Dies bedeutet, dass es eine organische Naturteleologie *sui generis* nicht geben kann, sondern, dass jegliche Zwecksetzungen aus dem Tun der Wissenschaftler, bzw. aus der Analogie zu Artefakten, abzuleiten sind. Wolfgang Stegmüller formuliert die ‚semantische Trivialität über Teleologie' (STT):

> Wer immer, ohne den Boden der normalen Sprache zu verlassen, von Zwecken, Zielen oder etwa auch von Plänen spricht, der setzt damit ausdrücklich die Existenz eines zwecksetzenden, die Ziele verfolgenden, die Pläne entwerfenden und verwirklichenden Verstandes und Willen voraus. (Stegmüller 1983:758f.)

Nach dieser semantischen Trivialität kann es keine Teleologie in den Dingen geben, sondern nur Interpretationen von Entitäten unter dem Aspekt der Teleologie.

---

[144] Es ist hier zu bemerken, dass die Evolutionstheorie von Darwin im ‚Origin of Species' in das Schema des lebensweltlichen Anfangs passt, da Darwin seine Schlussfolgerungen hinsichtlich der Entwicklung der Natur und der natürlichen Selektion wesentlich aus Betrachtungen über die menschliche Praxis der Züchtung gewinnt:

„Can the principle of selection which we have seen is so potent in the hands of man, apply in nature? I think we shall see that it can act most effectually. [...] Can it [...] be thought inpropable, seeing that variations useful to man have undoubtedly occured, that variations useful in some way to each being in the great battle of life, should sometimes occur in the course of thousends of generations? If such do occu, can we doubt [...] that individuals having any advantage, however slight over others, would have the best chance of surviving and of procreating their kind? [...] This preservation of favourable variations and the rejection of injurious variations, I call Natural Selection." (Darwin 1998:63f; vgl. hierzu auch Janich und Weingarten 1999:224–258).

Kritik an der Stegmüllerschen These wird von Georg Toepfer in seinem Artikel ‚Teleologie' geübt. Er weist darauf hin, dass es in der Biologie üblich ist, Entitäten einen Zweck zuzuschreiben, denen ein Wille, eine Absicht oder andere Instanzen der Zielanstrebung fehlen (vgl. Toepfer 2005:40). Die Naturteleologie sei, so Toepfer, für die Erkenntnis des Organismus konstitutiv, im Gegensatz zur Handlungsteleologie, welche an sprachliche Kompetenz gebunden ist, die erst die antizipierende Setzung des Ziels ermöglicht (vgl. ebd.:47). Erstens ist hier entgegen zu halten, dass Üblichkeiten durchaus zu hinterfragen sind und zweitens dass übersehen wird, dass eine Erkenntnis über lebendige Dinge an die sprachliche Verfasstheit der Wissenschaft gebunden ist. Er begeht hier einen ‚archimedischen Fehlschluss', da er davon ausgeht, man könne die Erkenntnis des Organismus ‚von außen', von einem archimedischen Standpunkt aus gewinnen.[145] Dieser archimedische Punkt, von dem aus eine Abbildung der Wirklichkeit erfolgen müsste, ist für den Wissenschaftler allerdings nicht zugänglich (siehe Kap. 2).

Weiterhin wird von Toepfer eine Beziehung zwischen biologischer und intentionaler Teleologie bestritten, da diese jeweils eine andere Struktur aufweisen. Ein zweckmäßiges Verhalten eines Organismus sei dadurch bestimmt, „dass es ein Erfordernis des Organismus als ein offenes System erfüllt – dass es in seiner Umweltbezogenheit, letztlich wieder auf den Organismus bezogen ist. Die Zwecksetzung des menschlichen Handelns kennt diese Rückbezogenheit nicht". (Toepfer 2004:72) Die intentionale Handlung wird als lineare Willenshandlung interpretiert, die biologische Zweckmäßigkeit hingegen als zirkuläres Modell einer Wirkung und Rückwirkung dargestellt. Auch hier wird eine naturalistische, von einem Beobachter unabhängige, biologische Teleologie postuliert, die bereits kritisiert wurde. Zudem liegt hier eine Verwechselung dessen vor, wie eine Kernkonzeption einer teleologischen Erklärung intendiert ist, nämlich gerade nicht in Übereinstimmung des intentionalen Handelns von Menschen mit dem von nicht-menschlichen Lebewesen, sondern unter dem Modell des intentionalen Handelns und Herstellens sind Verhalten oder bestimmte Funktionen von Lebewesen in einer ‚als-ob' Beziehung erklärbar. Aus dem lebensweltlichen Beginn des herstellenden Handelns kann die Teleologie rekonstruiert werden und ist damit anthropomorphe Projektion intentionalen Handelns. Mit Ernest Nagel kann man sagen: „We shall therefore assume that teleological (or functional) statements in biology normally neither assert nor presuppose in the materials under discussion either manifest or latent purposes, aims, objectives, or goals." (Nagel 1986:323)

Im Fall der Biologie können teleologische Aussagen also folgendermaßen analysiert werden:

Explanans:	X führt Aktivität A aus. Aktivität A wird unter wissenschaftlicher These T als Funktion F interpretiert.
Explanandum:	X führt Aktivität A aus, um F zu tun.

[145] Vgl. zum archimedischen Fehlschluss Janich und Weingarten (1999:98f.).

Zusammenfassend kann man sagen, dass die teleologischen Erklärungen darin begründet sind, dass gewisse Vorgänge des Lebendigen über kausal-mechanische Ereignisketten nicht zu erklären sind oder dass die teleologische Erklärung gewisse Vorteile – z. B. abkürzende Rede – bietet. Diese Vorgänge können in Analogie zur Herstellung von Artefakten erklärt werden, allerdings nur in einer ‚Als-ob'-Form; hierauf basiert die generelle Zuschreibung von Funktionen. Diese Zuschreibung ist eingebettet in den wissenschaftlichen Kontext der Biologie, der die jeweilige Zuschreibung durch die bestehenden Theorien als wissenschaftlich auszeichnet und definiert.

Anhand der zuvor gemachten Überlegungen wird also deutlich, dass die Zuschreibung von Funktionen nicht daran gebunden ist, dass sie erklären müssen, warum der Träger der Funktionen existiert. Die Funktion von vitalen Prozessen und von Organen der Lebewesen kann allerdings ohne eine heuristische Idee, unter die diese gebracht werden, allein auf kausal-mechanischem Weg nicht erklärt werden. Als Basis für die Ableitung der heuristischen Idee kann die menschliche, intentionale Handlung angesehen werden. Daher sind Funktionszuschreibungen als anthropomorphe Projektionen menschlichen Handelns aufzufassen. Diese Funktionen können sowohl in strukturellen Fragestellungen, als auch im historischen Bereich von Interesse sein. Die historische Rekonstruktion von bestimmten Merkmalen bzw. deren Funktion liegt dann im Erklärungsbereich der Evolutionstheorie. Ein ‚intelligent Design' hingegen ist durch die Evolutionstheorie als der paradigmatischen biologischen Theorie der Gegenwart obsolet und damit nicht anzunehmen.

3.4 Pflanzen – Das ‚Grüne' der grünen Gentechnik

> Nun, wir untersuchen z. B. Tiere, Pflanzen etc. etc., bilden allgemeine Urteile und wenden sie im einzelnen Fall an. – Es ist aber doch eine Wahrheit, daß diese Maus die Eigenschaft hat, *wenn alle* Mäuse sie haben! Das ist eine Bestimmung über die Anwendung des Wortes „alle". Die tatsächliche Allgemeinheit liegt wo anders. Nämlich z. B. in dem allgemeinen Vorkommen jener Untersuchungsmethode und ihrer Anwendung. (Wittgenstein 1984c:50)

Durch die grüne Gentechnik wird manipulierend auf bestimmte Lebewesen eingewirkt. Die Spezifikation dieser Lebewesen wird über das Adjektiv ‚grün' signalisiert und referiert gemeinhin auf das, was man als Pflanzen bezeichnet. Im Gegensatz zur sogenannten roten Gentechnik, die auf der Basis von Wirbeltieren arbeitet, befasst sich die grüne Gentechnik mit pflanzlichen Organismen (siehe Kap. 1). Hier stellt sich die Frage, welche Klasse von Entitäten genau durch den Prädikator ‚ist eine Pflanze' bzw. ‚ist ein pflanzliches Lebewesen' spezifiziert wird. Im Folgenden werden verschiedene Möglichkeiten, die lebendige Welt zu ordnen, aufgeführt, die unter unterschiedlichen Interessen bzw. Hinsichten klassifizieren:[146] die Plessnerschen

[146] Ein Kategoriensystem verdankt sich der menschlichen Praxis des Klassifizierens, bei der die ausgewählten Objekte aufgrund von Äquivalenzbeziehungen zu Klassen zusammengefasst werden, d. h., dass sich die Objekte in irgendeiner Hinsicht gleichen sollen. Diese Beziehung kann nun nach verschiedenen Wichtungen derjenigen Eigenschaften vorgenommen werden, die für wichtig

Stufen des Organischen (Ordnungshinsicht Positionalität), Aristoteles' Seelenlehre (Ordnungshinsicht Seele) und die naturwissenschaftliche Klassifikation.

3.4.1 Ordnungshinsicht: Positionalität

Ein Ansatz, die belebte Welt zu ordnen, ist durch Plessners Werk „Die Stufen des Organischen und der Mensch" gegeben. Er gliedert die organische Welt in die gleichen Kategorien wie Aristoteles – also in Pflanzen, Tiere und Menschen – und nimmt auch eine hierarchische Stufung[147] an, geht aber von einer anderen Unterscheidungshinsicht aus.

Das *tertium comparationis* von Pflanzen, Tieren und dem Menschen ist nach Plessner die besondere Art der Ganzheit, die sich im Verhältnis des Körpers zu seiner Grenze manifestiert und die die Typisierung als Lebewesen rechtfertigt (Plessner 1975:123). Damit setzt er sich gegenüber Vitalisten und Mechanisten ab (ebd.:109) und wendet sich gegen einen dualistischen Ansatz. Die Eigentümlichkeit, die Lebewesen gegenüber anderen Gestalten auszeichnet, ist nach Plessner die, dass Lebewesen ihre Grenze selber realisieren. Es spricht davon, dass das „Phänomen der Lebendigkeit nur auf dem besonderen Verhältnis eines Körpers zu seiner Grenze beruht" (ebd.:121) – kennzeichnet dieses Verhältnis also als notwendige und hinreichende Bedingung. Es zeichnet sich dadurch aus, dass Lebewesen ‚über diese Grenze hinaus sind', was er als Positionalität bezeichnet.

> In seiner Lebendigkeit unterscheidet sich also der organische Körper vom anorganischen durch seinen positionalen Charakter oder seine Positionalität. Hierunter sei derjenige Grundzug seines Wesens verstanden, welcher einen Körper in seinem Sein zu einem gesetzten

---

erachtet werden. Denkbar wäre z. B. eine Klassifikation nach Größe, nach Körperformen etc. Diese Klassifikationen hätten allerdings – zumindest auf den ersten Blick – keinen biologisch informativen Gehalt (es könnte natürlich für irgendeinen Zweck sinnvoll sein, so zu klassifizieren). Was nicht erstrebenswert ist, ist eine Klassifikation, bei der die Klassifikationshinsicht völlig im Dunklen bleibt bzw. die zu klassifizierende Grundgesammtheit unklar bleibt. Ein Beispiel einer solchen ‚misslungenen' Klassifikation wäre die Borges'sche chinesische Enzyklopädie ‚Himmlischer Warenschatz wohltätiger Erkenntnisse' in dem die Tiere in folgende Kategorien unterteilt werden:

„a) dem Kaiser gehörige, b) einbalsamierte, c) gezähmte, d) Milchschweine, e) Sirenen, f) Fabeltiere, g) streunende Hunde, h) in diese Einteilung aufgenommene, i) die sich wie toll gebärden, j) unzählbare, k) mit feinstem Kamelhaarpinsel gezeichnete, l) und so weiter, m) die den Wasserkrug zerbrochen haben, n) die von weitem wie Fliegen aussehen." (Borges 2007:115f.)

Was diese Klassifikation zu einer misslungenen macht, ist dass aufgrund unterschiedlichster Hinsichten klassifiziert wurde (Eigentum, mit welchem Werkzeug gemalt etc.) und dass die zu klassifizierende Grundgesamtheit nicht eindeutig bestimmt wurde (Fabeltiere, gemalte Tiere, ‚echte' Tiere etc.).

[147] Plessner bezieht sich bei seiner Stufung nicht auf auf die Erkenntnisse einer Entwicklungslehre:

„Niveauerhöhungen, und das sind Stufen, laufen nicht einfach der Entwicklungslinie' parallel und sind nicht aus der Annäherung an das Auftreten des Menschen abzulesen. Viel mehr entsprechen sie den wenigen spezifischen Organisationsweisen der lebendigen Substanz, die uns in Pflanze, Tier und Mensch bei aller Unschärfe entgegentreten. Daß sie Niveauerhöhungen repräsentieren, läßt sich jedoch nur am Leitfaden des Begriffs ihrer Positionalität einsichtig machen." (Plessner 1975:353)

Zum Begriff der Positionalität siehe später im Text.

> macht. Wie geschildert, bestimmen die Momente des ‚über ihm Hinaus' und das ‚ihm Entgegen, in ihn Hinein' ein spezifisches Sein des belebten Körpers, das im Grenzdurchgang angehoben und dadurch setzbar wird. In den spezifischen Weisen ‚über ihm hinaus' und ‚ihm entgegen' wird der Körper von ihm abgehoben und zu ihm in Beziehung gebracht, strenger gesagt: ist der Körper außerhalb und innerhalb seiner. Der unbelebte Körper ist von dieser Komplikation frei. (ebd.:129)

Das Spezifische an Lebewesen wird hier also in der besonderen Beziehung der Lebewesen zu ihrem Körper gesehen, die Plessner als ‚Gesetztheit'[148] bezeichnet und unter das Prädikat der Positionalität fasst. Diese Eigenschaft steht allerdings nicht mit der wahrnehmbaren Körpergrenze von Lebewesen in Beziehung – diese fasst Plessner, im Gegensatz zum Grenzverhältnis, unter den Begriff des Begrenzungsverhältnisses – sondern es ist eine Eigenschaft, die nur ‚erschaut' (Plessner spricht hier auch von ‚intuiert') werden kann.[149]

Nach Plessner gibt es für mehrzellige Lebewesen nur die beiden Kategorien der Pflanzen und der Tiere, unter die diese fallen können (vgl. Plessner 1975:218).[150] Diese beiden Kategorien werden aufgrund der zwei Formen der offenen und der geschlossenen Organisationsidee aufgestellt:

> Ihre Differenz [zwischen Pflanzen und Tieren] ist in voller Realität ideell. Offene Form und geschlossene Form sind Ideen, nach denen die wirklichen lebendigen Körper organisch sein müssen; unter welche Lebendiges tritt, wenn es den Weg des Organischen geht. Im Empirischen kann man die Grenzlinie zwischen dem pflanzlichen und dem tierischen Reich nicht finden; hier gibt es Übergänge neben den ausgesprochenen Formen. (ebd.:234f.)

Plessner schreibt zur offenen Organisationsweise der Pflanzen:

> Offen ist diejenige Form, welche den Organismus in allen seinen Lebensäußerungen unmittelbar seiner Umgebung eingliedert und ihn zum unselbständigen Abschnitt des ihm entsprechenden Lebenskreises macht.
>
> Morphologisch prägt sich das in der Tendenz zur äußeren, der Umgebung direkt zugewandten Flächenentwicklung aus, die wesensmäßig mit der Unnötigkeit einer Bildung irgendwelcher Zentren zusammenhängt. Die der mechanischen Festigkeit, der Ernährung und Reizleitung dienenden Gewebe werden nicht von besonderen Organen anatomisch oder funktionell ‚gesammelt', sondern durchziehen den Organismus von seinen äußersten bis zu seinen innersten Schichten. Infolge dieses Mangels irgendwelcher Zentralorgane, in denen der ganze Körper gebunden bzw. repräsentiert wäre, tritt die Individualität des pflanzlichen Individuums nicht selbst als konstitutives, sondern nur als äußeres, der Einzelheit des physischen Gebildes anhängendes Moment seiner Form in Erscheinung, bleibt faktisch in vielen Fällen die Selbständigkeit der Teile gegeneinander in hohem Grad bewahrt (Pfropfung, Stecklinge). Ein großer Botaniker hat die Pflanze geradezu das ‚Dividuum' genannt. (ebd.:219f.)

Die offene Organisationsform der Pflanzen zeichnet sich also durch die völlige Eingliederung in das umgebende Medium aus. Die Pflanze kann nicht in Kontrast zu ihrer Umgebung gesehen werden, sondern sie wird in Einheit mit ihrem Umfeld

---

[148] Der Ausdruck ‚Setzen' geht auf Fichte zurück.

[149] Diese allein auf der intuitiven Wesensschau basierende Charakterisierung bringt den Ansatz allerdings in spekulative Bahnen.

[150] Diese Unterscheidung greift nach Plessner nicht für einzellige Organismen, die er aus seiner Betrachtung ausklammert (vgl. Plessner 2002:120).

gesehen. Von dieser Bestimmung her – der offenen Organisationsweise – werden alle übrigen Merkmale, die auch für Pflanzen als charakteristisch angesehen werden (Phototrophie, Sessilität etc.), als nicht wesentliche, abgeleitete Eigenschaften gekennzeichnet. Nur dadurch, dass Pflanzen maximal in ihr Umfeld eingebunden sind, prägen sich Phototrophie, Sessilität usw. aus. Diese Gedanken werden auch von der Biologie der Gegenwart weiter verfolgt, so findet sich z. B. folgende Textstelle im ‚Lehrbuch der Botanik': „Die Pflanze ist ein ‚offener' Organismus, mehrjährige Pflanzen wachsen mit zahlreichen Vegetationspunkten in jeder Vegetationsperiode weiter [. . .]. Die offene Organisation des Pflanzenkörpers schränkt die Entwicklung zentraler Organe ein." (Bresinsky et al. 2008:9)

Tiere hingegen zeichnen sich durch die geschlossene Organisationsform aus. Das Tier steht nicht, wie die Pflanze, in unmittelbarem Kontakt zu seiner Umwelt, sondern nur vermittels der Sensorik und der Motorik (vgl. Plessner 1975:230). Bei den Tieren macht Plessner ein Zentrum der Organisation – ein Zentralorgan – aus, über das der Kontakt zum Medium vermittelt wird. Er sieht diese Form der Organisation als eine Erhöhung des Seinsniveaus und damit sind Tiere gegenüber den Pflanzen als eine Stufe höher in der Ordnung des Organischen einzuordnen:

> [D]as Lebewesen grenzt mit seinem Körper an das Medium, hat eine Realität ‚im' Körper, ‚hinter' dem Körper gewonnen und kommt deshalb nicht mehr mit dem Medium in direkten Kontakt. Infolgedessen ist der Organismus auf ein höheres Seinsniveau gelangt, das mit dem vom eigenen Körper eingenommenen nicht in gleicher Ebene liegt. Er ist die über die einheitliche Repräsentation der Glieder vermittelte Einheit des Körpers, welcher eben dadurch von der zentralen Repräsentation abhängt. (ebd.:230f.)

Diese Zentralisierung bzw. Verdoppelung des Körpers in einem Zentrum könnte man auf der physikalischen Ebene im Gehirn bzw. im zentralen Nervensystem festmachen.[151] Durch das ‚Zentralorgan' bekommt das tierische Lebewesen Distanz zu sich selbst und ist dadurch befähigt seinen Körper als Leib zu besitzen. Dadurch ist es dem Tier möglich, die Selbständigkeit gegenüber seinem Lebenskreis[152] zu wahren, was der Pflanze durch ihre offene Organisationsform nicht möglich ist. Damit bekommt das Tier eine Subjektstellung, die der Pflanze abgesprochen wird. Dieses Bewusstsein ist allerdings noch irreflexiv, es ist sich seiner selbst nicht bewusst. Diesen Typ der geschlossenen Organisationsform kann man als zentralistisch bezeichnen; er wird für Plessner Bedingung der Möglichkeit der Ausgestaltung eines Bewusstseins (vgl. ebd.:241–245).

Plessner macht noch einen weiteren Typus der geschlossenen Organisationsform der Tiere aus, nämlich den der dezentralistischen Organisation. Die Tiere, die dieser Organisationsform zugesprochen werden, haben zwar noch einen gewissen Spielraum in der Einbindung in ihr Umfeld, jedoch ist hier kein Bewusstsein festzustellen. Es werden hingegen einzelne Zentren ausgebildet, „die im losen Verband miteinander

[151] Die anschaulichen Bilder, in denen die bestimmten Regionen des Körpers mit bestimmten Hirnregionen koinzidieren – hier ist der Körper ein zweites Mal repräsentiert –, legen so eine Interpretation nahe.

[152] ‚Lebenskreis' oder auch ‚Funktionskreis' ist ein Ausdruck aus der Theoretischen Biologie Jakob Johann von Uexkülls (1973).

stehen und in weitgehender Dezentralisierung den Vollzug der einzelnen Funktionen vom Ganzen unabhängig machen". (Plessner 1975:241) Charakteristisches Beispiel eines solchen Tieres ist der Seeigel, der von von Uexküll als ,Reflexrepublik' bezeichnet wird. Dadurch, dass das Umfeld dieser Tiere nur als ,Signalfeld' zu verstehen ist, ist es völlig reflektorisch regiert. Plessner charakterisiert die dezentralistische Organisationsform folgendermaßen:

> Durchgehender Charakter der dezentralistischen Organisationsform ist das Zurücktreten der sensorischen hinter den motorischen Apparaten, die Abdeckung der Objektwelt bis auf spärliche Signale zugunsten eines möglichst reibungslosen Ablaufs der für den Körper notwendigen Aktionen. Geringer Fehlerchance entspricht ein geringes Assoziations- oder Lernvermögen. (ebd.:248)

Demgegenüber können Tiere der zentralistischen Organisationsform zwischen Dingen auswählen, auf die sie reagieren und sind befähigt zu handeln:

> Das Umfeld präsentiert sich [für die Tiere der zentralistischen Organisationsform] griffig, nicht mehr als reine Merksphäre, sondern als Merk- und Wirkungssphäre. Es ist Signalfeld und Aktionsfeld in Einem. [...] Als Aktionsfeld bietet es ,Möglichkeiten', ist es ein Feld von Bewegungen und Griffen, die noch zu machen, aber auch zu unterlassen sind. (ebd.:252f.)

Empfindung und Handlung sind nach Plessner Eigenschaften, die der Wesensbestimmung der Pflanzen und der Tiere in der dezentralistischen Organisationsform als widersprechend ausgewiesen werden. Diese Eigenschaften kommen erst in der geschlossenen, zentralistischen Organisationsform der Tiere zum Tragen (vgl. ebd.:218–226):

> Ein Tier ist in seiner Abgehobenheit wesenhaft zum Handeln, zum Vollzug der entsprechenden Reaktion auf Reize der Umwelt gezwungen. Hier ist infolgedessen der Platz für einen primären Ausgleich zwischen Individuum und Umwelt geschaffen, während die Pflanze ihrer ganzen Struktur nach nicht handeln kann, weil sie unselbständig in ihren Lebenskreis einbezogen ist und als Teil in ihm aufgeht. (ebd.:286)

Über der Stufe des Tieres mit zentralistischer Organisationsform ist dann der Mensch anzusiedeln, denn er kann seine Zentralität reflektieren. Plessner nennt diese Form der Organisation die exzentrische Positionalität.[153]

Durch die verschiedenen Arten der Positionalität macht Plessner also eine hierarchische Stufung der lebendigen Welt nach folgendem Schema auf:[154]

---

[153] Er leitet aus dieser Organisationsform die drei anthropologischen Grundgesetze ab: 1. Das Gesetz der natürlichen Künstlichkeit, 2. Das Gesetz der vermittelten Unmittelbarkeit (Immanenz und Expressivität) und 3. Das Gesetz des utopischen Standortes (Nichtigkeit und Transzendenz). (Vgl. Plessner 1975:309–346)

[154] Es ist nicht ganz klar, was Plessner tatsächlich ordnet, physikalische Gegenstände (im Sinne von *medium-sized-dry goods*) oder aber physische Gestalten im Sinne Köhlers (vgl. Kap. 3.2.4). Auf diese Unterscheidung wird hier nicht weiter eingegangen und im Weiteren von einer Interpretation Plessners ausgegangen, bei der physikalische Gegenstände geordnet werden. Vgl. aber hierzu Beaufort (2000).

Positionalität ohne Wesensschau Eine der Plessnerschen Stufung unterliegende essentialistische Position ist aus den in Kap. 3.2.1 dargelegten Gründen zu verwerfen. Interessant ist hingegen der Versuch Plessners, aufgrund der Idee der Positionalität die organische Welt zu ordnen. Bei Plessner ist diese Ordnung als eine Wesensschau angelegt und damit dem Vorwurf ausgesetzt, dass keine Rechtfertigung gegeben werden kann, warum gerade in dieser Hinsicht klassifiziert werden sollte. Das Merkmal der Positionalität kann aber als eine mögliche Unterscheidung – unter anderen, mit einem gewissen ‚Witz'[155] ebenfalls möglichen –rekonstruiert werden, die auf der *differentia specifica* der Handlungsfähigkeit bzw. der Fähigkeit etwas zu tun und deren Ausprägung beruht. Während Pflanzen hier nur auf ihre Umwelt re-agieren, agieren Tiere und Menschen. Dies scheint eine mögliche Art und Weise zu sein, wie Klassen der lebendigen Welt sinnvoll gebildet werden können, wenn Handlungsfähigkeit, als Eigenschaft des Interesses, in den Blick genommen wird.

Plessner nimmt in seinem Ansatz die Gedanken Jakob von Uexkülls auf, der als Wegbereiter der biologischen Disziplin der Ökologie aufgefasst werden kann. Dieser hatte als erster Organismen in Funktionskreise eingebunden gedacht und den Begriff der Umwelt terminologisch geprägt.[156] Für Uexküll ist die Umwelt für jede Spezies unterschiedlich aufzufassen, da sie durch die sensorische Ausstattung des jeweiligen Typs geprägt ist. Der Plessnersche Ansatz kann so gelesen werden, dass es hier nicht darum geht, Merkmale von Lebewesen auszumachen, die abgelöst von ihrer Umwelt ausgemacht werden können, sondern darum, in welcher Art und Weise Lebewesen zu ihrer Umwelt stehen. Diese Unterscheidungshinsicht legt den

[155] Die Klassifikation, die einen ‚Witz' im Wittgensteinschen Sinne hat, ist eine, die sich unter Hinblick auf einen bestimmten Zweck als nützlich bzw. einsichtig erweist (vgl. Wittgenstein 1984a:111)

[156] „Jedes Tier ist ein Subjekt, das dank seiner ihm eigentümlichen Bauart aus den allgemeinen Wirkungen der Außenwelt bestimmte Reize auswählt, auf die es in bestimmter Weise antwortet. Diese Antworten bestehen wiederum in bestimmten Wirkungen auf die Außenwelt, und diese beeinflussen ihrerseits die Reize. Dadurch entsteht ein in sich geschlossener Kreis, den man Funktionskreis des Tieres nennt. [...] Im Zusammenhang des ganzen Funktionskreises betrachtet, bilden die Reize bestimmte Merkmale, die das Tier, wie ein Bootsmann die Seezeichen, dazu veranlassen, eine Steuerung seiner Bewegungen auszuführen. Die Summe der Merkmale bezeichne ich als Merkwelt. Das Tier selbst bildet bei Ausübung der Steuerung eine Welt für sich, die ich als Innenwelt bezeichnen will. Die Wirkungen, die das Tier auf die Außenwelt ausübt, ergeben die dritte Welt, die Wirkwelt. Wirkwelt und Merkwelt bilden aber ein in sich zusammenhängendes Ganzes, das ich als Umwelt bezeichne." (von Uexküll 1973:150f.)

Fokus der Prädikatorenbedeutung ‚ist eine Pflanze' erstens auf die spezielle Art der (Un-)Selbständigkeit von Pflanzen[157] und zweitens in ihrer ‚Dividuität'.

Unselbständigkeit der Pflanzen Pflanzen als unselbständig zu bezeichnen erscheint auf den ersten Blick ungewöhnlich, da es gerade Pflanzen sind, die ernährungsphysiologisch nur auf anorganische Mittel angewiesen sind und somit eine gewisse Autarkie aufweisen. Alle anderen Lebewesen sind auf mehr angewiesen, nämlich auf die Ernährung mittels organischer Substanzen – sie sind in dem Sinne von den Pflanzen abhängig.

Aber diese Form der Autarkie, die Pflanzen aufgrund ihrer besonderen Art der Ernährungsphysiologie zugesprochen werden kann, liegt nicht im Blick von Plessners Überlegungen. Hier wird vielmehr auf die Determiniertheit von Pflanzenreaktionen verwiesen. Pflanzen sind so als unbewusste Lebewesen bestimmt, die weder sich noch ihre Umwelt erkennen/empfinden können und damit als unselbständige Abschnitte ihrer Lebenskreise anzusehen sind. Die Unselbständigkeit, die bei Plessner als charakteristisch für Pflanzen ausgewiesen wird, wird auf der Basis der speziellen Organisationsweise von Pflanzen verständlich. Sie entspricht einem

> Verlust der substanziellen Selbstständigkeit des lebenden Gesamtkörpers an das Umfeld und an den Lebenskreis. Denn wie die lebendige Ganzheit organisch vermittelt wird, entscheidet über die Art und Weise des Umfeldkontakts. Pflanzen zeigen so zwar eine „sinnentsprechende Reaktion", die aber keinen Antwortcharakter hat, sondern physikalisch-chemisch „nach den Gesetzen des Wachstums" erfolgt. (Haucke 2000:115)

Pflanzen sind von ihrer Umwelt abhängig und re-agieren lediglich auf Veränderungen der Umwelt. Tiere hingegen als bewusste Lebewesen agieren in ihrer Umwelt und führen gewünschte Zustände herbei. Dem Menschen wiederum ist diese Fähigkeit des Tieres auch zueigen, er reflektiert sich aber in diesem Tun. Diese Überlegungen machen deutlich, dass es hier wesentlich um den Begriff des Tuns bzw. der Handlung geht.

Aus diesen Überlegungen kann eine Ordnung der lebendigen Welt aufgrund folgender Eigenschaften abgeleitet werden:

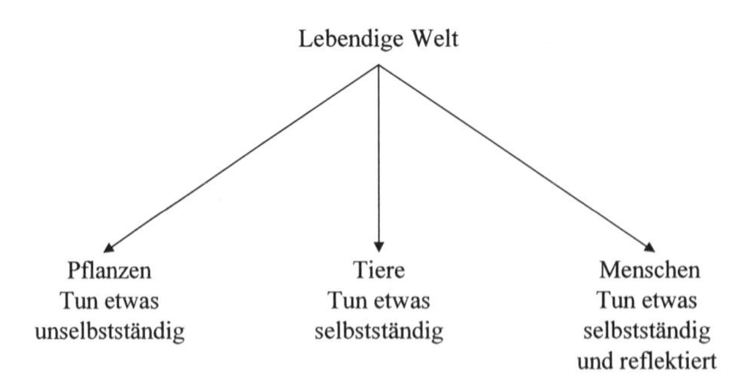

[157] Plessner spricht auch von der ‚dinglichen Selbständigkeit' und gleichzeitigen ‚vitalen Unselbständigkeit' der Pflanzen (Plessner 1975:218)

Lebewesen ist gemeinsam, dass sie etwas tun[158], allerdings wird das *Wie* des Tuns – bei entsprechend geforderter Feinkörnigkeit der Analyse – unterschieden. Es ist also nicht die Spezifikation dessen, *was* Lebewesen tun, sondern *auf welche* Weise sie es tun.

Das pflanzliche ‚bloße Tun' ist nach Aristoteles durch die Tätigkeiten des Wachsens, des Ernährens und des Sich-Fortpflanzens charakterisiert. Aber es können noch weitere Eigenschaften bzw. Tätigkeiten ausgemacht werden, wie z. B. die Bewegung (Photo- und Gravitropismus, Nastien)[159], die Reaktion auf sogenannte Stressoren (Hitze, Wassermangel etc.) und die Abwehr von Pflanzenpathogenen.[160]

Diese ‚Tätigkeiten' sind schon z. T. seit der Antike bekannt (die Hinwendung der Pflanze zum Licht), sind aber meist durch die neuen Verfahren und Methoden der Biologie in der Moderne (wie z. B. die bildgebenden Verfahren zur Kenntlichmachung der Pflanzenbewegung, die Molekularbiologie und die Verbesserung der Mikroskopiertechnik) weiter erforschbar. Alle diese Tätigkeiten sind Dreh- und Angelpunkte in der Diskussion zwischen Mechanisten und Vitalisten, die das Verhalten der Pflanzen im Licht ihrer Präsuppositionen interpretieren. Insbesondere die Reaktion der Mimose auf Reizung[161], aber auch die anderen Bewegungsphänomene gaben in der Vergangenheit Anlass, den Begriff der ‚Wahrnehmung' oder der ‚Empfindung' auch für das Reich der Pflanzen fruchtbar zu machen[162] und würde damit einer hier

---

[158] Das ‚Tun' von etwas wird durch Tätigkeitswörter indiziert wie z. B. der Stein rollt, der Stein zerbricht das Fenster, das Auto fährt, das Auto klappert, die Pflanze wächst, der Hund trinkt oder Anke telefoniert. Hier können mehrere Kategorien des ‚Tuns von etwas' ausgemacht werden: das Tun eines unbelebten Gegenstandes, das Tun eines unbelebten, von einem Menschen zu einem bestimmten Zweck hergestellten, Gegenstandes (eines Artefaktes), das Tun von Pflanzen, von Tieren und von Menschen. Wenn das ‚Tun von etwas' analysiert wird, können zwei Beschreibungsperspektiven eingenommen werden: Erstens das bloße Tun (quasi die Manifestation einer Tätigkeit) und zweitens das verursachende Tun (die Einwirkung des Tuns von etwas auf einen anderen Gegenstand).

Von einem bloßen Tun spricht man, wenn man nur die Manifestation einer Tätigkeit prädiziert. Dies impliziert nicht, dass wenn man z. B. sagt ‚die Sonne scheint', dass nicht auch durch die Tätigkeit des ‚Scheinens' der Sonne nicht verursachend eingewirkt wird (z. B. indem die Wäsche getrocknet wird), sondern durch diese Prädikation wird die Fähigkeit des Gegenstandes, die gerade ausgeführt wird, ausgedrückt. Der Fokus liegt dabei ganz auf dem Gegenstand, der etwas tut. Bei der verursachenden Tätigkeit wie z. B. dass der Stein die Scheibe zerbricht, wird nicht nur der Gegenstand, der etwas tut (der Stein) sondern auch der Gegenstand auf den eingewirkt wird (die Scheibe) in den Blick genommen.

[159] Tropismen sind Bewegungen der Pflanze auf einen äußeren Reiz hin, bei denen die Pflanzenorgane sich nach dem Reiz ausrichten. Reize können Licht, Schwerkraft, Berührung, chemische Substanzen sein. Die Bewegungen sind meist Wachstumsbewegungen. Nastien sind Bewegungen deren Ausprägung durch den Bau des nastisch reagierenden Organs bestimmt ist. Reize können hier Temperaturänderungen, Licht, chemische Substanzen, Erschütterungen oder Berührungen sein. Die Bewegungen sind meist durch Turgoränderungen (Änderungen des Tonus) verursacht.

[160] Diese Auflistung der pflanzlichen ‚Tätigkeiten' erhebt keinen Anspruch auf Ausschließlichkeit.

[161] Die Mimose (*Mimosa pudica*) wird auch als ‚Sinnpflanze' bezeichnet, was sich dem Umstand verdankt, dass sie auf Berührung, elektrischer oder thermischer Stimulation die Blattfiedern und auch das ganze Blatt in Sekundenschnelle – also sichtbar – einklappt (thigmonastische Bewegung).

[162] So wird z. B. bei Charles Bonnet die Sinnpflanze zum ‚missing link' in der *scala naturae* zwischen dem Pflanzen- und dem Tierreich (vgl. Ingensiep 2001:291–293).

skizzierten – aus den Plessnerschen Überlegungen abgeleiteten – Unterteilung der lebendigen Welt entgegenstehen.

In diesem Zusammenhang sind auch im 20. Jahrhundert (Bose 1928; Backster 1968) und auch in neuerer Zeit z. B. von Anthony Trewavas Texte erschienen, in denen Pflanzen eine Empfindungsfähigkeit, Wahrnehmung oder auch Intelligenz zugeschrieben wird.[163] Diese Werke sind umstritten, denn das bloße Vorhandensein von Fähigkeiten der Wahrnehmung ist nicht gleichbedeutend mit der Fähigkeit willentlich zu entscheiden. Illustrierend ist hier Hacker:

> Perception occupies an interesting position in respect of its voluntariness and the degree to which it is under our voluntary control. In one sense [. . .] seeing, hearing and feeling are not voluntary. If one's eyes are open, one normally cannot fail to see the salient things before one. One has no choice but to hear the loud noises in one's locality; and one typically cannot but feel the heat of the fire in one's vicinity or the cold of the ice that one touches. But one can of course, shut one's eyes, block one's ears, or walk away. It is noteworthy that seeing and hearing are not actions. But looking, glancing, gazing, scrutinizing, peeking, watching, looking for and looking at are; and so is listening to and listening for. These are things that one can typically do or refrain from doing at will. (Hacker 2007:109)

Beim ‚bloßen Tun' der Pflanzen handelt es sich um ein Tun, das Hacker als ‚one-way power' bezeichnet. Es wird abgeleitet aus den Fähigkeiten der unbelebten Gegenstände. Sie werden von Hacker folgendermaßen charakterisiert:

> [I]f the conditions for the actualization of an agent's power to V are satisfied, then the agent V's – for the agent does not have the power not to V in those circumstances. There is no such thing as an inanimate substance's having a choice, hence no such thing as its refraining or abstaining from V-ing when the conditions for V-ing are satisfied. Because the powers of the inanimate are one-way powers, there are no *opportunity* conditions for an inanimate substance to actualize its powers, but only *occasions*. (ebd.:95; Kursivierung SH)

Durch diese Unterscheidung kann die Klassifikation von Plessner, die hier nach dem ‚Wie' des Tuns rekonstruiert wurde, nachvollzogen werden. Im Gegensatz zu Tieren und Menschen, deren Tun sich dadurch auszeichnet, dass es eine Möglichkeit der Wahl gibt, ist das Tun der Pflanzen als determiniert durch die Umwelt aufzufassen.

Das Konzept, unter dem Gegenstände in der Welt zusammengefasst werden, die bei Plessner unter Pflanzen fallen, ist demzufolge dadurch charakterisiert, dass ihr Verhalten vollkommen deterministisch aufzufassen ist. Die Geschehnisse in ihrer Umwelt stoßen den Pflanzen zu und sie reagieren auf sie in festgelegter Weise. Die Reize, auf die sie reagieren können, sind Anlässe (*occasions*); im Gegensatz dazu sind die Reize, auf die (zentralistische) Tiere und Menschen reagieren können, Gelegenheiten (*opportunities*), bei denen sie die Wahl haben auf unterschiedliche Weisen zu reagieren – bei Tieren mit zentralistischer Organisationsweise bewusst

---

[163] „Plant intelligence is the emergent property that results from the collective of interactions between the various tissues of the individual growing plant [. . .] The structure of the whole system co-ordinates the behaviour of the parts [. . .] and intelligent behaviour in plants, best described as adaptively variable behaviour during the lifetime of the individual, finds expression in phenotypic plasicity." (Trewavas 2004:352; vgl. auch Trewavas 2003)

Trewavas These von der Pflanzenintelligenz wurde vehement widersprochen, u. a. unter Bezug auf den ‚arm ausgestatteten' Intelligenzbegriff Trewavas (vgl. Firn 2004).

und bei Menschen reflektiert, selbstbewusst. Die Erklärung beobachteten menschlichen Verhaltens wird üblicherweise über das Modell der intentionalen – oder auch zweckrationalen – Handlung rekonstruiert.[164]

Bei der Charakterisierung des pflanzlichen Tuns fehlt also das intentionale Moment. Pflanzen können nicht sinnvoll Zwecke oder Ziele zugesprochen werden, die sie anstreben. Dies bedeutet nicht, dass das Verhalten von Pflanzen nicht auch teleologisch interpretiert werden kann. Hier sind allerdings die unter Kap. 3.3 gemachten Überlegungen zu berücksichtigen, nämlich dass das Tun der Pflanze so interpretiert wird, *als ob* ein Zweck verfolgt würde. Dies ist die Heuristik, unter der die Pflanzenphysiologie arbeitet, wenn z. B. die Fähigkeit sich nach dem Licht auszurichten so interpretiert wird, dass dies geschieht, um eine optimale Photosyntheseleistung zu erbringen.

Das ‚um zu' kann aber nicht der Pflanze als von ihr selbst gesetzter Zweck zugeschrieben werden, sondern höchstens evolutionär als Überlebensvorteil interpretiert werden. In dem Sinne kann auch nicht davon ausgegangen werden, dass eine Pflanze selber dafür sorgt, dass ihre Bedürfnisse[165] erfüllt werden, sondern sie ist als abhängig von ihrer Umwelt anzusehen.

Dividuität Ein zweites Plessner-Charakteristikum der Pflanzen ist das der ‚Dividuität', welches der ‚Individualität' gegenüber steht. Ein Individuum ist ein ‚Unteilbares' und in Kap. 3.2.1 wurden bereits mehrere Kriterien angeführt die Gegenstände aufweisen müssen, um unter diesen Begriff zu fallen. Das Kriterium der Unteilbarkeit wurde unter dem Begriff der Sortalität spezifiziert und es sind insbesondere die Kriterien der Mereologie und der Zählbarkeit, die dafür sprechen, Pflanzen, wie Plessner es auch tut, als ‚Dividuen' zu bezeichnen.

Die Gegenstände, die Plessner unter der offenen Positionalität zusammenfasst, haben gemeinsam, dass die Teile des Ganzen einen hohen Grad an Selbständigkeit aufweisen. Aus diesem Grund können aus Ablegern und Stecklingen neue Pflanzen erwachsen.[166] Man kann also eine Pflanze (allerdings nicht beliebig) teilen und erhält wiederum eine neue Pflanze. Dies geschieht auch natürlich z. B. bei den Moosen durch vegetative Vermehrung und wird künstlich durch den Menschen z. B. im Gartenbau genutzt, indem bei Pflanzen, deren Teile die Fähigkeit zur Bewurzelung haben, diese über Stecklinge vermehrt werden. Dies führt z. B. bei Äpfeln dazu, dass „alle Äpfel derselben Sorte seit der Entdeckung/Entstehung der Sorte immer aus dem gleichen, durch Veredelung am Leben gehaltenen genetischen Klon hervor [gehen], unabhängig davon, wo auf dieser Welt diese Sorte vermehrt wird." (Bresinsky et al. 2008:9)

Bei den Pflanzen, die zur vegetativen Vermehrung fähig sind, ist auch die Frage der Zählbarkeit nicht eindeutig zu beantworten. Denn das Kriterium könnte das der

---

[164] Ob diese Rekonstruktion auch auf ‚höhere' Tiere angewandt werden kann, wird hier nicht weiter verfolgt.

[165] Als Bedürfnisse bzw. Erfordernisse einer Pflanze werden hier Entitäten und Bedingungen verstanden, die für ein Überleben notwendig sind (vgl. Hacker 2007:130).

[166] In der Zellkultur sind Pflanzen totipotent, d. h. aus einer einzelnen pflanzlichen Zelle können neue Pflanzen angezüchtet werden.

örtlichen Trennung (in diesem Falle würden Rameten gezählt werden) oder aber das der genetischen Identität (in diesem Fall würden Geneten gezählt werden) sein.[167] Dieselbe Problematik ergibt sich auch bei allen Pflanzen, die zur asexuellen Samenbildung (Agamospermie) befähigt sind.[168] In der Biologie werden hier keine klaren Grenzen gezogen, welche dieser Organisationseinheiten als Individuen zu bezeichnen sind (vgl. Odparlik 2008:281).

Es kann also nicht per se von der Zählbarkeit von raum-zeitlich begrenzten, dreidimensionalen Gegenständen ausgegangen werden, sondern es sind zuvor Festsetzungen erforderlich, was als *eine* Pflanze zählen soll. Pflanzen sind nicht per se als ‚Dividuen' zu bezeichnen (nicht jede Pflanze hat die Fähigkeit zur asexuellen Fortpflanzung), aber ihre Individualität kann in vielen Fällen nicht an dem Modell der ‚medium-sized-dry-goods' festgemacht werden, sondern bedarf einer pragmatischen Vorentscheidung.

3.4.2 Ordnungshinsicht: Seele

Die ‚lebendige Welt' wird bereits bei Aristoteles in eine Ordnung gebracht. Der Begriff des ‚Lebewesens' ist bei Aristoteles eng mit dem der ‚Seele' verknüpft. Die Seele wird als untrennbar mit dem Körper verbunden aufgefasst und ist „die vorläufige Erfüllung des natürlichen mit Organen ausgestatteten Körpers." (Aristoteles 1968, 412b 4–5) Die physischen Entitäten werden in unbelebte, d. h. solche die keine Seele besitzen, und belebte (= beseelte) unterteilt. Auf der Basis unterschiedlicher Seelenvermögen werden dann alle belebten Entitäten geordnet (vgl. Ingensiep 2001:42–48). Pflanzen besitzen nur die Fähigkeit sich zu ernähren, zu wachsen und sich fortzupflanzen, was ihnen über die Nährseele (*psyche threptike*) möglich ist. Sie stehen auf der aristotelischen *scala naturae* auf der niedrigsten Stufe der lebendigen Welt. Direkt über ihnen sind die Tiere angeordnet, die zusätzlich zu den Fähigkeiten zur Ernährung, Wachstum und Fortpflanzung noch über das Wahrnehmungsvermögen – vermittelt über die Wahrnehmungsseele (*psyche aisthetike)* – verfügen. Die Menschen sind gegenüber den Tieren durch ihr Denkvermögen ausgezeichnet, welches durch die Denkseele (*psyche noetike*) ermöglicht wird.

Es werden wie bei Plessner die Hierarchieebenen Pflanzen, Tiere, Menschen – allerdings aufgrund der drei Grundseelenvermögen (*psyche threptike, aisthetike, noetike*) – aufgestellt (vgl. Ingensiep 2001:43). Die lebendige Welt ist also nach Aristoteles folgendermaßen aufgeteilt:

---

[167] Rameten sind die aus vegetativer Vermehrung hervorgegangenen Pflanzen, die von der Mutterpflanze getrennt sind. Ein Genet ist die Gesamtheit der zugehörigen Rameten (vgl. Bresinsky et al. 2008:580).

[168] Ähnlich ist es bei Pflanzen, die zur Stolon- oder Rhizombildung befähigt sind. Stolone sind horizintal sich ausprägende Sprossausläufer (bei Rhizomen unterirdisch), bei denen sich an den Knoten neue Pflanzen ausprägen können. Diese Form der vegetativen Vermehrung findet man z. B. bei der Erdbeere, bei Kirschen, Äpfeln, Himbeere oder Brombeere. (Vgl. Raven et al. 2006:184)

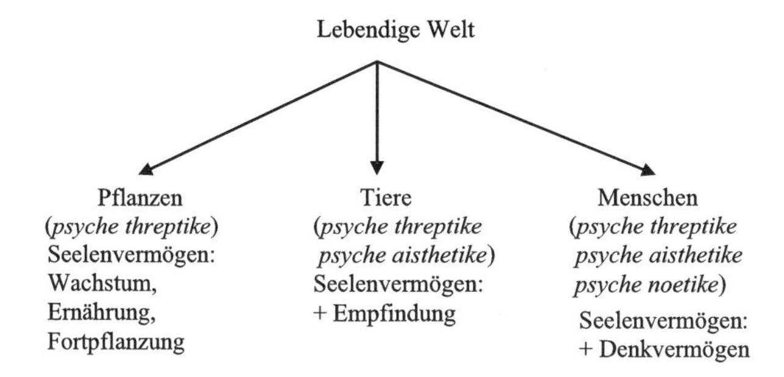

Diese Aufteilung kann auf zwei verschiedene Weisen interpretiert werden: einmal als eine essentialistisch-biologische Sichtweise der Seele, nämlich als diejenigen essentiellen Eigenschaften, die die Zugehörigkeit zur Gruppe der Pflanzen, Tiere oder Menschen ausmachen[169], oder aber als Annahme von nicht-physischen aber durchaus vorhandenen Seelenfaktoren, was zu einer Reifizierung der Seele als einer ‚vis vitalis', einer ‚Entelechie' (Hans Driesch) oder eines ‚elan vital' (Henri Bergson) im Vitalismus führt.

Nach beiden Sichtweisen sind Pflanzen durch die minimale Ausstattung dessen, was es ausmacht lebendig zu sein, charakterisiert, nämlich durch die Kraft sich zu nähren, zu wachsen und sich fortzupflanzen. Im ersteren Fall wären diese Charakteristika die essentiellen Eigenschaften der Pflanze, im letzteren die speziellen der Pflanze innewohnende Kräfte.

Die Seelenstufenordnung des Aristoteles ist als eine komparative Ordnung in Hinblick auf den Menschen zu verstehen. Als Maximalbestimmung dessen was hier als höchste Lebensform angesehen wird, ist der Mensch anzusehen, er besitzt als einzige Lebensform alle drei Seelenformen. Zu dieser Maximalbestimmung wird abstufend in die Gruppe der Tiere und der Pflanzen klassifiziert.

> Es war vor allem Aristoteles, der trotz seiner ausdrücklichen Anerkennung der Vielzahl möglicher Einteilungen der Natur den nachfolgenden Naturforschern und Philosophen den Gedanken mitgab, zumindest alle Lebewesen ihrem Grade von „Vollkommenheit" gemäß in einer einzigen aufsteigenden *scala naturae* anzuordnen.
>
> [. . .] Das Ergebnis war eine Vorstellung vom Plan und Aufbau der Welt, die das ganze Mittelalter hindurch und bis ins späte 18. Jahrhundert von vielen Philosophen, den meisten Wissenschaftlern und den meisten Gebildeten ganz selbstverständlich vorausgesetzt wurde, die Vorstellung vom Universum als einer „großen Kette der Wesen", welche aus einer ungeheuer großen [. . .] Anzahl von Gliedern bestand, die von den niedersten, gerade noch dem Nichtsein entgangenen Dingen in hierarchischer Abfolge durch alle denkbaren Stufen hindurch zum *ens perfectissimum* reichten[.] (Lovejoy 1985:77f.)

Die Klassifikation ist also nicht nur eine, die anhand der *differentia specifica* Klassen von Lebewesen ordnet, sie ist auch eine aufsteigende, hierarchische Klassifikation, die an ihrem obersten Glied ausgerichtet wird und folgendermaßen aufzufassen ist:

[169] Die Position des Essentialismus wurde in Kap. 3.2.1 in Bezug auf Lebewesen kritisiert, diese Kritiklinie kann auf die ontologische Bestimmung der Pflanzen übertragen werden.

Menschen	↑
Tiere	Grad der Vollkommenheit
Pflanzen	

Als oberster Maßstab dient hier also der Mensch (manchmal aber auch das *ens perfectissimum*) und an diesem wird die Klassifikation ausgerichtet. Das Verständnis dessen, was es ausmacht ein Mensch zu sein, gibt an was für Eigenschaften und wie viele Eigenschaften maximal ausgebildet werden können. Abstufend dazu werden die Elemente der organischen Welt einsortiert.

Seelentheorie ohne Seele Der Vitalismus kann, historisch betrachtet, als ein kategorialer Rahmen verstanden werden, der es ermöglichte, Fragestellungen anzugehen, die mit den Kenntnissen der Zeit nicht erklärbar waren. Allerdings sind die über diesem Weg gefundenen Erklärungen eher als Pseudoerklärungen zu deklarieren. Der Vitalismus stellt eine scheinbare Erklärung bereit, die nur als *obscurum per obscurius* anzusehen ist. Die Annahme von okkulten Kräften, die Entitäten dazu befähigen etwas zu tun, ist – wenn überhaupt – nur in einer vorparadigmatisch-vorwissenschaftlichen Phase hinnehmbar.

> But for all this, we must admit how greatly out of tune with modern science was such thinking. The problem was not so much that the élan vital was unseen or directly unknowable. [. . .] It [the élan vital] gives the impression of explanatory power, but is not embedded in laws and cannot be used for prediction or unification or any of the other epistemic demands that one makes of the unseen entities of science. (Ruse 2006:56)

Wenn in einer wissenschaftlichen Erklärung etwas von Lebewesen ausgesagt wird, so macht es keinen Unterschied, ob noch eine ‚*Entelechie*' oder ein ‚*élan vital*' angenommen wird. Diese Bestimmungen fügen dem Prädikator ‚ist ein Lebewesen' keine Information hinzu. Sie können daher als redundante Bestimmungen in Form einer ‚*virtus-dormitiva*-Erklärung' angesehen werden.[170]

Die Position des Neo-Essentialismus wurde in Kap. 3.2.1 in Bezug auf den Begriff des Lebewesens expliziert und kritisiert, diese Kritiklinie kann auf die ontologische Bestimmung der Pflanzen übertragen werden. Das was es ausmacht eine Pflanze zu sein liegt nicht in der Pflanze selber, sondern wird durch die den Prädikator ‚ist eine Pflanze' regierende Regel bestimmt. Diese Regel ist durch den Gebrauch fixiert. Allerdings ist nicht davon auszugehen, dass nur eine Regel den Prädikator reglementiert, sondern dass kontextdependent mehrere Regeln existieren. Dieser Kontext kann historisch aber auch material variieren und jeweils einen anderen kategorialen Rahmen zur Ordnung der lebendigen Welt unterlegen. Die Regel kann damit, je nachdem welcher kategoriale Rahmen unterlegt und welcher für gültig erachtet wird, verschieden sein.

Die von Aristoteles durchgeführte Klassifikation kann als eine mögliche Ordnung (unter anderen ebenfalls möglichen Ordnungen) ihre Berechtigung erfahren. Der von Aristoteles unterlegte Rahmen ist einer, der sich zum einen durch biologische Beobachtungen und zum anderen durch das aristotelische Verständnis des

[170] Vgl. hierzu Moliére in seinem Werk ‚Der eingebildete Kranke', der spöttisch die einschläfernde Wirkung des Opiums mit dessen einschläfernder Kraft, dem *virtus dormitiva*, erklärte.

Menschen auszeichnet. Während eine Stufung der Lebewesen anhand des Vollkommenheitsgrades mit den naturwissenschaftlichen Ergebnissen, die auf der Basis der Evolutionstheorie gewonnen werden (vgl. Kap. 3.4.3), nicht mehr zu vereinbaren ist[171], stellt die Klassifikation Aristoteles' dennoch eine mögliche und nützliche Ordnung der Welt dar.

Eine Klassifikation, welche die Seelenvermögen nicht als tatsächliche Entitäten annimmt und den Vollkomenheitsgrad unberücksichtigt lässt, die vielmehr unter der Hinsicht der charakterisierenden Eigenschaften, die jemanden dazu berechtigen den Ausdruck Pflanze, Tier oder Mensch auf etwas anzuwenden, Dinge der lebendigen Welt einteilt, kann für viele Fragestellungen durchaus nützlich sein.

> The soul, as Aristotle conceived it, is the set of potentialities the exercise of which is characteristic of the organism. Consequently, it is not only human beings that have a *psuchē*, but all living creatures, including plants. [...] The soul is not an entity attached to the body, but is characterized, in Aristotelian jargon, as the ‚form' of the living body. The soul stands to the body of a human being roughly as the power of sight to the eye. (Hacker 2007:23)

Die drei Seelenformen können quasi als kriteriale Bestimmungen, als „Weisen zu entscheiden, ob etwas einen Begriff X erfüllt, oder Belege (Evidenz) dafür, daß etwas ein X ist" (Glock 2000:194) aufgefasst werden. Nach Hans-Johann Glock sind die ‚Belege' oder ‚Evidenzen' aber nicht in empirischen Kategorien zu denken, sondern in grammatischen. Ein ‚Wittgensteinsches Kriterium' aus der Spätphase Wittgensteins ist also so zu verstehen:

> Im Gegensatz dazu [zur verifikationistischen Phase] ist ein ‚Kriterium q' für die Behauptung daß p ein Grund oder eine Begründung für die Wahrheit von p, nicht vermöge empirischer Belege, sondern aufgrund grammatischer Regeln. Es ist Teil der Bedeutung von ‚p' und ‚q', daß q's Stattfinden – die Erfüllung des Kriteriums – ein Grund oder eine Begründung für die Wahrheit von ‚p' ist. (Glock 2000:195)

Die aristotelische Ordnung kann als eine mögliche Grundlage angesehen werden, die Kriterien liefert um den Prädikator ‚ist eine Pflanze' begründet zuzusprechen. Die angegebenen Seelenvermögen (Wachstum, Ernährung, Fortpflanzung) liefern die Begründung, warum man berechtigt ist den Prädikator zuzusprechen. Die Kriterien dessen, was eine Pflanze ist, wird in den naturwissenschaftlichen Ansätzen – ohne die vitalistischen Implikationen einer Seelenlehre – weiter ausgebaut, da die aristotelischen Eigenschaften Unterscheidungen nicht ermöglichen, die unter biologischen Gesichtspunkten wichtig erscheinen.

3.4.3 Aristoteles, Darwin und Co.

In der Biologie wird seit dem 18. Jahrhundert zunehmend – und seit Darwin fast vollständig – die Dreiteilung der lebendigen Welt vor einem naturwissenschaftli-

[171] Nichtsdestoweniger wirkt diese Sichtweise noch in unserer Zeit nach (vgl. z. B. Siep 2004).

chen Hintergrund verworfen.[172] In der Geschichte der biologischen Klassifikation wurde, im Gegensatz zur aristotelischen oder plessnerschen Dreiteilung, eine dichotome Aufteilung der lebendigen Welt in die beiden Reiche *Animalia* (Tierreich) und *Plantae* (Pflanzenreich) vorgenommen.[173] Diese Klassifikation ist eine, die eine lange Tradition besitzt und die über drei Jahrhunderte hinweg die übliche biologische Auffassung darstellte.

Grundlegende Unterscheidungskriterien waren für Pflanzen deren Immobilität und die Fähigkeit zur Photosynthese und für Tiere die Mobilität und die Ernährungsweise der Heterotrophie.[174]

> The first kingdoms incorporated into the formal classification of Linnaeus (1735) and others were those two groups of organisms that appeared obviously distinct to the early naturalists, the plants and animals. Such a two-kingdom system still seemed obvious two hundred years later at the beginning of the present century, the rooted habit and photosynthesis of plants being contrasted with the motility and food-ingestion of animals. Fungi, though non-photosynthetic, were thought of as rooted and could be placed with the plants; bacteria, though some are motile, have photosynthetic forms and could be grouped with plants by their posession of cell walls; food ingesting, motile protozoa could be placed with the animals; and so on. Thus a Plantae/Animalia two-kingdom system [...] was fully acceptable to most biologists. (Leedale 1974:262)

Die Ordnung der lebendigen Welt greift also hauptsächlich auf morphologische Merkmale als Unterscheidungskriterien zurück. Historisch gesehen ist die Taxonomie zu Beginn als eine Ordnung der Mannigfaltigkeit der Natur, im Sinne einer deskriptiven Naturgeschichte, zu verstehen (vgl. Weingarten und Gutmann 1993:63). Carl von Linné und Georges Buffon leisteten dazu einen entscheidenden Beitrag für die Botanik bzw. die Zoologie.[175] Unter den morphologischen Unterscheidungshinsichten ist von folgender, auf Linné zurückgehende, Grundklassifikation der physischen Entitäten in der Welt auszugehen:

---

[172] Ingensiep schreibt zur Ablösung des vitalistisch-entelechialen Kriteriums:

„Wir erwähnten die Perspektive der Siegergeschichte, aus deren Sicht die Verwandlungen des entelechialen Seelenbegriffs von Aristoteles und dessen Grundfunktionen – Ernährung, Wachstum, Fortpflanzung – in der Neuzeit seit Boyle sukzessive aufgelöst erscheinen [...]. Im Leben der Pflanze konnte die Seele weder als autonomes Bewegungs- oder Gestaltprinzip noch als autonomes Bewußtseinsprinzip bewahrt werden. Dafür entziehen ihr Pflanzenphysiologie und Evolutionsbiologie die Basis." (Ingensiep 2001:626)

[173] Unter dem Einfluss der Evolutionstheorie erfolgt die Inklusion der Hierarchieebene des Menschen in die des Tierreiches.

[174] Autotrophie ist die Ernährungsweise allein auf der Basis von anorganischen Stoffen. Unter Photoautotrophie ist die Ernährungsweise auf Basis von anorganische Stoffen und des Lichts als Energielieferant zu verstehen. Heterotrophie ist die Ernährungsweise, bei der der entsprechende Organismus auf organische Stoffe aus der Umwelt angewiesen ist.

[175] Insbesondere Linné klassifizierte eine immense Anzahl von Lebewesen nach folgender Art und Weise:

„Er [Linné, SH] definierte ein Merkmal als invariant (die Fortpflanzungsorgane), legte mit der Zahl, Gestalt, der relativen Größe und der Lage der einzelnen Elemente der Fortpflanzungsorgane Beobachtungsvariablen fest, so daß die Kombination von ‚wesentlichen' Merkmalen und Beobachtungsvariablen ein pragmatisch gut zu handhabendes Beschreibungsraster ergab." (Weingarten und Gutmann. 1993:62)

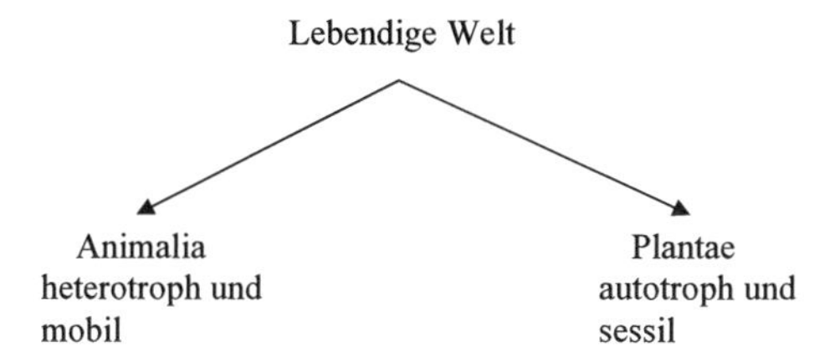

Diese Klassifikation hat allerdings unter klassifikatorischer Hinsicht und unter dem Einfluss neuer biologischer Erkenntnissen folgende Nachteile (vgl. Whittaker 1969:150–153):

- einzellige Lebewesen können nicht eindeutig zugeordnet werden,
- die Unterscheidungen Prokaryota/Eukaryota kann nicht integriert werden[176],
- die Einordnung der Pilze zu den Pflanzen ist nicht gerechtfertig; eine Einordnung bei den Tieren aber ebenfalls nicht ohne weiteres,
- viele marine Lebewesen sind nicht eindeutig zuzuordnen wie z. B. Anemonen, Korallen etc.
- es können nicht nur zwei Formen der Ernährungsweisen unterschieden werden, sondern drei, wenn man ökologische Fragestellungen adäquat beantworten will: Produzenten, Konsumenten und Destruenten.

Aufgrund dieser Kritikpunkte und unter Berücksichtigung phylogenetischer Überlegungen kommt es zu neuen, aber keineswegs einheitlichen Klassifikationen der lebendigen Welt. Grundlegend ist allen vorgeschlagenen Klassifikationen, dass diese gegenüber der Plantae/Animalia Unterscheidung weitaus differenzierter ausfallen und dass die basale Aufteilung sich nicht mehr an vorwiegend visuellen Kriterien orientiert, sondern eher von unterliegenden biologischen Theorien oder neuen Techniken (wie z. B. des Vergleichs von ribosomalen RNA Sequenzen) diktiert wird (siehe Tab. 3.3).

In diesen beiden Klassifikationen finden sich die Pflanzen nur nach dem phänotypisch-ernährungsphysiologischen Konzept als eigene Kategorie wieder. In der auf dem phylogenetischen Ansatz basierenden Konzept ist diese Gruppe in mehrere Hauptgruppen unterteilt worden. Diese Aufspaltung basiert auf der Endosymbiontenhypothese, welche nach dem Erscheinen des Aufsatz ‚Symbiosis and Evolution' von Lynn Margulis paradigmatisch wurde. Nach dieser Hypothese war der Vorfahre aller Lebewesen auf der Erde ein Urorganismus und man geht davon aus, dass sich aus diesem die Prokaryoten entwickelten. Der Übergang zu den Eukaryoten soll durch eine Symbiose zweier Prokaryotenzellen geschaffen worden sein. Bei den autotrophen Organismen wird dann noch von einer Symbiose mit autotrophen Prokaryoten durch Endocytose (Aufnahme des einen Organismus in den anderen) angenommen. Die Aufspaltung der ursprünglichen Pflanzengruppe in mehrere Untergruppen wird damit begründet, dass die Endocytobioseereignisse nicht nur

---

[176] Diese Unterscheidung (Lebewesen ohne und mit Zellkern) verdankt sich neuen Experimentiermethoden, durch die der zelluläre Unterschied zwischen diesen beiden Typen von Lebewesen feststellbar wurde.

Tab. 3.3 Mögliche Klassifikationen der lebendigen Welt

	1. Hierarchieebene	2. Hierarchieebene[a]
Phänotypisch-ernährungsphysiologisches Konzept von Whittaker (1969)[b]	Monera	
	Protista	
	Plantae	
	Fungi	
	Animalia	
Phylogenetisches Konzept nach Bresinsky et al. (2008:621–625)[c]	Archaea	Hauptgruppen der Eukarya:
	Bacteria	Unikontae
	Eukarya	Primoplantae
		Chromalveolata
		Rhizaria
		Excavatae

[a]Die zweite Hierarchiebene wird nur für den relevanten Fall, dass hier die Pflanzen klassifiziert werden, aufgeführt. In allen anderen Fällen wird diese Stufe nicht extra benannt

[b]Monera: Prokaryota, Protista: einzellige Eukaryota, Plantae: multizelluläre photosynthetische Eukaryota (Produzenten), Fungi: multizelluläre eukaryotische Reduzenten, Animalia: multizelluläre eukaryotische Konsumenten. (Vgl. hierzu auch Leedale (1974:264); Margulis und Schwartz (1989))

[c]Unikontae: heterotroph (Pilze, Tiere, Schleimpilze), Primoplantae: durch primäre Endocytobiose von Cyanobakterien photoautotroph, Chromalveolata: partiell photoautotroph durch sekundäre Endocytobiose von Rhodobionta, Rhizaria: partiell autotroph durch sekundäre Endocytobiose von Chlorobionten, Excavatae: partiell autottrophe Einzeller durch sekundäre Endocytobiose von Chlorobionten. (Vgl. Woese et al. (1990); Keeling (2004))

einmalig sondern öfter aufgetreten sind, so dass von mehreren evolutionären Linien der Entwicklung ausgegangen wird. Zudem wird eine sekundäre Endocytobiose von (roten und grünen) Algenzellen in eukaryotische Zellen postuliert (vgl. Keeling 2004).[177]

Whittaker nimmt mit seiner phänotypisch-ernährungsphysiologischen Klassifikation in Kauf, dass sein System nicht die Verwandtschaftsverhältnisse repräsentiert. Er setzt vielmehr auf die Unterscheidung der Organisationsweise: prokaryotisch, eukaryotisch-einzellig und eukaryotisch-mehrzellig sowie auf drei evolutionäre Entwicklungsmöglichkeiten anhand verschiedener Ernährungsweisen (vgl. Whittaker 1969:163). Bei den phylogenetischen Stammbäumen steht hingegen der Verwandtschaftsgedanke ganz im Vordergrund und die Ernährungsweise wird nur als abgeleitetes Merkmal von Endocytobioseereignissen in der stammesgeschichtlichen Entwicklung betrachtet.

[177] Die Klassifikationen auf der Basis der Endosymbiontentheorie sind allerdings als noch nicht abgeschlossen anzusehen und befinden sich immer noch im Fluss (vgl. Palmer et al. (2004).

Es können also mindestens zwei methodische Prinzipien ausgemacht werden, die den naturwissenschaftlichen Klassifikationen unterliegen: historische und phänotypische. Diese werden im Folgenden weiter ausgeführt.

War im 18. Jahrhundert noch vorherrschender Zweck der Taxonomie[178], eine Ordnung der Mannigfaltigkeit zu leisten, machten die Erkenntnisse Darwins und die um ihn und seine Thesen entbrannte Diskussion die Einbeziehung von Verwandtschaftsverhältnissen in die Taxonomie notwendig. Dadurch war der rein morphologische Vergleich nicht mehr ausreichend, sondern die Ordnung sollte auch die verwandtschaftlichen Beziehungen der Taxa untereinander widerspiegeln. Damit ergibt sich die Frage nach der Organisationsform der lebendigen Objekte, einmal in Hinsicht auf die „Organisation von Abläufen im ontogenetischen Geschehen; zum anderen aber sucht man nach den die Hauptreiche der Organismen konstituierenden Organisationsformen (Baupläne) bzw. nach den Entstehungsursachen für diese Organisationsformen" (Weingarten und Gutmann 1993:63).

Unter dieser Fragestellung verschiebt sich, nach Gutmann und Weingarten, die Grundlage einer Abstraktionshandlung in Richtung auf Fragen der Herstellung beziehungsweise auf den Kontext von Herstellungshandlungen als Basis der Unterscheidungspraxis. Es wird nun nicht mehr anhand eines idealen Bauplans geordnet, sondern es wird versucht über taxonomische Analysen etwas über diese Baupläne und ihre Entwicklung zu erfahren. Vor diesem Hintergrund entwickeln sich unterschiedliche taxonomische Ansätze. Als Hauptschulen der Taxonomie bezeichnet Ernst Mayr die ‚numerische Taxonomie (Phänetik)', die ‚Kladistik' und die ‚evolutionäre Klassifikation' (vgl. Mayr 1994:277f.). Diese drei Schulen teilen die Präsupposition, dass eine hierarchische Struktur der Taxa anzunehmen ist, unterscheiden sich aber in der Einteilung der hierarchischen Struktur und im informationellen Gehalt.

Phänetik In der Phänetik, die auf Sokal und Sneath (1963) zurückgeht, wird die Klassifikation allein aufgrund von morphologischen Merkmalen durchgeführt und bleibt damit dem Linnéschen Paradigma verhaftet. Sie hält an dem ursprünglichen Linnéschen Ansatz der Sortierung über Merkmalsgleichheit fest, diese erfolgt aber mit Hilfe rechnergestützter Verfahren. Das Ziel dieser Art der Systematisierung wird

---

[178] Die Taxonomie ist die Disziplin innerhalb der Biologie, die die Benennung und Klassifikation der Lebewesen reglementiert. In dieser werden verschiedene taxonomische Einheiten wie z. B. Art (Spezies), Gattung (Genus), Familie (Familia), Klasse (Classis), Abteilung (Divisio/Phylum), Reich (Regnum) unterschieden. In der klassischen Nomenklatur werden die Ränge: Reich, Abteilung, Klasse, Ordnung, Familie, Gattung und Art als systematische Gruppen – als Kategorien – unterschieden, die in einer enkaptischen Hierarchie geordnet sind. Die lebendigen Entitäten werden also klassischerweise in einem hierarchischen Gruppensystem zusammengefasst, wobei die systematische Einheit auf jeder beliebigen Hierarchieebene als Taxon bezeichnet wird. Als Hauptziel der Taxonomie formuliert Ernst Mayr auf der Basis der wissenschaftlichen Arbeit der Taxonomen: „Der Taxonom bringt mit zwei Schritten Ordnung in die verwirrende Vielfalt der Natur. Der erste Schritt ist die Unterscheidung der Arten und wird als Mikrotaxonomie bezeichnet. Der zweite Schritt besteht in der Einordnung dieser Arten in verwandte Gruppen; dies bezeichnet man als Makrotaxonomie. Folglich definiert Simpson (1961) die Taxonomie, die Kombination aus beidem, als „die Theorie und Praxis des Abgrenzens von Organismentypen und ihrer Klassifikation"." (Mayr 1998:176–177)

von Sokal folgendermaßen beschrieben: „The goal of the phenotypic taxonomy is to arrange objects or operational taxonomic units (OTUs) in a stable and convenient classification.“ (Sokal 1994:239) Die Zugehörigkeit zu einem Taxon wird über diese Klassifikation durch die Anzahl der geteilten Merkmale ermittelt – der sogenannten ‚*overall similarity*‘ – wobei keines der Merkmale in irgendeiner Weise gewichtet wird. Die Phänetik ist als Gegenbewegung zum kladistischen und evolutionsbiologischen Taxonomieansatz zu sehen, denn über sie soll sichergestellt werden, dass man hinsichtlich der Klassifikation nicht an ein bestimmtes Verständnis der Evolutionstheorie gebunden ist (vgl. Sober 1994). Nach Robert Sokal, einem der Begründer dieses Taxonomieansatzes, wird diese Theorieabhängigkeit vermieden, da phylogenetische Zusammenhänge in den meisten Fällen faktisch unbekannt und die Methoden, auf denen phylogenetische Rekonstruktionen beruhen, nicht ausreichend explizit und quantitativ sind (vgl. Hull 1994:306).

Die Phänetik bietet eine Systematisierung der Lebewesen an, aufgrund derer man zwar Hypothesen über evolutionäre Verwandtschaften aufstellen kann, sie leister jedoch nicht die Bereitstellung von Modellen, anhand derer Hypothesen über evolutionäre Vorgänge (z. B. Konvergenz, Gradualismus vs. Punktualismus, etc.) überprüft werden können (vgl. Sokal 1994:244). Die Zugehörigkeit zu einer ‚similarity class‘ ist abhängig davon, welche Merkmale zur Sortierung der Lebewesen ausgewählt werden. In dem Sinne werden zwar nicht die Merkmale selber gewichtet, aber es findet eine Gewichtung aufgrund der Auswahl bestimmter Merkmale statt. Damit ist die phänetische Analyse vielleicht unabhängig von bestimmten Aspekten evolutionstheoretischer Überlegungen, sie kommt aber nicht umhin, bestimmte Merkmale zur Klassifizierung heranzuziehen, um einen Eindruck von der ‚overall similarity‘ zu bekommen, zu der sonst kein Zugang möglich ist.

Kladistik Die Kladistik, der zweite Zweig der biologischen Taxonomie, strebt an, die stammesgeschichtlichen Verwandtschaftsverhältnisse zu systematisieren, was in ‚Kladogrammen‘ – einem Dendrogramm der Verzweigungspunkte der Phylogenie – festgehalten wird. Es wird jeweils in einem Kladogramm eine monophyletische Gruppe, d. h. eine Gruppe von Lebewesen, die alle Nachfahren einer Stammart sind, betrachtet. Die Verästelung der phylogenetischen Entwicklung kommt durch eine Gewichtung der betrachteten Merkmale zustande. Es wird zwischen ursprünglichen (plesiomorphen) und abgeleiteten (apomorphen) Merkmalen unterschieden. Es wird ein sogenanntes ‚Grundmuster‘ von Merkmalen angenommen, das die gesamte Merkmalsausstattung der Stammart repräsentiert. Ursprüngliche Merkmale sind nun gegenüber dem ‚Grundmuster‘ unverändert, wohingegen apomorphe Merkmale gegenüber dem ‚Grundmuster‘ verschieden sind. Es reicht also für eine Gruppenzugehörigkeit nicht – wie in der Phänetik – aus, in einer hinreichend großen Anzahl von Merkmalen übereinzustimmen, sondern nur Gruppen, die gemeinsam ein abgeleitetes Merkmal aufweisen, werden durch einen neuen Ast im Kladogramm gekennzeichnet. Ernst Mayr fasst diese Herangehensweise folgendermaßen zusammen:

> For the cladist phylogeny consists of a sequence of dichotomies, each representing the splitting of a parental species into two daughter species; the ancestral species ceases to exist at the

time of dichotomy; sister groups must be given the same categorial rank; and the ancestral species together with all of its descendants must be included in a single ‚holophyletic' taxon. (Mayr 1994:278)

Analysen, die auf kladistischen Überlegungen beruhen, konfligieren mit phänetischen oder evolutionsbiologischen Untersuchungen, wenn bzgl. zweier Taxa die Merkmalsähnlichkeiten überwiegen, obwohl die Verwandtschaftsbeziehung nicht im gleichen Sinne als nah anzunehmen ist. Betrachtet man z. B. die Gruppierung der Taxa Eidechsen, Krokodile und Vögel, so würde die phänetische oder evolutionsbiologische Analyse eine Gruppierung ‚(Eidechsen, Krokodile) Vögel' vornehmen, da die Ähnlichkeiten zwischen Eidechsen und Krokodilen größer ist als die zwischen Krokodilen und Vögeln. Die kladistische Interpretation würde hingegen die Taxa ‚Eidechsen (Krokodile, Vögel)' gruppieren, da Krokodile und Vögel einen gemeinsamen Ursprung besitzen, der nicht der Ursprung der Eidechsen ist. Es kommt also zu heterogenen Klassifikationen (vgl. Sober 1993:163f.).

Schwierigkeiten bekommt der kladistische Ansatz dann, wenn es unklar ist, welche Gruppe als ursprüngliche und welche als abgeleitete gelten soll und damit die Richtung der Entwicklung in Frage steht (Problem der Polarität vgl. Mayr 1994, S. 282). Auch das häufige Auftreten von konvergenten Entwicklungen stellt ein Hindernis dar, das bei der Entwicklung der Kladogramme überwunden werden müsste.

Evolutionäre Taxonomie Die Lösung einiger dieser Probleme nimmt sich die evolutionäre Taxonomie vor. Durch einen Vergleich phylogenetischer Divergenzen aller evolutionären Linien werden nicht Schwestergruppen automatisch auf gleicher Ebene angeordnet, sondern anhand von Divergenzen werden diese in unterschiedliche taxonomische Ebenen eingruppiert. In die Klassifikation gehen hier sowohl morphologische, ökologische als auch genealogische Überlegungen ein. Wann immer eine Gruppe von Lebewesen eine sogenannte neue adaptive Zone besetzt – so z. B. bei den Vögeln der Luftraum – dann wird diese als eigenständige Klasse angesehen.

Birds, by contrast [to reptilia], have aquired a vast array of new autapomorph characters in connetion with their shift to aerial living. Whenever a clade (phyletic lineage) enters a new adaptive zone that leads to a drastic reorganization of the clade, greater taxonomic weight may have to be assigned to the resulting transformation than to the proximity of joint ancestry. The cladist virtually ignores this ecological component of evolution. (Mayr 1994:286)

Allen taxonomischen Ansätzen ist es gemeinsam, dass sie nicht eine endgültige Klassifikation liefern, sondern je nach dem informationellen Gehalt, der in die Klassifikation investiert wird, auch unterschiedliche Klassifizierungsprodukte entwickeln. Der Unterschied zwischen den Ansätzen ergibt sich nach Sober wie folgt:

So cladists, phenticists, and evolutionary taxonomists all believe that classification should be hierarchical. However, their reason for requiring this are quite different. Cladists advocate hierarchy because they want classification to reflect precisely the evolutionary branching process. Pheneticists favour hierarchical classifications because that is how they wish to describe nested similarity relationships. And evolutionary taxonomists want a hierarchical classification because this is the structure that best represents their preferred mixture of branching structure and adaptive similarity. (Sober 1993:165)

Die Klassifikationen unterscheiden sich also dadurch, dass sie auf unterschiedliche Fragen eine Antwort geben. Während Phänetiker eine Antwort darauf geben, in welchem Maße verschiedene Gruppen Ähnlichkeiten untereinander aufweisen, geben Kladisten die Antwort darauf, wie Gruppen auf der Basis von Monophylie zu ordnen sind. Evolutionäre Taxonomie versucht eine Klassifikation in Hinsicht auf Verwandtschafts- und Ähnlichkeitsverhältnisse zu geben. Es werden also je nach Fragestellung unterschiedliche Abstraktionsklassen gebildet. Dieser Pluralismus in der Makrotaxonomie ist auf die unterschiedlichen Klassifikationsinteressen zurückzuführen.

Alle Klassifikationsansätze haben ihre spezifischen Probleme, die, wenn eine solche Klassifikation zur Grundlage von weiteren Überlegungen genommen wird, bei zu ziehenden Schlüssen berücksichtigt werden müssen. Grundsätzlich ist aber keiner der Ansätze per se aus der biologischen Klassifikationspraxis auszuschließen.

3.4.4 *Zusammenfassung*

Wie das ‚Grüne' der grünen Gentechnik ausbuchstabiert werden soll, kann nach den zuvor gemachten Überlegungen auf unterschiedliche Weisen erfolgen. Vorgestellt wurden Klassifikationen, die auf der besonderen Art und Weise der Aktivität, den Vermögen bzw. Merkmalen von Lebewesen und der stammesgeschichtlichen Abstammung beruhen.

In einer nicht-essentialistischen Lesart des plessnerschen Ansatzes verweist das ‚Grüne' auf Entitäten, die in ihrer Aktivität als unselbständig ausgezeichnet werden und denen zumeist das Attribut der Dividuität zugesprochen werden kann. Durch diese Unterscheidung lassen sich einige Implikationen, die für den moralischen Diskurs relevant sind, deutlich machen. Unterlegt man diese Klassifikation, dann ist durch diese Spezifikation der Pflanzen klar, dass die so ausgezeichneten Entitäten selber keine Zustände anstreben und daher auch keine Ziele postuliert werden können, auf die die Pflanzen von sich aus hinwirken. Als Moralsubjekt sind sie – von sich aus – daher in präferenzbasierten Ethiken ausgeschlossen:

> Trotz der Tatsache, daß Bäume biologische Verhaltenstendenzen besitzen, gehören sie doch nicht zu jenen Lebewesen, denen man ein eigenes Wohlergehen zuspricht. Da sie keine bewußten eigenständigen Wünsche oder Ziele verfolgen, sind sie unfähig, Befriedigung oder Enttäuschung, Freude oder Schmerz zu erleben. [...] Warum bestreite ich ihnen [...] den Status von Lebewesen mit eigenen Interessen? Dies ergibt sich daraus, daß ein Interesse, gleichgültig, wie man es letztlich zu analysieren hat, ein zumindest im Ansatz vorhandenes Erkenntnisvermögen voraussetzt. Interessen beruhen auf so etwas wie Wünschen und Zielen, die in irgendeiner Form Annahmen oder Bewußtsein voraussetzen. (Feinberg 1980:153)

Auch sind Überlegungen, die von einem *Gedeihen* der Pflanze als Zustand eines ‚guten pflanzlichen Lebens' ausgehen,[179] zu relativieren. Lebensprozesse werden

[179] Angela Kallhoff entwickelt z. B. in Analogie zu einer Ethik des guten menschlichen Lebens eine Pflanzenethik und geht hierbei vom Begriff des Gedeihens aus. Gedeihen wird dabei als positive

von Pflanzen nicht vollzogen, sondern sie re-agieren lediglich auf die Bedingungen der Umwelt nach einem stereotypen Programm. Das Gedeihen wird von Angela Kallhoff in ihrem Werk ‚Prinzipien der Pflanzenethik' als der Vollzug des Lebenszyklus des Pflanzenindividuums gemäß seinen Arteigenschaften in einer stressarmen Umgebung definiert und sie erklärt, dass es dem Leben der Pflanze inhärent sei, das Gedeihen aktiv zu realisieren (vgl. Kallhoff 2002:68). Nach den Plessnerschen Überlegungen ist die aktive Realisierung aber als unselbständig und entsprechend als einer Reiz-Reaktionsnorm unterliegend aufzufassen. Hier soll natürlich nicht bestritten werden, dass es Umstände gibt, die für das Wachstum und den Lebenszyklus einer Pflanze vorteilhaft sind. Dies ist aber nicht im Sinne eines ‚guten Lebens' zu verstehen, das selbständig angestrebt wird, sondern diese Umstände widerfahren der Pflanze.[180]

> The activities of plants, such as growth, flowering, the production of fruit and seed, is purposive, but not consciously so. The purposes that can explain the behaviour of plants, their tropism, pattern of growth and flowering, etc. are not the purposes of the plant. Plants do not have autonomous purposes. (Hacker 2007:170)

Ein ‚Wohl(ergehen) der Pflanze' ist hier keinesfalls etwas, das von der Pflanze selber angestrebt wird und dessen Auftreten von daher eingefordert werden könnte.

Durch die ‚Dividuität' bleibt aber auch ein potentielles Moralsubjekt unbestimmt. Es stellt sich nämlich die Frage, was moralisch berücksichtigt werden müsste: die vorfindliche Einzelpflanze – der Ramet – oder die Gesamtheit aller Ableger etc. – der Genet? Die Beschränkung auf die Einzelpflanze (den Rameten) verdankt sich einer intuitiven ontologischen Weichenstellung, die hinterfragt werden muss. Legt man sich allerdings darauf fest, dass es z. B. der Genet ist, der moralisch berücksichtigt werden müsste, hätte man kein operational handhabbares Kriterium, diesen vollständig identifizieren zu können.

Der aus dem aristotelischen Gedankengang weiterentwickelte naturwissenschaftliche Ansatz der Phänetik nennt notwendige Eigenschaften, damit etwas zur Gruppe der Pflanzen gehört. Diese Definition ist eine, die dem allgemeinen Verständnis dadurch entgegenkommt, dass eine Liste von Eigenschaften angegeben wird, die der Abgrenzung zum Tierreich dient. Insgesamt sind es überwiegend morphologisch-zellbiologische Eigenschaften, die als definierende Merkmale zur Bestimmung der ‚typischen Pflanze' herangezogen werden. Nach Bresinsky et al. sind es u. a folgende

---

Entwicklung der Pflanze im Sinne eines ‚Wohlergehens' verstanden. Sie versteht unter Gedeihen nicht nur einen guten Zustand der Pflanze, „sondern das Gedeihen ist ein gutes Leben der Pflanze, welches in der Entfaltung und in dem Vollzug von Lebensprozessen verwirklicht wird und mit welchem eine Stärke und Viabilität der Pflanze einhergeht". (Kallhoff 2002:23)

[180] Wenn die moralische Kompetenz eines Lebewesens an der Fähigkeit, das Handlungsschema der Aufforderung verlässlich vollziehen zu können, festgemacht wird, kann damit der Sollenscharakter des ‚guten Lebens der Pflanze', wie er in der Pflanzenethik proklamiert wurde, abgewiesen werden. So gesehen, kann z. B. das Welken der Pflanze nicht als Aufforderung der Pflanze interpretiert werden, dass sie gegossen werden *will*, sondern nur als Reaktion auf die Umwelt, die sich der Pflanze bietet. Wenn man sich allerdings als Blumenfreund gerne mit blühenden und grünenden Pflanzen umgeben will, dann tut man gut daran, regelmäßig zu gießen. (Vgl. zur moralischen Kompetenz Gethmann 2001:60ff.)

Eigenschaften, die als definierende Merkmale herangezogen werden (vgl. Bresinsky et al. 2008:9):

- festgewachsen
- prinzipiell grenzenlose Ausbreitung von Pollen, Samen oder Sporen möglich
- Entwicklung der Organe (Wurzeln, Blätter, Sprosse) frei nach außen
- Körperoberfläche maximalisiert
- offener Organismus
- zahlreiche Vegetationspunkte
- lokale zelluläre Exkretion
- Körper meist radiärsymmetrisch
- enorme Regenerationsfähigkeit
- hohe Lebensdauer möglich
- Zellbau und -funktion: weisen Plastiden, eine Zentralvakuole, und Zellwände auf; die Zellen sind photoproph und osmotroph

Keines dieser Merkmale allein ist hinreichend, um die Zuordnung vollziehen zu können. Es ist eine prinzipiell offene Liste, die um weitere Eigenschaften immer noch erweitert werden kann. Erst das Vorkommen von mehreren Eigenschaften – aber dies in unterschiedlichsten Kombinationsmöglichkeiten – spricht für eine Zusprache des Prädikators. Die Verwendung des Terminus ‚typische Pflanze' ist allerdings eher irreführend. Sie suggeriert das Vorhandensein einer Goetheschen ‚Urpflanze' und verweist auf eine überholte idealistische Morphologie.

Die auf evolutionsbiologischen Überlegungen basierende Klassifikation hingegen klassifiziert weitaus differenzierter und die übliche Charakterisierung anhand oben aufgeführter Merkmale kann hier nicht ausgemacht werden. Vielmehr sind die aus der Endosymbiontentheorie stammenden Überlegungen Anlass zu einer starken Verästeltung. John Dupré schreibt zu diesem Aspekt der Klassifikation:

> Units of evolution do not form a tree-like structure, but are at least reticulated. Since evolutionary grounded taxonomies are invariably presented in an unreticulated tree-like structure, this means that the question of whether a unit of evolution counts as coherent depends on the question of whether it will continue to evolve independently, or eventually remerge with the parent species. [...] A more realistic picture [of evolutionary change] would be a river estuary at low tide. We find large streams of water and many side streams, some petering out, others rejoining a main channel or crossing into a different channel, and a few maintaining their integrity to the ocean; there are islands around which streams flow and then rejoin; eddies and vortices; and so on. Some parts of the general flow are naturally and coherently distinguishable, and it is easy enough to recognise parts of the pattern that are definitely not parts of the same ‚unit of flow'. But in between, there are many cases where any such distinction into discrete units would be largely arbitrary. (Dupré 2001:207f.)[181]

Generell ist die Entscheidung, wie viele grundlegende Klassen unterschieden werden sollen, als eine pragmatische anzusehen. Hier wurden drei mögliche biologische Unterscheidungshinsichten genannt: Ähnlichkeit, Monophylie und die Kombination aus Ähnlichkeit und historischer Verzweigung. Dabei kann festgehalten werden, dass, ähnlich wie im Fall des Prädikators ‚ist ein Lebewesen', der Prädikator ‚ist eine

[181] Vgl. auch Doolittle (1999); Martin (1999).

Pflanze' als Substantivierung des Adjektivs ,pflanzlich' verstanden werden kann. Damit ist ,Pflanze' als ein Reflexionsterminus anzusehen: Unter dem Ausdruck Pflanze werden all jene Gegenstände vereinigt, die man als pflanzlich auffasst. Warum etwas unter den Prädikator fällt und auch was darunter fällt ist abhängig von dem unterliegenden Klassifikationsanliegen. Die Maßgaben, die an eine Klassifikation gestellt werden, sind im Allgemeinen die der Vollständigkeit – alle Lebewesen sollen klassifiziert werden können – und der weitgehenden Eindeutigkeit der Zuordnung. Diese Entscheidung kann nicht der Natur ,abgeschaut' werden, sondern verdankt sich einer Entscheidung.

Die auf der Ernährungsphysiologie basierende Klassifikation kann insbesondere für ökologische Überlegungen sinnvoll und interessant sein. Bei der Rekonstruktion der Phylogenie unter Berücksichtigung der Endosymbiontentheorie ist die Ernährungsphysiologie eher von sekundärer Bedeutung. Im letzteren Fall wird das Schema des phylogenetischen oder kladistischen Ansatzes vorgezogen. Allerdings muss hier abschwächend zur Kenntnis genommen werden, dass die Taxonomie die Verwandtschaftsverhältnisse nur rekonstruktiv erfassen kann und dass nicht angenommen werden kann, dass sich der ,Baum des Lebens' so schön dichotom teilt, wie es vielfach in Abbildungen der Phylogenie suggeriert wird.

Für den moralischen Diskurs, der auf die Technik der grünen Gentechnik selber zielt, ist die hier vorgestellte Variante der plessnerschen Unterscheidung, in Hinsicht auf die Frage nach einem moralischen Objekt, welches Berücksichtigung finden müsste, von Relevanz. Dadurch, dass die Klasse der Pflanzen durch die Eigenschaft der Unselbständigkeit qualifiziert wird, ist ein von diesen angestrebtes Wohl als widersprüchlich abzulehnen, so dass auf der Basis von interessebasierten Ethikansätzen den Pflanzen *sui generis* kein moralrelavanter Status zugesprochen werden kann.[182]

3.5 Arten

> We are not led to that repugnant metaphor, about good classification carving nature at its joints. The lady's not for butchering, nor have we reason to think that she has just one functionally relevant set of joints. (Hacking 1990:135)

> Nature is not divided by God into genes, organisms or species: how we choose to perform these divisions is theory relative and question relative. (Dupré 2008:45)

In der Beurteilung der grünen Gentechnik wird u. a. auf die Unzulässigkeit der Überschreitung von Artgrenzen hingewiesen. Dadurch, dass Gene von artfremden Organismen in eine Pflanze eingebracht werden – oder in der Cisgenetik arteigene Gene an anderen als den gewöhnlichen Loci –, wird meist intuitiv auf eine Unnatürlichkeit der Vorgehensweise geschlossen. Aus dem Gefühl, dass der ,Natur ins

[182] Unberücksichtigt davon lassen sich natürlich von anthropozentrischer Seite Argumente entwickeln, von denen aus die grüne Gentechnik unter Verweis auf eine ökologisch nicht gewünschte Entwicklung abgelehnt werden könnte. Ob dieser Wunsch allerdings eine transsubjektive Rechtfertigung erhalten kann, ist von den Ergebnissen der (Risiko-)Forschung abhängig.

Handwerk' gepfuscht wird, wird dann ein ablehnendes Argument entwickelt, wie z. B. bei Günter Altner, der einer gentechnischen Veränderung von Pflanzen widerspricht, wenn z. B. das ,arttypische Zusammenspiel der Gene' gestört wird (vgl. Altner 1994). In diesem Zusammenhang ist es nötig zu klären, was genau als eine biologische Art aufzufassen ist, und damit auch, was das Arttypische eines Individuums ist.

Während im vorangegangenen Kap. 3.4 grundsätzliche naturwissenschaftliche Klassifikationsweisen der Lebewesen vorgestellt wurden, bei denen es darum ging, Lebewesen makrotaxonomisch zusammenzufassen, stellt sich hier die Frage, in welche Grundkategorien die vorhandenen, vorfindlichen konkreten Entitäten eingeordnet werden. Arten werden als eine der basalen Kategorien der biologischen Taxonomie aufgefasst und es wird immer wieder auf ihren grundlegenden Charakter und ihre besondere Stellung innerhalb der biologischen Systematik hingewiesen. Dies nicht zuletzt, wie z. B. Ernst Mayr behauptet, weil es Arten seien, die evolvieren, und dass diese Kategorie gegenüber anderen Kategorien einen höheren Anspruch auf Objektivität habe (vgl. Mayr 1969:91; ders. 1970:374). Trotz dieses behaupteten Sonderstatus ist es keineswegs klar, was genau eine Art nun ist, und im Folgenden wird untersucht, was es mit dem Artbegriff auf sich hat.

Der Artbegriff wird in der Biologie keineswegs einheitlich definiert. Schon Darwin hat es unterlassen sich auf einen bestimmten Artbegriff festzulegen und verweist darauf, dass die Entwicklung der Lebewesen als kontinuierlicher Prozess anzusehen ist. U. a. sei aus diesem Grund die Bestimmung der Art der Zweckdienlichkeit unterworfen.[183] Er verweist darauf, dass die Unterscheidung zwischen bloßer Varietät innerhalb einer Art und der Art selber vom jeweiligen Urteil des je klassifizierenden Taxonomen abhängt und hält diese Urteile daher für vage und arbiträr (vgl. Beatty 1992). In der weiteren Entwicklung der Darwinschen Überlegungen kommt es hingegen zu Definitionsversuchen des Artbegriffs, die einen Alleinstellungsanspruch erheben:

> Most proponents of a defintion of the species category have a common goal – to cite the biological factor unique to all species taxa. In philosophical jargon, they attempt to provide the essential property of the species category – a property found in all and only species taxa. (Ereshefsky 1992d:xv)

Hier stellt sich die Frage, ob der ursprüngliche Darwinsche Gedanke seine Gültigkeit behalten hat oder ob die neuen Definitionen die Bedenken Darwins auffangen können.

Abgesehen von diesen wissenschaftstheoretischen Problemen wird aufder Seite der Ontologie der Status der Art problematisiert. Dies geschieht vor allem vor dem Hintergrund der Annahme, dass Arten als sogenannte ,Einheiten der Evolution' raumzeitlich lokalisierbar sind und daher nicht, wie üblicherweise angenommen wird, als Klassen von Individuen aufzufassen seien. Vielmehr seien Arten selber als Individuen aufzufassen. Über diesen Ansatz könnte die Realität der Arten bzw. die Existenz der

[183] „[I]t will be seen that I look at the term species as one arbitrarily given for the sake of convenience to a set of individuals closely resembling each other, and that it does not essentially differ from the term variety, which is given to less distinct and more fluctuating forms." (Darwin 1998:42)

Arten behauptet werden und nominalistische Tendenzen, wie sie z. B. bei Darwin zu finden sind, abgewiesen werden (vgl. Ereshefsky 1992c:192).

Hinsichtlich des Artbegriffs kristallisieren sich also zwei Problembereiche heraus, die der Klärung bedürfen (vgl. Ereshefsky 2010:1): 1. Welchen ontologischen Status haben Arten? und 2. Ist eher ein Art-Pluralismus oder Art-Monismus zu vertreten?

3.5.1 Der ontologische Status der Art

Wenn die Frage gestellt wird, welchen ontologischen Status Arten haben, so schwanken die Antworten zwischen den zwei Positionen, dass Arten als Klassen oder als Individuen anzusehen sind.[184] Beide Positionen haben gemeinsam, dass sie weitgehend realistisch interpretiert werden, in dem Sinn, dass durch die Identifikation der Klasse bzw. des Individuums die lebendige Welt so unterteilt wird, dass die von der Natur vorgegebenen Schnittstellen getroffen werden (vgl. z. B. Ereshefsky 1998; Kitcher 1984; Hull 1976).

Die Frage, ob der ontologische Status der Spezies als Individuum aufzufassen ist, wurde als erstes von Michael T. Ghiselin aufgeworfen. Er kritisiert die Auffassung, dass Spezies als Klassen angesehen werden und führt ein Großteil der Kontroversen, die es um den Speziesbegriff gibt,[185] auf diese Sichtweise zurück. Dass Arten keine Klassen sein können wird z. B. damit begründet, dass sich Klassen als logische Konstrukte über die Zeit nicht verändern können, dies aber im Falle der Arten doch passiert, denn es wird davon ausgegangen, dass es gerade die Arten sind, die evolvieren.[186] Im Gegensatz dazu seien Spezies nach Ghiselin als Individuen anzusehen – also als Einzeldinge, die über Nominatoren bezeichnet werden.[187] Er verweist darauf, dass der Ausdruck ‚Individuum‘ nicht auf Lebewesen beschränkt ist, sondern auch auf andere Entitäten sinnvoll angewendet werden kann. Als Beispiele dienen der Staat Kalifornien oder Automobilfirmen, die als Individuen agieren und in diesen Fällen ‚Kalifornien‘ und ‚American Motors‘ sprachlich als Nominatoren gefasst sind (vgl. Ghiselin 1974:536, 538). Die Bedeutung der Nominatoren kann nach Ghiselin nicht intensional sondern rein ostensiv bestimmt werden:

> It is not only difficult but logically impossible, to list the attributes necessary and sufficient to define their names. None such exist, and the only way to define these names is by an ostensive definition. This is to say, by ‚pointing‘ to the entity which bears the name. (Ghiselin 1974:540)[188]

---

[184] Eine ontologische Verschärfung der Position Arten als Klasse aufzufassen, wäre gegeben wenn, diese als sogenannte ‚natürliche Arten‘ bestimmt wären. Siehe hierzu Kap. 3.5.1

[185] Zu nennen wären z. B. nominalistische Tendenzen, Probleme Naturgesetze in Hinsicht auf bestimmte Arten formulieren zu können oder die Historizität von Arten.

[186] Diese These wird allerdings auch kontrovers diskutiert. Vgl. Kap. 3.2.5.

[187] Weitere Vertreter des Art-als-Individuen Ansatzes sind z. B.: Sober (1984b); Mayr (1996).

[188] Allerdings legt dieses Argument nahe, dass Ghiselin eher davon ausgeht, dass Arten nicht essentialistisch aufzufassen sind, wohingegen die Qualifzierung intensional vs. ostensiv dazu quer liegt. Ghiselin verteidigt seinen Art-als-Individuen Ansatz in Ghiselin (2007).

David Hull unterfüttert den Ghiselinschen Ansatz mit weiteren Argumenten. In seinem Artikel „Are Species Really Individuals“ sind Arten als Individuen aufzufassen, weil sie „localized in space and time, individuated spatiotemporally, and made up of spatiotemporally organized parts“ (Hull 1976:177) sind. Er baut also den mereologischen Ansatz Ghiselins weiter aus.

Die Explikation des Terminus Individuum wird von Hull in Analogie zum Verständnis, das über Organismen als paradigmatische Individuen vorliegt, expliziert. Im Gegensatz zu dem Ansatz, dass Spezies als Klassen anzusehen sind, ist die Beziehung, die der Organismus zur Spezies hat, im Art-als-Individuen-Ansatz wie die eines Organs zum Organismus in einer Teil/Ganzes Beziehung zu sehen. Hull geht von folgender Überlegung aus:

> Nothing is more obvious about the living world than the existence of intermeshed levels of organization from macromolecules, organelles, and cells to organs, organisms and kinship groups. Each of these levels is related to the one above it by the part-whole relation, not class-membership or class-inclusion. The main concern of this paper is whether a radical break occurs above the level of individual organisms and/or kinship groups. (Hull 1976:181)

Werden Spezies als Individuen angesehen, so stehen Organismen und Art in einerTeil/Ganzes-Relation die transitiv ist und Entitäten vom selben logischen Typ verbindet. Im Gegensatz dazu ist die Element/Klassenrelation intransitiv und verbindet Elemente unterschiedlichen logischen Typs.

Nach Ghiselin und Hull erhalten Arten ihren individuellen Charakter über evolutionäre Kräfte wie z. B. Genfluss, reproduktive Isolation, natürliche Selektion etc. Die Teile des Ganzen erhalten über diese Kräfte eine kausale Verknüpfung, die die Teil/Ganzes-Relation konstituiert (vgl. Ereshefsky 1992a:394). Die kausale Verknüpfung der Teile wird als notwendige Eigenschaft von Individuen angesehen, da diese auch notwendige Eigenschaft, der sonst unter den Begriff Individuen fallenden Entitäten, wie z. B. Organismen, das Sonnensystem etc., sei.[189]

---

[189] Marc Ereshefsky verschärft die Anforderung an die kausale Verknüpfung weiter, indem er diese auf den Genfluss beschränkt, da nur hier die raum-zeitliche Verbindung direkt vorliege. Nur der Genfluss liefert demnach einen kohäsiven Effekt. Wenn andere evolutionäre Kräfte zur Bildung einer Spezies vorliegen, so impliziert das nicht notwendigerweise eine intraspeziäre kausale Verknüpfung der Teile der Art. Er folgert daraus:

„This causal requirement on individuality has the following consequence for the ontological status of species. Those species that owe their evolutionary unity – that their being distinct species – to gene flow may be individuals. Those species that lack adequate gene flow, but maintain their unity through genetic homeostasis or exposure to common selection regimes, are not individuals. If, as numerous authors argue, many species lack the cohering effect of gene flow, then the causal requirement I am proposing implies that many species are not individuals.“ (Ereshefsky 1992a:394)

Durch die Forderung der kausalen Verknüpfung wären also durch intraspeziäre Beziehungen, wie siez. B. in der Mayr'schen biologischen Art konzeptualisiert sind, Arten als Individuen bestimmt. Andere Artkonzepte, die diese Beziehungen nicht konzeptualisieren, würden demzufolge auch nicht den Ansprüchen genügen, Arten als Individuen ansehen zu können.

Die Gegenposition, dass Arten als Klassen aufzufassen seien, wird prominent von Philip Kitcher vertreten.[190] In seinem Aufsatz ‚Species' geht er u. a. auf den Einwand ein, dass Arten keine Klassen sein können, da Klassen keine raum-zeitlichen Entitäten seien: „Species evolve. Sets are atemporal entities. Hence sets cannot evolve. Therefore Species are not sets." (Kitcher 1984a:311) Er hält diesen Vorwurf für verfehlt, da sich die evolutionstheoretischen Überlegungen auch in mengentheoretischer Sprache umformulieren lassen.[191] Kitcher ist der Auffassung, dass die ontologische Modellierung sowohl als Klasse als auch als Individuum möglich ist:

> [I]t doesn't make much difference whether you opt for the set or the sum. [. . .] You can do the same biology and philosophy of biology in terms of mereology or in terms of standard set theory. Once ambitious claims originally made on behalf of individualism have been carefully examined, nothing distinctive is left to make any fuss about. (Kitcher 1984b:625)

Dessen ungeachtet führt er den mengentheoretischen Ansatz weiter aus und entwickelt Konterargumente gegen Vertreter des Art-als-Individuen-Ansatzes. So verweist er darauf, dass sehr wohl Gesetze über Arten formuliert werden können, wenn z. B. in diesen Gesetzen genau die Speziationsursachen genannt werden (vgl. ebd.:622). Dem Einwand, dass Arten über eine raum-zeitliche Kontinuität verfügen müssen, entgegnet er, dass dies keine notwendige Eigenschaft ist, da es denkbar ist, dass Arten aussterben und wieder reevolvieren können (vgl. Kitcher 1984a:314).[192]

Allerdings wird Kitchers ontologisch-liberale Einstellung eher selten vertreten und vielfach wird gerade eine monistisch-realistische Position hinsichtlich der biologischen Art eingenommen. Eine Vielzahl der Kontroversen ergibt sich gerade dadurch, dass eine Entscheidung gefordert wird, ob nun Arten entweder als Individuen oder als Klassen anzusehen sind, die damit einhergeht, dass durch die Entscheidung die Verhältnisse der Realität wiedergegeben werden sollen. Mayr macht diese naturalistische Sichtweise deutlich: „A species taxon is an object in nature recognized and deliminated by the taxonomist." (Mayr 1987)

---

[190] Im Sinne von natürlichen Arten von Ruse (1987); Boyd (1999).

[191] „For any given time, let the stage of the species at that time be the set of organisms belonging to the species which are alive at that time. To say that the species evolves is to say that the frequency distribution of properties (genetic or genetic plus phenotypic) changes from stage to stage. To say that the species gives rise to a number of descendant species is to claim that the founding populations of those descendant species consist of organisms descending from the founding population of the original species. By proceeding in this way it is relatively easy to reconstruct the standard claims about the evolutionary behavior of species." (Kitcher 1984a:311)

[192] Als Beispiel nennt Kitcher die Entstehung einer unisexuellen Echsenart (*Cnemidpophorus tesselatus*), die aus der Kreuzung zweier Exemplare bisexueller, anderer Echsenarten (*C. tigris* und *C. septemvittatus*) entsteht. Hier wäre denkbar, dass bei geographischer Isolation der ‚Elternarten' *C. tesselatus* aussterben würde. Bei Beseitigung der trennenden Gegebenheiten könnte die Art aber wieder entstehen.

Arten werden also als reale Entitäten aufgefasst, die in der Natur entdeckt werden können. Dass allerdings Dinge nicht ‚einfach so' in der Natur entdeckt werden, sondern theorieabhängig konstituiert sind, wurde durch Kuhns und Hansons Überlegungen zur wissenschaftlichen Arbeit ausgiebig gezeigt (vgl. Kuhn 1976; Hanson 1972).

Wie bei Gutmann und Janich dargelegt wird, verdanken sich die Probleme, die sich aus einer solchen naturalistischen Sichtweise ergeben, einer problematischen Philosophie, die mit extremen ontologischen Präsuppositionen behaftet ist:

> Only in the line of an ontological interpretation of language and reference, the question, whether a given expression represents a class or an individual, seems meaningful. Neither ‚is' a national state or a taxon a class expression, nor ‚is' California or a species an individual. The context of use of an expression defines its methodological status; if we introduce the term ‚national state' as a predicator, we can use it as an abstractor and deal with California as an instance; if we introduce California as a proper name, we can deal with this particular national state as a political or cultural individual. From this logical and methodological point of view the complete discussion, whether a species ‚is' a class or an individual is the result of implicit ontological presupposition that is obviously insufficient for a modern scientific position. (Gutmann und Janich 1998:254)

Der Begriff der Art wird in bestimmten Kontexten unterschiedlich gebraucht und zwar sowohl als Prädikator als auch in der Form eines Nominators. Dabei wird durch diesen Gebrauch keineswegs eine ontologische Weichenstellung vorgenommen. Die prädikative wie auch die nominative Verwendung können sowohl vor einem mengentheoretischen wie auch mit einem mereologischen Hintergrund expliziert werden.

Nominative Verwendungen wie ‚Arten evolvieren' legen zwar auf den ersten Blick nahe, dass hier etwas von Individuen ausgesagt wird, da hier eine Eigenschaft zugesprochen wird, die eine zeitliche Dimension impliziert. Dies ist allerdings mit dem Kitcherschen Einwand als nicht stichhaltig anzusehen. Genausowenig wie die Rede von ‚dem Lebewesen' es erlaubt, ein Individuum ‚Lebewesen' auszumachen, erlaubt es die Rede von ‚der-und-der-Art', diese zwingend als Individuum anzunehmen.

Genauso verpflichtet ein Zuordnungskontext, in dem es wichtig ist zu klären zu welcher Art y Exemplar x gehört, nicht auf einen mengentheoretischen Ansatz. Zwar wird hier eine Elementschaftsrelation suggeriert, in der Art y als eine Klasse von Elementen konzeptualisiert wird. Dies kann aber auch aus mereologischer Perspektive als Teil x vom Ganzem – also Art y – aufgefasst werden.

Eine dieser Deutung entgegenstehende, viel diskutierte Position ist eine, die das Konzept der natürlichen Arten stark macht. Mit dem Konzept der natürlichen Arten könnte man eine Lanze für einen realistisch-monistischen Ansatz brechen. Diese wird im Folgenden daher ausführlicher behandelt.

3.5.2 *Natürliche Arten*

Der Ausdruck ‚natürliche Art' (‚natural kinds') wurde von John Venn in die Philosophie eingeführt, in der Umformung des Ausdrucks ‚Kinds in nature' von John

Stuart Mill.[193] Der heute zum Teil ontologisch sehr gehaltvolle Begriff der natürlichen Arten ist allerdings bei Mill anspruchsloser formuliert. Bei Mill sind unter ‚Kinds in nature' Objekte klassifiziert, die eine infinite[194] Menge von Eigenschaften gemeinsam haben. Dies geschieht hier in Abgrenzung zu Klassifikationen, die nur durch die Gleichheit der Objekte in nur wenigen, finiten Eigenschaften erfolgen. Mill macht diese Unterscheidung von ‚Kinds' und gewöhnlichen Klassen in seiner Auseinandersetzung mit den aristotelischen Prädikabilien auf und meint, dass diejenige Klassifikation, die auf einer Gleichheit von Objekten, die für uns in einer Menge nicht überschaubarer Eigenschaften beruht, eher den Dingen selber zukommt. Damit versucht er die aristotelische Differenz zwischen essentiellen und akzidentiellen Eigenschaften fruchtbar zu machen, ohne auf die essentialistische Ontologie angewiesen zu sein. Er schreibt zurUnterscheidung von ‚real (= natural) Kinds' und Klassen:

> Every class which is a real Kind, that is, which is distinguished from all other classes by an indeterminate multitude of properties not derivable from another, is either a genus or a species. (Mill 2006:171)

Und:

> And if any one chooses to say that the one classification is made by nature, the other by us for convenience, he will be right; provided he means no more than this, – that where a certain apparent difference between things [. . .] answers to we know not what number of other differences, pervading not only their known properties but properties yet undiscovered, it is not optional but imperative to recognise this difference as the foundation of a specific distinction[.] (ebd.:167)

Das Attribut ‚natürlich' indiziert also eine Klassifikation, die nicht von Menschen gemacht wird, sondern einer, die von der Natur vorgegeben wird.[195] Als typische Beispiele für natürliche Arten werden in der aktuellen Debatte üblicherweise die chemischen Elemente wie z. B. Gold oder Helium, chemische Verbindungen wie H_2O, physikalische Partikel (Elektronen, Quarks etc.), aber auch die biologischen Arten wie z. B. *Equus ferus* (Wildpferd) oder *Canis lupus* (Wolf) angeführt.

Dadurch, dass die Klassifikation der Millschen ‚real Kinds' uns in diesem Sinne vorgegeben scheint, wird in einer ontologisch gehaltvolleren These davon ausgegangen, dass die Unterscheidung der natürlichen Arten eine natürliche Ordnung impliziert, welche zu einem ‚carving nature at its joints' führt, also zu einer objektiven, realen Taxonomie der natürlichen Welt.

---

[193] Einen historischen Überblick gibt Hacking (1991).

[194] Mill spricht zwar von einer infiniten Menge gemeinsamer Eigenschaften, was aber wohl gemeint sein dürfte ist, dass es sehr viele Eigenschaften sein müssen, die Entitäten gemeinsam haben müssen, um als einer natürlichen Art zugehörig zu gelten.

[195] Dabei ist nicht indiziert, dass einer Menge der Objekte, die nur aufgrund der Gleichheit in wenigen Eigenschaften klassifiziert wird, diese Eigenschaften nicht natürlicherweise zukommen: „The differences, however, are made by nature in both cases [real Kinds und finite kinds]; while the recognition of those differences as grounds of classification and of naming, is equally in both cases, the act of man [.]" (Mill 2006:167)

Die Erfüllung folgender Kriterien wird üblicherweise eingefordert, damit eine Klasse als eine natürliche Art aufgefasst wird (vgl. Bird und Tobin 2009):

1. Mitglieder der Klasse sollten einige natürliche/intrinsische Eigenschaften gemeinsam haben.
2. Natürliche Arten sollten induktive Inferenzen erlauben[196] – bzw. in einer stärkeren Formulierung – sie sollten in Naturgesetzen verankert sein.
3. Natürliche Arten dürfen keine willkürliche Zusammenstellung von Dingen sein (wie z. B.: die Zahl 7, Julius Caesar und Sleipnir)[197] und auch nicht von menschlichen Interessen diktiert sein.

Dieses Verständnis der natürlichen Arten ist meist mit der essentialistischen Annahme verbunden, dass die zusammengefassten Objekte notwendigerweise den natürlichen Arten angehören.

Im Zusammenhang mit der grünen Gentechnik spielt der Ausdruck ‚natürliche Art' eine Rolle, da aufgrund der Annahme, dass es eine von der Natur vorgegebene Einteilungen derselben gibt, oft geschlossen wird, dass diese Grenzen vom Menschen auch nicht überschritten werden sollten. Hier könnte schon unter Verweis auf einen naturalistischen Fehlschluss ein Konterargument entwickelt werden, doch unter Absehung dieses Aspektes ist es generell interessant zu überlegen wie eine solche natürliche Klassifikation konzeptionell ausgestaltet wird und ob eine solche Konzeption haltbar ist.

In der Semantik wurde die These, dass es natürliche Arten gibt, prominenterweise von Saul Kripke und Hilary Putnam vertreten, die die Konzeption von natürlichen Arten unabhängig voneinander im Rahmen einer ‚kausalen Theorie der Bedeutung' einführen. Im Folgenden werden die Positionen von Kripke und Putnam skizziert, um dann anhand dieser Skizze eine Kritik vorzunehmen.

3.5.2.1 Kripkes und Putnams natürliche Arten

Die grundlegenden Gedanken zur Verfechtung der These, dass es natürliche Arten (in einer essentialistischen Version) gibt, die die These stützen würde, dass es eine objektive, Beobachter-unabhängige Klassifikation der natürlichen Welt gibt (vgl. Kamp 2005), sind nach dem ‚Linguistic Turn' durch Saul Kripke in „Naming and Necessity" und Hilary Putnam in seinem Artikel „The Meaning of ‚Meaning"' repräsentiert. Allgemeine Ausdrücke wie ‚Gold' oder ‚Pflanze', die Instanzen von natürlichen Arten darstellen, sind demnach nicht durch die Summen konstitutiver Eigenschaften bestimmt (deskriptivistische Sichtweise à la Frege oder Russell), sondern über die

---

[196] D. h. hier wird ein Schluss von der Teilklasse auf die Gesamtklasse gefordert wie z. B. die bislang beobachteten Schafe sind weiß, schwarz oder braun, also sind alle Schafe weiß, schwarz oder braun.

[197] Es reicht also nicht aus, dass die gemeinsame Eigenschaft die Klassenzugehörigkeit ist. Eigentlich wird (3) schon von (1) impliziert, wird hier aber dennoch angeführt, weil die Besonderheit der natürlichen Gruppierung meist mit Emphase von den willkürlichen, menschlichen Gruppierungen abgehoben wird.

Festlegung der Referenz in einer ursprünglichen Taufe *a posteriori* (externalistische Semantik):

> It is interesting to compare my views with those of Mill. Mill counts both predicates like ‚cow', definite descriptions, and proper names as names. He says of ‚singular' names that they are connotative if they are definite descriptions but non-connotative if they are proper names. On the other hand, Mill says that all ‚general' names are connotative; such a predicate as ‚human being' is defined as the conjunction of certain properties which give necessary and sufficient conditions for humanity – rationality, animality, and certain physical features. The modern logical tradition, as represented by Frege and Russell, seems to hold that Mill was wrong about singular names, but right about general names. [...] My own view, on the other hand, regards Mill as more-or-less right about ‚singular' names, but wrong about ‚general' names. [...] Certainly ‚cow' and ‚tiger' are not short for the conjunction of properties a dictionary would take to define them, as Mill thought. (Kripke 1980:127f.)

Damit grenzt sich Kripke gegen Mill ab, dessen Verständnis der natürlichen Arten im Wesentlichen von der Konzeption der ‚general names' als konnotative Ausdrücke – also sozusagen mit einem ‚Frege-Sinn' versehen – abhängt. Demgegenüber setzt er seine Konzeption der ‚general names', die also nicht-konnotativ aufzufassen sind und nur durch ihre Referenz bestimmt sind.[198] Damit sind diejenigen Ausdrücke, die unter die Kategorie der natürlichen Arten fallend bestimmt werden, analog zu Museumsetiketten, die an Exponaten angebracht werden, zu verstehen. Die Museumsetiketten sind wie starre Bezeichnungsausdrücke, die die jeweiligen Objekte bezeichnen und als das, was sie sind, auszeichnen.

Ein Grund Kripkes, warum ihm diese Konzeption sinnvoll erscheint, ist die Überlegung, dass wenn z. B. Tiger durch die Eigenschaften: eine große, fleischfressende, vierfüßige, gestreifte Katze zu sein definiert werden, alle Ausnahmen, die aus diesem Bündel von Eigenschaften herausfallen, wie z. B. ein dreibeiniger Tiger Probleme bereiten, indem sie eine *contradictio in adjecto* darstellen. Im Gegensatz hierzu sind bei Kripke natürliche Arten als so genannte starre Designatoren aufzufassen: Sie referieren in jeder möglichen Welt auf dieselben Objekte (vgl. Kripke 1980:48).

Der Name für eine bestimmte natürliche Art wird über einen Taufakt verliehen und man kann die Referenz über „other people in the community, the history of how the name reached one, and things like that" (ebd.:95) herstellen. Kripke stellt sich das folgendermaßen vor:

> An initial ‚baptism' takes place. Here the object may be named by ostension, or the reference of the name may be fixed by a description. When the name is ‚passed from link to link', the receiver of the name must, I think, intend when he learns it to use it with the same reference as the man from whom he heard it. (ebd.:96)

---

[198] Nach Mill ist etwas konnotativ, wenn es ein Objekt denotiert und bestimmte Eigenschaften impliziert. Etwas ist nicht-konnotativ, wenn es nur das entsprechende Objekt oder nur eine Eigenschaft auszeichnet.

„A non-connotative term is one which signifies a subject only, or an attribute only. [...] Proper names are not connotative: they denote the individuals who are called by them; but they do not indicate or imply any attributes as belonging to those individuals. [...] A proper name is but an unmeaning mark which we connect in our minds with the idea of the object, in order that whenever the mark meets our eyes or occurs to our thoughts, we may think of that individual object." (Mill 2006:II §5.:30–35)

Natürliche Arten werden daher von Kripke und auch von Putnam als Allgemeinbegriffe aufgefasst, die über eine kausale Kette der Referenz ihre Bedeutung erhalten. Die Referenz wird also durch einen Akt der Taufe, durch ostensive Einführung und durch die Weitergabe des Begriffs in einer ,Kommunikationskette' festgelegt. Kripke macht dies am Beispiel Gold deutlich:

> In the case of proper names, the reference of a term is fixed in various ways. In an initial baptism it is typically fixed by an ostension or a description. Otherwise, the reference is usually determined by a chain, passing the name from link to link. The same observations hold for such a general term as ,gold'. If we imagine a hypothetical [...] baptism of the substance, we must imagine it picked out as by some such ,definition' as ,Gold is the substance instantiated by the items over there, or at any rate, by almost all of them'. Several features of this baptism are worthy of note. First, the identity in the ,definition' does not express a (completely) necessary truth: though each of these items is indeed, essentially gold, gold might have existed even if the items did not. [...] I believe that, in general, terms for natural kinds (e. g., animal, vegetable, and chemical kinds) get their reference fixed in this way; the substance is defined as the kind instantiated by (almost all of) a given sample. (ebd.:135f.)[199]

Ausdrücke für natürliche Arten werden also, wie auch die Millschen Eigennamen, als starre Bezeichnungsausdrücke aufgefasst, deren Referenz durch eine ostensive Definition wie z. B. ,Dies da ist ein Tiger', ,Dies da ist Gold' etc. festgelegt ist. Den Ausdruck des rigiden Designators – oder starren Bezeichnungsausdrucks – führt Kripke als die Bezeichnung ein, die einem Gegenstand in jeder möglichen Welt zukommt, und grenzt ihn gegen einen akzidentiellen, nicht-starren Bezeichnungsausdruck ab. Gegenüber letzterem haben Dinge, die über rigide Designatoren bezeichnet werden, essentielle Eigenschaften, die über empirische Forschung entdeckt werden können und dann notwendige Wahrheiten *a posteriori* darstellen.

Hier kommt der Wissenschaft eine besondere Rolle zu, indem sie als diejenige Instanz ausgemacht wird, die diese essentiellen Eigenschaften bestimmt. Die Wissenschaft erhält hier die Rolle, das Wesen – quasi die Lockesche Realessenz – der Dinge, die einer natürlichen Art angehören, zu analysieren:

> In general, science attempts, by investigating basic structural traits, to find the nature, and thus the essence (in the philosophical sense) of the kind. The case of natural phenomena is similar; such theoretical identifications as ,heat is molecular motion' are *necessary*, though not *a priori*. (Kripke 1980:138)

Und

> „When we have discovered this [that heat is molecular motion], we've discovered an identification which gives us an essential property of this phenomenon. We have discovered a

[199] Die Definition durch Deskription darf hier nicht als synonym mit dem Namen des Objektes angesehen werden, sondern sie ist als Fixierung der Referenz zu verstehen (vgl. Ebd.:96, Fußnote 42). Allerdings stellt sich hier die Frage, auf welche andere Weise die Definition durch Deskription die Referenz anders bestimmt, als der Name selber, damit die Nicht-Synonymität gerechtfertigt werden kann. Kripke sagt hier jedenfalls, dass die Deskription auch anders hätte ausfallen können und damit als kontingente Aussage anzusehen ist, der Name jedoch referiert als rigider Designator auf das betreffende Objekt (vgl. ebd.:56) Hätte nicht aber auch der Name anders ausfallen können? Wenn nun der Name aber einmal im Raume ist, dann steht er als *factum brutum* und fixiert die Referenz der Objekte, die unter ihn fallen.

phenomenon which in all possible worlds will be molecular motion – which could not have failed to be molecular motion, because that's what the phenomenon *is*." (ebd.:133)

Es wird also eine externalistische Semantik postuliert, die die Bedeutung von Ausdrücken – soweit man bei Kripke von Bedeutung sprechen kann, denn hier wird nur die Referenz fixiert – außerhalb der Sprache in den Dingen verortet. Wird in der Wissenschaft festgestellt, dass Gold die Ordnungszahl 79 besitzt oder dass Tiger Katzen sind, so sind das notwendige Wahrheiten *a posteriori*, die in allen möglichen Welten gelten.

So if this consideration is right, it tends to show that such statements representing scientific discoveries about what this stuff *is* are not contingent truths but necessary truths in the strictest possible sense. [. . .] Any world in which we imagine a substance which does not have these properties is a world in which we imagine a substance which is not gold, provided these properties form the basis of what the substance is. (ebd.:125)

Unter ähnlichen Überlegungen gelangt Hilary Putnam zu seiner These der ‚linguistischen Arbeitsteilung', nach der die Wissenschaft, in Bezug auf bestimmte natürliche Arten, die Kriterien zur Identifizierung der Objekte liefert, die unter den jeweiligen Ausdruck fallen – sie fixiert auch hier die Referenz der Ausdrücke (vgl. Putnam 1975b; Putnam 1975d:228).

In diesem Zusammenhang führt Putnam das Gedankenexperiment der Zwillingserde ein. Die Zwillingserde stimmt in allen Eigenschaften mit der Erde, auf der wir uns befinden, überein. Der einzige Unterschied besteht darin, dass die Substanz, die auf der Erde die Mikrostruktur H_2O hat, auf der Zwillingserde die von XYZ besitzt, ansonsten stimmen die Substanzen in ihren Eigenschaften, wie z. B. Geschmack, als Durstlöscher dienlich zu sein etc. überein (vgl. Putnam 1975d:223). Und nach Putnam ist es auch gerade die Mikrostruktur, die die Extension festlegt:

If a spaceship from Earth ever visits Twin Earth, then the supposition at first will be that ‚water' has the same meaning on Earth and on Twin Earth. This supposition will be corrected when it is discovered that water on Twin Earth is XYZ, and the Earthian spaceship will report somewhat as follows:

‚On Twin Earth the word ‚water' means XYZ.'

(It is this sort of use of the word ‚means' which accounts for the doctrine that extension is one sense of ‚meaning', by the way. [. . .]) Symmetrically, if a spaceship from Twin Earth visits Earth, then the supposition at first will be that the word ‚water' has the same meaning on Twin Earth and on Earth. This supposition will be corrected when it is discovered that ‚water' on Earth is H_2O, and the Twin Earthian spaceship will report:

‚On Earth the word ‚water' means H_2O' (Putnam 1975d:223f.)[200]

---

[200] Kripke macht ähnliche Überlegungen in Bezug auf eine mögliche Welt in der Hitze nicht mit molekularer Bewegung identifiziert werden würde und kommt zu einem ähnlichen Ergebnis wie Putnam:

„When we discovered this [that heat is molecular motion], we've discovered an identification which gives us an essential property of this phenomenon. We have discovered a phenomenon which in all possible worlds will be molecular motion, because that's what the phenomenon *is*." (Kripke 1980:133)

Diejenigen, die die Kompetenz haben, die Mikrostruktur zu analysieren und eine Antwort darauf zu geben, was eine Substanz ist, werden von Putnam als Expertensprecher bezeichnet. In der These der linguistischen Arbeitsteilung sind die übrigen Sprecher auf die Expertensprecher angewiesen, da diese die Extension eines Ausdrucks fixieren können. Putnam verweist damit u. a. ebenfalls auf die notwendige Referenz von natural kind-Wörtern *a posteriori*, die welteninvariant ist:

> In fact, once we have discovered the nature of water, nothing counts as a possible world in which water doesn't have that nature. (Putnam 1975d:233)

Die Entdeckung der ‚Natur' des Wassers ist dabei nach Putnam an einen in der aktualen Welt gegebenen Standard gebunden:

> When I say ‚this (liquid) is water', the ‚this' is, so to speak, a *de re* ‚this' – i. e. the force of my explanation is that ‚water' is whatever bears a certain equivalence relation [. . .] to the piece of liquid referred to as ‚this' *in the actual world.* (ebd.:231)

In diesem Sinne sind die rigiden Designatoren Kripkes – nach Putnam – als indexikalische Ausdrücke aufzufassen, da sie an den Kontext des gerade in der aktualen Welt gegebenen Objektes gebunden sind vgl. ebd.:234)

3.5.2.2 Kritik der natürlichen Arten

Die Ansätze von Kripke und Putnam, den Begriff der natürlichen Art zu explizieren, können unter drei Aspekten kritisiert werden: Erstens dem Aspekt des Status wissenschaftlicher Erkenntnisse für die Bestimmung von essentiellen Eigenschaften natürlicher Arten (erkenntnistheoretisches Argument), zweitens der Wahl des Gedankenexperiments der möglichen Welten als Identifikationskriterium von rigiden Designatoren (mögliche-Welten-Argument) und drittens der kausalen Referenztheorie als Bedeutungstheorie (bedeutungstheoretisches Argument).

Erkenntnistheoretisches Argument Sowohl Kripke als auch Putnam geben an, dass rigide Designatoren dadurch ausgezeichnet sind, dass sie in allen möglichen Welten auf eine Entität zutreffen, und beide machen dies an wissenschaftlichen Erkenntnissen fest. Sowohl der Kripkeschen als auch der Putnamschen Position unterliegt eine metaphysische Annahme, nämlich, dass natürliche Arten wie Wasser oder Gold mit ihrer materialen Basis identifiziert werden müssen und dass diese Basis vollständig durch die physiko-chemische Mikrostruktur konstituiert ist (vgl. Hanna 1998:505). Für Kripke spielt z. B. im Falle des Goldes die Ordnungszahl des Elements – also seine chemische Charakterisierung – die entscheidende Rolle. Putnam argumentiert analog in seinem Wasser-Beispiel – die Mikrostruktur liefert die notwendigen Eigenschaft *a posteriori*. Die von uns wahrgenommenen Merkmale werden hingegen durch die mikrostrukturellen Eigenschaften verursacht und sind ihnen gegenüber kontingent und akzidentiell (vgl. a. a. O.).

Diese metaphysische Annahme wird begleitet von einer epistemologischen Präsupposition, nämlich, dass die essentiellen physikalischen Mikrostrukturen von der Wissenschaft entdeckt werden. Dies wird in Putnams These der ‚Universalität der Teilung der linguistischen Arbeit' deutlich, bei der ‚Experten-Sprecher' die Kompetenz haben, die Natur der ‚natural kind'-Objekte auszumachen und an die Sprachgemeinschaft weiterzugeben (vgl. Putnam 1975d:228).

Hier wird das Wissen, das die (Natur-)Wissenschaften bereitstellen, als objektives, beobachterunabhängiges Wissen aufgefasst. Und nur unter der Annahme, dass die Wissenschaft das Wesen der Welt erkennen kann, ist das Primat, das die Wissenschaft als Identifikator von starren Designatoren erhält, verständlich. Denn nur wenn die Wissenschaft fähig ist die ‚wirkliche Welt' abzubilden und zu erkennen, ist eine solche Auszeichnung möglich. Es wird hier davon ausgegangen, dass „nature comes, in Plato's metaphor, ready jointed for the careful carver, and that the carver merely discovers the joints but does not make them" (de Sousa 1984:567).

Wie aber in Kap. 2 ausgeführt wurde, ist die wissenschaftliche Theorienbildung und das wissenschaftliche Forschen unter einer paradigmatischen Theorie nicht so aufzufassen, dass diese Theorie der ‚Welt wie sie wirklich ist' entspräche.[201] Von der Wissenschaft wird in dem Sinne kein objektives, sondern ein transsubjektiv begründbares Wissen bereitgestellt.

Die wissenschaftlichen Disziplinen bereichern die Alltagssprache um Erkenntnisse, die die Bedeutung eines Ausdrucks erweitern und auch verändern können. Putnam liefert hierfür das ‚Twin Earth'-Beispiel. Die Bewohner der Erde und der Zwillingserde nennen je eine Flüssigkeit Wasser, die bis auf die Summenformel, die auf der Erde H_2O und auf der Zwillingserde XYZ, die gleichen Eigenschaften besitzen. Durch die Mikrostruktur wird nach Putnam und Kripke die Natur, die essentielle Eigenschaft der Objekte der natürlichen Arten, seien es Gold, Wasser, Tiger oder Pflanzen, festgelegt. Dass dies so ist, wird allerdings nicht ausreichend begründet. Nehmen wir das Twin Earth-Beispiel: Was bestimmt, dass der Ausdruck ‚Wasser' nur auf das Wasser mit der Struktur H_2O referiert, nicht aber auf die Substanz mit der Struktur XYZ? Es wäre ebenso möglich, dass in diesem Fall der Ausdruck ‚Wasser' auf beide Substanzen referiert, dass aber die Spezies ‚Wasser' in die Subspezies ‚Wasser^{H_2O}' und ‚Wasser^{XYZ}' unterteilt würde.[202] Ein ähnlicher Sachverhalt liegt im Fall der Isotope vor, wobei chemische Elemente anhand ihrer Masse weiter unterteilt werden. Hier liegt definitiv ein Unterschied in der Mikrostruktur vor, der aber keine essentielle Referenzverschiebung ausmacht. Wären Kripke und Putnam hier konsequent, müssten sie eine Unzahl an Entdeckungen mit ins Kalkül der Unterteilung

[201] In Kap. 3.2.4 werden einige Argumente dafür gebracht, warum man eine solche Sichtweise ablehnen sollte.

[202] Mellor fasst dies in (1977:302f.) folgendermaßen:

„The fact that Twin Earth's 1950 beliefs about local water differed from ours doesn't begin to show that the extension of their term ‚water' differed from that of ours. It doesn't even follow that the sense differed; and if they did, the whole point of the sense/reference distinction is to allow sameness of reference (or extension) to accompany difference of sense. It is indeed quite plain to my Fregean eye that in 1950, as in 1750, ‚water' had the same extension on Twin Earth as it had here. There was water on both planets alike, and there still is. We simply discovered that not all water has the same microstructure; why should it? Because its microstructure is an essential property of water? Well, that is what's in question."

der natürlichen Welt einbeziehen – sie hätten vermutlich keine Ordnung geschaffen, sondern würden in Unübersichtlichkeit ertrinken.

Unabhängig davon stellt sich aber dennoch die Frage, ob die (Natur-)Wissenschaft die essentiellen Eigenschaften von (unendlich vielen) natürlichen Arten angeben kann. Nach Putnam würde hier eine Gemeinsamkeit mit einem ostensiv eingeführten Archetypus gesucht. Aber funktioniert Wissenschaft so?

Die empirische Wissenschaft ist auf die Objekte angewiesen, die der Erfahrung gegeben sind – die also mit unseren Sinnen wahrnehmbar sind.[203] In einer wissenschaftlichen Analyse, die darauf abzielt eine mikrostrukturelle Gemeinsamkeit zu bestimmen, geht man ganz im Gegenteil nicht von einem Archetypus (also einem einzigen gegebenen Gegenstand) aus, sondern analysiert (und reduziert) auf der Basis bereits zuvor festgestellter Gemeinsamkeiten einer Vielzahl von Objekten.

> If all the macroscopic properties of a kind are not deducible from its microstructure, reference to things of the kind is still required. And if they are deducible, then they occur in any possible world the microstructure occurs in. So if the microstructure is essential for this reason, so are all the macroscopic properties it explains. So-called ‚essential' properties are thus really no more essential than any other shared properties of a kind. They are just properties ascribed by the primitive predicates in a comprehensive deductive theory of the kind. (Mellor 1977:311)

Demnach beruhen die von der Wissenschaft herausgefundenen mikrostrukturellen Gemeinsamkeiten nur auf den schon zuvor gemachten Unterscheidungen und sind kein Zugewinn in essentieller Hinsicht (wohl aber manchmal in explanatorischer Hinsicht). Oder aber die mikrostrukturellen Gemeinsamkeiten reichen nicht aus, um wichtige Eigenschaften einer Klasse zu erklären, dann sind sie erst recht nicht essentiell. Dennoch kann natürlich aufgrund einer wissenschaftlichen Analyse, die auf mikrostruktureller Ebene erschöpfend ist, eine neue Unterscheidung aufgemacht werden – wie z. B. bei Zwillingsarten[204] im Bereich der Zoologie. Ob eine solche Unterscheidung gemacht wird, hängt allerdings nicht von der Essentialität sondern eher von pragmatischen Belangen ab, nämlich, ob eine weitere Unterscheidung im Zusammenhang mit weiteren wissenschaftlichen Fragestellungen sinnvoll erscheint.

In diesem Sinne hat Jack Wilson in Fortführung der Überlegungen von Kripke und Putnam eine Antwort zu geben versucht. Nach Jack Wilson sind ‚natural kinds' Muster, die in der Natur vorgefunden werden und deren Existenz erstens unabhängig von deren Erkennung als Muster besteht und die zweitens potentiell erkennbar sind. Das Muster ist in dem Sinne eine Komprimierung eines Phänomens, das als

[203] Was genau es nun heißt, dass etwas von uns wahrnehmbar ist, ist zugegebenermaßen vage, denn auch kleinste Objekte sind vermittels eines Mikroskops wahrnehmbar. Aber mit Carnap wird hier davon ausgegangen, dass „empirische Gesetze solche Gesetze [sind] die Größen und Begriffe enthalten, die man entweder direkt sinnlich wahrnehmen oder mit relativ einfachen Verfahren messen kann". (Carnap 1986:226). Nichtsdestoweniger sind auch diese Begriffe in empirischen Gesetzen als ‚theory-laden' aufzufassen (vgl. Hanson 1972). Dieser Zusammenhang bedarf allerdings allein einer größeren philosophischen Analyse. Für den oben angeführten Sachverhalt reicht hier allerdings aus, dass es nicht die mikrostrukturellen Eigenschaften sind, die zu einer Klassifikation führen, sondern die wahrnehmbaren Eigenschaften.

[204] Zwillingsarten sind Arten, die sich zwar morphologisch kaum unterscheiden, die aber reproduktiv isoliert sind (z. B. Arten der Anophelesmücke).

Platzhalter für eine umfassende Erklärung des Phänomens steht. Ein Muster, das als ‚natural kind' gilt, wird durch subjektive und objektive Standards bestimmbar:

> A robust pattern is one that identifies a group of phenomena that share important causal or lawlike similarities. [...] We do not freely choose which patterns we recognize or which patterns we recognize as important. [...] Because the individuals we recognize are delineated by the kinds we recognize we do not freely choose which kinds we recognize either. (Wilson 1999:43)

Die Abgrenzung eines ‚robusten Musters' von einem, das eine simple Verallgemeinerung darstellt, wird von Wilson durch das Muster ‚Tiere, die durch einen neun Zoll großen Reifen springen können' verdeutlicht. Durch dieses Muster wird eine Gruppe von Tieren herausgegriffen, die weder einer natürlichen, geschweige denn einer substantiellen Art anzugehören scheinen.

Wilson macht die Zugehörigkeit und die Erkennung eines bestimmten Musters als ‚natural kind' sowohl von pragmatischen Überlegungen als auch von der erklärenden Kraft des Musters abhängig. Die Erkennung ist damit einerseits abhängig von unseren Fähigkeiten und Interessen und andererseits daran gebunden, inwieweit das Muster Erklärungen oder Vorhersagen ermöglicht und damit mit kausalen Regularitäten – also Naturgesetzen – in Beziehung zu setzen ist. Wilson nimmt an, dass ‚unterliegende kausale Strukturen' sich sehr wahrscheinlich in einem stabilen Muster äußern und damit die erklärende Kraft desselben bestimmen. Es wird also etwas in der Art behauptet, dass Entitäten, die sich in vielen Eigenschaften gleich sind, aufgrund der unterliegenden kausalen Strukturen ein Muster bilden, das zur Klassifikation führt. Kann man die kausalen Strukturen identifizieren, dann hat man das Muster, das zur Gruppierung in eine natürliche Art führt, erklärt.

Nach Wilson mangelt es den Ansätzen von Kripke und Putnam daran, dass nicht klar wird, wie natürliche bzw. substantielle Arten identifiziert bzw. welche archetypischen Eigenschaften als essentiell ausgezeichnet werden können. Nach seinem Ansatz erfolgt die Entdeckung der natural kinds auf empirischem Weg und ist damit fallibel.[205] Die Zugehörigkeit zu einem natural kind wird also über die Charakteristika des Musters bestimmt. Diejenigen Eigenschaften, die dadurch gekennzeichnet sind, dass sie auf die Bedingungen der Persistenz eines individuellen Gegenstandes rekurrieren, machen die essentiellen Eigenschaften der Entität aus und damit das ‚real substantial kind'.

> It will have been met through the revision of the criteria for kind membership in light of empirical evidence until the persistence conditions for the kind are in equilibrium with the empirical evidence that the individuals of that kind continue to exist so long as they retain the properties of that kind and cease to exist when they lose any of those properties. (Wilson 1999:46)

Hier liegt erstens ein Zirkel vor und zweitens gibt es Probleme mit der Dependenzbeziehung der Ähnlichkeiten von vielen Eigenschaften zur kausalen Erklärung.

---

[205] „If a pattern does not ultimatively prove to be as useful as was initially thought, or a better alternative is discovered, the properties associated with that natural kind can be adjusted in light of empirical evidence." (Wilson 1999:46).

Wir lernen im Erlernen der Sprache Objekte unter bestimmte Begriffe zu klassifizieren. So kann der Begriff ‚Tiger' ostensiv eingeführt werden und durch Wiederholung der Ostension erfolgt der induktive Schluss: Wenn bestimmte Objekte zuvor immer Tiger waren, dann wird das Objekt, das den zuvor gekennzeichneten Tieren ähnlich ist, auch ein Tiger sein. Die Klassifikation steht also und nun suchen wir nach den unterliegenden kausalen Strukturen, die dazu führten, dass wir so klassifizieren wie wir klassifizierten. An dieser Stelle wird die Argumentation petitiös, denn man geht schon von der zu erklärenden Klassifikation aus.

Zweitens gibt es keinen Anhaltspunkt dafür, dass unsere Klassifikation in irgendeiner Weise mit der ‚Ordnung der Welt' übereinstimmen sollte. Quine schreibt hierzu:

> The brute irrationality of our sense of similarity, its irrelevance to anything in logic or mathematics, offers little reason to expect that this sense is somehow in tune with the world – a world which unlike language we never made. (Quine 1969:13)

Wenn Objekte in vielen Eigenschaften für uns ähnlich sind, dann gilt nicht notwendigerweise, dass es eine unterliegende Struktur oder ein Muster gibt, das zu dieser Klassifikation führt. Einleuchtendes Beispiel für eine solche ‚äußerliche' Ähnlichkeit, der keine ‚innere' Ähnlichkeit entspricht, ist die obsolete Klassifikation der Wale und Delphine unter die Fische. Während man vor der Entdeckung, dass Wale zu den Säugetieren gehören, aufgrund der Ähnlichkeit der Körperform Wale und Delphine zu den Fischen zählte und dieses Muster tatsächlich eine große Anzahl an übereinstimmenden Körpereigenschaften repräsentiert, ist seit dieser Entdeckung diese Zusammenfassung biologisch nicht mehr haltbar (vgl. Dupré 1981; Quine 1969).[206] Und durch die Einführung der neuen Klassifikationshinsichten wird nicht nur der lebensweltliche Gebrauch des Begriffs ‚Fisch' korrigiert, sondern tatsächlich verändert, da sich die Extension des Begriffs verändert hat.[207]

Dass es auf den ersten Blick nicht kontraintuitiv erscheint, dass man z. B. Wasser mit H_2O oder vielleicht auch dass man die Eigenschaft ein Tiger zu sein mit einer bestimmten genetischen Ausstattung identifiziert und dass man daher geneigt ist, die Mikrostruktur als konstitutiv für die Bedeutung von etwas aufzufassen, liegt daran,

---

[206] „One cannot recognize mammals at a glance, but must learn quite sophisticated criteria of mammalhood. ‚Fish', by contrast, is certainly a prescientific category. What is more doubtful is wether it is genuinely a postscientific category, for it is another term that lacks a tidy taxonomic correlate." (Dupré 1981:75)

„Another taxonomic example is the grouping of kangaroos, oppossums, and marsupial mice. By primitive standards the marsupial mouse is more similar to the ordinary mouse than to the kangaroo; by theoretical standards the reverse is true." (Quine 1969:128)

[207] Kripke hingegen meint hier, dass es nur zur einer Korrektur des Sprachgebrauchs kommt:

„Note that on the present view, scientific discoveries of species essence do not constitute a ‚change of meaning'; the possibility of such discoveries was part of the original enterprise. We need not even assume that the biologist's denial that whales are fish shows his ‚concept of fishhood' to be different from that of the layman; he simply corrects the layman, discovering that ‚whales are mammals, not fish' is a necessary truth." (Kripke 1980)

Allerdings ist hier zu Bemerken, dass eine Korrektur eines Begriffs auch zu einer Korrektur – oder besser zu einer Änderung – der Bedeutung führt.

dass diese Bezeichnungen in den lebensweltlichen Kontext Einzug gehalten hat und dort fast so gebräuchlich ist wie z. B. der Ausdruck ‚Wasser' selber. Aber entgegen der Doktrin Kripkes und Putnams, dass hier tatsächlich die ‚philosophische Essenz' einer natürlichen Art identifiziert wurde, ist es vielmehr so, dass die Bedeutung des Ausdrucks ‚Wasser' den mikrostrukturellen Aspekt dazu gewonnen hat.

Es soll hier keineswegs bestritten werden, dass die Naturwissenschaften besondere Kompetenzen bei der Auszeichnung bestimmter Objekte von der und der Art haben. Es gibt aber Ausdrücke, für die es kein wissenschaftliches Fundament gibt (wie z. B. Schleim). Es gibt Ausdrücke, für die es nur wissenschaftliche Identifikationskriterien gibt (z. B. Aminosäure) und es gibt eben Ausdrücke (wie z. B. Tiger, Pflanze, Gold, Wasser), für die es sowohl im lebensweltlichen Kontext als auch im wissenschaftlichen Kontext Kriterien der Identifizierung gibt. Es gibt für letzteren Fall keinen Beleg dafür, dass die wissenschaftlichen Kriterien die ausschlaggebenden sein sollten.

Das Wissen, dass Wasser die Summenformel H_2O besitzt, geht nicht, wie Putnam zu glauben scheint, mit einer Festlegung der Bedeutung von Wasser einher, sondern das Wissen um die Strukturformel erlangt vor allem im wissenschaftlichen (physikalisch-chemischen) Kontext eine besondere Rolle. Sie scheint in diesem Kontext die Bedeutung von ‚Wasser' vollständig festzulegen. Das ist allerdings eine terminologische Fixierung, die im physikalisch-chemischen Theoriegebäude *gemacht* wird. Die Strukturformel und die physikalisch-chemischen Besonderheiten des Wassers sind allerdings nicht die einzigen Merkmale, die Wasser zu Wasser machen und auch die übrigen Eigenschaften wie ein Durstlöscher zu sein, zum Teekochen dienlich zu sein etc., gehören zur Bedeutung des Wortes ‚Wasser'.[208]

Wissenschaft und die Bedeutung von Ausdrücken gehen nicht Hand in Hand, sondern der wissenschaftliche Kontext ist als ein Sonderfall anzunehmen, in dem die Ausdrücke der wissenschaftlichen Terminologie eine Explizitdefinition erhalten (sollten). Dies bedeutet aber keineswegs, dass damit die essentielle Bedeutung ausgemacht werden kann. P. M. S. Hacker schreibt zur Misskonzeption eines metaphysisch-szientistischen Essentialismus:

> It is an illusion that scientific discovery can disclose what the words we use, such as ‚gold' and ‚water', ‚fish' and ‚lilly', really mean. For what a word means is determined by convention, not by discovery – although, of course, discovery may be elevated into convention by agreement on a new rule for the use of word. What a word means is specified by the common accepted explanation of its meaning. (Hacker 2007:46)[209]

Nun kann man die ursprüngliche Millsche Version der ‚natural Kinds', bei der es nur darum ging, Entitäten zusammenzufassen, die eine Vielzahl von Eigenschaften gemeinsam haben, dahingehend verengen, dass unter natürlichen Arten nur solche Objekte klassifiziert werden dürfen, die unter einer bestimmten wissenschaftlichen

---

[208] „[F]or a word to be [. . .] indexical is for us to use it, as our language is now spoken. Language changes, and a word which at one time had an indexical element may cease to have, or one that had none may aquire ist. In using words of a language, a speaker is responsible to the way that language is used now, to the presently agreed practices of the community[.]" (Dummett 1974:533)

[209] Diese Überlegungen fassen Gedanken des späten Wittgenstein zusammen (vgl. Wittgenstein 1984a, b, 1970).

Theorie (unter Naturgesetzen) Gemeinsamkeiten aufweisen.[210] In solch einer Form fasst z. B. Richard Boyd in einer Verfechtung des wissenschaftlichen Realismus ‚natural kinds' auf:

> Roughly, a (type) term t refers to some entity e just in the case where complex causal interactions between features of the world and human social practises bring it about that what is said of t is, generally speaking and over time, reliably regulated by the real properties of e. (Boyd 1993:209)

Und:

> [T]he use we make of reference to the kind in induction and explanation requires that it be defined by a cluster of properties whose membership is determined by the causal structure of the world and is thus, in a relevant sense [...], independent of our conventions or our theorizing. (Boyd 1991:129)

Hier geht man davon aus, dass Entitäten über bestimmte Prädikatoren nur dann zu natürlichen Arten zusammengefasst werden, wenn die Bedeutung der Prädikatoren über wissenschaftliche Theorien bestimmt wird. Das würde auch eine Überlegung von Quine zu den natürlichen Arten treffen:

> [O]ne's sense of similarity or one's system of kinds develops and changes and even turns multiple as one matures, making perhaps for increasingly dependable prediction. And at length standards of similarity set in which are geared to theoretical science. This development is a development away from the immediate, subjective, animal sense of similarity to the remoter objectivity of a similarity determined by scientific hypotheses and posits and constructs. Things are similar in the later or the theoretical sense to the degree that they are interchangeable parts of the cosmic machine revealed by science. (Quine 1969:134)

Die natürlichen Arten werden quasi zu theoretischen (oder wissenschaftlichen) Arten. Das Problem, das sich unter dieser Engführung des Begriffs der natürlichen Arten ergibt, ist auf die Vernachlässigung von einigen wissenschaftstheoretischen Überlegungen zurückzuführen: Erstens liefert ‚die Wissenschaft' keine monistische Theorie, die dann dazu führen würde, dass eine objektive, von Menschen unabhängige Taxonomie der Welt in theoretischen Arten erfolgen könnte. Wissenschaft als solche ist eher als ein Patchwork der verschiedenen wissenschaftlichen Disziplinen aufzufassen, deren Theorien nicht eine Taxonomie, sondern sehr viele Taxonomien liefern, welche nicht übereinzustimmen brauchen (vgl. Cartwright 1999). So wird die (Newtonsche) Physik die Welt eher nach physikalischen Größen einteilen (nach der Masse der Entitäten, nach Bewegungskapazität etc.), die Chemie unterteilt nach

---

[210] Das wäre nach Hacking die Modifikation der Millschen Kinds durch C. S. Peirce: „A *Mill-Kind* is a class of objects with a large or even apperently inexhaustible number of properties in common, and such that these properties are not implied by any known systemized body of law about things of this Kind. A *Peirce-Kind* is such a class, but such that there is a systemized body of law about things of this kind, and is such that we may reasonable think that it provides explanation sketches of why things of this kind have many of their properties." (Hacking 1991:120)

molekularen Gesichtspunkten[211] und die Biologie z. B. nach Erkenntnissen aus der Evolutionstheorie.

Zweitens können auch unter einer Theorie innerhalb einer wissenschaftlichen Disziplin mehrere Taxonomien aufgestellt werden. So wird unter der Evolutionstheorie keine monistische Taxonomie der lebendigen Welt gebildet, sondern unter der paradigmatischen Theorie der Biologie ist eine Pluralität von verschiedenen Taxonomien konstruierbar.[212]

Drittens ist nicht gesagt, dass wenn eine wissenschaftliche Theorie nur zu einer möglichen Taxonomie führen würde, diese ‚would cut nature at it joints'. Es ist verfehlt anzunehmen, dass „Kinds useful for induction or explanation always ‚cut the world at its joints' in this sense: successful induction and explanation always require that we accommodate our categories to the causal structure of the world." (Boyd 1991:139) Was eine Theorie leisten kann, ist projizierbare Prädikate im Sinne Nelson Goodmans bereitzustellen:

> [T]he roots of inductive validity are to be found in our use of language. A valid prediction is, admittedly, one that is in agreement with past regularities in what has been observed; but the difficulty has always been to say what constitutes such agreement. The suggestion [. . .] is that such agreement with regularities in what has been observed is a function of our linguistic practices. Thus the line between valid and invalid predictions (or inductions or projections) is drawn upon the basis of how the world is and has been described and anticipated in words. (Goodman 1983:120f.)

Erfolgreiche Induktionen spiegeln nicht die kausale Struktur der Welt wieder, sondern die Überlegenheit von bestimmten Hypothesen bzw. Theorien gegenüber anderen Hypothesen bzw. Theorien. In der Entwicklung der Wissenschaft kann man aber weder davon ausgehen, dass die Theorien sich in der Zeit dabei der Wahrheit (im korrespondenztheoretischen Sinne) annähern, noch dass es immer nur eine Theorie gibt, die als ausschließlich gültig angenommen wird. Die paradigmatischen Theorien der Wissenschaft legen zwar einen Bezugsrahmen fest, auf den hin die Ontologie der jeweiligen Theorie ausgerichtet ist, diese muss aber nicht notwendigerweise in Deckung mit anderen wissenschaftlichen Theorien sein.

Demnach sind die natürlichen Arten im wissenschaftlichen Kontext eher als theoretische Arten aufzufassen, die nicht auf eine Struktur der Wirklichkeit verweisen, wie sie an sich ist, sondern wie sie durch einen theoretischen Rahmen vorgegeben wird.

Gedankenexperimente Sowohl Putnam als auch Kripke verteidigen ihre Formen der *de re* Notwendigkeit mit Argumenten, die in die Form von Gedankenexperimenten gekleidet sind. Gedankenexperimente spielen nicht nur in der argumentativen Arbeit der Philosophie eine wichtige Rolle, sondern auch in der Naturwissenschaft. Gedankenexperimente können dabei in verschiedene Typen eingeteilt werden:

---

[211] So stimmt z. B. die chemische und die lebensweltliche Charakterisierung von Wasser als H_2O überein. In der Physik könnten aber noch viel feinkörnigere Taxa aufgemacht werden, die noch die Sauerstoffisotope O-16 und O-18 berücksichtigen würde.

[212] Vgl. hierzu das folgende Kapitel.

solche, die empirisch möglich sind, die theoretisch (mit bisherigen naturwissenschaftlichen Ergebnissen verträglich, aber technisch (noch) nicht) möglich sind, und solchen, die Gebrauch von hypothetischen Setzungen machen (vgl. Gethmann2008a). Die Herangehensweise, mit Hilfe von Gedankenexperimenten Probleme zu klären ist sicherlich ein Thema, das alleine eine ausführliche Ausarbeitung benötigt (vgl. Rescher 2005; Cohnitz 2006), dennoch soll hier kurz das Fragwürdige mancher solcher Ansätze skizziert werden.

Gedankenexperimente der dritten Art haben das grundsätzliche epistemologische Problem, etwas auf unserer Welt erklären zu wollen, selber aber Annahmen machen, die keine Verankerung in unserer Welt besitzen (z. B. Kripkes Dämonen[213] oder das XYZ-Wasser Putnams).

Wenn notwendige Eigenschaften über Gedankenexperimente identifiziert werden sollen, denen jegliches empirische Fundament fehlt, dann sind alle kontrafaktischen Konstellationen nach dem jeweiligen Bedürfnis zusammenstellbar, ohne dass sich dabei Widersprüche ergeben, denn diese können mit Hilfe der Surrealität – z. B. über die Einführung der Dämonen – durch *ad hoc*-Annahmen beseitigt werden. Das Kripkesche Beispiel zur Verdeutlichung starrer Designatoren, in dem er eine Welt annimmt, in der alle Katzen durch ‚Narrenkatzen' ersetzt wurden, zeigt dies. Genauso steht es mit Tieren, deren innere Struktur der von Reptilien gleicht, die aber äußerlich nicht von Katzen zu unterscheiden sind.

Durch Gedankenexperimente lassen sich aber auch die Konklusionen, die selbst wiederum aus Gedankenexperimenten stammen, widerlegen bzw. in Zweifel ziehen. Putnam hat im Twin Earth-Experiment am Begriff des Wassers die Kausaltheorie der Referenz zu verdeutlichen versucht (s. o.). Wenn nun Wasser auf der Zwillingserde die Summenformel XYZ besitzt, aber atmosphärische Störungen oder gar dämonische Kräfte jegliche Messapparaturen dazu bringen würden, nicht die tatsächliche Struktur XYZ anzugeben, sondern die nah verwandte Summenformel H_2O zu konstatieren, dann müsste der Begriff Wasser auf der Zwillingserde und auf der Erde dieselbe Bedeutung haben, obwohl die ‚reale Essenz' von XYZ anders ist als die von H_2O.[214] Dies würde aber dem Anspruch nicht genügen, den Kripke und Putnam bzgl. der essentiellen Eigenschaften erheben, die von den Naturwissenschaften entdeckt werden sollen. Gedankenexperimente können sicherlich hilfreich sein, um empirisch fundierte Theorien zu überprüfen bzw. zu erweitern, als Fundament bzw. als Entscheidungskriterium alleine sind sie nicht ausreichend.

Auch Michael Dummett kritisiert das Gedankenexperiment, des ‚wie es hätte in einer anderen Welt sein können':

> Kripke's efforts to show that by which we originally identify the species or the substance might not be true of it at all – ‚might not', that is, in the sense ‚could turn out to be in the real

[213] Kripke arbeitet z. B. mit Dämonen, die einem vorgaukeln, dass Gold gelb gefärbt ist, aber dass es tatsächlich aufgrund von atmosphärischen Störungen nur so erscheint und eigentlich blau ist, oder Dämonen, die vorgeben Katzen zu sein.

[214] Kripke und auch Putnam könnten hier natürlich einwenden, dass sich die Menschen auf der Zwillingserde systematisch irren würden. Aber wenn tatsächlich *dämonische* Kräfte angenommen werden, die es immer verhindern, dass man die Mikrostruktur entdeckt, wie kann man dann den Zugang zur ‚wahren' Struktur erlangen? Dies wäre doch dann nur möglich, wenn jemand überdämonische Kräfte besitzt. Hier würde sich dann das Problem iterieren.

> world' rather than his favoured sense ,might not have been in some other possible world' – are bizarre and quite unconvincing; we need not take seriously his suggestions that it may be that no gold is yellow, that all cats have only three legs, or the like. It really is part of the sense of the world ,gold' that its characteristic examples are yellow, or of ,cat' that it applies to the member of a quadrupedal species. But it is not part of the sense of ,gold' that something white cannot be gold, or of ,cat' that a three-legged monstrosity, born of a cat, is not a cat. (Dummett 1973:146)

Gedankenexperimente müssen sich, wenn sie sinnvoll eingesetzt werden sollen, in einem ontologischen Rahmen bewegen, der für das Argument, das unterstützt werden soll, einschlägig ist. Wenn Konzepte wie das der natürlichen Art geklärt werden sollen, welche selber auf der Konzeptualisierung von Objekten der uns normalerweise umgebenden Welt beruht, dann hilft es nicht, wenn die normalerweise umgebende Welt im Argument gegen eine Welt abgegrenzt wird, bei der man nicht sagen kann, wie wir Objekte einer bestimmten Art klassifizieren würden. Nicholas Rescher verdeutlicht diesen Gedanken:

> To the question ,What would you say if...?' we would in such cases have to reply: ,We just wouldn't know what to say... We'll just have to cross that bridge when we get there.' Our normally-predicated concepts cannot be brought to bear when we embark on a radical hypothesis that violates the conditions of normality. We have no ready answer to the question ,What would you say if... (worst came worst and flowers started talking like people)?' When the hypothetical upheaval is so extreme, one cannot avert bafflement. We then have no choice but to go through the agonizingly innovative process of rebuilding part of our conceptual scheme from the ground up. (Rescher 2005:157)

Bedeutungstheoretisches Argument Die sowohl von Kripke als auch von Putnam favorisierte Bedeutungstheorie als Kausaltheorie der Referenz ist Ansatzpunkt für weitere Kritik, denn das Wissen um die Bedeutung eines Begriffes – also die Geschichte des Eigennamens bzw. des ,natural kinds' von der ursprünglichen Einführung bis zum aktualen Gebrauch – liegt außerhalb des Wissens des individuellen Sprechers. Die Kette der Kommunikation, die die Bedeutung eines Begriffes festlegt, kann in den seltensten Fällen vollständig – (wenn überhaupt) – kognitiv erfasst werden, denn die Zurückverfolgung des Gebrauchs eines Begriffes bis zum Zeitpunkt seiner Einführung ist meist nicht nachvollziehbar (und vielleicht für die Fähigkeit die Extension eines Begriffs zu einem späteren Zeitpunkt festzulegen nicht unbedingt wichtig). Dieses Verständnis einer Referenz spielt in der alltäglichen Verwendung von Sprache keine Rolle und kann eigentlich nur die Persistenz einer bestimmten Bedeutung über die Zeit hinweg erklären und nichts darüber hinaus (vgl. Dummett 1973:148).[215]

3.5.3 Biologische Artkonzepte

Die in den vorangegangenen Kapiteln dargelegte Pluralität auf ontologischer Seite ist auch aus biologischer Sicht weiter fortzuführen, denn dass der Artbegriff heterogen

---

[215] In dieser Arbeit wird, entgegen einer kausalen Referenztheorie der Bedeutung, von einer Dummetschen, rechtfertigungsorientierten Bedeutungstheorie ausgegangen (siehe Kap. 2.2).

Tab. 3.4 Artkonzepte

Artkonzept	Artdefinition	Methodische Basis[a]
Biologisches Artkonzept (Ernst Mayr)	„Species are groups of interbreeding natural populations that are reproductively isolated from other such groups." (Mayr 1969:26)	
‚Recognition' Spezieskonzept (Hugh Paterson)	„ We can [. . .] regard as a species that most inclusive population of individual biparental organisms which share a common fertilization system." (Paterson 1992:149)	Zusammenhalt der Art
‚Cohesion' Spezieskonzept (Alan Templeton)	„The cohesion concept of species defines a species as an evolutionary lineage through the mechanisms that limit the populational boundaries for the action of such basic microevolutionary forces as gene flow, natural selection, and genetic drift." (Templeton 1992:176)	
Ökologisches Spezieskonzept (Leigh van Valen)	„A species is a lineage [. . .] which occupies an adaptive zone minimally different from that of any other lineage in its range and which evolves separately from all lineages outside its range." (van Valen 1992:70)	
Evolutionäres Spezieskonzept (E. O. Wiley)	„A species is a single lineage of ancestral descendant populations of organisms which maintains its identity from other such lineages and which has its own evolutionary tendencies and historical fate." (Wiley 1992:80)	
Kladistisches Spezieskonzept (Brent D. Mishler und Michael J. Donoghue)	„[s]pecies can be considered to be like genera or families or higher taxa at all levels. That is, they are assemblages of populations united by descent just as genera are assemblages of species united by descent, etc. If we required that species be monophyletic assemblages of populations [. . .], then they could play a role in phylogenetic theory just as monophyletic taxa at all levels can." (Mishler und Donoghue 1992:130)	Teilung der evolutionären Linie
Phylogenetisches Spezieskonzept (Joel Cracraft)	„A species is the smallest diagnosable cluster of individual organisms within which there is a parental pattern of ancestry and descent." (Cracraft 1992:103)	
Phänetisches Spezieskonzept (Robert Sokal)	Arten sind *‚operational taxonomic units'* die auf der Grundlage einer allgemeinen Ähnlichkeit (*‚overall similarity'*) zusammengefasst werden. (Sokal 1992)	Strukturelle Ähnlichkeit

[a]Kitcher unterteilt in strukturelle (Unterscheidung: gemeinsame genetische Struktur, Chromosomale Struktur oder Entwicklungsprogramm) und historische Artkonzepte (diese wieder mit einem Fokus auf der Kontinuität oder der Teilung). (Vgl. Kitcher 1984)

Verwendung findet, ist in der Literatur nicht zu übersehen. Ernst Mayr nennt z. B. vier, Marc Ereshefsky sieben verschiedene biologische Artkonzepte in ihren Aufsätzen zu diesem Thema. Einen Überblick über die verschiedenen Artkonzepte, die in der Anthologie von Marc Ereshefsky (1992) vorgestellt werden, gibt folgende Tab. 3.4:

Diese Tabelle, die keinen Anspruch auf Vollständigkeit erhebt, macht deutlich, dass es mindestens drei methodisch verschiedene Ansätze gibt, Spezies zu definieren.

Die Konzepte, die sich auf die Abgrenzung der Art bzw. den innerspeziären Zusammenhalt beziehen und auf dieser Grundlage den Artbegriff ableiten, sind das biologische, das ‚Recognition', das ‚Cohesion' und das ökologische Artkonzept. Diese vier Konzepte akzentuieren bestimmte Artbildungs- bzw. Artabgrenzungsprozesse. So werden im biologischen Artkonzept die sexuelle Rekombination, im ‚Recognition'-Konzept die Fähigkeit den sexuellen Partner zu erkennen, im ‚Cohesion'-Konzept die Prozesse, die eine Population als solche zusammenhalten und im ökologischen Konzept die natürliche Selektion und Adaptation besonders hervorgehoben. Es sind also Konzepte, die sich auf die ‚Kräfte' berufen, die eine Art generiert bzw. eine Art gegenüber anderen Arten abgrenzt.

Bei dieser Art der Speziesdefinitionen ergeben sich mehrere biologische Probleme. Wenn z. B., wie im biologischen und ‚Recognition'-Konzept, die sexuelle Reproduktion in den Fokus genommen wird, so bleiben alle sich asexuell fortpflanzenden Lebewesen systematisch unberücksichtigt. Diese beiden Konzepte finden also ihre Grenzen bei Lebewesen, die sich nicht geschlechtlich fortpflanzen, wie es zum großen Teil im pflanzlichen oder auch im mikrobiellen Bereich der Fall ist, aber auch dort wo über reproduktive Verhältnisse keine Aussage gemacht werden kann, wie in der Paläontologie. Aber auch bei der Systematisierung sich geschlechtlich fortpflanzender Lebewesen kann es über den biologischen Artbegriff Klassifikationsprobleme geben, wenn sich in ‚natürlicher' Umwelt z. B. Exemplare verschiedener Arten nicht kreuzen, wie das bei Tigern und Löwen der Fall ist, dies aber sehr wohl in Zoos vorkommt (z. B. Tigon bzw. Liger) oder dort wo Kreuzungen über die Gattungsebene hinaus möglich sind, wie z. B. bei Orchideen.

Insgesamt haben die Spezieskonzepte, die auf Artbildung bzw. Artabgrenzung rekurrieren, das methodische Problem einer fehlenden Operationalisierbarkeit, denn es ist nicht klar auf welcher Grundlage ein Nachweis geführt werden soll, dass eine gegebene Population als Art anzuerkennen ist. Wie soll z. B. nachgewiesen werden, dass eine Population durch bestimmte evolutionäre Kräfte zusammengehalten wird? Wie soll die Grenze einer ‚natürlichen' Population bestimmt werden? Gutmann und Janich haben genau diesen Punkt für den Fall des biologischen Spezieskonzepts kritisiert:

> To avoid problems with its applicability, Mayr restricts the application of the BSC [biological species concept] to such taxonomic groups, which are ‚well-studied' [. . .] On the other hand, Mayr gives no hints, which knowledge is included by the attribute ‚well-studied'. Thus the question is: What will a scientist already have to know, in order to apply BSC? The answer is surprising, because in the first step it refers to the abilities of the respective scientist [. . .] The tight connection between the recognition of a species and the abilities of the taxonomist might result in what Kitcher called the ‚cynic species definition': „The most accurate definition of ‚species' is the cynic's. Species are those groups of organisms which are recognized as species by competent taxonomists. Competent taxonomists, of course, are those who can recognize the true species." (Gutmann und Janich 1998:260f.)

Den Ansätzen, die Spezies über bestimmte evolutionäre Kräfte des Zusammenhalts zu fassen versuchen, stehen solche Konzepte gegenüber, die Arten aufgrund einer bestimmten Gewichtung von Merkmalen, die evolutionstheoretisch begründet ist, herleiten, wie z. B. das evolutionäre, das kladistische oder das phylogenetische Spezieskonzept. Das evolutionäre Spezieskonzept rekurriert auf die eigene evolutionäre Tendenz bzw. auf das evolutionäre Schicksal, das Lebewesen zu einer Art zusammenschließt. Ob ein gemeinsames evolutionäres Schicksal vorliegt, kann wiederum aufgrund einer Vielzahl von Merkmalen überprüft werden und ist daher auch starken Interpretationsleistungen des Wissenschaftlers unterworfen:

> Evidence used to test such a hypotheses [that two population maintain separate lineages] can come from a variety of sources depending on the nature of the organism and the genetic, phenetic, spatial, temporal, ecological, biochemical, and/or behavioural evidence, which is available to test the question. (Wiley 1992:81)

Auch das phylogenetische bzw. das kladistische Artkonzept bestimmen Merkmale wie Vorfahren-Nachfahren-Beziehungen bzw. Monophylie als artbestimmende Eigenschaften. Das Ergebnis dieser Form der Artbestimmungen ist sehr stark davon abhängig, welche Informationen in das ‚Bestimmungssystem' eingespeist werden. Je nachdem welche Informationen vorliegen bzw. wie auch schon bestehendes Material interpretiert wird – z. B. ob Merkmale homologe oder konvergente Entwicklungen widerspiegeln etc. – werden jeweils andere Spezies bestimmt werden.

Im phänetischen Ansatz werden Lebewesen aufgrund von Ähnlichkeitsclustern zu Arten zusammengefasst. Dieser Ansatz hat den Vorteil, dass er operationalisierbar ist, hat aber den Nachteil, dass er von der Prädikation ‚x ist y ähnlich' zu evolutionären Einsichten übergehen möchte, die aber unweigerlich zu der Prädikation ‚x ist mit y verwandt' führen. Eine Korrelation zwischen diesen beiden Prädikationen anzunehmen, ohne evolutionstheoretische Prämissen zu investieren, die in der Phänetik außen vor bleiben sollen, ist aber nicht zulässig. Der phänetische Speziesansatz ist zudem in sich heterogen, da je nachdem mit welcher Prozedur die ‚overall similarity' bestimmt wird, verschiedene Gruppierungen generiert werden (vgl. Sober 1993:168).

Allen Ansätzen gemeinsam ist jedoch, dass sie Identifikationskriterien im Sinne von Äquivalenzbeziehungen für Arten – diese jedoch kontextabhängig unterschiedlich – bereitstellen. Der kontextuelle Unterschied ergibt sich dabei sowohl über die verschiedenen theoretischen Ansätze als auch über die unterschiedlichen wissenschaftlichen Ziele, die der taxonomischen Gruppierung zugrunde liegen. Das wissenschaftliche Ziel, die mögliche Entwicklung von der Gegenwart in die Zukunft zu prognostizieren bzw. ausgehend von der Gegenwart die Vergangenheit zu rekonstruieren, können methodisch nicht mit denselben Mitteln durchgeführt werden und basieren auch auf unterschiedlichem Ausgangsmaterial. Bei evolutionären Fragestellungen wird zwar der Speziesbegriff gebraucht, dieser wird aber kontextual unterschiedlich gegenüber funktional-strukturellen Fragestellungen eingebettet. Philip Kitcher interpretiert dies ähnlich:

> Instead, we must recognize that there are many different contexts of investigation in which the concept of species is employed, and that the currently favored set of species taxa has emerged through a history in which different groups of organisms have been classified by biologists working on different biological problems. The species category can be partitioned

> into sets, each of which is a subset of some category of kinds. We can conceive of it as generated in the following way. A number of biologists, $B_1 \ldots, B_n$, each with a different focus of interest, investigate parts of the natural world. For each B_i there is a subset of the totality of organisms, O_i, which are investigated. B_i identifies a set of kinds, K_i, the kinds appropriate to her interest - that partition of O_i. The set of species taxa bequeathed to us is the union of the K_i. In areas where the O_i overlap, of course, there may be fierce debate. My suggestion is that we recognize the legitimacy of all those natural partitions of the organic world of which at least one of the K_i is a part. (Kitcher 1984:129)

Trotz dieser Feststellungen hält Kitcher jedoch daran fest, dass Spezies als reale Kategorien anzusehen sind.[216] Diese Sichtweise kann allerdings nach den Überlegungen aus Kap. 2 nicht aufrechterhalten werden, ohne erhebliche metaphysische Annahmen machen zu müssen. Demgegenüber kann der Ausdruck ‚Spezies', nach Gutmann und Janich, als ein kontextabhängiger „abstractor for biological purposes" (Gutmann und Janich 1998:284) expliziert werden, ohne solche Implikationen berücksichtigen zu müssen. Biologische Zwecke können dabei – in Anlehnung an Philip Kitcher – vor dem Hintergrund der Klärung struktureller und historischer Fragestellungen ausgemacht werden (vgl. Kitcher 1984:325).

3.5.4 *Zusammenfassung*

Sowohl von epistemologischer als auch von ontologischer Seite kann hinsichtlich von biotischen Arten von einem Pluralismus der Konzepte ausgegangen werden. Der Ansatz, biotische Arten als natürliche Arten zu explizieren, kann, vor dem Hintergrund der grundlegenden Kritik an der Auffassung der natürlichen Art als solcher, abgewiesen werden.

Dass biotische Arten im *common sense* gewöhnlich als extensional so scharf begrenzbar aufgefasst werden, liegt zum einen sicherlich an einer starken Prägung des Artbegriffs durch zoologische Arten des täglichen Umgangs (Hund, Katze, Maus etc.). Diese Prägung ist aber wahrscheinlich eher auf züchterische Praxen zurückzuführen, in denen ein Idealtypus angestrebt wird.[217] Dies kann aber nicht auf den botanischen und erst recht nicht auf den mikrobiologischen Bereich übertragen werden.

Dass auch bei Pflanzen häufig ein Verständnis von Arten als gut differenzierbar vorliegt, ist auf die lange Tradition der Linnéschen Klassifikationsmethode, die sich stark an morphologischen Merkmalen orientiert, zurückzuführen. Das morphologische Konzept ist aber vor dem evolutionstheoretischen Hintergrund nicht aussagekräftig. Allerdings bietet diese Klassifikation pragmatisch einige Vorteile,

---

[216] „Organisms do exist and so do do sets of those organisms. The particular sets of organisms that are species exist independently of human cognition. So realism about species is trivially true." (ebd.:128) Dieser Realismus ist u. a. in der Erwartung eines wissenschaftlichen Fortschritts, der mit ‚der Wahrheit' konvergiert, fundiert.

[217] Hier sind es aber dann eigentlich Rassen oder Sorten, die gezüchtet werden. Beispiele für solche Idealtypen sind z. B. in der Hunde- oder Pferdezucht zu finden.

so dass sich die unscharfen Abgrenzungen, die auf evolutionsbiologischen Überlegungen beruhen, in der Lebenswelt schwer durchsetzen (und auch nicht unbedingt brauchen). Im Umgang mit der lebendigen Welt sind es nicht nur die (evolutions)theoretischen Interessen, die zu einer Klassifikation von Lebewesen führen. Vor dem Hintergrund unterschiedlicher pragmatischer Interessen wird vielmehr eine praktisch sicher anwendbare Klassifikation notwendig.[218] Will man nur eine Klassifikation beibehalten, die allen Interessen genügt (wenn das überhaupt möglich ist), dann muss zwischen Konservatismus und Revision wohlüberlegt abgewogen werden. Für eine konservative Klassifikation spricht, dass eine stabile Klassifikation eine bessere Orientierung und kommunikative Basis bietet. Dass neue biologische Erkenntnisse jedoch aus diesen Gründen aus der Klassifikation ausgeschlossen werden sollen, ist nicht zu vertreten. Vielmehr müssen die Zwecke der Klassifikation verglichen und gewichtet werden.

Auf der theoretischen, evolutionsbiologischen Seite sind mehrere Möglichkeiten zu verzeichnen, wie die lebendige Welt unterteilt werden kann. Hier ist kein einfaches Schema vorhanden, das auf alle Lebewesen Anwendung finden kann. Hier ist vielmehr davon auszugehen, dass erst auf einer bereits vorher stattgefundenen Vergleichshandlung und Typisierung weitere Überlegungen vom evolutionsbiologischen Standpunkt aus vorgenommen werden. Die vor- oder außer(evolutions)theoretische Klassifikation entspringt dabei pragmatischen Überlegungen, z. B. aus Medizin, Lebensmittelkunde, Gartentechnik, Forstwirtschaft etc. Die vorgenommene Klassifikation kann evtl. vor dem theoretischen Hintergrund revidiert werden – aber dies keinesweg zwingend – wenn die vortheoretische Klassifikation Informationen liefert, die praktischen Nutzen bringt. Es ist also davon auszugehen, dass die beiden Desiderata der Rekonstruktion evolutionärer Linien und der Bereitstellung praktisch relevanter Informationen über die lebendige Welt auseinander klaffen können und es auch vielfach tun.

> [T]heoretical biological considerations should be locally important in determining how particular groups of organisms should be classified. [...] it is a fine thing if a taxonomy can coincide with a plausible phylogeny. For groups such as birds and mammals this is a realistic goal, and may even be a reasonable constraint on taxonomic practice. However it is almost certainly not a generally feasible constraint. It almost cannot be applied to prokaryotes, hence to the first half of evolutionary history, and perhaps is only applicable to a few extremely highly evolved and sophisticated groups of metazoans. The only possible unifying conception of the species is as a unit not of evolution but of classification. [...] Species are a unified category only in the very weak sense that they are (by definition, I suggest) the basal units of classification. But the criteria used for distinguishing species from one another, and the theoretical rationale, if any, for such distinctions, should be allowed to vary promiscuously from one taxon to another. (Dupré 2001:212)

[218] In diesem Zusammenhang weist Dupré (2001) darauf hin, dass eine Klassifikation von Gehölzen, die auf dem Mayrschen Merkmal der reproduktiven Isolation beruhen würde, für einen Förster nicht die Differenzierungen liefert, die er benötigt, um die ökologischen Besonderheiten, die bestimmte Bäume aufweisen, berücksichtigen zu können. Und auch im kulinarischen Bereich möchte man zwischen bestimmten Beeren (Himbeere, Brombeere etc.) unterscheiden, wobei diese Unterscheidung vor dem evolutionären Hintergrund nicht gerechtfertigt erscheint.

Es ist also nicht davon auszugehen, dass die vortheoretischen Interessen mit den theoretisch-wissenschaftlichen oder auch die theoretischen Interessen untereinander zu übereinstimmenden Klassifikationen führen. Die Klassifikation von Lebewesen an ihrer Basis verdankt sich vielmehr unterschiedlichen Interessen. Es ist also nicht davon auszugehen, dass es nur einen ‚Baum des Lebens' gibt, sondern, dass es vielmehr viele kleine lokale Klassifikationsinseln gibt.

Die Gruppen von Lebewesen, die man im Allgemeinen als einer Art zugehörig zusammenfasst, müssen also nicht unbedingt mit einer auf evolutionsbiologischen Überlegungen beruhenden Klassifikation übereinstimmen. Und auch vor dem evolutionsbiologischen Hintergrund kann die Rekonstruktion der Entwicklung auf unterschiedliche Art und Weise erfolgen. Diese Rekonstruktion ist wiederum kein Abbild der Natur, sondern vielmehr eine Leistung des Menschen. Diese Leistung ist allerdings nicht dann erfolgreich, wenn die Entwicklung, so wie sie wirklich abgelaufen ist, abgebildet werden konnte, sondern wenn – vor dem theoretisch paradigmatischen Hintergrund der Evolutionstheorie – genügend Evidenzen vorliegen. Eine Entscheidung, inwieweit bestimmte Gruppen von Lebewesen miteinander verwandt sind, ist davon abhängig, welche Informationen von den Gruppen vorliegen und wie diese gewichtet werden.[219] Daher macht es wenig Sinn von einer ‚natürlichen' Klassifikation zu reden und noch weniger von einer Überschreitung natürlicher Artgrenzen zu reden. Die Frage danach, was eine Art ist, sollte daher umgewandelt werden in „a question for the *purposes*, which *advise* us to deal with biotic entities *as* species" (Gutmann und Janich 1998).

3.6 Gene

> The ‚gene' is nothing but a very applicable little word, easily combined with others, and hence it may be useful as an expression for the ‚unit factors', ‚elements' or ‚allelomorphs' in the gametes[.] (Johannsen 1911)

Mit der Übertragung genetischer Information von einer Organismengruppe auf eine andere ist es erst möglich, eine Technologie wie die der grünen Gentechnik zu etablieren. Das übertragene Material wird folgendermaßen unter den Begriff Gen gefasst:

> Genes are not just units that are inferred from breeding experiments, but are claimed to be material segments of DNS that may be observed under the electron-microscope and that can even be transferred into foreign cells. The utilization of products of specific isolated genes has become an exciting prospect of modern biotechnologies. (Falk 1986)

---

[219] Betrachtet man aber die Verwandschaftsverhältnisse und die evolutionäre Entwicklung von Lebewesen, dann kann man sogar davon ausgehen, dass das Zusammenführen von prokaryotischem Genmaterial mit dem von Eukaryoten keineswegs ‚unnatürlich' ist, denn über die Endosymbiontentheorie ist die Entwicklung der eukaryotischen Metazoen gerade nur durch die Symbiose von Prokaryotenzellen möglich geworden. In diesem Sinne führen alle eukaryotischen Zellen (auch die menschlichen) genetisches Material der Prokaryoten je schon mit sich.

Der Genbegriff hat dabei seinen Weg in die öffentliche Diskussion gefunden und ist im Sprachgebrauch etabliert.[220] Dabei ist der Begriff des Gens keinesfalls so scharf definiert wie es üblicherweise angenommen wird. Dies ist u. a. durch die historische Entwicklung der Disziplinen Molekularbiologie und Entwicklungs- bzw. Evolutionsbiologie[221] bedingt.

Das Gen bzw. die Genetik sind in der Biologie recht neue Begriffe. Erst Anfang des 20. Jahrhunderts (1906) schlug William Bateson, ein englischer Biologe, für den sich entwickelnden neuen Zweig der Biologie den Begriff der Genetik (von griech. *genetikos*, das Hervorgebrachte) vor. Dies geschah vor dem Hintergrund der voneinander unabhängigen Wiederentdeckung der Mendelschen Gesetze bzw. den Abhandlungen darüber von Hugo de Vries, Carl Correns und Erich v. Tschermak im Jahr 1900. Die Genetik kann als ein Zusammenschluss der Vererbungsforschung und der Mutationsforschung angesehen werden (vgl. Schulz 2004:539), wobei der Begriff des Gens zunächst nur für eine Einheit der Vererbung eines Merkmals stand und noch nicht weiter differenziert wurde.

Es ist bemerkenswert, dass, bevor noch der Begriff des Gens eingeführt die wissenschaftliche Disziplin der Genetik bereits etabliert wurde. Der dänische Genetiker Wilhelm Johannsen prägte erst 1909 den Ausdruck ‚Gen', um mit einem Begriff arbeiten zu können, der frei von Intuitionen der Präformationstheorie war (vgl. Fox Keller 2001, S. 12).[222] Zu dieser Zeit war keineswegs klar was genau unter einem Gen zu verstehen ist. Nach Johannsen waren Gene hypothetische Vererbungsentitäten, deren genaue materiale Ausformung unbekannt war. Die Rede über Gene

> drückt nur die Tatsache aus, daß Eigenschaften des Organismus durch besondere, jedenfalls teilweise trennbare und somit gewissermaßen selbständige ‚Zustände', ‚Faktoren', ‚Einheiten', oder ‚Elemente' in der Konstitution der Gameten und Zygoten – kurz durch das, was wir eben Gene nennen wollen – bedingt sind. (Johannsen 1913:143)

Das Gen war also lediglich ein noch nicht weiter spezifizierter verursachender Faktor, der irgendwo in den Keimzellen oder der Zygote lokalisiert wurde. Johannsen sah das Gen nicht als ein morphologisches Gebilde an, sondern eher als eine Rechnungseinheit.[223] Erst Versuche und Arbeiten von Thomas Hunt Morgan an Drosophila-Populationen rückten den Genbegriff in den Rahmen der Chromosomentheorie der Vererbung.[224] Durch diese Forschung wurde klar, dass es eine

[220] Manchmal aber auch sehr irreführend, wenn z. B. von ‚Gentomaten' die Rede ist.

[221] Zum ‚gene's eye view' der evolutionären Entwicklung siehe Kap. 3.2.5.

[222] Nach der Präformationstheorie ist der gesamte Organismus im Spermium oder der Eizelle vorgebildet. Dies zeigt sich z. B. in Abbildungen dieser Zeit in denen der Embryo als Homunculus in den Keimzellen abgebildet wird.

[223] Johannsen prägte nicht nur den Ausdruck ‚Gen' sondern auch den des ‚Genotypus' als Veranlagungstypus und den des ‚Phaenotypus' als Erscheinungstypus (vgl. Schulz 2004:550).

[224] Es war zunächst nicht klar, was als materielle Basis der Elemente der Vererbung anzunehmen sei. Die Alternativen waren entweder im Cytoplasma (Proteine) oder im Karyoplasma (Chromosomen) lokalisiert. Die Chromosomentheorie der Vererbung hat sich schließlich, u. a. durch die Forschung von Boveri und Morgan, durchgesetzt.

Einheit unterhalb der Chromosomen geben müsse, die für die Vererbung von Merkmalen zuständig sind. Diese nun chromosomalen Elemente bezeichnete Morgan als Gene (vgl. Schulz 2004:544). Die Erkenntnisse aus der Drosophila-Genetik, zusammen mit denen aus der Chromosomenforschung und mit den Erkenntnissen über Kopplungen von Merkmalen im Erbgang, wurden dazu genutzt, die mendelschen Gesetzmäßigkeiten mit der darwinschen Evolutionstheorie zu verbinden und so zu einem umfassenderen Verständnis der Evolution zu gelangen (vgl. a. a. O).[225]

Die bisher geschilderte Entwicklung des Genbegriffs wurde – vor dem Hintergrund der Vererbungslehre – methodisch durch Züchtungs- und mikroskopische Experimente geleitet. Seit Mitte des 20. Jahrhunderts wurde insbesondere durch biochemische Methoden der Genbegriff weiter geprägt. Beiträge dazu lieferte 1944 die Identifikation des materiellen Substrats der Chromosomen als die der DNS (Desoxyribonukleinsäure) und die Modellierung der DNS-Struktur durch James Watson und Francis Crick (1953).[226]

Einen weiteren Beitrag leistete die sogenannte Entschlüsselung des genetischen Codes in der Analyse der Proteinbiosynthese, die vornehmlich in prokaryotischen Systemen erfolgte. Durch einen Entwurf zum Mechanismus der Proteinbiosynthese gelangte man zunächst zur ‚Ein-Gen-ein-Enzym-Hypothese' (1940 von George Beadle und Edward Tatum), welche eine einfache Korrespondenz zwischen Genen und Enzymen postulierte. Diese Hypothese wurde aber insbesondere durch Erkenntnisse innerhalb der Forschung der Eukaryotengenetik erheblich eingeschränkt. Folgende Einschränkungen müssen demnach gemacht werden:

- Im Genom der Eukaryoten können DNS-Abschnitte in unterschiedlicher Weise ‚abgelesen' werden, so dass auch verschiedene Polypeptide entstehen (alternatives Spleißen).
- DNS-Abschnitte codieren (u. a.) für Polypeptide und erst mehrere Polypeptide bilden ein Protein.
- Die Funktion eines Proteins ist nicht zwingend die eines Enzyms. Mögliche andere Proteintypen sind z. B.: Strukturproteine, Chaperone, Transportproteine etc.
- Die Transkription eines DNS-Abschnitts führt nicht unweigerlich in die Produktion von Proteinen, sondern das Transkriptionsprodukt – (die Ribonukleinsäure (RNA) – kann auch regulativ wirken bzw. als Bestandteil des Proteinbiosyntheseapparats fungieren (Ribozyme, rRNA).[227]

---

[225] Dies kann als Beginn der synthetischen Evolutionstheorie angesehen werden, die die Erkenntnisse der Zellforschung, der Genetik und der Populationsgenetik vereint.

[226] Falk (2000:326) macht in diesem Zusammenhang darauf aufmerksam, dass von Watson und Crick die physikalisch-chemische Struktur der Vererbung untersucht und modelliert wurde und nicht die des Gens.

[227] Die angeführten Einschränkungen der Hypothese von Beadle und Tatum erhebt keinen Anspruch auf Vollständigkeit. In den vorangegangenen Abschnitten wird deutlich, dass sich die Terminologie in der Genetik deutlich verändert hat und sich im Fahrwasser der Informationstheorie bewegt. Die Ausdrücke wie ‚Code', ‚Transkription', ‚Translation' etc. sind als neue Schlüsselwörter der Genetik anzusehen (vgl. Rheinberger 2004:659f.).

Dementsprechend kann die Hypothese umformuliert werden in ‚ein-Gen-ein-biologisch-aktives-Element', wodurch sie allerdings durch die schwammige Formulierung ‚biologisch-aktives-Element' erheblich an informationellen Gehalt einbüßt.[228]

Aus der Entwicklungsgeschichte der Genetik wird deutlich, dass sich der Genbegriff in einer gewissen Spannung zwischen evolutionstheoretischer und biochemisch-struktureller Sichtweise befindet. Nach Raphael Falk kann der Begriff des Gens als ‚a concept in tension' bezeichnet werden:

> Throughout its history the gene has been defined by biologists on theoretical grounds, or on the basis of experimental and methodical considerations, as either a concrete material entity of living beings, or as an empirical instrumental one. It has been conceived as an entity of developmental (physiological) or as one of evolutionary function. The gene has been instituted as the atom of life that maintains the inherited continuity of the living system versus the vagaries of environmental impacts, but also as a factor of accumulated experience that by its interaction with other environmental impacts provides ontogenetic as well as phylogenetic variability. (Falk 2000:319)

Diese konzeptuellen Unterschiede in der Analyse des Genbegriffs, zum einen aus der klassischen Genetik und zum anderen aus der experimentellen molekularbiologischen Praxis heraus, bringen also den Begriff des Gens in eine Spannung, die nicht ohne weiteres aufzulösen ist. Diese Spannung ergibt sich daraus, dass der Ausdruck ‚Gen' hinsichtlich dieser beiden biologischen Teilgebiete sowohl intensional als auch extensional[229] verschieden spezifiziert wird.

Aus dieser Spannung zwischen klassischer und molekularer Genetik heraus stellt sich die Frage, ob sich daraus trotzdem ein einzelner Genbegriff konstruieren lässt oder ob es mehrere Begriffe sind, die angenommen werden sollten.

3.6.1 Das Gen der klassischen Genetik

In der klassischen Genetik wird untersucht wie phänotypische Merkmale – nach welchen Regeln – vererbt werden. Als Gene werden hier die Abschnitte des genetischen Materials angesehen, die für die Expression des phänotypischen Merkmals verantwortlich gemacht werden können. Illustrierend sind hier die Überlegungen von Philip Kitcher:

> In its early usage, ‚gene' (or ‚factor') referred to a set of chromosomal segments each of which plays a functional role in the determination of a phenotypic trait. To specify this functional role is a tricky matter. Let's begin with the idea of a *gene complex*. A gene complex is an aggregate of that chromosomal material whose nature determines the form taken by some phenotypic character. A *division* of a gene complex is a set of chromosomal segments whose sum is the gene complex. A division is *optimal* with respect to a set of data obtained from

[228] Etwas elaborierter aber mit ähnlich schwammigem Gehalt formulieren Gerstein et al. (2007): „A gene is a union of genomic sequences encoding a coherent set of potentially overlapping functional products."

[229] Zu dieser Unterscheidung siehe auch Kap. 3.2.2.4.

> breeding experiments if and only if it is possible to construct enough genotypes from the elements of the division to equal or exceed the number of distinct phenotypes observed, and there is no coarser division which will do this. (Kitcher 1982)

Um klassische Genetik betreiben zu können, muss also schon im Vorhinein das Merkmal festgelegt sein, dessen Vererbungsgang untersucht werden soll. Die Kopplung zwischen phänotypischem Merkmal und genetischem Material wird durch diese explanatorische Aufgabe bestimmt. Man kann also sagen, dass Gene all diejenigen Chromosomenabschnitte sind, die zusammen in einem Gen-Komplex[230] für die Ausprägung eines Merkmals verantwortlich gemacht werden können. Der Genkomplex gilt hier als verantwortlich für das phänotypische Merkmal und durch die Kreuzungsversuche werden die Segmente des genetischen Materials als Gene bestimmt, die in ihrer Gesamtheit das betreffende Merkmal ausprägen. Die Segmentierung verdankt sich dabei dem experimentellen Angebot, das zur Verfügung steht, um den Vererbungsgang zu untersuchen.

Die einzelnen Chromosomenabschnitte, die durch die Kreuzungsexperimente und die cytologischen Untersuchungen ausgemacht werden können, sind dabei als ‚difference-maker'[231] aufzufassen. Es kann nicht genau spezifiziert werden, was die identifizierten Abschnitte bewirken, sondern es kann lediglich eine Differenz zum zuvor festgelegten Normaltypus bestimmt werden. So verursacht z. B. das Rote-Augen-Allel[232] in Drosophila nicht die Produktion von roten Augen, sondern diese werden nur zusammen mit vielen anderen verursachenden Elementen produziert: „Instead, it makes the difference, in the presence of many other causes, between red eyes and eyes of some other color." (Sterelny und Griffith 1999:144) Dieser *difference-maker* kann über molekularbiologische Methoden identifiziert werden, so dass man davon sprechen kann, dass das Vorhandensein dieses Allels mit dem Auftreten des Merkmals korreliert.

Die aus dem Bereich der Medizin bekannten monogenen Erbkrankheiten, wie z. B. Chorea Huntington, Zystische Fibrose, Thalassämie, sind nicht unbedingt als solche Fälle anzusehen, denn hier kann die Erkrankung als direkt verursacht durch eine Mutation in einem bestimmten Gen angesehen werden – und damit wird der Genbegriff in solchen Fällen auch durch das molekularbiologische Paradigma bestimmt.[233] Aber eine solche Zuordnung von einem Gen zu einem Merkmal ist eher als eine Ausnahme von der Regel zu betrachten. Merkmale werden zumeist durch das

---

[230] Zu Anfang der klassischen Genetik wurde davon ausgegangen, dass ein Gen genau ein Merkmal hervorbringen würde. Diese Hypothese wurde allerdings schnell durch die Erkenntnis, dass ein Chromosomenabschnitt vielerlei Effekte haben kann (Pleiotropie) und dass ein Merkmal durch sehr viele Chromosomenabschnitte bedingt ist (Polygenie) entkräftet. Außerdem ist auch zu beachten, dass das genetische Material in dem Sinne unselbständig ist, da es nicht alleine irgendetwas hervorbringen kann sondern dafür der zelluläre Apparat erforderlich ist.

[231] Vgl. hierzu auch Kap. 3.2.5.

[232] Als Allele werden Varianten eines Gens bezeichnet, die sich an einem bestimmten Genlocus auf dem Chromosom befinden.

[233] Aber auch hier ist die Perspektive des ‚Difference makers' sinnvoll, denn die gesamte Symptomatik einer Erkrankung ist nicht auf den einen Gendefekt zurückzuführen, sondern auf das Zusammenspiel vieler anderer körperlicher Prozesse in Zusammenhang mit dem einen Gendefekt.

Zusammenspiel mehrerer Gene hervorgebracht und in diesen Fällen kann die Identifizierung von einem Markergen, das auf das Auftreten des Merkmals schließen lässt, nur als ein ‚difference-maker' verstanden werden. Diese ‚difference-maker' sind also nicht mit den Genen zu verwechseln die unter dem Motto ‚Ein-Gen-ein-Enzym' – also den Genen der Molekularbiologie – bekannt wurden.

3.6.2 Das Gen der Molekularbiologie

In der Molekulargenetik wird nicht der Phänotyp des Lebewesens fokussiert, sondern ausgehend von der materialen Basis, der DNS, werden Experimente durchgeführt, um zu ermitteln, welche unmittelbaren Effekte mit einem bestimmten Stück DNS in Verbindung gebracht werden können. Es findet also eine Verschiebung des zu erklärenden Phänomens von den Merkmalen des Gesamtorganismus bzw. deren Vererbung zu den unmittelbaren Effekten, die durch einen Abschnitt DNS und den zellulären Apparat hervorgerufen werden, statt.[234]

Allerdings wird hier auch schnell klar, dass DNS-Sequenzen bzw. die damit verbundenen Effekte nicht unabhängig von dem umgebenden genetischen Material gesehen werden können. Denn ist ein DNS-Abschnitt an einer anderen Stelle des Genoms lokalisiert (translociert) als üblicherweise, so unterscheiden sich die damit in Verbindung gebrachten Effekte (Positionseffekt). Und nicht nur die jeweilige Position innerhalb des Genoms beeinflusst die spezifischen Effekte, sondern auch die extragenetische zelluläre Umgebung nimmt auf die Expression Einfluss. Die von einem bestimmten Genomabschnitt hervorgebrachten Effekte unterscheiden sich, je nachdem in welchem Stadium der Entwicklung sich ein Lebewesen befindet und in welchem Zellenverband sich dieser befindet. Nach dem Gradientenmodell bzw. dem Polarkoordinatenmodell der Entwicklung von Zellen im Zellverband wird davon ausgegangen, dass die Ausbildung von bestimmten Organgeweben und die Entwicklung bestimmter Strukturen in der Ontogenie durch Felder aus morphogen wirksamen Substanzen hervorgerufen werden. D. h., dass in Abhängigkeit vom Vorkommen bestimmter Konzentrationen von Signalmolekülen bestimmte Gene aktiviert oder inhibiert werden (vgl. Westhoff et al. 1996:25ff.). Evidenzen hierzu stammen u. a. aus der Drosophilagenetik (vgl. Nüsslein-Vollhardt 1996).

Die grundlegenden Erkenntnisse, die die Molekularbiologie prägen, stammen aus der Erforschung von bestimmten Modellorganismen. Die ersten Versuche wurden an Mikroorganismen durchgeführt, welche zu relativ einfachen Modellen hinsichtlich der Genorganisation führten (z. B. das Lac-Operon). Wie gesagt, die Erkenntnisse aus der Eukaryontenforschung verkomplizierten die Eingrenzung dessen, was als ein Gen gelten soll, erheblich (durch Mosaikgene, repetierte Gene, überlappende

---

[234] In Unterscheidung des klassischen vom molekularen Genbegriff schreibt z. B. Philip Kitcher: „I am going to pick out two central types of approach, both of which involve a partially functional characterisation of the gene. One of these picks out genes by their function in producing macroscopic effects, or at least, phenotypic effects. The other identifies genes by focusing on their immediate action." (Kitcher 1982:348)

Gene, kryptische DNA, gegenläufige Transkriptionen, eingebettete Gene, multiple Promotoren etc.) (vgl. Gerstein et al. 2007). Sterelny und Griffith (1999:153) gehen sogar so weit zu sagen:

> [M]olecular biologist do not seem to use the term *gene* as a name of a specific molecular structure. Rather, it's used as a floating label whose reference is fixed by the local context of use. Molecular biologists often seem to use genes to mean ‚sequences of the sort(s) that are of interest in the process I am working on.'

Und Raphael Falk (1986:135) schreibt in ähnlicher Art:

> With every new development in molecular genetics it became more obvious that the gene was nothing more than an intellectual device, helpful in the organization of data. Although the gene is still frequently represented in the genetic literature as if it were a (hypothetical) construct it has more than ever before turned into an intervening variable, construed as a heuristic entity by each group of investigators according to their needs.

3.6.3 Gen – zwischen klassischer und molekularer Genetik

Der noch bei T. H. Morgan vorzufindende Gedanke, dass Gene wie Perlen auf den Chromosomen aufgereiht vorliegen, ist durch die neuesten Erkenntnisse der Genetik und der Genomforschung nicht mehr haltbar. Vielmehr werden Gene vermittels des zu erklärenden Prozesses/der Effekte konzeptualisiert.[235] Das, was den Genkonzepten also gemeinsam bleibt, ist, dass sie auf vererbbare Merkmale rekurrieren. Im Bereich der klassischen Genetik ist dies die Vererbung von phänotypischen Merkmalen nach den mendelschen Gesetzen, im Bereich der Molekularbiologie sind dies bestimmte biochemische Prozesse/Produkte. Je nachdem, welche Prozesse untersucht werden, kommt man hinsichtlich der Spezifikation dessen, was als dazugehörendes Gen gilt, dann aber zu unterschiedlichen Ergebnissen. Gemeinsam ist den Ansätzen, dass die DNS als die materielle Basis der Prozesse gilt. Wie die DNS unter dem Label ‚Gen' allerdings segmentiert wird, hängt vom Phänomen ab, das es zu untersuchen gilt. Evelyn Fox-Keller formuliert daher:

> To the extent that we can still think of the gene as a unit of function, that gene (we might call it the functional gene) can no longer be taken to be identical with the unit of transmission, that is, with the entity responsible for (or at least associated with) intergenerational memory. [. . .] In short, the evidence accruing over recent decades obliges us to think of the gene as (at least) two very different kinds of entities: one, a structural entity – maintained by the molecular machinery of the cell so that it can be faithfully transmitted from generation to generation; and the other, a functional entity that emerges only out of the dynamic interaction between and among a great many players, only one of which is the structural gene from which the original protein sequences are derived. (Fox Keller 2000:70ff.; vgl. auch Griffith und Neumann-Heldt 1999)

[235] „Today the gene is not the material unit, or the instrumental unit of inheritance, but rather a unit, a segment that correponds to a unit-function, as defined by the individual experimentalist's needs. It is neither discrete [. . .], nor continuous [. . .], nor does it have a constant location [. . .], nor a clearcut function [. . .], not even constant sequences [. . .], nor definite borderlines[.]" (Falk 1986:169)

„Das ‚Gen' ist folglich, als Gegenstand einer bestimmten wissenschaftlichen Herangehensweise, immer kontextgebunden aufzufassen." (Gutmann und Janich 2001:343) Die Kontextgebundenheit des Genbegriffs hat allerdings zur Folge, dass die unterschiedlichen wissenschaftlichen Disziplinen das epistemische Objekt ‚Gen' mit ihren jeweiligen Methoden und Theorien zu erfassen versuchen und die verschiedenen Beschreibungsweisen anschließend miteinander konfligieren können. Im biologischen Alltag spielt diese Art von Konflikt allerdings kaum eine Rolle, da durch die Einbettung in den jeweiligen Kontext die Art wie der Ausdruck ‚Gen' zu verstehen ist, meist deutlich wird. Die Gefahr einer Ambiguität ergibt sich aber dann, wenn der Ausdruck dekontextualisiert, in öffentlichen Diskussionen oder aber auch fachfremden Wissenschaften, verwendet wird.

Sowohl auf der pejorativ- wie auch auf der affirmativ-bewertenden Seite in der Diskussion um die Züchtungspraxis der grünen Gentechnik, die auf der Basis von moralisch zu berücksichtigenden Lebewesen argumentieren, wird die Bewertung meist mit evolutionstheoretischen Argumenten fundiert, bei denen vornehmlich der Genbegriff der klassischen Genetik eine Rolle spielt. In der Praxis der grünen Gentechnik herrscht allerdings der molekularbiologische Genbegriff vor. Es ist hier festzuhalten, dass der im Kontext der klassischen Genetik verwendete Genbegriff keinesfalls synonym mit dem der Molekularbiologie ist.

Kapitel 4
Ausdrücke im Kontext und die Bewertung eines Arguments

Es konnte bislang gezeigt werden, dass sich viele Grundbegriffe der grünen Gentechnik vor unterschiedlichen theoretischen Kontexten explizieren lassen. Diese verschiedenen Kontexte sind nicht in einer historischen Entwicklung zu verstehen, sondern vor einem entsprechenden Hintergrund als unterschiedliche Explikantia anzusehen. Die Begriffe, die im Zusammenhang der grünen Gentechnik Verwendung finden, sind daher nicht als ‚concepts in flux' anzusehen, denn dies würde bedeuten, dass sich eine Entwicklungslinie abzeichnen würde, die von einem zum nächsten führen würde. Vielmehr besteht für jeden der verwendeten Ausdrücke eine Vielzahl von möglichen Explikationsmöglichkeiten, die mit einem unterschiedlichen präsuppositionellen und auch inferentiellen Apparat ausgestattet sind.

Bei manchen der Konzeptualisierungen konnte aber auch gezeigt werden, dass sie gravierende Schwierigkeiten haben, als Explikantia nützlich zu sein bzw. dass sie mit anderen gebrauchsfähigen und etablierten Begriffen konfligieren. Hier wurde gezeigt, dass die Konzeptualisierungen entweder verändert zum Tragen kommen können oder aber dass diese, wenn zu viele Unstimmigkeiten vorliegen, nicht als adäquate Kontexte der Ausdrücke anzusehen sind. Die vorgenommen Begriffsanalysen umfassen die Ausdrücke ‚Wissenschaft', ‚Technik', ‚Lebewesen', ‚Natürliche Ziele', ‚Pflanzen', ‚Arten' und ‚Züchtung'.

Die vorgelegte Analyse von Ausdrücken in ihren jeweiligen Kontexten kann verwendet werden, um in der Bewertung der grünen Gentechnik grundlegende Präsuppositionen zu explizieren bzw. deren Tragfähigkeit und damit verbundenen möglichen, aber auch unmöglichen Inferenzen abschätzen zu können. Es konnten selbstverständlich nicht alle denkbaren Kontexte der Ausdrücke vorgelegt und analysiert werden; in dieser Betrachtung werden grundlegende Bereiche der Debatte aus der Sicht biozentrischer Positionen abgedeckt.

4.1 Ausdrücke im Kontext

Der Analyse der Bedeutungen von verschiedenen Ausdrücken wurde eine grundlegende Überlegung zum Wissenschaftsverständnis vorangeschickt, in die die weiteren Überlegungen eingebettet sind. ‚*Wissenschaft*' wird hier in Kombination mit einer

S. Hiekel, *Grundbegriffe der grünen Gentechnik*,
Ethics of Science and Technology Assessment 39,
DOI 10.1007/978-3-642-24900-6_4, © Springer-Verlag Berlin Heidelberg 2012

rechtfertigungsorientierten Bedeutungstheorie (siehe Kap. 2) als ein Unternehmen expliziert, das zum Ziel hat, transsubjektiv begründetes Wissen bereitzustellen. Dieses Wissen wird in einem diskursiven Verfahren in der ‚scientific community' gewonnen. Dabei wird nicht davon ausgegangen, dass die unterschiedlichen Disziplinen der (Natur-)Wissenschaft ein gemeinschaftlich entworfenes, einziges Bild der Realität bereitstellen, sondern dass ein Patchwork von Modellen und Theorien zu lokalen Inseln der Erklärung führt, deren Ontologien nicht übereinstimmen müssen (siehe Kap. 2.3). Diese Ausführungen werden auf die wissenschaftliche Disziplin Biologie übertragen und dabei werden zwei Hauptfragen herausgearbeitet, unter denen die Biologie arbeitet: Den Fragen nach der historischen Entwicklung und nach den strukturell-funktionalen Zusammenhängen. Weiterhin wird die Unterscheidung von Grundlagen- und Technikwissenschaft erörtert und festgestellt, dass diese Unterscheidungshinsicht nicht methodologisch zu suchen ist, sondern in den Zielen, denen sich die beiden Formen der Wissenschaft widmen. Während es das Hauptziel der Grundlagenwissenschaft ist, transsubjektiv begründbares Wissen zur Bestätigung oder Widerlegung von wissenschaftlichen Theorien bereitzustellen, sind die Zwecke, zu denen technisches Wissen gewonnen wird, nicht in dem Maße hypothesen- bzw. theoriegebunden und können auch fremddisziplinäre Zwecke erfüllen. Grundlagenwissen kommt aber ohne Technikwissen nicht aus und Technikwissen kommt nicht ohne Grundlagenwissen aus. Zudem ist in vielen Fällen das Grundlagenwissen einem Technikwissen gleichzusetzen und auch umgekehrt. Daher ist die Unterscheidung der beiden Wissensformen als nicht disjunktiv anzusehen.

Bei der Generierung von Wissen, das zu außerwissenschaftlichen Zwecken – zur voraussichtlichen Lösung bestimmter lebensweltlicher Probleme – gebildet wird (Technikwissen), sind die Beurteilung der Zweck-Mittel-Rationalität und die der Risiko/Chancen-Abwägung die entscheidenden Aspekte der Evaluation. Um eine Technologie beurteilen zu können, muss also einerseits abgeschätzt werden, ob sie adäquates Mittel zum intendierten Zweck ist und ob auch die nicht intendierten Folgen in Kauf genommen werden können. Es wird hier dafür plädiert, dass es für diese Entscheidungen unerlässlich ist, dass Forschung im Hinblick auf diese beiden Aspekte zugelassen wird.[1]

In Kap. 3.1 wird gezeigt, dass die sogenannte konventionelle *Züchtung* eine hochtechnisierte Praxis darstellt, die ebenfalls Einfluss auf das pflanzliche Genom nimmt und auch Artgrenzen überschreitet (z. B. über die Mutationszüchtung, Antherenkulturen mit nachfolgender Colchicinbehandlung, Protoplastenfusion, Embryokultur etc.). Das charakterisierende Merkmal der grünen Gentechnik liegt auf der methodischen Ebene und besteht in der *gezielten* Übertragung von Genen – Gene hier im molekularbiologischen Sinne verstanden (s. o.). Die Ziele der konventionellen Züchtung und der mit Hilfe der grünen Gentechnik sind dieselben: Es sollen Pflanzen gezüchtet werden, die für menschliche Zwecke nutzbar oder besser nutzbar sind.

---

[1] Informationen darüber, welche Risiken und welche Chancen eine bestimmte Technik bietet, muss die Wissenschaft liefern. Die Debatte darüber, ob ein bestimmter Zweck verfolgt werden soll, muss hingegen gesamtgesellschaftlich entschieden werden.

Und auch auf der Seite der Risiken sind zwischen konventioneller und gentechnischer Praxis nicht viele Unterschiede auszumachen. Beispielsweise können Allergien sowohl in der konventionellen Züchtung als auch in der Züchtung mit Hilfe der grünen Gentechnik durch Züchtungsprodukte hervorgerufen werden. Einige Risiken sind allerdings spezifisch für die grüne Gentechnik, so z. B. die Kontamination mit den Markerproteinen bzw. die Möglichkeit der Auskreuzung rekombinanter Gene. Beide Aspekte sind und müssen Gegenstand der (Risiko-)Forschung sein. Damit ist aber impliziert, dass, wenn die grüne Gentechnik als ein aussichtsreiches Mittel für bestimmte Zwecke anzusehen ist, diese Forschung zugelassen werden sollte, damit überhaupt erst eine Abschätzung vorgenommen werden kann, ob ihr Einsatz wünschenswert oder abzulehnen ist.

Für den Ausdruck ‚*Lebewesen*' wurden fünf mögliche Kontexte – Neoaristotelismus, Systemtheorie, metaphysischer Holismus, Gestalttheorie und der ‚gene's eye view' – vorgestellt, vor deren Hintergrund der Ausdruck eine bestimmte Bedeutung erhält (siehe Kap. 3.2).

Sowohl die gestalttheoretische Position (Kap. 3.2.4) als auch die des metaphysischen Holismus (Kap. 3.2.3) wurden als nicht einschlägige Explikantia des Ausdrucks ‚Lebewesen' qualifiziert, allerdings mit unterschiedlicher Begründung. Während die Gestalttheorie nicht auf die Konkreta der Lebewesen Anwendung finden kann, ist dies aber sehr wohl für verschiedene Abstraktionen, die auf Gemeinsamkeiten derselben beruhen, möglich, so dass die Gestalttheorie prinzipiell für Typisierungen von Lebewesen nützlich sein kann. Der metaphysische Holismus ist hingegen aufgrund seines hoch spekulativen Ansatzes und des hohen Beliebigkeitsgrades insgesamt abzulehnen.

Der neoaristotelische Ansatz – einer Rappschen bzw. Scharkschen Prägung –, der auf einem sortalen Essentialismus rekurriert, wurde ebenfalls abgewiesen (siehe Kap. 3.2.1). Der Begriff des Sortals wurde hier als Begriff zweiter Stufe expliziert, der nicht im Zusammenhang mit Überlegungen des Essentialismus zu stehen braucht. Er findet lediglich auf Gegenstände Anwendung, die allein mit unserem perzeptiven Apparat individuiert werden, im Gegensatz zu Entitäten, die unter Masseterme fallen. Gegenstände, die unter den Begriff Lebewesen fallen, werden aber – je nach Art – unter die eine oder die andere Kategorie (Sortale vs. Masseterme) subsumiert. Was aber aus den (neo-)aristotelischen Überlegungen als Heuristik übernommen werden kann, ist, dass bestimmte Eigenschaftskombinationen für bestimmte Zwecke als Wittgensteins ‚definierende Kriterien' festgelegt werden können. Damit ist aber eine *de re*-Modalität zugunsten einer Zweck-Mittel-Rationalität aufzugeben.

Als wertvolle Heuristika zur Explikation wurden der systemtheoretische Ansatz (siehe Kap. 3.2.2) und der Dawkinsche ‚gene's eye view' (siehe Kap. 3.2.5) ausgezeichnet. Die ursprünglichen Positionen sind allerdings mit einigen Einschränkungen zu versehen.

Der der Systemtheorie unterliegende mechanistische Physikalismus und die realistisch-monistisch verstandene Hierarchisierung der lebendigen Welt wurden kritisiert. Demgegenüber wird geltend gemacht, dass die Biologie nicht auf die physiko-chemischen Disziplinen reduziert werden kann. Hinzu kommt, dass die

Klassifikation der ‚Wirklichkeit' unter verschiedenen Fragestellungen unterschiedlich ausfallen kann und dass dadurch auch die Dependenzbeziehungen zwischen den Stufen der jeweiligen Hierarchie unterschiedlich ausbuchstabiert werden müssen. Dadurch kommt es aber auch zu einer unterschiedlichen Auffassung von ‚Lebewesen', wenn diese in verschiedenen Hierarchien eingegliedert werden. Die von den kritisierten Autoren Maturana und Varela unterstellte Autopoiesis, als notwendige und hinreichende Eigenschaft von Lebewesen, wurde unter Verweis darauf zurückgewiesen, dass die Umdefinition eines Prädikators, welche dem üblichen Gebrauch entgegensteht und die Extension erweitert, gesondert gerechtfertigt werden muss. Dies wird von den Autoren aber nicht geliefert. Die Idee von Teil-Ganzes-Beziehungen und von hierarchischen Einbettungen im Kontext von Erklärungen, die die lebendige Welt betreffen, wird aber als heuristisches Instrument für durchaus wertvoll betrachtet. Es muss allerdings vor dem jeweiligen Fragehintergrund eine passende Klassifikation vorgenommen werden.

Der ‚gene's eye view' ist auch als eine mögliche Heuristik bei der Ausbuchstabierung des Begriffs ‚Lebewesen' zu bewerten. Auch wenn hier Lebewesen nur noch als Vehikel genetischer Information angesehen werden – was für manchen einen Affront darstellen könnte –, hat diese Sichtweise dort einen explanativen Vorteil, wenn im evolutionstheoretischen Kontext als Selektionsebene die Genebene ausgemacht werden kann. Der ‚gene's eye view' hat also in manchen Fällen seine eigene Berechtigung. In vielen Fällen ist eine Erklärung, die vom Individuum oder der Gruppe ausgeht, mit einem informativen Zugewinn auch vom ‚gene's eye view' aus möglich. Allerdings gibt es Fälle, bei denen der ‚gene's eye view' keine relevanten Informationen liefert (z. B. im Falle komplexer Eigenschaften oder kultur-sozialer Selektion) und dementsprechend können Ebenen ausgemacht werden, bei denen zwar eine Erklärung auf Genebene gegeben werden kann, dies aber keinen erklärenden Vorteil darstellt und z. T. sogar als redundant angesehen werden kann. Man kann zwar meist die Genebene wählen, aber sie ist nicht immer die adäquate Ebene, um Phänomene zu erklären.

Es können also mindestens drei Bedeutungskontexte festgemacht werden, die – mit den ausgeführten Einschränkungen – für Lebewesen in Anschlag gebracht werden können: ein nicht-essentieller Aristotelismus[2], die Systemtheorie und der ‚gene's eye view'.

Der Begriff des *natürlichen Ziels* neo-teleologischer Prägung wurde abgewiesen (siehe Kap. 3.3), weil dieser mit einer wohlverstandenen Evolutionstheorie nicht vereinbar ist. Die Teleologie kann allerdings als erklärendes Instrument nicht *per se* abgewiesen werden. Es kann zwar keine – auch nicht mit Hilfe der Evolutionstheorie – Teleologie *in* den Dingen ausgemacht werden, aber es können Interpretationen von Entitäten unter dem Aspekt der Zweckmäßigkeit vorgenommen werden. Es wird hier eine Sichtweise in Anlehnung an das Kantische ‚als-ob' präsentiert, wobei die Kantische ‚innere Zweckmäßigkeit' verworfen wird. Funktionen von Organismen und

[2] Eigentlich eine *contradictio in adjecto*, aber könnte in einer Interpretation der aristotelischen „Kategorien" durchaus vertreten werden.

ihren Teilen sind gemäß einem dispositionellen Verständnis von Funktionen zuzuschreiben. Die Funktionszuschreibung ‚X führt Aktivität A aus, um F zu tun' ist dabei immer vor dem Hintergrund einer bestimmten Fragestellung bzw. einer bestimmten wissenschaftlichen Hypothese zu sehen. Sie ist damit eine Interpretationsleistung und nicht den Dingen inhärent.

Was unter den Begriff *Pflanze* fällt, wurde vor dem Hintergrund dreier Klassifikationsmöglichkeiten – auf den Überlegungen Plessners, auf Aristoteles und auf naturwissenschaftliche Erkenntnisse zurückzuführende Unterscheidungshinsichten – ausgeführt. Die Unterteilung der lebendigen Welt nach Plessner, die hier als auf dem ‚Wie des Tuns' beruhend expliziert wurde – unter Zurückweisung der Plessnerschen ‚Wesensschau' –, kann insbesondere für interessenbasierte Ethikansätze, aber auch für diskursive Ethiken von Nutzen sein. Pflanzen werden hier als ‚unselbständig' qualifiziert, da ihnen nicht sinnvoll ein intentionales Moment zugesprochen werden kann. Daher müssten Pflanzen von interessenbasierten Ethiken, die den moralischen Status anhand von Zwecksetzungen festmachen, oder in der diskursiven Ethik, welche den moralischen Status an die Fähigkeit auffordern zu können bindet, als moralische Objekte abgewiesen werden (vgl. Feinberg 1980; Gethmann 1996).[3]

Die der aristotelischen Klassifikation unterliegende Seelentheorie wurde als *obscurum per obscurius* abgelehnt und für eine Variante plädiert, die auf Fähigkeiten rekurriert, die sinnvoll zugeschrieben werden können. Die Klassifikation beruht dann auf den charakterisierenden Eigenschaften, die dazu berechtigen, den Ausdruck Pflanze auf etwas anzuwenden. Dieser Ansatz wird in den Naturwissenschaften fortgeführt: Pflanzen werden dort durch eine Liste von Eigenschaften charakterisiert, die typischerweise Pflanzen zugeschrieben werden (z. B. in der Whittakerschen phänetisch-ernährungsphysiolgischen Klassifikation, siehe Kap. 3.4.3).

Eine weitere auf der Basis der Evolution der Lebewesen – unter Einbeziehung der Endosymbiontentheorie – basierende Klassifikation führt dazu, dass die Kategorie der Pflanzen subklassifiziert wird. Diese differenziertere Klassifikation ist auf unterschiedliche Endocytobioseereignisse zurückzuführen. Hiernach kann ein Verwandtschaftsverhältnis von allen derzeit lebenden Eukaryoten zu den Prokaryoten ausgemacht werden, denn die Existenz der Eukaryoten hat die Endocytobiose von Prokaryoten zur Voraussetzung. In diesem Sinne kann man von einer Kette der Lebewesen, die bis in das prokaryotische Reich zurückverfolgt werden kann, sprechen. Allerdings ist das Bild einer Kette oder auch eines evolutionären Abstammungsbaumes irreführend, da es suggeriert, dass eine lineare Abfolge mit klar definierten Verzweigungen ausgemacht werden könnte. In manchen Fällen können diese Verzweigungen zwar scharf definiert werden (dann im Bereich der multizellulären Lebewesen), vielfach ist es aber so, dass kein ‚tree of life' sondern eher ein ‚web of life' anzunehmen ist.

---

[3] Hier wird weder für die eine oder die andere oder sonst eine Ethikkonzeption Position bezogen, jedoch werden Ethikpositionen als grundsätzlich im Vorteil angesehen, die ihre Kriterien rational explizit machen können.

Prinzipiell werden alle drei Unterscheidungshinsichten – mit den entsprechenden Einschränkungen – als sinnvolle Klassifikationsmöglichkeiten bestimmt. Eine explanative Vorrangstellung einer Klassifikation vor den anderen konnte nicht festgestellt werden und die Wahl der jeweiligen Klassifikation unterliegt daher der Pragmatik.

Ähnliche Überlegungen treffen auch auf den *Art*begriff zu, denn auch hier ist auf ontologischer wie auch auf klassifikationstheoretischer Seite von einem Pluralismus auszugehen, so dass das ‚Arttypische' nicht der Natur abgeschaut werden kann, sondern immer aus einem bestimmten Blickwinkel vor einer gegebenen Fragestellung zu bestimmen ist. Auf ontologischer Seite können Arten sowohl mengentheoretisch wie auch mereologisch aufgefasst werden. Die Mereologie bietet dann einen Vorteil, wenn man Überlegungen anstellt, die darauf beruhen, dass eine Art ‚als solche' evoluiert. Diese Sichtweise ist jedoch nicht zwingend einzunehmen. Eine Rekonstruktion der Selektion auf Artebene kann auch auf einer mengentheoretischen Basis vorgenommen werden. Die Mengentheorie bietet den Vorteil, dass ontologisch-essentialistische Intuitionen im Vorfeld ausgeschlossen werden. Eine Konzeptualisierung von Arten als ‚natural kinds' in einer Kripkeschen bzw. Putnamschen Sichtweise wird allerdings abgelehnt. In diesem Zusammenhang wird u. a. darauf verwiesen, dass (natur-)wissenschaftliche Erkenntnisse nicht *per se* dazu beitragen, essentielle Eigenschaften von Gegenständen auszuzeichnen und dass die von den Autoren zur Stützung ihrer Argumente verwendeten Gedankenexperimente nicht zu der Entscheidung beitragen können, welche Bedeutung wir Ausdrücken geben sollten.

Von biologischer Seite aus wird verdeutlicht, dass auch hier eine Pluralität von Artdefinitionen zur Verfügung steht, die, jede für sich, in einem gegebenen Kontext, als adäquates Explikans dienen kann. In Anlehnung an Philip Kitcher werden die hier aufgeführten Artkonzepte unterteilt: In jene die auf den Zusammenhalt der Art, die Weise der Teilung der evolutionären Linie und die strukturellen Gemeinsamkeiten rekurrieren.

Für den Ausdruck ‚*Gen*' werden zwei biologische Kontexte expliziert (siehe Kap. 3.6), in denen dieser eine jeweils andere Bedeutung bekommt. Im Kontext der klassischen Genetik sind Gene all diejenigen Chromosomenabschnitte, die zusammen in einem Komplex für die Ausprägung eines Merkmals verantwortlich gemacht werden können. Der Genkomplex gilt hier als verantwortlich für das phänotypische Merkmal und durch die Kreuzungsversuche werden die Segmente des genetischen Materials als Gene bestimmt, die in ihrer Gesamtheit das betreffende Merkmal ausprägen. Ein Markergen für ein bestimmtes phänotypisches Merkmal ist in diesem Zusammenhang als ‚difference maker' aufzufassen.

In der Molekularbiologie hingegen sind Gene als funktionelle Einheiten zu verstehen, die durch ihre unmittelbaren Effekte charakterisiert sind. Durch einen Abschnitt DNS und den zellulären Apparat werden diese Effekte hervorgerufen und damit wird eine dementsprechende Fragmentierung der DNS festgelegt. Diese Fragmentierung ist allerdings als abhängig von der jeweiligen Forschungsfrage, und damit als nicht eindeutig und endgültig, anzusehen. Es können – insbesondere in der Eukaryotenforschung – mehrere Effekte auf einen DNS-Abschnitt zurückgeführt werden, was durch unterschiedliche Spleißprozesse oder durch die Positionalität zustande kommt.

Beide Kontexte – die klassische Genetik und die Molekularbiologie – geben dem Ausdruck ‚Gen' eine jeweils andere Bedeutung, wobei beide ihre Berechtigung haben und in der Debatte auseinandergehalten werden müssen.

4.2 Die Bewertung eines Arguments

Um eine mögliche Anwendung der durchgeführten Begriffsanalysen zu geben, wird im Folgenden exemplarisch ein Argument der Bioethik auf dessen Haltbarkeit analysiert. Dabei wird davon ausgegangen, dass moralische Argumente nach dem praktischen Syllogismus folgender Art aufzufassen sind:

1. X ist der Fall.
2. *Wenn X der Fall ist, dann tue H!*
3. Tue H!

Die deskriptive Prämisse (1) kann vor dem Hintergrund dieser Arbeit auf bestimmte Kontexte eingegrenzt werden – dadurch, dass für die jeweilige Argumentation nur bestimmte Kontexte eingängig sind bzw. einige Kontexte als inadäquat ausgezeichnet wurden. So ist z. B. hinsichtlich des Begriffs Lebewesen eine metaphysische Explikation nach A. Meyer-Abich als nicht einschlägig anzusehen und etwaige andere Kontexte mit den hier gemachten Einschränkungen zu versehen. Ebenso sind hinsichtlich der übrigen hier explizierten Grundbegriffe entsprechende Kontexte auszumachen und auseinanderzuhalten.

Der Schluss von der deskriptiven Prämisse und der Übergangsregel auf (3) kann hinterfragt werden, wenn Begrifflichkeiten des Antezedens der Übergangsregel nicht mit denen der deskriptiven Prämisse übereinstimmen. Wenn also beispielsweise in der deskriptiven Prämisse dem Ausdruck Lebewesen eine Bedeutung im Sinne des ‚gene's eye view' zugrunde liegen sollte, in der Übergangsregel jedoch im Antezedens ein Ausdruck Verwendung findet, der in einer aristotelischen Konzeption eingebettet ist.

Im Folgenden wird ein Argument gegen die grüne Gentechnik aufgeführt und darauf hinterfragt, in wieweit die deskriptiven Prämissen zulässig bzw. die Übergangsregeln passend sind. Es handelt sich dabei um ein Argument aus der Umweltethik Holmes Rolstons, in dem der Autor Pflanzen einen moralischen Wert zuschreibt und die gentechnische Veränderung von Pflanzen kritisch beurteilt:

> Plants make themselves; they repair injuries; they move water, nutrients and photosynthates from cell to cell; they store sugars; they make tannin and other toxins and regulate their levels in defence against grazers; they make nectars and emit pheromones to influence the behaviour of pollinating insects and the responses of other plants; they emit allelopathic agents to suppress invaders; they make thorns, trap insects. They can reject genetically incompatible grafts.
>
> A plant, like any other organism, sentient or not, is a spontaneous, self maintaining system, sustaining and reproducing itself; executing its program, making a way through the world, checking against performance by means of responsive capacities with which to measure success. Something more than physical causes, even when less than sentience, is operating; there is *information* superintending the causes; without it the organism would collapse into a sand heap. The information is used to preserve the plant identity.

> All this cargo is carried by the DNA, essentially a *linguistic* molecule. The genetic set is really a *propositional* set – to choose a provocative term – recalling how the latin word *propositum* is an assertion, a set task, a theme, a plan, a proposal, a project, as well as a cognitive statement. These molecules are set to drive the movement from genotypic potential to phentotypic expression. [...]
> We pass to value when we recognize that the genetic set is a *normative set;* it distinguishes between what is and what ought to be. The organism is an axiological system, though not a moral system. So the tree grows, reproduces, repairs its wounds, and resists death.
> The physical state that the organism defends is a valued state. A life is defended for what it is in itself, without necessary contributory reference. Every organism has a *good-of-its-kind,* it defends its own kind as a *good kind.* In this sense the genome is a set of conservation molecules. (Rolston 2003:145)

Im ersten Abschnitt des Arguments werden Pflanzen als (Quasi-)Akteure beschrieben und die Fähigkeiten, die Pflanzen zugeschrieben werden können, aufgelistet. Diese werden z. T. in einer teleologisch gefärbten Sprache aufgeführt, die auf den Zweck, den diese Fähigkeiten haben, rekurriert. Ebenfalls werden hier Pflanzen als Lebewesen in einem systemtheoretischen Rahmen aufgefasst, indem sie als Systeme beschrieben werden, die sich selbst erhalten und sich reproduzieren.

Dann werden die Fähigkeiten, die Pflanzen besitzen, in einem evolutionären Sinn aufgefasst, denn durch genau die bislang entwickelten Fähigkeiten haben sie (evolutionären) Erfolg.[4] Er macht also in seiner Argumentation Anleihen bei biologischen Erkenntnissen und interpretiert sie so, dass durch die adaptive Passung die Überlebenschancen erhöht wurden.

Rolston wechselt anschließend von einem kausal-analytischen Kontext zum Finalismus, indem er auf etwas rekurriert, das über die physikalischen Ursachen hinaus dafür zuständig ist, dass diese Fähigkeiten ausgebildet werden konnten.[5] Diese überphysikalische Ursache identifiziert er als Information, die dann im folgenden Abschnitt des Arguments als die DNS – als ‚genetic set' – qualifiziert wird. Hier klingt an, dass die genetische Ausstattung eines Lebewesens in der Art des aristotelischen Telos zu verstehen ist. Dies macht Rolston an anderer Stelle sehr deutlich: „This information is a modern equivalent of what Aristoteles called formal and final causes; it gives the organism a telos, or end, a kind of (nonfelt) goal. Organisms have ends, although not always ends in view." (Rolston 1992:79)[6]

---

[4] Dies kann im Sinne von Larry Wrights Ansatz gelesen werden (siehe Kap. 3.3.2).

[5] An anderer Stelle fasst er die genetische Ausstattung ebenfalls kybernetisch auf. Das was über diesen systemtheoretischen Ansatz hinausgeht, fasst er auch dort als ‚kognitiven Gehalt' auf, der der genetischen Ausstattung innewohnt.

„This executive steering core is cybernetic – partly a special kind of cause-and-effect system and partly something more. It is partly a historical information system discovering and evaluating ends so as to map and make a way through the world, and partly a system of significances attached to operations, pursuits, and resources." (Rolston 1992:79f.)

[6] An anderer Stelle schreibt er auch:

„The genetic set, in which is coded the *telos*, is as evidently the property of the species as of the individual through which it passes. A consideration of species strains any ethic fixed on individual organisms, much less any ethic fixed on sentience or persons. But the result can be biologically sounder. [...] The plant resists death; the species resists extinction. At both levels, botanical identity is vonserved over time." (Rolston 2002).

Aus den vorherigen Prämissen schließlich kommt er zur Konklusion, dass jeder Organismus ein ‚good-of-its-kind' besitzt. Die Fähigkeiten der Pflanzen sind durch den Prozess der Adaption entstanden und durch die adaptive Passung wird die Überlebenschance eines Lebewesens erhöht. Die adaptive Passung wird dabei als durch die jeweilige genetische Ausstattung verursacht angesehen. Die genetische Ausstattung wird von Rolston demnach als diejenige Komponente ausgemacht, die entscheidet, was in Anbetracht der jeweiligen Artzugehörigkeit sein soll (sozusagen ein artspezifisches Telos). Dies kann nur vor dem Hintergrund der Rolstonschen Interpretation der Evolutionstheorie bzw. des ätiologischen Ansatzes von organismischen Merkmalen verstanden werden.

Rolston expliziert an anderer Stelle, in welcher Weise er den Aspekt des ‚kinds' in der Redewendung ‚good-of-its kind' versteht. In seinem Aufsatz „What do we mean by the intrinsic value and integrity of plants and animals" vertritt er eine realistische Position bezüglich biologischer Arten. Arten sind demnach als genauso real anzusehen wie pflanzliche oder tierische Individuen.[7] Genau wie die Individuen verteidigt eine Spezies ihre jeweilige Form als eine Einheit des Überlebens (survival unit) und muss genau wie ein Individuum ein Objekt der moralischen Berücksichtigung sein (vgl. Rolston 2002:6f.). Das ‚good-of-its-kind' ist also ein intrinsischer Wert, der nach Rolston moralische Berücksichtigung verlangt und dementsprechend sind die gentechnischen Veränderungen moralisch bedenklich, bei denen die transgenen Pflanzen weniger an ihre Umwelt angepasst sind und auf die ‚Hilfe' des Menschen angewiesen sind (vgl. Rolston 2002:10).[8]

Das Rolstonsche Argument kann, in zwei Unterargumente aufgeteilt, folgendermaßen rekonstruiert werden:

Argument des intrinsischen Wertes:

(A0) Pflanzen sind lebendige Systeme.
(A1) Wenn etwas ein lebendiges System ist, dann unterliegen die Funktionen/ Fähigkeiten des Systems der natürlichen Selektion.

[7] Damit würde er in der Nähe der ontologischen Position von Ghiselin bzw. Hull (Spezies-als-Individuen) zu verorten sein. Es konnte aber gezeigt werden, dass diese ontologische Perspektive nicht zwingend einzunehmen ist. Zum Ansatz Rolstons würde eine essentialistische Auffassung von natürlichen Arten passen, was aber hier nur eine Vermutung darstellt. Zur Kritik von essentialistischen Auffassungen siehe Kap. 3.2.1 und 3.5.

[8] Rolston plädiert daher für eine Ausgleichsleistung, die man erbringen muss, wenn in die Integrität von Lebewesen durch gentechnische Veränderungen eingegriffen wird:

„My conclusion is that in culture we may use, alter, engineer, transform the values found in nature, but not without respect for those values. We must argue the case for an increase of value traded against the conservation of integrity. Perhaps we need something like an account of reparations: the more we sacrifice integrity by engineering for our human purposes, the more obligation we simultaneously incur to see that such integrity elsewhere remains in the wild on this marvelous planet." (Rolston 2002:10)

(A2) Wenn eine Funktion/Fähigkeit natürlich selektiert wird, dann ist diese dem Überleben des Systems zuträglich und damit wird ein (Überlebens-)Wert und damit ein ‚Sein-Sollen' – ein intrinsischer Wert – geschaffen.
(A3) Wenn etwas ein intrinsischer Wert ist, dann muss dieser moralische Berücksichtigung finden.
(K1) Pflanzen haben bestimmte Funktionen/Fähigkeiten, die der natürlichen Selektion unterliegen. (aus A0 und A1)
(K2) Pflanzliche Funktionen/Fähigkeiten sind dem Überleben zuträglich und stellen damit ein ‚Sein-Sollen' – einen intrinsischen Wert – dar. (aus K1 und A2)
(K3) Also müssen pflanzliche Funktionen/Fähigkeiten moralisch berücksichtigt werden. (aus A3 und K2)

Argument des genetischen Telos

(A4) Pflanzliche Funktionen/Fähigkeiten sind Ausdruck der genetischen Ausstattung.
(A5) Wenn etwas Ausdruck der genetischen Ausstattung von etwas ist, dann ist es konstitutiv für dessen Identität und ist damit dem aristotelischen Telos äquivalent.
(A6) Wenn etwas dem aristotelischen Telos äquivalent ist, dann wird ein ‚Sein-Sollen' – ein intrinsischer Wert – generiert.
(A7) Wenn ein intrinsischer Wert vermindert wird, so ist das moralisch bedenklich.
(K4) Pflanzliche Funktionen/Fähigkeiten sind konstitutiv für die Identität der Pflanzen und damit dem aristotelischen Telos äquivalent. (aus A4 und A5)
(K5) Sie stellen damit einen intrinsischen Wert dar. (aus K4 und A6)
(K6) Wenn durch eine genetische Manipulation die pflanzlichen Funktionen/Fähigkeiten so verändert werden, so dass der intrinsische (Überlebens-) Wert vermindert wird, so ist diese Veränderung moralisch bedenklich. (aus K5 und A7)
(K4) Wenn durch die genetische Veränderung der intrinsische (Überlebens-)Wert vermindert wird, so ist diese Veränderung moralisch bedenklich.

In Prämisse (A0) werden Pflanzen unter die Lebewesen subsumiert und diese wiederum in einem systemtheoretischen Rahmen aufgefasst. Durch die in dieser Arbeit vorgelegten Überlegungen wurde verdeutlicht, dass dieses Subsumptionsverhältnis nicht das einzig sinnvoll mögliche darstellt. Ebenso könnte man von Pflanzen – unter einer Dawkinschen Sichtweise – als den Vehikeln ihrer genetischen Information ausgehen[9] und würde damit aber nicht zu der entsprechenden Konklusion gelangen. Rolston legt sich hier also auf den systemtheoretischen Rahmen fest, was angesichts seiner ethischen Position verständlich ist, aber nichtsdestoweniger keine zwingende Perspektive darstellt.

---

[9] Genauso könnte man aber auch von einer an den Plessnerschen Stufen orientierten Klassifikation oder aber einer auf evolutionstheoretischen Überlegungen basierenden Defintion dessen, was eine Pflanze ist, ausgehen. Siehe Kap. 3.4.

In der Prämisse (A1) werden die pflanzlichen Fähigkeiten als Funktionen im pflanzlichen System aufgefasst und in (A2) ätiologisch interpretiert. Hier ist zu bedenken, dass keineswegs genau festgelegt ist, was als ein pflanzliches System gilt, denn die Individuierung einer Pflanze ist nicht per se eindeutig, sondern bedarf der vorherigen Festlegung.[10] Wenn diese Festlegung erfolgt ist, so wird die Hierarchie, in die dieses System eingebettet ist, ebenfalls durch eine zweckrationale Entscheidung bestimmt und ist keineswegs von vornherein determiniert.[11] Ohne diese Bestimmungen bleiben die Aussagen, dass Pflanzen als lebende Systeme anzusehen sind und dass pflanzliche Fähigkeiten als Funktionen im System anzusehen sind, inhaltsleer.

Der Versuch, diese Prämissen mit Inhalt zu füllen, indem auf den ätiologischen Funktionsansatz rekurriert wird, scheitert daran, dass dieser mit einer wohlverstandenen darwinschen Evolutionstheorie nicht vereinbar ist,[12] Rolston aber die natürliche Selektion in der Prämisse (A2) und in (K1) für sein Argument benötigt.

Pflanzliche Fähigkeiten müssen nicht unbedingt dem Überleben zuträglich sein. Sie können auch als ‚accidental surplus' oder einfach als sich nicht negativ auswirkendes Merkmal von Generation zu Generation weitergetragen werden.[13] Das hat zur Folge, dass der Schluss (K2) so nicht haltbar ist. Es wird kein Überlebenswert generiert, sondern es werden lediglich Funktionen in einem System ausgemacht.[14] Demzufolge wird auch kein intrinsischer Wert generiert. Die Bestimmung von Funktionen in einem (lebendigen) System ist nicht gleichzeitig eine Antwort darauf, warum etwas vorhanden ist, sondern resultiert aus der Interpretation des Systems und der Einbettung des Systems in einen größeren Zusammenhang. Die Konklusion (K3) ist somit auch nicht gültig.

Im zweiten Teil des Arguments – in den Prämissen (A4) und (A5) – findet ein Perspektivenwechsel von einem kybernetisch-systemtheoretischen zu einem aristotelischen Ansatz statt. Diese beiden Ansätze harmonieren nicht ohne weiteres miteinander. Während im systemtheoretischen Ansatz die mechanistische Interpretation in Kausalzusammenhängen das dominierende Erklärungsparadigma darstellt, ist dies im aristotelischen Ansatz die finalistische Erklärung.[15] Diese Großpositionen schließen sich nicht von vornherein aus. Die Verbindung, die Rolston hier über die Evolutionstheorie vorschlägt, führt allerdings zu Ungereimtheiten.

Der in Prämisse (A4) beschriebene Zusammenhang zwischen der genetischen Ausstattung und der Expression entsprechender pflanzlicher Fähigkeiten muss der Genauigkeit halber erweitert werden, denn pflanzliche Fähigkeiten/Funktionen sind nicht nur Ausdruck der genetischen Ausstattung, sondern auch Ausdruck der Umwelt der jeweiligen Pflanzen. Somit ist dies keine monokausale Beziehung, was man bei

[10] Siehe Kap. 3.4.1 Stichwort Dividuität.

[11] Vgl. hierzu Kap. 3.2.2.2.

[12] Siehe Kap. 3.3.

[13] Vgl. Kap. 3.3. (siehe auch Gould und Lewontin 1979; Gould und Vrba 1982)

[14] Vgl. Kap. 3.3.2 und 3.3.3.

[15] Zu diesen Positionen wurde in Kap. 3.3 ausführlich Stellung bezogen und für eine Sichtweise der natürlichen Ziele als anthropomorphe Projektionen plädiert.

einer malevolenten Interpretation, der von Rolston erwähnten Erhaltung der Pflanzenidentität durch die genetische Ausstattung, annehmen könnte. Zudem wurde in Kap. 3.6 dargelegt, dass der Ausdruck ‚Gen' ambig ist und dass hier für das Verständnis dessen, was mit genetischer Ausstattung gemeint ist, eine genauere Spezifikation nötig ist. Dies bleibt aber bei Rolston aus. Es liegt nahe, dass er tatsächlich von einer direkten Verursachung der Funktionen/Fähigkeiten durch die DNS ausgeht, was eher dem molekularbiologischen Genbegriff entsprechen würde. Es wurde aber hier deutlich gemacht, dass bei Fähigkeiten, die Rolston im Blick haben dürfte – also eher komplexen Fähigkeiten –, nicht dieser Ansatz als Erklärung dient, sondern wenn, dann wird durch den klassischen Genbegriff eine entsprechende Erklärung der Vererbung dieser Eigenschaften gegeben werden. Der klassische Genbegriff ist aber in diesem Verursachungskontext nicht explanativ.

Der Übergang vom Antezedens zum Sukzedens in Prämisse (A5) ist ebenfalls nicht haltbar. Erstens ist der Übergang von der genetischen Ausstattung zur Identität von Individuen aus oben genannten Gründen nicht haltbar und zweitens ist die Gleichsetzung der genetischen Ausstattung mit dem aristotelischen Telos, unter gleichzeitiger Investition der Evolutionstheorie, nicht miteinander vereinbar. Das Argument kippt also schon in den ersten zwei Prämissen und ein intrinsischer Wert, der Berücksichtigung finden muss, kann daher nicht abgeleitet werden.

Anhand des Rolstonschen Arguments wurde gezeigt, wie diese Arbeit Verwendung finden kann, nämlich bei der Rekonstruktion und Überprüfung eines argumentativen Verlaufs. Durch die verschiedenen Kontexte, die für Ausdrücke präsentiert wurden, wird der Blick dafür geschärft, ob die Argumentation in einem Kontext bleibt, oder ob der Kontext gewechselt wird. Der Kontextwechsel muss zwar nicht unbedingt zu Ungereimtheiten oder Widersprüchen führen, ist aber immer mit besonderer Sorgfalt zu überdenken. Bei der im Rolstonschen Argument diagnostizierten Kombination von aristotelischen, systemischen und evolutionären Überlegungen führt dies allerdings zur Zurückweisung des Arguments.

Literatur

Altieri MA, Rosset P (2002) Ten reasons why biotechnology will not ensure food security, protect the environment, or reduce poverty in the developing world. In: Sherlock R, Morrey D (Hrsg) Ethical issues in biotechnology. Lanham, S 175–182

Altner G (1994) Ethische Aspekt der gentechnischen Veränderung von Pflanzen. In: van den Daele W, Pühler A, Sukopp H (Hrsg) Verfahren zur Technikfolgenabschätzung des Anbaus von Kulturpflanzen mit gentechnisch erzeugten Herbizidresistenz. Heft 17, Wissenschaftszentrum Berlin für soziale Forschung, Berlin

Aristoteles (1968) Über die Seele. Reinbek

Aristoteles (1970) Metaphysik. Stuttgart

Avital E, Jablonka E (2000) Animal traditions. Behavioural inheritance in evolution. Cambridge

Ayers MR (1974) Individuals without sortals. Can J Philo 4(1):113–148

Backster C (1968) Evidence of primary perception in plant life. Int J Parapsychol 10(4):328–348

Baker GP, Hacker PMS (1985) Wittgenstein. Rules, Grammar and Necessity. Oxford

Balzer P, Rippe KP, Schaber P (2000) Two concepts of dignity for humans and non-human organisms in the context of genetic engineering. J Agric Environ Ethics 13:7–27

Baranzke H (2002) Die Würde der Kreatur? Die Idee der Würde im Horizont der Bioethik. Würzburg

Beatty J (1992) Speaking of species: darwin's strategy. In: Ereshefsky M (Hrsg) The units of evolution. Essays on the nature of species. Cambridge, S 227–245

Beaufort J (2000) Die gesellschaftliche Konstitution der Natur. Helmuth Plessners kritisch-phänomenologische Grundlegung einer hermeneutischen Naturphilosophie in Die Stufen des Organischen und der Mensch. Würzburg

Becker H (1993) Pflanzenzüchtung. Stuttgart

Beckermann A (1985) Handeln und Handlungserklärungen. In: Ders (Hrsg) Analytische Handlungstheorie, Bd 2. Frankfurt a. M.

Beckner M (1959) The biological way of thought. Oxford

Bergthorsson U, Adams KL, Thomason B, Palmer JD (2003) Widespread horizontal transfer of mitochondrial genes in flowering plants. Nature 424:197–201

von Bertalanffy L (1971) General system theory. Foundations, development, applications. London

von Bertalanffy L (1972) Vorläufer und Begründer der Systemtheorie. In: Kurzrock R (Hrsg) Systemtheorie. Forschung und Information. Schriftenreihe der RIAS-Funkuniversität Berlin. Berlin, S 17–28

S. Hiekel, *Grundbegriffe der grünen Gentechnik*,
Ethics of Science and Technology Assessment 39,
DOI 10.1007/978-3-642-24900-6, © Springer-Verlag Berlin Heidelberg 2012

Bird A, Tobin E (2009) Natural kinds. In: Zalta EN (Hrsg) The Stanford Encyclopedia of Philosophy (Spring 2009 Edition). http://plato.stanford.edu/archives/spr2009/entries/natural-kinds. Zugegriffen: 15. Aug. 2009
Birnbacher D (2006) Natürlichkeit. Berlin
Boogerd FC, Bruggemann FJ, Hofmeyer J-HS, Westerhoff HV (2007) Systems Biology. Philosophical Foundations. Amsterdam
Borges JL (2007) Die analytische Sprache von John Wilkins. In: Ders (Hrsg) Inquisitionen. Essays 1941–1952. Frankfurt a. M.
Bose JC (1928) Die Pflanzen-Schrift und ihre Offenbarungen. Zürich
Boyd R (1991) Realism, anti-foundationalism and the enthusiasm for natural kinds. Philos Stud 61:127–148
Boyd R (1993) On the current status of scientific realism. In: Ders, Gasper P, Trout JD (Hrsg) The philosophy of science. Cambridge
Boyd R (1996) Realism, approximate truth, and philosophical method. In: Papineau D (Hrsg) The philosophy of science. Oxford, S 215–255
Boyd R (1999) Homeostasis, species and higher taxa. In: Wilson RA (Hrsg) Species. New interdiciplinary essays. Cambridge, S 141–185
Boysen M (2008) Die grüne Gentechnik im Fokus der Technikfolgenabschätzung. In: Odparlik S, Kunzmann P, Knoepffler N (Hrsg) Wie die Würde gedeiht. Pflanzen in der Bioethik. München, S 243–274
Brandt P (1997) Gentechnik in der Lebensmittelherstellung. In: Ders (Hrsg) Zukunft der Gentechnik. Basel
Breidbach O, Jost J (2006) On the gestalt concept. Theory in biosciences 125:19–36
Breidbach O, Ghiselin MT (2007) Evolution and development: past, present, and future. Theory Biosci 125:157–171
Bresinsky A, Körner C, Kadereit JW, Neuhaus G, Sonnewald U (2008) Strasburger. Lehrbuch der Botanik. Heidelberg
Brom FA (2000) The good life of creatures with dignity some comments on the swiss expert opinion. J Agric Environ Ethics 13:53–63
Brown TA (2007) Gentechnologie für Einsteiger. München
Bünning E (1952) ‚Ganzheit' in der Biologie. Stud Generale 5(8):515–520
Bundesministerium für Bildung und Forschung. (2007) Mutagenese. http://www.biosicherheit.de/de/lexikon/#M. Zugegriffen: 12. Mai 2007
Carnap R (1932) Die physikalische Sprache als Universalsprache der Wissenschaft. Erkenntnis 2:432–465
Carnap R (1936) Testability and meaning. Philos Sci 3(4):419–471
Carnap R (1956) Meaning and necessity. A study in semantics and modal logic. Chicago
Carnap R (1963) Intellectual autobiography. In: Schilpp PA (Hrsg) The philosophy of Rudolf Carnap. The library of living philosophers, vol XI. La Salle
Rudolf Carnap (1986) Einführung in die Philosophie der Naturwissenschaft. [Philosophical Foundations of Physics, 1966]. Frankfurt a. M.
Carrier M (2004) Knowledge and control: on the bearing of epistemic values in applied science. In: Machamer P, Wolters G (Hrsg) Science, values and objectivity. Pittsburg, S 275–293
Carroll L (1994) Alice's adventures in wonderland. London
Cartwright N (1999) The dappled world. Cambridge
Cartwright N (2000) Fundamentalism vs. the patchwork of laws. In: Sklar L (Hrsg) The philosophy of science: a collection of essays, Bd 2. London
Chalmers D (2002) On sense and intension. In: Tomberlin JE (Hrsg) Language and mind: philosophical perspectives. Oxford
Chalmers D (2011) The nature of epistemic space. In: Egan A, Weatherson B (Hrsg) Epistemic Modality. Oxford

Cohnitz D (2006) Gedankenexperimente in der Philosophie. Paderborn
Cracraft J (1992) Species concepts and speciation analysis. In: Ereshefsky M (Hrsg) The units of evolution. Essays on the nature of species. Cambridge, London, S 93–120
Crane T, Mellor DH (1990) There is no question of physicalism. Mind 99(394):185–206
Cummins R (1994) Functional analysis. In: Sober E (Hrsg) Conceptual issues in evolutionary biology. Cambridge, S 49–70
Cummins R (2002) Neo-teleology. In: Ariew A, Ders, Perlman R (Hrsg) Functions. New essays in the philosophy of psychology and biology. Oxford, S 157–172
van den Daele W (1997) Deregulierung: Die schrittweise ‚Freisetzung' der Gentechnik. In: Brandt P (Hrsg) Zukunft der Gentechnik. Basel, S 222–241
Davidson D (1980) Mental events. In: Ders (Hrsg) Essays on actions and events. Oxford, S 207–225
Darwin C (1998) On the origin of species by means of natural selection or, the preservation of favoured races in the struggle for life. first edition, 1859. Hertfordshire
Dawkins R (1982) The extended phenotype. Oxford
Dawkins R (1986) The blind watchmaker. New York
Dawkins R (2006) The selfish gene. Oxford
Devitt M (1984) Realism and truth. Bath
Dobzhansky T (1973) Nothing makes sense except in the light of evolution. Biol Teach 35:125–129
Doolittle WF (1999) Phylogenetic classification and the universal tree. Science 284:2124–2128
Dudau R (2003) The realism/antirealism debate in the philosophy of science. Berlin
Duhem P (1954) The aim and structure of physical theory. Princeton
Dummett M (1973) Frege. Philosophy of language. Worcester
Dummett M (1974) Postscript. Synthese 27:523–534
Dummett M (1982) Realism. Synthese 52:55–112
Dummett M (1996a) What is a theory of meaning? (I) In: Ders (Hrsg) The seas of language. Oxford, S 1–33
Dummett M (1996b) What is a theory of meaning? (II) In: Ders (Hrsg) The seas of language. Oxford, S 34–93
Dummett M (2004a) Truth and the past. New York
Dummett M (2004b) Truth: deniers and defenders. In: Ders (Hrsg) Truth and the past. New York, S 97–116
Dummett M (2004c) The indispensability of the concept of truth. In: Ders (Hrsg) Truth and the past. New York, S 29–40
Dummett M (2006) Thought and reality. Oxford
Dupré J (1981) Natural kinds and biological taxa. Philos Rev 90(1):66–90
Dupré J (1993) The disorder of things. Metaphysical foundations of the disunity of science. Harvard
Dupré J (2001) In defence of classification. Stud Hist Philos Biol Biomed Sci 32(2):203–219
Dupré J (2008) The constituents of life. Assen
Dupré J (2011) What is natural about human nature? In: Gethmann CF (Hrsg) Lebenswelt und Wissenschaft. Kolloquienbeiträge und öffentliche Vorträge des XXI. Deutschen Kongresses für Philosophie (Essen 15.–19.9.2008), Deutsches Jahrbuch Philosophie, Bd 2. Hamburg, S 160–174
Dupré J, O'Malley M (2007) Size doesn't matter: towards a more inclusive philosophy of biology. Biol Philos 22:155–191
von Ehrenfels C (1890) Über Gestaltqualitäten. Vierteljahresschr Philos 14:249–292
Engelhard M, Hagen K, Thiele F (Hrsg) (2007) Pharming. A new branch of biotechnology. Graue Reihe. Europäische Akademie Bad Neuenahr-Ahrweiler. Nr 43.

http://www.ea-aw.de/fileadmin/downloads/Graue_Reihe/GR_43_Pharming_062007.pdf. Zugegriffen: 15. Feb. 2010

Ereshefsky M (Hrsg) (1992) The units of evolution. Essays on the nature of species. Cambridge

Ereshefsky M (1992a) Species, higher taxa, and the units of evolution. In: Ders (Hrsg) The units of evolution. Essays on the nature of species. Cambridge, S 381–398

Ereshefsky M (1992b) Introduction to part I: biological concepts. In: Ders (Hrsg) The units of evolution. Essays on the nature of species. Cambridge, S 4–14

Ereshefsky M (1992c) Introduction to part II: philosophical issues. In: Ders (Hrsg) The units of evolution. Essays on the nature of species. Cambridge, S 187–198

Ereshefsky M (Hrsg) (1992d) The units of evolution. Essays on the nature of species. Cambridge

Ereshefsky M (1998) Species pluralism and anti-realism. Philos Sci 65:103–120

Ereshefsky M (2010) Species. In: Zalta EN (Hrsg) The stanford encyclopedia of philosophy (Spring 2010 Edition). http://plato.stanford.edu/archives/spr2010/entries/species/. Zugegriffen: 15. Feb. 2010

Falk R (1986) What is a gene? Stud Hist Philos Sci 17:133–173

Falk R (2000) The gene – a concept in tension. In: Beurton PJ, Ders, Rheinberger H-J (Hrsg) The concept of the gene in development and evolution. Cambridge, S 317–348

Feinberg J (1980) Die Rechte der Tiere und zukünftiger Generationen. In: Birnbacher D (Hrsg) Ökologie und Ethik. Stuttgart

Feyerabend PK (2000) Explanation, reduction, and empiricism. In: Sklar L (Hrsg) Explanation law and cause. London

Fine A (1986) Unnatural attitudes: realist and instrumentalist attachements to science. Mind 95:149–179

Fine A (1996) The natural ontological attitude. In: Papineau D (Hrsg) The philosophy of science. Oxford, S 21–44

Firn R (2004) Plant intelligence: an alternative point of view. Ann Bot 93:345–351

Fodor JA (1974) Special sciences (Or: The disunity of science as a working hypothesis). Synthese 28:97–115

Foot P (2002) Euthanasia. In: Ders (Hrsg) Virtues and vices. New York, S 33–61

Foot P (2004) Die Natur des Guten. Frankfurt a. M.

Fox Keller E (2000) The century of the gene. Harvard

Fox Keller E (2001) Das Jahrhundert des Gens. Frankfurt a. M.

Foung M (2002) Genetic trespassing and environmental ethics. In: Sherlock R, Morrey JD (Hrsg) Ethical issues in biotechnology. Lanham, S 89–95

van Fraassen BC (1980) The scientific image. Oxford

van Frassen BC (2002) The empirical stance. New Haven

Frege G (1988a) Die Grundlagen der Arithmetik. Hamburg

Frege G (1988b) Dialog mit Pünjer über Existenz. In: Ders (Hrsg) Schriften zur Logik und Sprachphilosophie. Aus dem Nachlaß. Hamburg, S 1–22

Gerstein MB, Bruce C, Roszowsky JL, Zheng D, Du J, Korbel JO, Emanuelsson O, Zhang Z, Weissman S, Snyder M (2007) What is a gene post-ENCODE? History and updated definition. Genome Res 17:669–681

Gethmann CF (1979) Zur formalen Pragmatik der Normenbegründung. In: Mittelstraß J (Hrsg) Methodenprobleme der Wissenschaften vom gesellschaftlichen Handeln. Frankfurt a. M., S 46–76

Gethmann CF (1981) Wissenschaftsforschung? Zur philosophischen Kritik der nach-Kuhnschen Reflexionswissenschaften. In: Janich P (Hrsg) Wissenschaftstheorie und Wissenschaftsforschung. München, S 9–38

Gethmann CF (1987) Letztbegründung vs. lebensweltliche Fundierung des Wissens und Handelns. In: Forum für Philosophie Bad Homburg (Hrsg) Philosophie und Begründung. Frankfurt a. M., S 268–302
Gethmann CF (1993) Zur Ethik des Handelns unter Risiko im Umweltstaat. In: Kloepfer M (Hrsg) Handeln unter Risiko im Umweltstaat. Berlin, S 1–54
Gethmann CF (1996) Zur Ethik des umsichtigen Naturumgangs. In: Janich P, Rüchardt C (Hrsg) Natürlich, technisch, chemisch. Verhältnisse zur Natur am Beispiel der Chemie. Berlin, S 27–46
Gethmann CF (1999) Die Rolle der Ethik in der Technikfolgenbeurteilung. In: Petermann T, Coenen R (Hrsg) Technikfolgen-Abschätzung in Deutschland. Bilanz und Perspektiven. Frankfurt a. M., S 131–146
Gethmann CF (2001) Tierschutz als Staatsziel – Ethische Probleme. In: Thiele F (Hrsg) Tierschutz als Staatsziel. Naturwissenschaftliche, rechtliche und ethische Aspekte. Graue Reihe. Europäische Akademie Bad Neuenahr-Ahrweiler. Bad Neuenahr-Ahrweiler
Gethmann CF (2004a) Realismus (erkenntnistheoretisch). In: Mittelstraß J (Hrsg) Enzyklopädie Philosophie und Wissenschaftstheorie. Stuttgart, S 500–502
Gethmann CF (2004b) Realismus (ontologisch). In: Mittelstraß J (Hrsg) Enzyklopädie Philosophie und Wissenschaftstheorie. Stuttgart, S 502–504
Gethmann CF (2004c) Realismus, semantischer. In: Mittelstraß J (Hrsg) Enzyklopädie Philosophie und Wissenschaftstheorie. Stuttgart, S 505–506
Gethmann CF (2004d) Kuhn. In: Mittelstraß J (Hrsg) Enzyklopädie Philosophie und Wissenschaftstheorie. Stuttgart, S 504–507
Gethmann CF (2005) Ist das Wahre das Ganze? Methodologische Probleme integrierter Forschung. In: Wolters G, Carrier M (Hrsg) Homo Sapiens und Homo faber. Epistemische und technische Rationalität in Antike und Gegenwart. Festschrift für Jürgen Mittelstraß. Berlin, S 391–404
Gethmann CF (2007) Vom Bewusstsein zum Handeln. Das phänomenologische Projekt und die Wende zur Sprache. Fink, München
Gethmann CF (2008a) Gedankenexperiment. In: Mittelstraß J (Hrsg) Enzyklopädie Philosophie und Wissenschaftstheorie. Stuttgart, S 33–36
Gethmann CF (2008b) Gestalt. In: Mittelstraß J (Hrsg) Enzyklopädie Philosophie und Wissenschaftstheorie. Stuttgart, S 125
Gethmann CF (2008c) Gestalttheorie. In: Mittelstraß J (Hrsg) Enzyklopädie Philosophie und Wissenschaftstheorie. Stuttgart, S 125–128
Gethmann CF, Langewiesche D, Mittelstraß J, Simon D, Stock G. (2005) Manifest Geisteswissenschaft. Berlin
Gethmann CF, Sander T (1999) Rechtfertigungsdiskurse. In: Grunwald A, Saupe S (Hrsg) Ethik in der Technikgestaltung. Praktische Relevanz und Legitimation. Berlin
Gethmann CF, Siegwart G (1991) Sprache. In: Martens E, Schnädelbach H (Hrsg) Philosophie. Ein Grundkurs, Bd 2. Reinbek, S 549–605
Ghiselin MT (1974) A radical solution to the species problem. Syst Zool 23:526–544
Ghiselin MT (2007) Is the Pope a catholic. Biol Philos 22:283–291
Gilbert SF, Sakar S (2000) Embracing complexity: organiscism for the 21st Century. Dev Dyn 219:1–9
Glock H-J (2000) Wittgenstein-Lexikon. Darmstadt
Godfrey-Smith P (1998) Functions: consensus without Unity. In: Hull DL, Ruse M (Hrsg) The philosophy of biology. Oxford, S 280–292
Godfrey-Smith P (2000) The replicator in retrospect. Biol Philos 15:403–423
Godfrey-Smith P, Lewontin R (1993) The dimensions of selection. Philos Sci 60:373–395
Goodman N (1983) Fact, fiction and forecast. Cambridge
Goodman N (1988) Tatsache, Fiktion, Voraussage. Frankfurt a. M.

Goodman N (1990) Weisen der Welterzeugung. Frankfurt a. M.
Gould SJ (2002) The structure of evolutionary theory. Cambridge
Gould SJ, Lewontin RC (1979) The spandrels of san marco and the panglossian paradigm. A critique of the adaptionist programme. Proceedings of the Royal Society of London. Series B, Biological Sciences 205, 1161:581–598
Gould SJ, Vrba ES (1982) Exaptation. A missing term in the science of form. Paleobiology 8(1):4–15
Gräfrath B (1996) Evolutionäre Ethik? Philosophische Programme, Probleme und Perspektiven der Soziobiologie. Berlin
Grandy RE (2007) Sortals. In: Zalta EN (Hrsg) The stanford encyclopedia of philosophy (Summer 2007 Edition). http://plato.stanford.edu/archives/sum2007/entires/sortals/. Zugegriffen: 15. Mai 2007
Grelling K, Oppenheim P (1937a) Der Gestaltbegriff im Lichte der neuen Logik. Erkenntnis 7:211–225
Grelling K, Oppenheim P (1937b) Supplementary remarks on the concept of gestalt. Erkenntnis 7:357–359
Griffith PE, Neumann-Held EM (1999) The many faces of the gene. Bioscience 49(8):656–662
Gutmann M (2005) Begründungsstrukturen von Evolutionstheorien. In: Krohs U, Toepfer G (Hrsg) Philosophie der Biologie. Frankfurt a. M., S 249–266
Gutmann M, Hertler C, Weingarten M (1998) Ist das Leben überhaupt ein wissenschaftlicher Gegenstand. Fragen zu einem grundlegenden biologischen Selbst(miß)verständnis. In: Dally A (Hrsg) Loccumer Protokolle. Was wissen Biologen schon vom Leben? – die biologische Wissenschaft nach der molekular-genetischen Revolution. Loccum, S 111–128
Gutmann M, Janich P (1997) Zur Wissenschaftstheorie der Genetik. Materialien zum Genbegriff. Europäische Akademie zur Erforschung von Folgen wissenschaftlich-technischer Entwicklungen. Graue Reihe, Bd 5. Bad Neuenahr-Ahrweiler
Gutmann M, Janich P (1998) Species as cultural kinds. Towards a culturalist theory of rational taxonomy. Theory Biosci 117:237–288
Gutmann M, Janich P (2001) Methodologische Grundlagen der Biodiversität. In: Janich P, Gutmann M, Prieß K (Hrsg) Biodiversität. Wissenschaftliche Grundlagen und gesetzliche Relevanz. Berlin, S 281–354
Gutmann M, Neumann-Held EM (2000) The theory of organism and the culturalist foundation of biology. Theory Biosci 119:276–317
Gutmann M, Voss T (1995) The disappearence of Darwinism – oder: Kritische Aufhebung des Strukturalismus. Jahrb Gesch Theorie Biol II:195–218
Hacker PMS (2007) Human nature: the categorial framework. Malden
Hacking I (1990) Natural kinds. In: Barrett RB, Gibson RF (Hrsg) Perspectives on quine. Cambridge
Hacking I (1991) A tradition of natural kinds. Philos Stud 61:109–126
Hägler RP (1994) Kritik des neuen Essentialismus. Logisch-philosophische Untersuchung über Identität, Modalität und Referenz. Paderborn
Hanna R (1998) A Kantian Critique of Scientific Essentialism. Philos Phenomenol Res LVIII(3):497–528
Hanson NR (1972) Patterns of discovery. An inquiry into the conceptual foundations of science. Cambridge
Harper W (1989) Consilience and natural kind reasoning. In: Brown JR, Mittelstraß J (Hrsg) An intimate relation. Studies in the history and philosophy of science presented to Robert E Butts on his 60th birthday. Dordrecht

Hartcastle VG (2002) On the normativity of functions. In: Ariew A, Cummins R, Perlman R (Hrsg) Functions. New essays in the philosophy of psychology and biology. Oxford, S 144–156
van Harten AM (1988) Mutation breeding: theory and practical application. Cambridge
Hassenstein B (1972) Element und System – geschlossene und offene Systeme. In: Bertalanffy L (Hrsg) Systemtheorie. Berlin, S 29–38
Haucke K (2000) Plessner zur Einführung. Hamburg
Heeger R (2000) Genetic engineering and the dignity of creatures. J Agric Environ Ethics 13:43–51
Hempel CG (1966) Philosophy of natural science. Englewood Cliffs
Hempel CG (1969) Reduction: ontological and linguistic facets. In: Morgenbesser S (Hrsg) Philosophy, science and method. Essays in honor of ernest nagel. New York, S 179–199
Hoyningen-Huene P (2011) Was ist Wissenschaft? In: Gethmann CF (Hrsg) Lebenswelt und Wissenschaft. Kolloquienbeiträge und öffentliche Vorträge des XXI. Deutschen Kongresses für Philosophie (Essen 15.–19.09.2008), Deutsches Jahrbuch Philosophie, Bd 2. Hamburg, S 557–565
Hucho F, Brockhoff K, van den Daele W, Köchy K, Reich J, Rheinberger H-J, Müller-Röber B, Sperling K, Wobus AM, Boysen M, Kölsch M (2005) Gentechnologiebericht. Analyse einer Hochtechnologie in Deutschland. München
Hiekel S (2005) Kallhoff A: Prinzipien der Pflanzenethik. Die Bewertung pflanzlichen Lebens in Biologie und Philosophie. Poiesis Prax 3:315–317
Hull D (1976) Are species really individuals. Syst Zool 25:174–191
Hull D (1988) Interactors versus vehicles. In: Plotkin HC (Hrsg) Behavior in evolution. Cambridge, S 19–50
Hull D (1994) Contemporary systematic philosophies. In: Sober E (Hrsg) Conceptual issues in evolutionary biology. Cambridge, S 295–330
Hull D (1998) Introduction to part IV. In: Hull D, Ruse M (Hrsg) The philosophy of biology. Oxford, S 223–226
Ingensiep HW (2001) Geschichte der Pflanzenseele. Stuttgart
Jaber D (2000) Human dignity and the dignity of creatures. J Agric Environ Ethics 13:29–42
Janich P (1997) Kleine Philosophie der Naturwissenschaften. München
Janich P (2000) Where does biology gets its objects from? In: Peters DS, Weingarten M (Hrsg) Organsims, genes and evolution: evolutionary theory at the crossroads. Proceedings of the 7th International Senckenberg Conference. Wiesbaden, S 9–16
Janich P (2001) Logisch-pragmatische Propädeutik. Ein Grundkurs im philosophischen Reflektieren. Weilerswist
Janich P (2004) Reflexionsterminus. In: Mittelstraß J (Hrsg) Enzyklopädie Philosophie und Wissenschaftstheorie. Stuttgart, S 528–529
Janich P, Weingarten M (1999) Wissenschaftstheorie der Biologie. München
Janich P, Weingarten M (2002) Verantwortung ohne Verständnis? Wie die Ethikdebatte zur Gentechnik von deren Wissenschaftstheorie abhängt. J Gen Philos Sci 33:85–120
Johannsen W (1911) The genotype conception of heredity. Am Nat 45:129–159
Johannsen W (1913) Elemente der exakten Erblichkeitslehre. Jena
Jonas H (1984) Das Prinzip Verantwortung. Versuch einer Ethik für die technologische Zivilisation. Frankfurt a. M.
Kallhoff A (2002) Prinzipien der Pflanzenethik. Die Bewertung pflanzlichen Lebens in Biologie und Philosophie. Frankfurt a. M.
Kamlah W, Lorenzen P (1996) Logische Propädeutik. Vorschule des vernünftigen Redens. Stuttgart
Kamp G (2005) Essentialismus. In: Mittelstraß J (Hrsg) Enzyklopädie Philosophie und Wissenschaftstheorie. Stuttgart, S 398–404

Kant I (1966) Kritik der reinen Vernunft. Stuttgart
Kant I (1990) Kritik der Urteilskraft. Hamburg
Kauch P (2009) Gentechnikrecht. München
Keeling PJ (2004) Diversity and evolutionary history of plastids and their hosts. Am J Bot 91(10):1481–1493
Kempken F, Kempken R (2004) Gentechnik bei Pflanzen. Chancen und Risiken. Berlin
Keil G (1993) Kritik des Naturalismus. Berlin
Kitcher P (1982) Genes. Br J Philos Sci 33:337–359
Kitcher P (1984a) Species. Philos Sci 51(2):308–333
Kitcher P (1984b) Against the monism of the moment. A Reply to Elliot Sober. Philos Sci 51(4):616–630
Kitcher P (1993a) The advancement of science. Science without legend, objectivity without illusions. New York
Kitcher P (1993b) Realism and scientific progress. In: Ders (Hrsg) The advancement of science. Science without legend, objectivity withour illusions. New York, S 127–177
Kitcher P (1998) Function and design. In: Hull DL, Ruse M (Hrsg) The philosophy of biology. Oxford, S 258–279
Köhler W (1920) Die physischen Gestalten in Ruhe und im stationären Zustand. Braunschweig
Kripke S (1993) Name und Notwendigkeit. Frankfurt a. M.
Kripke S (1980) Naming and necessity. Oxford
Krohs U (2004) Eine theorie biologischer theorien. Berlin
Krohs U (2005) Biologisches design. In: Krohs U, Toepfer G (Hrsg) Philosophie der Biologie. Frankfurt a. M., S 53–70
Kuhn TS (1976) Die Struktur wissenschaftlicher Revolution. Frankfurt a. M.
Künne W (2003) Conceptions of truth. Oxford
Kullmann W (1979) Die Teleologie in der aristotelischen Biologie. Aristoteles als Zoologe, Embryologe und Genetiker. Heidelberg
von Kutschera F (1991) Carnap und der Physikalismus. Erkenntnis 35:305–323
Kutschera U, Beyer A (2007) Kreationismus in Deutschland. Berlin
Laudan L (1996) A confutation of convergent realism. In: Papineau D (Hrsg) The philosophy of science. Oxford, S 107–138
Lauth B, Sareiter J (2002) Wissenschaftliche Erkenntnis. Eine ideengeschichtliche Einführung in die Wissenschaftstheorie. Paderborn
Leedale GF (1974) How many are the kingdoms of organisms? Taxon. J Int Assoc Plant Taxon Nomencl 23:261–270
Lenk H (1980) Systemtheorie. In: Speck J (Hrsg) Handbuch wissenschaftstheoretischer Begriffe. Göttingen, S 615–621
Lewens T (2008) Cultural evolution. In: Zalta EN (Hrsg) The stanford encyclopedia of philosophy (Fall 2008 Edition). http://plato.stanford.edu/archives/fall2008/entries/evolution-cultural/. Zugegriffen: 15. Feb. 2010
Lewontin RC (1970) The units of selection. Annu Rev Ecol Syst 1:1–18
Locke J (1995) An essay concerning human understanding. Amherst
Lovejoy A (1985) Die große Kette der Wesen. Geschichte eines Gedankens. Frankfurt a. M.
Lovelock J (1992) Gaia. Die Erde ist ein Lebewesen. London
Lloyd EA (2005) Why the gene will not return. Philos Sci 72:287–310
Lyon MF (2005) Elucidating mouse transmission ratio distortion. Nat Genet 37(9):924–925
Mackie P (1994) Sortal concepts and essential properties. Philos Q 44, 176:311–333
Mainzer K (1990) Die Philosophen und das Leben. Eine wissenschaftliche Einführung. In: Fischer EP, Mainzer K (Hrsg) Die Frage nach dem Leben. München, S 11–44
Mainzer K (2004a) Hamiltonprinzip. In: Mittelstraß J (Hrsg) Enzyklopädie Philosophie und Wissenschaftstheorie. Stuttgart, S 32–33

Mainzer K (2004b) Kybernetik. In: Mittelstraß J (Hrsg) Enzyklopädie Philosophie und Wissenschaftstheorie. Stuttgart, S 515–518
Margulis L (1971) Symbiosis and evolution. Sci Am 225:48–57
Margulis L, Schwartz KV (1989) Die fünf Reiche der Organismen. Ein Leitfaden. Heidelberg
Martin W (1999) Mosaic bacterial genomes: a challenge on route to a tree of genomes. BioEssays 21:99–104
Matthews GB (1990) Aristotelian essentialism. Philos Phenomenol Res 1:251–262
Maturana HR (1980) Introduction. In: Maturana HR, Varela FJ (Hrsg) Autpoiesis and cognition. The realization of the living. Dordrecht
Maturana HR, Varela FJ (1980) Autpoiesis and cognition. The realization of the living. Dordrecht
Mayr E (1969) Principles of systematic zoology. New York
Mayr E (1970) Populations, species, and evolution. Cambridge
Mayr E (1987) The ontological status of species. Scientific progress and philosophical terminology. Biol Philos 2:145–166
Mayr E (1994) Biological classification: toward a synthesis of opposing methodologies. In: Sober E (Hrsg) Conceptual issues in evolutionary biology. Cambridge, S 277–294
Mayr E (1996) What is a species, and what is not? Philos Sci 63(2):262–277
Mayr E (1998) Das ist Biologie. Heidelberg
Mayr E (2002) Die Entwicklung der biologischen Gedankenwelt. Vielfalt, Evolution und Vererbung. Berlin
McGloughlin M (2002) Ten reasons why biotechnology will be important in the developing world. In: Sherlock R, Morrey JD (Hrsg) Ethical issues in biotechnology. Lanham, S 161–174
McLaughlin P (2005) Funktion. In: Krohs U, Toepfer G (Hrsg) Philosophie der Biologie. Frankfurt a. M., S 19–35
McLaughlin P (1989) Kants Kritik der Urteilskraft. Bonn
Mellor DH (1977) Natural kinds. Br J Philos Sci 28, 4:299–312
Meyer-Abich A (1940) Hauptgedanken des Holismus. Acta Biotheoretica 5(2):85–116
Meyer-Abich A (1946) Hans Driesch, der Begründer der theoretischen Philosophie. Z philos Forsch 1:356–369
Meyer-Abich A (1955) Organismen als Holismen. Acta Biotheorethica 11(2):85–106
Meyer-Abich A (1963) Geistesgeschichtliche Grundlagen der Biologie. Stuttgart
Mill JS (2006) A system of logic. Raciocinative and inductive, being a connected view of the principles of evidence, and the methods of scientific investigation. London
Millikan RG (1984) Language, thought, and other biological categories: new foundations for realism. Cambridge
Mishler BD, Donoghue MJ (1994) Species concepts: a case for pluralism. In: Sober E (Hrsg) Conceptual issues in evolutionary biology. Cambridge, S 217–232
Mittelstraß J (2004a) Realismus, wissenschaftlicher. In: Ders (Hrsg) Enzyklopädie Philosophie und Wissenschaftstheorie. Stuttgart, S 506–509
Mittelstraß J (2004b) Substanz. In: Ders (Hrsg) Enzyklopädie Philosophie und Wissenschaftstheorie. Stuttgart
Mohr H (1997) Brauchen wir wirklich transgene Pflanzen? In: Brandt P (Hrsg) Zukunft der Gentechnik. Berlin
Müller-Röber B, Hucho F, van den Daele W, Köchy K, Reich J, Rheinberger H-J, Sperling K, Wobus AM, Boysen M, Kölsch M (2007) Grüne Gentechnologie. Aktuelle Entwicklungen in Wissenschaft und Wirtschaft. München
Musgrave A (1988) Ultimate argument for scientific realism. In: Nola R (Hrsg) Relativism and realism in science. Dordrecht, S 229–252

Nagel E (1970) Über die Aussage: »Das Ganze ist mehr als die Summe seiner Teile«. In: Topitsch E (Hrsg) Logik der Sozialwissenschaften. Köln
Nagel E (1974) The structure of science. Problems in the logic of scientific explanation. London
Nagel E (1952) Wholes, sums, and organic unities. Philos Stud III 2:17–32
Nagel E (1986) The structure of teleological explanations. In: Sober E (Hrsg) Conceptual issues in evolutionary biology. Cambridge, S 319–346
Nagel T (1965) Physicalism. Philos Rev 74(3):339–356
Neander K (1991) The teleological notion of ‚Function'. Australas J Philos 69:454–468
Nelson L (1932) System der philosophischen Ethik und Pädagogik. Göttingen
Neurath O (1935) Die Einheit der Wissenschaft als Aufgabe. Erkenntnis 5(1):16–22
Nowack M (2003) Grenzenloser Gentausch. Spektrumdirekt (10.07.2003). http://www.wissenschaft-online.de/artikel/620798. Zugegriffen: 5. April 2004
Nüsslein-Vollhardt C (1996) Gradients that organize embryo development. Scientific American 275(2):54–55, 58–61
Odparlik S (2008) Die Individualität von Pflanzen im Kontext der Diskussion um die Würde der Kreatur. In: Odparlik S, Kunzmann P, Knoepffler N (Hrsg) Wie die Würde gedeiht. Pflanzen in der Bioethik. München, S 275–302
Okasha S (2006) Evolution and the levels of selection. Oxford
Oppenheim P, Putnam H (1991) The unity of science as a working hypothesis. In: Boyd R, Gasper P, Trout JD (Hrsg) The philosophy of science. Cambridge, S 405–428
Palmer J, Soltis DE, Chase MW (2004) The plant tree of life: an overview and some points of view. Am J Bot 91(10):1437–1445
Paterson HEH (1992) The recognition concept of species. In: Ereshefsky M (Hrsg) The units of evolution. Essays on the nature of species. Cambridge, S 139–158
Pittendrigh CS (1958) Adaptation, natural selection and behaviour. In: Roe A, Simpson SS (Hrsg) Behavior and evolution. New Haven, S 390–416
Plessner H (1975) Die Stufen des Organischen und der Mensch. Einleitung in die philosophische Anthropologie. Berlin
Plessner H (2002) Elemente der Metaphysik. Eine Vorlesung aus dem Wintersemester 1931/1932. Berlin
Popper KR (1963a) Truth, rationality, and the growth of scientific knowledge. In: Ders (Hrsg) Conjectures and refutations. London, S 291–335
Popper KR (1963b) Conjectures and refutations. London
Putnam H (1975a) Mathematics, matter and method. Philosophical papers, volume 1. London
Putnam H (1975b) Explanation and reference. In: Ders (Hrsg) Mind, language and reality. Philosophical papers, volume 2. Cambridge
Putnam H (1975c) Is semantics possible. In: Ders (Hrsg) Mind, language and reality. Philosophical papers, volume 2. Cambridge
Hilary Putnam (1975d) The meaning of ‚Meaning'. In: Ders (Hrsg) Mind, language and reality. Philosophical papers, volume 2. Cambridge
Hilary Putnam (1975e) Mind, language, and reality. Philosophical papers volume 2. Cambridge
Quine WVO (1950) Identity, ostension, and hypostasis. J Philos 22:621–633
Quine WVO (1969) Natural kinds. In: Rescher N (Hrsg) Essays in honor of carl gustav hempel. A tribute on the occasion of his sixty-fifth birthday. Dordrecht
Quine WVO (1976) Three grades of modal involvement. In: Ders (Hrsg) The ways of paradox and other essays. Cambridge, S 158–176
Quine WVO (1973) Word and object. Cambridge
Rapp C (1995) Identität, Persistenz, und Substantialität. Untersuchung zum Verhältnis von sortalen Termen und Aristotelischer Substanz. München

Raven PH, Evert RF, Eichhorn SE (2006) Biologie der Pflanzen. Berlin
Reddien PW, Alvarado AS (2004) Fundamentals of planarian regeneration. Annu Rev Cell Dev Biol 20:725–757
Rescher N (2005) What if?: Thought experimentation in philosophy. New Brunswick
Rheinberger H-J (2004) Eine Kurze Geschichte der Molekularbiologie. In: Jahn I (Hrsg) Geschichte der Biologie. Hamburg, S 642–663
Rolston H (1992) Environmental ethics. Values in and duties to the natural world. In: Bormann FH, Kellert SR (Hrsg) Ecology, economics, ethics. New Haven, S 73–96
Rolston H (1997) Werte in der Natur und die Natur der Werte. In: Krebs A (Hrsg) Naturethik. Frankfurt a. M.
Rolston H (2002) What do we mean by the intrinsic value and integrity of plants and animals? In: Heaf D, Wirtz J (Hrsg) Genetic engineering and the intrinsic value and integrity of animals and plants. Proceeding of a Workshop at the Royal Botanic Garden, Edinburgh, UK. Hafan, S 5–10
Rolston H (2003) Value in nature and the nature of value. In: Light A, Rolston H (Hrsg) Environmental ethics. Malden, S 143–153
Rosenberg A, McShea DW (2008) Philosophy of biology. A contemporary intorduction. New York
Rott H (2004) Tarski-Semantik. In: Mittelstraß (Hrsg) Enzyklopädie Philosophie und Wissenschaftstheorie. Stuttgart
Runggaldier E, Kanzian C (1998) Grundprobleme der Analytischen Ontologie. Paderborn
Ruse M (1970) Are there laws in biology? Australas J Philos 48:234–246
Ruse M (1973) The philosophy of biology. London
Ruse M (1987) Biological species: natural kinds, individuals, or what? Br J Philos Sci 38(2):225–242
Ruse (2006) Darwin and its discontents. New York
Russell B (2005) Hegel. In: Ders (Hrsg) Philosophie des Abendlandes. München, S 738–752
Sarkar S (1992) Models of reduction and categories of reductionism. Synth 91:167–194
Schaffner KF (1993) Discovery and explanation in biology and medicine. Chicago
Schark M (2005a) Lebewesen versus Dinge. Berlin
Schark M (2005b) Lebewesen als ontologische Kategorie. In: Krohs U, Toepfer G (Hrsg) Philosophie der Biologie. Frankfurt a. M., S 175–192
Schlick M (1970) Über den Begriff der Ganzheit. In: Topitsch E (Hrsg) Logik der Sozialwissenschaften. Köln, S 213–224
Scholz OR (2002) Sinn durch Einbettung. In: Bertram GW, Liptow J (Hrsg) Holismus in der Philosophie. Ein zentrales Motiv der Gegenwartsphilosophie. Weilerswist
Scholz OR (2011) Das Zeugnis anderer als soziale und kulturelle Erkenntnisquelle. In: Gethmann CF (Hrsg) Lebenswelt und Wissenschaft. Kolloquienbeiträge und öffentliche Vorträge des XXI. Deutschen Kongresses für Philosophie (Essen 15. – 19.09.2008) Deutsches Jahrbuch Philosophie, Bd 2. Hamburg, S 1386–1404
Schulz J (2004) Begründung und Entwicklung der Genetik nach der Entdeckung der Mendelschen Gesetze. In: Jahn I (Hrsg) Geschichte der Biologie. Hamburg, S 537–557
Schurz G (2008) Patterns of abduction. Synth 164:201–234
Schwemmer O (1976) Theorie der rationalen Erklärung. Zu den methodischen Grundlagen der Kulturwissenschaften. München
Schwemmer O (1981) Die Vernunft der Wissenschaft. Kritische Bemerkungen zu einem unvermeidlichen Anspruch. In: Janich P (Hrsg) Wissenschaftstheorie und Wissenschaftsforschung. München, S 52–88
Schwemmer O (2004) Reflexion. In: Mittelstraß J(Hrsg) Enzyklopädie Philosophie und Wissenschaftstheorie. Stuttgart, S 525–526

Sherlock R (2002) Three concepts og genetic trespassing. In: Sherlock R, Morrey JD (Hrsg) Ethical issues in biotechnology. Lanham, S 149–160
Siegwart G (1999) Abstraktion unter einer Gleichheit. In: Sandkühler HJ (Hrsg) Enzyklopädie Philosophie. Hamburg
Siegwart G (2004a) System. In: Mittelstraß J (Hrsg) Enzyklopädie Philosophie und Wissenschaftstheorie. Stuttgart, S 183–185
Siegwart G (2004b) Systemtheorie. In: Mittelstraß J (Hrsg) Enzyklopädie Philosophie und Wissenschaftstheorie. Stuttgart, S 190–194
Siep L (2004) Konkrete Ethik. Grundlagen der Natur- und Kulturethik. Frankfurt a. M.
Simpson GG (1961) Principles of animal taxonomy. New York
Skolimowski H (1966) The structure of thinking in technology. Technol Cult 7(3):371–383
Smart JJC (1959) Can biology be an exact science? Synthese 11(4):359–368
Smuts JC (1927) Holism and evolution. London
Sober E (1984a) The nature of selection. Cambridge
Sober E (1984b) Sets, species, and evolution: comments on philip kitcher's species. Philos Sci 51(2):334–341
Sober E (1990) The poverty of pluralism: a reply to sterelny and kitcher. J Philos 87(3):151–158
Sober E (1993) Philosophy of biology. Oxford
Sober E (1994) Preface. In: Ders (Hrsg) Conseptual issues in evolutionary biology. Cambridge
Sober E (1999) The multiple realizability argument against reductionism. Philos Sci 66(4):542–564
Sokal RR (1994) The continuing search for order. In: Sober E (Hrsg) Conceptual issues in evolutionary biology. Cambridge
Sokal RR, Crovello TJ (1992) The biological species concept: a critical evaluation. In: Ereshefsky E (Hrsg) The units of evolution. Essays on the nature of species. Cambridge, S 27–56
Sokal RR, Sneath PHA (1963) Principles of numerical taxonomy. San Francisco
de Sousa R (1984) The natural shiftiness of natural kinds. Can J Philos 14(4):561–580
Spaemann R (2001) Technische Eingriffe in die Natur als Problem der politischen Ethik. In: Birnbacher D (Hrsg) Ökologie und Ethik. Stuttgart
Spaemann R, Löw R (2005) Natürliche Ziele. Stuttgart
Stegmüller W (1983) Probleme und Resultate der Wissenschaftstheorie und Analytischen Philosophie, Bd 1. Studienausgabe, Teil E. Berlin
Sterelny K, Griffith P (1999) Sex and death: an introduction to philosophy of biology. Chicago
Sterelny K, Kitcher P (1988) The return of the gene. J Philos 85(7):339–361
Stoljar D (2008) Physicalism. In: Zalta EN (Hrsg) The stanford encyclopedia of philosophy (Fall 2008 Edition). http://plato.stanford.edu/archives/fall2008/entries/physicalism/. Zugegriffen: 17. Feb. 2010
Strawson PF (2005) Individuals. An essay in descriptive metaphysics. London
Suhm C (2005) Wissenschaftlicher Realismus. Eine Studie zur Realismus-Antirealismus-Debatte in der neueren Wissenschaftstheorie. Frankfurt a. M.
Tarski A (1977) Die semantische Konzeption der Wahrheit und die Grundlagen der Semantik [1944]. In: Skirbekk G (Hrsg) Wahrheitstheorien. Eine Auswahl aus den Diskussionen über Wahrheit im 20. Jahrhundert. Frankfurt a. M., S 140–188
Taylor PW (1989) Respect for nature. Princeton
Taylor PW (1997) Die Ethik der Achtung vor der Natur. In: Birnbacher D (Hrsg) Ökophilosophie. Stuttgart, S 77–116
Teichert D (1992) Immanuel Kant: »Kritik der Urteilskaft«. Paderborn
Templeton AR (1992) The meaning of species and speciation: a genetic perspective. In: Ereshefsky M (Hrsg) The units of evolution. Essays on the nature of species. Cambridge, S 159–186

Thiel C (2004) Theorie. In: Mittelstraß J (Hrsg) Enzyklopädie Philosophie und Wissenschaftstheorie. Stuttgart, S 260–270

Tieman WJ, Palladino MA (2007) Biotechnologie. München

Thompson M (1995) The representation of life. In: Hursthouse R, Lawrence G, Quinn W (Hrsg) Virtues and reasons. Oxford, S 247–297

Thompson PB (1986) The social goals of agriculture. Agric Hum Values 3(4):32–42

Thompson PB (2007a) Food biotechnology in ethical perspective. Dordrecht

Thompson PB (2007b) Ethics, hunger, and the case for genetically modified (GM) crops. In: Pinstrup-Andersen P, Sandøe P (Hrsg) Ethics, hunger, and globalisation. In search of appropriate policies. Dordrecht, S 215–235

Toepfer G (2004) Zweckbegriff und Organismus. Würzburg

Toepfer G (2005) Teleologie. In: Krohs U, Toepfer G (Hrsg) Philosophie der Biologie. Frankfurt a. M.

Trevawas A (2003) Aspects of plant intelligence. Ann Bot 92:1–20

Trewavas A (2004) Aspect of plant intelligence: an answer to firn. Ann Bot 93:353–357

von Uexküll J (1973) Theoretische biologie. Frankfurt a. M.

van Valen L (1992) Ecological species, multispecies, and oaks. In: Ereshefsky M (Hrsg) The units of evolution. Essays on the nature of species. Cambridge, S 69–78

Vasil IK (2008) A short history of plant biotechnology. Phytochem Rev 7:387–394

Watson J, Crick FH (1953) Molecular structure of nucleic acids. A structure for deoxyribose nucleic acid. Nature 171:727–738

Webster G, Goodwin B (1996) Form and transformation. Generative and relational principles in biology. Cambridge

Weingarten M, Gutmann M (1974) Kann Erkenntnistheorie in Naturwissenschaften aufgelöst werden? In: Bien G, Gil T, Wilke J (Hrsg) Natur im Umbruch. Zur Diskussion des Naturbegriffs in Philosophie, Naturwissenschaft und Kunsttheorie. Stuttgart, Bad-Cannstatt, S 91–108

Weingarten M, Gutmann M (1993) Artbegriffe und Evolutionstheorie. Die Erzeugung der Arten und die Art der Erzeugung. Carolinea, Beiheft 8, S 60–74

Westhoff P, Jeske H, Jürgens G, Kloppstech K, Link G (1996) Molekulare Entwicklungsbiologie. Vom Gen zur Pflanze. Stuttgart

Wertheimer M (2008) Über Gestalttheorie. http://gestalttheory.net/gta/Dokumente/gestalttheorie.html. Zugegriffen: 04 April 2008

Whewell W (1837) History of Inductive Sciences. London

Whittaker RH (1969) New concepts of kingdoms of organsims. Evolutionary relations are better represented by new classifications than by the traditional two kingdoms. Science 163:150–160

Wiggins D (1980) Sameness and Substance. Oxford

Wiley EO (1992) The evolutionary species concept reconsidered. In: Ereshefsky M (Hrsg) The units of evolution. Essays on the nature of species. Cambridge, S 79–92

Wilson J (1999) Biological individuality. The identity and persistence of living entities. Cambridge

Wilson JA (2000) Ontological butchery: organism concepts and biological generalizations. Philos Sci 67:301–311 (Proceedings)

Wimsatt WC (1994) The ontology of complex systems: levels of organization, perspectives, and causal thickets. Can J Philos 20:207–274

Wittgenstein L (1970) Über Gewissheit. Frankfurt a. M.

Wittgenstein L (1984a) Tractatus logico-philosophicus. Tagebücher 1914–1916. Philosophische Untersuchungen. Werkausgabe, Bd 1. Frankfurt a. M.

Wittgenstein L (1984b) Das blaue Buch. Eine Philosophische Betrachtung (Das Braune Buch). Werkausgabe, Bd 5. Frankfurt a. M.

Wittgenstein L (1984c) Bemerkungen über die Grundlagen der Mathematik. Werkausgabe, Bd 6. Frankfurt a. M.

Woese CR, Kandler O, Wheelis ML (1990) Towards a natural system of organisms: proposal for the domains Archaea, Bacteria, and Eucarya. Proc Natl Acad Sci USA 12:576–579

von Wright GH (1971) Explanation and understanding. Ithaca

Wright L (1973) Functions. Philos Rev 82(2):139–168

Wuketits FM (1979) Die Bedeutung des Systemdenkens in der Biologie. Biol unserer Zeit 9(3):73–79

Wuketits FM (1983) Biologische Erkenntnis. Grundlagen und Probleme. Stuttgart

Xu F (1997) From lot's wife to a pillar of salt: evidence that physical object is a sortal concept. Mind Lang 12(3–4):365–392

Zwart H (2009) Biotechnology and naturalness in the genomics era: plotting a timetable for the biotechnology debate. J Agric Environ Ethics 22:505–529